作者简介

宋振东 贵州城市职业学院马克思主义学院教学副院长。2010年毕业于云南农业大学，获理学硕士学位；2013年毕业于中国石油大学（北京），获法学博士学位。主要研究方向：钱学森科学技术思想。主持全国教育科学“十二五”规划课题1项。在《自然辩证法研究》《湖南科技大学学报》《钱学森研究》等期刊发表论文30多篇。

本书出版得到全国教育科学“十二五”规划2011年度教育部规划课题《以科学发展为主题转变教育发展方式研究》总课题组《钱学森大成智慧学研究》子课题（课题批准号：AFA110001-304）经费资助

钱学森大成智慧学研究

人民日报
博士文库

Qianxuesen Da Cheng Zhihuixue Yanjiu

宋振东◎著

人民日报出版社

图书在版编目（CIP）数据

钱学森大成智慧学研究 / 宋振东著 . —北京：人民日报出版社，2018. 8
ISBN 978 - 7 - 5115 - 5671 - 4

Ⅰ. ①钱… Ⅱ. ①宋… Ⅲ. ①钱学森（1911 - 2009）—智力学—研究 Ⅳ. ①B848. 5

中国版本图书馆 CIP 数据核字（2018）第 206851 号

书　　名：**钱学森大成智慧学研究**
作　　者：宋振东

出 版 人：董　伟
责任编辑：万方正
装帧设计：中联学林

出版发行：人民日报出版社
社　　址：北京金台西路 2 号
邮政编码：100733
发行热线：（010）65369509　65369846　65363528　65369512
邮购热线：（010）65369530　65363527
编辑热线：（010）65369533
网　　址：www. peopledailypress. com
经　　销：新华书店
印　　刷：三河市华东印刷有限公司

开　　本：710mm × 1000mm　1/16
字　　数：431 千字
印　　张：24
印　　次：2018 年 9 月第 1 版　　2018 年 9 月第 1 次印刷

书　　号：ISBN 978 - 7 - 5115 - 5671 - 4
定　　价：88. 00 元

序

钱学森是中国当代航天事业的奠基人和享誉世界的空气动力学家，也是学贯中西的优秀哲学社会科学家。他所创立的“大成智慧学”集成了他本人一生的深刻思考，为解决复杂系统问题和利用信息技术进行科学决策，使定性与定量分析达到高度契合，创立了集成研讨厅体系。“钱学”已成为中国工程技术科学的显学。

宋振东的博士学位论文《钱学森大成智慧学研究》在前人相关研究基础上，结合钱学森的大量著述，对我国著名科学家钱学森先生所阐述的“大成智慧学”思想进行了比较全面的梳理、分析和论证。《钱学森大成智慧学研究》在吸收和借鉴国内外学者的相关研究成果基础上，充分发掘和利用钱学森书信、文集等第一手材料，用历史和逻辑相统一的方法梳理和阐释了钱学森大成智慧学的基本内涵及其方法论意义。论文选题具有重要的理论意义和实践意义。作者在导师的悉心指导下，运用系统法、历史—逻辑相统一的方法对钱学森大成智慧学进行深入研究、归纳和总结，得出了具有理论和实践价值的科学结论。

一、本论文的理论意义和实践意义

（一）关于研究的理论意义：

第一，有助于了解大成智慧学的主要理论观点和哲学创新。作者从哲学，尤其是科技哲学这一视角，解读了钱学森的大成智慧学，从而使大成智慧学更为系统，也更具有学术价值。这一研究有助于人们更全面地了解大成智慧学的主要理论观点及在哲学上的创新。

第二，有助于把握大成智慧学的理论贡献。作者将钱学森的大成智慧学放在马克思主义中国化的历史进程中认识，分析了大成智慧学对马克思主义哲学的贡献。这一研究有助于人们更深入了解和把握大成智慧学的理论贡献。

第三，有助于推进马克思主义中国化研究。大成智慧学是钱学森面向社会主义现代化建设，锐意推进马克思主义中国化而提出的重要理论创新。该选题是马克思主义中国化研究的前沿,具有开创性。这一研究有助于深化和拓宽马克思主义中国化研究的内涵和外延。

(二)关于研究的实践意义:

第一,有助于了解大成智慧学的实践形式。作者对钱学森大成智慧学的实践形式进行了研究,分析了大成智慧学的实践技术是大成智慧工程、工作体系是综合集成研讨厅体系、应用集体是总体设计部以及教育模式是大成智慧教育。这一研究有助于人们更深入地了解大成智慧学的实践形式。

第二,有助于中国特色社会主义建设的推进。大成智慧学的研究对于社会主义现代化建设,对于推动创新型国家的建设,推动实现中国"科教兴国"战略和"人才强国"战略,推动马克思主义中国化都具有重要的现实意义。

第三,为社会主义现代化建设提供科学方法论。大成智慧学最主要的还是起到科学方法论的作用。科学方法论可以在社会主义现代化建设中更好地发挥科技方法论功能的作用,可以为研究复杂性科学提供重要的方法论,可以为创新型人才提供科技方法论等重要作用。

二、本论文的重要内容

本论文针对钱学森科学技术思想的"大成智慧学思想"展开研究,具有重要的理论和实践意义。钱学森大成智慧学思想的提出目的在于面对现代化进程中学科分立、复杂科学不断出现的局面,如何推动科技事业的发展更好地服务和适应经济社会发展的需要,如何促进科技事业不断创新,此问题是当代中国社会发展面临的核心问题,也是科学发展观要解决的主要问题之一。

论文在吸收和借鉴国内外学者相关研究成果的基础上,充分发掘和利用钱学森书信、文集等第一手材料,用历史与逻辑相统一的方法梳理和阐释了钱学森大成智慧学的基本内涵和方法论意义。论文较完整地回溯了大成智慧学形成、发展的过程,进而归纳、总结了大成智慧学的主要内容。在此基础上,论文揭示了大成智慧学和大成智慧工程、综合集成研讨厅体系、总体设计部和大成智慧教育等四个实践形式。本文是较为完整地对钱学森大成智慧教育研究的可贵尝试。

第一,关于大成智慧学形成的社会历史条件。本文从宏观上总结和归纳了钱学森大成智慧学产生的社会历史条件。作者认为,大成智慧学以信息技术革命为大成智慧学的技术基础,以第五次产业革命为大成智慧学的物质条件,以现代科学技术体系为大成智慧学的科学基础,以开放复杂巨系统为大成智慧学的理论基础,以从定性到定量综合集成法为大成智慧学的方法论储备。

从钱学森的个人经历而言,张纯如对 1935 年到 1955 年钱学森在美国的情况作了研究,当时钱学森主要是自然科学家。回国之后的前20年,钱学森主要在领导"两弹一星"和航天事业方面建功立业。1970年代末,钱学森面对社会主义现代化建设,开始关注自然科学与社会科学相结合,曾经在1980年代初和刘再复探讨美学问题。1980年代,钱学森逐渐提出系统科学、思维科学、人体科学等,逐渐形成了现代科学技术体系思想。1990年代,钱学森把系统科学的研究推向复杂性研究的新阶段,相继提出了开放复杂巨系统、从定性到定量综合集成法、从定性到定量综合集成研讨厅体系、大成智慧工程、大成智慧学、大成智慧教育等重大理论创新,形成了钱学森大成智慧思想。

第二,关于大成智慧学的科学内涵。论文得出了大成智慧学应该坚持科学技术和马克思主义哲学相结合,坚持自然科学和社会科学相结合,坚持科学技术与文学艺术相结合,坚持科学技术理论与实践相结合等重要研究成果。论文从大成智慧学的角度对钱学森所探索的马克思主义哲学新体系由"十一架桥梁和一个核心,共同构成了马克思主义哲学体系"的表述,进一步概括为以辩证唯物主义为硬核,以部门哲学为第一保护带,以科学哲学、技术哲学、工程哲学三个横贯哲学为第二保护带,以哲学思维为环境的新的表述。这是对钱学森对马克思主义哲学体系探索的新发现和新见解。

第三,关于大成智慧学的核心思想。大成智慧学的核心是马克思主义哲学与现代科学技术相结合。钱学森指出:"要走向大成智慧,最核心的概念是现代科学技术体系的整体结构……这个整体结构的最高层是马克思主义哲学的殿堂。""大成智慧学是建筑在现代科学技术的基础上的",是以马克思主义哲学为指导的知识体系论。马克思主义哲学的指导不仅对社会科学有启发,而且对自然科学及现代科学技术体系的所有其他科学技术大部门都有指导意义。

钱学森在美国期间,虽然没有系统地学习马克思主义哲学,但是参加过美国共产党的一些外围组织,学习过部分马克思主义经典著作。1955年,钱学森刚刚回国,就在广东购买了《毛泽东选集》等书籍,开始有计划地全面系统地学习毛泽东思想和马克思主义经典著作。钱学森曾说,以前(主要指在美国期间)在研究中的一些心得、体会都可以在马克思主义哲学中找到答案。钱学森在美国期间所取得的重要贡献是因为自发地遵循了马克思主义哲学,回国之后则是自觉地运用马克思主义哲学。

第四,关于大成智慧学是系统科学发展的新阶段。大成智慧学是系统科学新的发展阶段。"新"主要是指建筑在开放复杂巨系统和从定性到定量综合集成法的基础之上的。1980年代,钱学森提出的系统科学主要是建筑在简单巨系统的基础之上,而大成智慧学是建筑在开放复杂巨系统的基础之上的。大成智慧学和大成智慧工程是对系统科学和系统工程的升华,因此是“新的发展阶段”。

第五,关于大成智慧学的实践形式和应用形式。本论文对大成智慧学的实践形式和应用形式进行了总结和归纳。作者认为,大成智慧学的实践技术是大成智慧工程,大成智慧学的工作体系是从定性到定量集成研讨厅体系,大成智慧学的应用集体是总体设计部,大成智慧学的教育模式是大成智慧教育。

三、本论文所取得的创新成果

这是第一篇综合性地研究钱学森大成智慧学的博士论文,具有开创性意义。论文是在对文献充分调研、梳理和研究的前提下确定研究方向,并以钱学森著述等第一手资料为主要研究依据,研究方向把握正确,研究基础扎实。论文总体情况较好,能从前人研究中进一步提炼、创新。这个选题很新颖,非常值得做,有较高的学术价值和现实指导意义。论文在以下几个方面取得了重要创新成果:

第一,揭示了大成智慧学的主要理论观点和在科学方法论上的创新。从哲学尤其是科技哲学视角出发,比较系统研究了钱学森大成智慧学及其方法论意义,揭示了大成智慧学的主要理论观点及在科学方法论上的创新。从坚持哲学指导与科学技术研究相结合,坚持自然科学与社会科学研究相结合,坚持科技研究与文学艺术研究相结合,坚持理论与实践相结合的创新性、开放性角度论证了大成智慧学如何集大成而得智慧。

第二,揭示了大成智慧学对马克思主义科学方法论中国化的理论贡献。在马克思主义中国化研究的学术背景下,分析大成智慧学与马克思主义哲学之间的关系,揭示出大成智慧学对马克思主义科学方法论中国化方面的理论贡献。对钱学森大成智慧学对马克思主义哲学体系的发展进行了有益探索,论文对钱学森“大成智慧学”思想的哲学基础,即马克思主义哲学体系和相关原理进行了比较深入的阐述,提出了自己对钱学森所理解和构建的马克思主义哲学体系及其与科学技术相互关系思想的分析和比较独到的见解。推动了马克思主义哲学与社会实践的结合及其在现代化中的运用。

第三,揭示了大成智慧学在科学实践层面上的重要价值。以实践形式为延伸,对钱学森“大成智慧学”实践形式进行了分析。具体分析了大成智慧学的实践技术、工作体系、应用集体和教育模式,揭示了大成智慧工程、综合集成研讨厅体系、总体设计部、大成智慧教育等大成智慧学在科学实践层面上的重要价值,较为完整地研究了钱学森大成智慧学。

第四,揭示了大成智慧学的多维体系和科学内涵。特别是对“大成智慧学”的体系和内涵的阐发和理解具有一定的创新性。作者从多个维度构建了大成智慧学的系统体系结构。最高维度是从道德、事功和学问三个维度界定了大成智慧学的重要方面。在学问维度上,又从现代科学技术体系角度,总结了几对“结合”:科学技术与哲学相结合、自然科学与社会科学相结合、科学技术与文学艺术相结合、基础科学技术与工程技术相结合、科学技术理论与实践相结合、科学技术与前科学相结合、科学技术与政治相结合等。从信息网络角度,总结出了人与电子计算机相结合、人与信息网络相结合、人与灵境技术相结合等。

四、本论文的主要研究特色

第一,论文材料较丰富。本论文的文献阅读量比较大,论文材料丰富,收集和占有资料充分,引文和注释准确、翔实。本文全面而系统地考察了钱学森的大部分原始著作和学界关于钱学森研究的相关著作、论文、书信和传记、实录等,在广泛地阅读基础上进一步提炼出大成智慧学“集大成,得智慧”的几对重要关系。史学研究非常重视资料工作,作者具有独立进行科学研究的知识储备和能力。

第二,综合分析能力强。本论文综合分析能力比较强,论文从对大成智慧学的总体研究、集科学技术与马克思主义哲学之大成、集自然科学与社会科学之大成、集科学技术与文学艺术之大成、集科学技术理论与实践之大成等角度综述了钱学森大成智慧学研究的重要科学内涵。

第三,学术动态跟踪紧。对本学科及其相关领域国内外学术动态有相当程度的了解,综述基本上涉及了当前学术界研究的重要信息和学术动态,前期准备工作做得比较到位。《钱学森著作系年》的整理为钱学森大成智慧学的研究打下了重要基础。

第四,论文创新有根据。论文的研究资料从《钱学森书信》《钱学森文集》和《钱学森书信补编》等原始资料入手,最大限度地尊重了原作者的的思想。足以证明本论文的资料是新颖的,资料的真实和论据的创新是可信的,体现了作者具备良好的科研创新能力。

第五,知识储备比较多。本论文由于涉及面比较广,涉及科学技术与马克思主义哲学、自然科学与社会科学、科学技术与文学艺术、科学技术理论与实际相结合等重要方面;信息技术革命、第五次产业革命、现代科学技术体系、开放的复杂巨系统、从定性到定量综合集成法等各种基础;以及大成智慧工程、从定性到定量综合集成研讨厅体系、总体设计部、大成智慧教育等大成智慧学的实践形式。

第六,研究难度相对大。这个题目研究的难度还是相当大的,工作量比较大。本研究属于开拓性研究,因为此前关于大成智慧学的研究并不系统、全面。对钱学森这样的重要人物进行研究,能形成如此深厚的成果,实属不易。作者能够理论联系实际对论文的主要内容展开分析和研究。

第七,制图做表有创新。研究中制作图表是工科大学博士生应该具备的素质。该论文绘制了“钱学森科技创新汇总表”“人类知识体系图”“综合集成法工作程序图”“综合集成研讨厅体系结构图”“大成智慧学内涵、历史条件、实践形式总体框架图”等图表。其中,从抽象思维到形象思维、三维坐标等都制作得很好。用图表更为简明扼要、直观突出。作图画表确实有利于文理兼容,用理工科的思维去处理文科的研究成果。

第八,能遵循学术规范。本学位论文整体架构符合学术规范,论文观点正确,中心突出,结构合理,体系完备,层次清楚,思路清晰,逻辑严密,表述清楚,行文流畅,论证充分深入,语言通顺,表达清楚,学术梳理比较好,论文的框架比较合理,列举详细、认真,能够自圆其说。论文和答辩表明作者具有较扎实的学术积累和较强的逻辑思辨能力,具有较全面的专业知识基础和独立从事科学研究的能力。

五、本课题进一步研究的方向

提出一个问题往往比解决一个问题更为重要。在此就大成智慧学尚未深入研究的方向与角度展开前瞻性地提出问题,以待将来有学者进一步研究、扩展、深化。为丰富、深化、拓展大成智慧学研究指明方向。

第一,大成智慧学的核心思想和内涵需要进一步提炼。钱学森并没有形成大成智慧学的完整系统的体系,钱学敏进行了概括。几个结合怎么融合成整体智慧,还需要集中明确地进行概括。本文重点论述了几个结合,即哲学与科学技术相结合、自然科学与社会科学相结合、科学技术与文学艺术相结合、科学技术理论与实际相结合。除了这几个结合,还有没有其他集大成的侧面,如何把它们集中地进行概括,这是需要进一步深入研究的方向之一。

第二,大成智慧学与中国传统文化的联系要加强研究。“大成”讲得远远不够。大成智慧学与中国优秀传统文化、中国哲学的联系要进一步加强研究。大成智慧学与中国传统文化河洛易中的伏羲、周公、孔子等人的思想有什么关系?大成智慧学与黄老道家的黄帝、老子、文子、庄子、列子等人的学说有什么关系?大成智慧学与儒家的孔子、孟子、荀子等人的思想有什么关系?大成智慧学与墨家墨子的思想尤其是墨经的思想有什么关系?大成智慧学与智谋家鬼谷子,纵横家苏秦、张仪等人的思想有什么关系?大成智慧学与法家的管子、商鞅、韩非子等人的思想有什么关系?大成智慧学与兵家的姜尚、尉缭子、孙子、吴子等人的思想有什么关系?大成智慧学与中医药学中炎帝、黄帝、张仲景等人的思想有什么关系?

大成智慧学与佛学有什么关系?

第三,要加强大成智慧学对马克思主义哲学方法论中国化贡献的研究。大成智慧学从根本上说还是“方法论”问题,需要进一步加强对马克思主义中国化方法论的研究。大成智慧学与马克思主义哲学对中国马克思主义哲学方法论的贡献还需要进一步提炼。作为科学方法论,大成智慧学对马克思主义哲学方法论中国化和马克思主义科学方法论中国化具有重大的贡献。深入研究大成智慧学作为哲学方法论和科学方法论的重要价值,是对大成智慧学进一步研究的重要方向之一。大成智慧学对中国特色社会主义建设的哲学方法论和科学方法论的价值更大。

第四,钱学森与哲学界关于马克思主义哲学核心问题进行对比研究。研究钱老要有勇气。钱老的哲学观点在哲学界是有争议的。哲学界普遍认为,马克思主义哲学的核心是历史唯物主义,不是辩证唯物主义。辩证唯物主义是恩格斯的贡献,是恩格斯把马克思主义哲学推广到自然界。钱学森则认为,马克思主义哲学的核心是辩证唯物主义,历史唯物主义仅仅是社会科学的部门哲学。如何理解这两种不同的观点,需要进一步从理论上深入研究。

第五,对钱学森关于哲学、人体科学等有争议的重要观点展开深入研究。钱学森提出的马克思主义哲学的体系框架、人体科学等创新观点都有争论。可以进一步研究国外对钱学森思想的看法,但是这样研究起来范围就很大了。其他,诸如参考文献中将马克思主义经典著作列在最前面,要详细到篇目。

答辩委员会主席
中国人民大学马克思主义学院
张新教授、博导
2018 年 7 月 1 日

前　言

“培育大成智慧”是钱学森晚年关注的中心问题,“建立和应用大成智慧学”是他一生学术研究的最终归宿。1992年11月13日,钱学森正式提出“大成智慧学”的概念。大成智慧学是建立在一定的社会历史条件的基础之上的。信息技术革命为大成智慧学提供了技术基础,产业革命为大成智慧学提供了物质条件,世界社会形态为大成智慧学提供了社会背景,现代科学技术体系为大成智慧学提供了科学基础,开放的复杂巨系统为大成智慧学提供了理论基础,从定性到定量综合集成法为大成智慧学提供了方法论储备。大成智慧学的要害是“必集大成,才能得智慧”。大成智慧学的内涵就是对不同方面的信息、知识、智慧进行“集成”或“结合”。本文基于钱学森在不同情况下的阐述对大成智慧学的内涵做了深入归纳。大成智慧学关键是“现代科学技术体系”和“信息网络”。首先,大成智慧学是建筑在现代科学技术体系的基础之上的。大成智慧学坚持科学技术与马克思主义哲学相结合,坚持自然科学与社会科学相结合,坚持科学技术与文学艺术相结合,坚持基础科学、技术科学与工程技术相结合,坚持科学技术理论与实践相结合,坚持科学技术与前科学相结合。其次,人的智慧不只是来源于人脑,还来源于电子计算机、信息网络和灵境技术,大成智慧学是人机结合的智慧。大成智慧学坚持人与电子计算机相结合,坚持人与信息网络相结合,坚持人与灵境技术相结合。本文对钱学森与大成智慧学相关的重要理论创新进行了梳理,归纳和总结了大成智慧学的实践形式。大成智慧工程是大成智慧学的实践技术,从定性到定量综合集成研讨厅体系是大成智慧学的工作体系,总体设计部是大成智慧学的应用集体,大成智慧教育是大成智慧学的教育模式。大成智慧学具有重要地位,在钱学森思想中居于核心地位,在马克思主义中国化研究中具有重要地位,是对中国传统文化的继承和发展。大成智慧学具有重要作用:大成智慧学是系统科学发展的新阶段,是大成智慧教育的基础理论,对回答“钱学森之问”具有重要理论意义和现实意义。大成智慧学不可避免地具有局限性:钱学森并没有给出大成智慧学完整的理论框架和方法论构想,大成智慧学缺少对三个维度的全面阐述,研究大成智慧学理论容易,具体操作难。

目 录

CONTENTS

导　论

一、选题意义

钱学森是当代中国科学技术现代化和国防现代化的重要奠基人和推动者之一，是当代中国科技领域的标志性成果——“两弹一星”和航天事业的重要开拓者和杰出贡献者之一，是当代中国科技创新的倡导者和领军人物之一。作为学贯中西、融汇古今的“百科全书式”战略科学家，钱学森面向当代中国社会主义现代化建设实际，锐意推进马克思主义中国化。他立足自然科学，融通哲学社会科学，创立系统科学①、思维科学和人体科学，整合地理科学、建筑科学、行为科学和军事科学，形成了博大精深、纵横有序的现代科技体系，为大成智慧学提供了重要的科学基础。他在技术科学、工程控制论、物理力学、系统工程、系统科学等领域提出了一系列原创性思想，贯通了现代科学技术的三个层次，促进了基础科学、技术科学和工程技术三个层次之间的结合以及科学技术理论与实践相结合。钱学森促进自然科学与社会科学联盟，把自然科学的数学方法、系统工程方法运用到社会科学中，构筑了从定性到定量综合集成法，促进了自然科学和社会科学相结合。钱学森一贯主张科学技术现代化带动文学艺术现代化，科技工作者要有文学艺术修养，文艺工作者要有科学技术修养，要研究科学技术和文学艺术相互作用的规律，促进了科学技术与文学艺术相结合。钱学森认为只有马克思主义哲学才是智慧的源泉，他坚持学习并用马克思主义哲学指导科学研究，主张既要坚持又要发展，

① 协同学创始人哈肯认为：“系统科学的概念是中国学者较早提出的，我认为这是很有意义的概括，并在理解和解释现代科学，推动其发展方面是十分重要的”，并认为“中国是充分认识到了系统科学巨大重要性的国家之一”。参见哈肯：《系统科学大辞典序言》，许国志：《系统科学大辞典》，云南科学技术出版社 1994 年版。

初步提出了马克思主义哲学体系新框架,促进了科学技术与马克思主义哲学相结合。这些都为大成智慧学的提出奠定了坚实的基础。

系统科技大部门是钱学森研究的主线之一,从系统工程、系统科学到系统论,形成系统工程和系统科学的中国学派。钱学森对系统进行分类,从复杂性研究角度提出开放复杂巨系统概念及从定性到定量综合集成法;钱学森将系统科学和系统工程上升到复杂性研究角度,提出"大成智慧学"和"大成智慧工程";大成智慧学的实践技术是大成智慧工程,大成智慧学的工作体系是从定性到定量综合集成研讨厅体系,大成智慧学的应用集体是总体设计部,大成智慧学的教育模式是大成智慧教育。学习钱学森,研究钱学森,研究和总结他一生取得众多原创性科技成果的内外动因、方式方法、策略途径、人格魅力,研究和总结钱学森科技创新思想和"钱学森精神",尤其要研究和总结他关于大成智慧学的成功经验、深远影响和现实启示。大成智慧学对于推动中国特色社会主义现代化建设、推动"创新型国家"建设、推动中国"科教兴国"战略和"人才强国"战略、推动中国科学技术现代化和国防现代化、推动"大成智慧教育"、推动中华民族伟大复兴"中国梦"的实现、推进马克思主义中国化等都具有巨大的学术价值、理论意义和现实意义。

中国特色社会主义理论体系是对马克思列宁主义的继承和发展,是马克思列宁主义与中国实际相结合的第二次历史性飞跃的理论成果,是我们党的指导思想。大成智慧学从科学研究的角度论证了中国特色社会主义理论体系的真理性和科学性。自从钱学森提出大成智慧学以来的二十年,大成智慧学的研究取得了一定的成绩,但是与中国改革开放和社会主义现代化建设的需要相比还存在很大差距。从不同专业、不同角度研究的人多,进行总体研究、系统研究的人少;从事注解性、宣传性研究的人多,结合历史和现实进行研究的人少。马克思、恩格斯在《共产党宣言》中说过,共产党人的理论原理,不过是"我们眼前的历史运动的真实关系的一般表述"①。大成智慧学无疑是我们眼前历史运动的真实关系的一般表述,也是共产党人的重要理论原理。因此,我们对大成智慧学的研究应遵循马克思主义的基本方法,要仔细研究大成智慧学形成和发展的时代背景和历史条件,研究大成智慧学自身形成和发展的历史过程,研究大成智慧学各个重要论断的形成和发展过程。只有这样,才能准确把握大成智慧学的精神实质,避免出现对大成智慧学各种重要观点理解的分歧。对大成智慧学进行整体研究,基本上还是空白。本论文将大成智慧学及其主要内容和观点都置于整个马克思主义的发展过

① 马克思、恩格斯:《共产党宣言》(1847 年 12 月—1848 年 1 月底),《马克思恩格斯选集》(第一卷),人民出版社 2012 年版,第 414 页。

程、中国改革开放和社会主义现代化建设的发展过程中来进行研究，从理论和实践的结合上总结其承前启后的理论脉络，既有对理论的历史发展过程的阐述，又有对改革开放和社会主义现代化建设历史的回顾，具有历史的深度和厚度。

二、本选题研究的学术史梳理

（一）钱学森论文、专著综述

清朝陈澹然在《寤言二迁都建藩议》中指出："惟自古不谋万世者不足谋一时，不谋全局者不足谋一域。"研究钱学森，就要对钱学森著作、论文、讲话、书信等有全局性的把握，才能寻找研究薄弱点和突破点，论之有据，言之成理。钱学森勉励钱学敏[①]把他长期以来点点滴滴的思想系统地"穿"起来[②]。钱学森的只言片语犹如零金碎玉，需要编织成钟鼎大器，我不妨先做这编织者。恩格斯指出："研究原著本身，不会让一些简述读物和别的第二手资料引入迷途。"[③]钱学敏对本论文写作提出了三点参考意见：一是希望严格按照钱学森的原著、原文、原信、原话的本意去研究，其他学者的有关论述良莠不齐，需要认真辨别，仅作参考而已。二是希望说明钱学森在哪些科技方面有所创新，新在哪儿，原来这方面科技发展的水平和基础是怎样的，钱学森的创新成果有什么意义。三是研究钱学森的科技创新思想，也应该深入研究钱学森的哲学思想的特点，他的科学观与方法论的统一，他的大成智慧学的核心：哲学与科技的统一结合。[④] 根据钱学森的勉励、恩格斯的方法、钱学敏的建议，本文在研究钱学森大成智慧学思想时，不走捷径，不首先使用第二手文献，而是从钱学森原著、原文、原信、原话入手。忠实地解读钱学森原著是本文研究的首要任务，当前钱学森研究处于资料整理和百家争鸣时期，学者研究"良莠不齐"，没有形成相对稳定的研究范式。事实求是地讲，由于钱学森被称

① 钱学敏是"七人学术讨论班"的重要成员。1992 年以后，钱学森因为行走不便，组织了由王寿云负责，戴汝为、于景元、汪成为、钱学敏、涂元季参加的七人学术讨论班。这个小型讨论班定期在钱学森家里组织讨论。讨论班不仅讨论开放复杂巨系统等纯学术问题，还研究信息技术革命和产业革命等现实问题。

② 钱学敏：《〈钱学森科学思想研究再版感言〉》，《西安交通大学学报》（社会科学版）2010 年第 1 期，第 78 页。

③ 恩格斯：《致奥尔格·亨利希·福尔马尔》（1884 年 8 月 13 日），《马克思恩格斯全集》（第 36 卷），人民出版社 1974 年版，第 200 页。

④ 钱学敏 2012 年 5 月 17 日致董贵成、齐鹏飞、宋振东的信。

为具有“深度”“广度”“高度”“难度”“远度”的“五维”发展的科学家①,其思想的重要性一时还难以被人们认识和了解。要事实求是地研究钱学森就必须首先研究钱学森原著,这是一个不可超越的阶段。

钱学森的学术生涯一般分作三大阶段:第一阶段是在美期间20年;第二阶段是20世纪50年代中期到20世纪70年代中期的20年;第三阶段是20世纪70年代中期以来的30年,主要是前20年。钱学森在第一阶段的科学思想可参阅其同事马丁·萨默菲尔德(Martin Summerfield)的评价:“在科学的预见性上,他不像冯·卡门、爱因斯坦和特勒等科学巨人一样,富有远见卓识。他和他们不是一类人。他可以帮助那些人完成计算工作,成为他们的左膀右臂,但却无法成为大师。我认为,钱学森的长处在于复制。复制大师们所创造的东西。”②此评价基本符合事实,在美期间的钱学森还不是大师级科学家。虽然有人对钱学森在第二阶段的科学思想做过高度评价,认为钱学森是“最重要的归国学者”、中国“首席科学家和工程师”“最顶尖的科学家,最权威的人物”③,但钱学森评价自己说:“关于‘两弹一星’的科学和技术……回到祖国以后……基本的、原始的创新不多。”④对于钱学森第三阶段的科学思想,学术界争论很大,有人认为他只是一个科学家,这是因为对钱学森第三阶段的学术成果不熟悉。张纯如认为:“作为一位全才,钱学森撰写的论文跨越多个领域,我访问的专家中没有一个熟知他的全部工作,即使是钱学森最有成就的学生也一样。”⑤钱学森认为自己第三阶段“开创的全新的观点和理念”,其社会意义和重要性,可能远远超过“两弹一星”⑥。“可能”是钱学森的谦虚之辞,“远远”是钱学森对自己忠实的评价。钱学森的思想特点可以概括为“大”“全”“远”三个字。“大”是指大思路、大格局;“全”是指整体观、全面性;“远”是指站得高、看得远。⑦ 钱学森第三阶段的科学思想属于阳春白雪,曲高和寡,尚“藏在深闺人未识”。

钱学森第一阶段的文献主要集中在应用力学、喷气推进、工程控制论、物理力

① 徐光宪2001年8月17日在“钱学森与现代科学技术”研讨会的发言中提出五维标准的科学家。参见马蔼乃:《钱学森论地理科学》,《中国工程科学》2002年第1期,第1页。

② [美]张纯如著,鲁伊译:《蚕丝:钱学森传》,中信出版社2011年版,前言,第XLI页。

③ [美]张纯如著,鲁伊译:《蚕丝:钱学森传》,中信出版社2011年版,前言,第XXXIX页。

④ 钱学敏:《钱学森科学思想研究》,西安交通大学出版社2010年版,第255页。

⑤ [美]张纯如著,鲁伊译:《蚕丝:钱学森传》,中信出版社2011年版,前言,第XL页。

⑥ 钱学敏:《钱学森科学思想研究》,西安交通大学出版社2010年版,第255页。

⑦ 王成斌、刘兆世:《钱学森总体设计部思想初探》,中国宇航出版社2011年版,第22-23页。

学、工程科学等领域①。钱学森第三阶段的文献基本上按照学科分门别类地出版②。钱学森科学思想比较全面地体现在《钱学森书信》《钱学森书信选》《钱学森书信补编》《钱学森文集》《钱学森读报批注》《钱学森年谱》之中。在中国学术期刊网(CNKI)搜索到200多篇文章,多数文章都已经收入六卷本的《钱学森文集》。对CNKI在线论文被引频次进行统计③,按照由高到低的顺序做了整理,具体顺序和被引频次参见文后主要参考文献的钱学森个人论著的论文。以开放复杂巨系统及其方法论为主要内容的系统科学是学界研究的热点,几乎成了对钱学森研究的核心问题。这是学界对于以钱学森为旗手的系统科学的中国学派的一个肯定和认可。钱学森极力倡导的系统工程、思维科学、人体科学、技术科学、科学学、地理科学、城市学、马克思主义哲学、大农业等领域,也被广泛研究。

通过对钱学森在三个阶段科技理论创新和科技实践创新的精心研究和整体把握,我们发现大成智慧学是钱学森一生科技理论创新的封笔之作,是钱学森一生学术创新的总结。正如苗东升所指出的,培育大成智慧是钱学森晚年关注的"中心问题",建立和应用大成智慧学是他"一生学术研究的最终归宿"④。本文对钱学森科技理论创新和科技实践创新按照时间顺序做了初步整理(见表0.1)。当然这种把握是不全面的,主要体现了与大成智慧学相关理论的演化与推进。因为篇幅限制,并没有反映诸如思维科学、人体科学、建筑科学等学科领域的重要理论创新,这有待于以后研究的进一步细化。

---

① 第一阶段文献主要收录于《工程控制论》《物理力学讲义》《钱学森文集(1938—1956)》《钱学森文集:1938—1956年海外学术文献》《钱学森手稿(1938 - 1955)》以及《钱学森力学手稿》等著作中。

② 如系统科学的《论系统工程》《创建系统学》;思维科学的《关于思维科学》;人体科学的《论人体科学》《人体科学与现代科技发展纵横观》《论人体科学与现代科技》;地理科学的《论地理科学》;建筑科学的《城市学与山水城市》《城市学与山水城市》《山水城市与建筑科学》《论宏观建筑与微观建筑》《钱学森论山水城市》《钱学森论建筑科学》;教育方面有陈华新主编的《集大成得智慧:钱学森谈教育》,马望星编著的《钱学森创新教育的伟大实践》;第六次产业革命方面有《钱学森论第六次产业革命通讯集》,李毓堂编著的《钱学森知识密集型草产业及第六次产业革命的理论与实践》《钱学森宋平论沙草产业》《钱学森论第六次产业革命专题摘编》等专著。

③ 时间截至2013年7月10日。

④ 苗东升:《什么是大成智慧学》,《西安交通大学学报》(社会科学版),2010年第6期,第1 - 7、18页。

表 0.1 钱学森重要科技理论创新和科技实践创新汇总表

Table 0.1 The summary of Qian Xue-sen's theory innovation and practice innovation of science and technology

<table>
<tr><td>2001—2009</td><td colspan="3">“钱学森之问”(2005.3.29)</td></tr>
<tr><td>1996—2000</td><td colspan="3">微观的逻辑思维与宏观的形象思维相结合的创新思维</td></tr>
<tr><td>1991—1995</td><td colspan="3">《向中央领导同志汇报国家总体设计部问题》(1991.3.8)
从定性到定量综合集成研讨厅体系(1992.3.2)
大成智慧工程(1992.8.27)、大成智慧学(1992.11.13)、大成智慧教育(1993.10.7)
向中央领导建言《我们应该如何迎接21世纪》(1995.1.11)</td></tr>
<tr><td>1986—1990</td><td colspan="3">开放复杂巨系统(1987.6.1)
定性与定量相结合综合集成法(1989.10.9)
从定性到定量综合集成法(1990.5.16)
社会主义建设总体设计部(1990)</td></tr>
<tr><td>1981—1985</td><td colspan="2">“东方红－2号”地球静止轨道通信卫星成功发射(1984.4)
参与组织潜艇水下发射导弹任务(1982.10)</td><td>现代科学技术体系和马克思主义哲学体系</td></tr>
<tr><td>1976—1980</td><td>洲际导弹第一次全程飞行(1980.5)</td><td>系统工程(1978)</td><td>社会系统工程(1979)
国民经济总体设计部(1979)</td></tr>
<tr><td>1971—1975</td><td colspan="3">“东风－5号”(1971),科学探测卫星“实践－1号”成功发射(1971)、中国第一颗返回式卫星成功发射(1975)</td></tr>
<tr><td>1966—1970</td><td colspan="3">首次导弹与原子弹“两弹结合”试验成功(1966.10.27)
中程导弹与氢弹组成的热核导弹试验成功(1968)
“东风－2号甲”(1966)、“东风－3号”(1967)、“东风－4号”(1970)
中国第一颗人造卫星“东方红－1号”成功发射(1970.4.24)</td></tr>
<tr><td>1961—1965</td><td colspan="3">第一枚中近程导弹“东风－2号”发射成功(1964.6.29)
《早日制订中国人造地球卫星计划并列入国家任务》(1965.1.8)</td></tr>
<tr><td>1956—1960</td><td colspan="3">《建立我国国防航空工业的意见书》(1956.2.17)
中国第一枚近程导弹“东风－1号”(1960.11.5)</td></tr>
<tr><td>1951—1955</td><td>物理力学</td><td>工程控制论(1954)</td><td></td></tr>
<tr><td>1946—1950</td><td>原子能、稀薄空气动力学、火箭和喷气推进</td><td></td><td>工程科学(1947)</td></tr>
<tr><td>1941—1945</td><td>薄壳体稳定性;固体力学</td><td></td><td></td></tr>
<tr><td>1936—1940</td><td>高速气动力学;卡门－钱公式</td><td></td><td></td></tr>
<tr><td>1931—1935</td><td>机械工程系铁道门</td><td></td><td></td></tr>
<tr><td></td><td>自然科学</td><td>系统科学</td><td>社会科学</td></tr>
</table>

（二）国内外研究现状综述

关于钱学森的传记，最早是［美］冯·卡门、李·爱特生在《钱学森的导师冯·卡门传》第38章《中国的钱学森博士》中描述了钱学森在美国20年的一些事迹。此后，陆续出版了20多部关于他的传记类著作，具体参见文后主要参考文献“传记、实录类”。1995年以来，学界出版了多种钱学森科学思想研究论文集①和多部研究专著②，从中可见学界对钱学森科学思想的关注程度。进入21世纪以来的十余年间，钱学森科学思想被学界比较集中地研究并取得显著成就，并在多个领域取得了一系列新进展、新成果。根据陈悦、郑欢欢应用文献计量学研究方法③对钱学森科学思想概貌所做研究（见图0.1）指出，当前学术界对于钱学森“系统科学

---

① 1995年7月，刘恕主编的《纪念钱学森建立沙产业理论十周年文集》；2001年11月，庄逢甘、郑哲敏主编的《钱学森技术科学思想与力学》；2001年12月，北京大学现代科学与哲学研究中心编的《钱学森与现代科学技术》；2007年1月，中国系统工程学会、上海交通大学编的《钱学森系统科学思想研究》；2007年1月，潘敏主编的《钱学森研究（2006）》；2008年12月，上海交通大学编的《钱学森研究（2007）》；2009年11月，上海交通大学编的《民族之魂——人民科学家钱学森的精神风采》；2010年12月，上海交通大学编的《钱学森研究（2009）》；2011年3月，魏宏森、庄茁主编的《钱学森与清华大学之情缘》；2011年11月，总装备部科技委、总装备部政治部编辑出版的《钱学森学术思想研究论文集》；2011年12月，内蒙古沙产业草产业协会、西安交通大学先进技术研究院编的《学习钱学森第六次产业革命思想论文集》；2012年6月，北京大学现代科学与哲学研究中心编的《钱学森与社会主义》；2012年10月，中国科学院院士工作局编辑出版的《钱学森先生诞辰100周年纪念文集》；等等。

② 如王英著的《钱学森学术思想研究》；钱学森、戴汝为著的《论信息空间的大成智慧——思维科学、文学艺术与信息网络的交融》；王文华著的《钱学森学术思想》；钱学敏著的《钱学森科学思想研究》；王成斌、刘兆世著的《钱学森总体设计部思想初探》。科学出版社“钱学森科学技术思想研究丛书”从2011年开始陆续出版了十几部著作，这些著作或是钱学森论著专题摘编，或是学者研究专著或论文集，或是二者皆有。全景展现了钱学森的科技思想，按照出版时间为序依次为：赵少奎编的《现代科学技术体系总体框架的探索》，黄顺基著的《马克思主义哲学与现代科学技术体系》，糜振玉编的《钱学森现代军事科学思想》，凌福根编的《钱学森论火箭导弹和航空航天》，马蔼乃著的《地理科学与现代科学技术体系》，姜璐编的《钱学森论系统科学（讲话篇）》，佘振苏、倪志勇著的《人体复杂系统科学探索》，苗东升著的《钱学森哲学思想研究》，卢明森编的《钱学森思维科学思想》，苗东升著的《钱学森系统科学思想研究》，姜璐编的《钱学森论系统科学（书信篇）》，黄顺基、涂序彦、钟义信著的《从工程管理到社会管理》，马蔼乃著的《地理建设与社会系统工程》，龚建华、李文航、马蔼乃著的《地理综合集成研讨厅的方法与实践》，佘振苏著的《复杂系统新框架——融合量子与道的知识体系》，等等。

③ 陈悦、郑欢欢：《钱学森科学思想研究概貌——基于文献计量学的研究》，《科学学研究》2012年第1期，第28－34、13页。

与工程”“思维科学”“科学学”“技术科学”“大农业经济”“城市科学”“人才培养”七大知识群研究颇多。本论文参考这些学术界研究的热门方向,选取“大成智慧学”作为研究命题。目前在大成智慧学方面的研究成果有以下三个方面。

1.关于大成智慧学的总体研究

钱学森并没有给出“大成智慧学”的定义或者概念,按照钱学敏的定义,“大成智慧学”是引导人们尽快获得聪明才智和创新能力的学问。① 本文认为,可以从多种角度界定“大成智慧学”,从系统科学角度看,“大成智慧学”是关于开放复杂巨系统的“系统学”,是“系统学”中关于开放复杂巨系统的理论。从思维科学角度看,“大成智慧学”是研究微观法的逻辑思维与宏观法的形象思维相结合的创新思维的学问,创新思维才是智慧的源泉。② 从知识体系角度看,“大成智慧学”是“大成智慧”的基础科学层次,是“大成智慧工程”的基础理论,其中间层次可以是“大成智慧技术”或“大成智慧理论”。简单地说,“大成智慧学”就是“集大成,得智慧”的关于“智慧”的学问,与关于知识体系的现代科学技术体系是不同的。

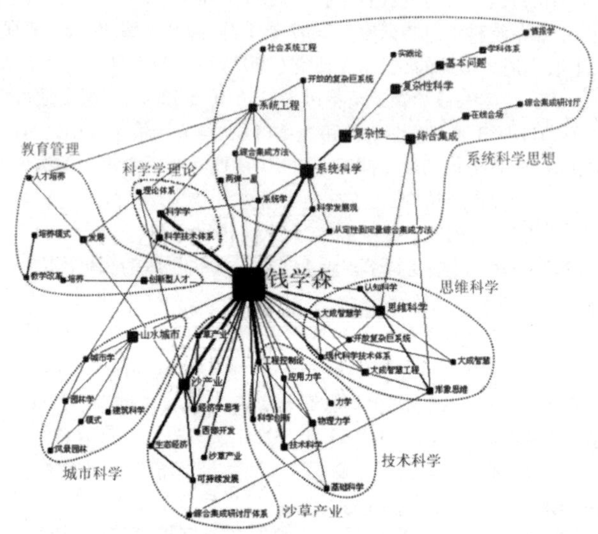

图 0.1 钱学森思想研究示意图

Fig. 0.1 Schematic diagram of Qian Xue-sen thought research

---

① 钱学敏:《试论钱学森的“大成智慧学”——谨以此文祝贺钱老九十寿辰》,《华中建筑》2001 年第 5 期,第 7 - 13 页;《首都师范大学学报》(社会科学版)2001 年第 3 期,第 11 - 23 页。

② 《致戴汝为》(1995 年 3 月 16 日),《钱学森书信》(9),国防工业出版社 2007 年版,第 132 - 134 页。

到目前为止,对“大成智慧学”的研究以钱学敏用功最勤。近20年,钱学敏相继发表了十多篇关于“大成智慧学”的论文,形成《钱学森科学思想研究》(西安交通大学出版社2010年版)一书。钱学敏在《钱学森关于现代科学技术体系的构想及其“大成智慧学”》中阐述了“大成智慧学”要坚持性智与量智相结合,坚持逻辑思维与非逻辑思维相结合。① 钱学敏在《试论钱学森的“大成智慧学”——谨以此文祝贺钱老九十寿辰》②《钱学森:“大成智慧学”——谨以此文祝贺钱学森九十寿辰》③《论钱学森的大成智慧学》④中认为当代科技、经济发展与“世界社会形态”是“大成智慧学”提出的时代背景和社会条件,现代科学技术是大成智慧学的科学基础和知识源泉,开放复杂巨系统理论是大成智慧学的理论基础,大成智慧工程是大成智慧学的方法论,培养全面发展的新人需要实施大成智慧教育。钱学敏在《钱学森关于复杂系统与大成智慧的理论》⑤以及《钱学森关于复杂系统与大成智慧的探索——谨以此文祝贺钱老95寿辰》⑥中认为复杂系统是相当普遍的客观现实,解决复杂问题需要整体观,认识和处理复杂系统要用综合集成法,总体设计部是运用综合集成法的集体,解决复杂性问题需要大成智慧。其中在“解决复杂性问题需要大成智慧”中认为认清现代科学技术体系才能广开知识之源,掌握科学技术三个层次要坚持理论与实践相结合,科学技术与哲学相结合是大成智慧的核心,前科学知识也是大成智慧发展的源泉。钱学敏认为,大成智慧学是坚持科学技术的理论与实践相结合,坚持科学技术与马克思主义哲学相结合,坚持前科学与现代科学技术体系相结合。钱学敏在《钱学森对教育事业的设想——实行大成智慧教育培养全面发展的新人》⑦中阐述了以大成智慧学为理论基础的大成智

---

① 钱学敏:《钱学森关于现代科学技术体系的构想及其“大成智慧学”》,《中国社会科学院研究生院学报》1994年第5期,第6页。

② 钱学敏:《试论钱学森的“大成智慧学”——谨以此文祝贺钱老九十寿辰》,《华中建筑》2001年第5期,第7-13页;《首都师范大学学报》(社会科学版)2001年第3期,第11-23页。

③ 钱学敏:《钱学森:“大成智慧学”——谨以此文祝贺钱学森九十寿辰》,《社会科学报》2002年1月3日,第4版。

④ 钱学敏:《论钱学森的大成智慧学》,《中国工程科学》2002年第3期,第6-15页。

⑤ 钱学敏:《钱学森关于复杂系统与大成智慧的理论》,《西安交通大学学报》(社会科学版)2004年第4期,第51-57页。

⑥ 钱学敏:《钱学森关于复杂系统与大成智慧的探索——谨以此文祝贺钱老95寿辰》,《北京联合大学学报》(自然科学版)2006年第4期,第5-11页。

⑦ 钱学敏在《钱学森对教育事业的设想——实行大成智慧教育培养全面发展的新人》,《西安交通大学学报》(社会科学版)2005年第3期,第57-64页。

慧教育,文章认为教育与科技将成为影响国家发展的关键因素,大成智慧需要现代科学技术体系;大成智慧教育应该重视理论与实践相结合,应该把哲学与科学技术结合起来,应该加强情感和品德教育,大成智慧教育将是一场伟大的革命。钱学敏在《钱学森对"大成智慧学"的探索——纪念钱学森百年诞辰》中认为大成智慧学是马克思主义哲学发展的新阶段,大成智慧学的产生是时代的呼唤。现代科学技术体系是大成智慧学的科学基础和知识源泉。大成智慧学要求打通界限,总看全局;要求实事求是,理论联系实际。哲学与科学技术相结合是大成智慧学的核心。前科学知识库是大成智慧学的发展源泉。科学与艺术相结合是大成智慧学的重要内容。大成智慧工程是实践大成智慧学的方法。总体设计部是实践大成智慧学的集体。① 钱学敏对大成智慧学从坚持科学技术理论与实践相结合,坚持科学技术与马克思主义哲学相结合,坚持科学技术与文学艺术相结合,坚持科学技术与前科学相结合几个方面进行了论述。钱学敏与钱学森共事多年,深知钱学森科学思想之精髓。钱学敏的思想对于研究钱学森科学思想意义重大,很值得重视。

余华东从思维角度认为,大成智慧学是集逻辑思维与形象思维之大成,集人与人思维之大成,集人与机器思维之大成。② 集逻辑思维与形象思维之大成实是从思维科学角度集科学技术与文学艺术之大成,集人与人思维之大成实是从集体主义、群体思维学、民主集中制、群众路线角度阐述集科学技术与政治之大成。集人与机器思维之大成实质还是集逻辑思维与形象思维之大成,最终还是集科学技术与文学艺术之大成。高介华对钱学森的学术功绩及其思想光辉归结为八个方面,其中创立"科学与艺术关系"的辩证观从大成智慧学角度说是坚持科学技术与文学艺术相结合;倡导"自然科学研究"与"社会科学研究"的一体化从大成智慧学角度看实是坚持自然科学与社会科学相结合;他还认为大成智慧学是当代思维科学领域的巅峰。这三个方面都涉及"大成智慧学"。③ 赵泽宗认为大成智慧学是集"量智"与"性智"之大成,集科学与哲学之大成,集科学与艺术之大成,集逻

---

① 钱学敏在《钱学森对"大成智慧学"的探索——纪念钱学森百年诞辰》,《西安交通大学学报》(社会科学版)2011 年第 6 期,第 6 – 18 页;《科学学研究》2012 年第 1 期,第 14 – 27 页。

② 余华东:《集大成,得智慧——试析钱学森的大成智慧学和大成智慧教育》,《太原师范学院学报》(社会科学版)2008 年第 2 期,第 1 – 4 页。

③ 高介华:《钱学森的学术功绩及其思想光辉》,《西安交通大学学报》(社会科学版)2010 年第 6 期,第 8 – 18 页。

辑思维与形象思维之大成,集微观认识与宏观认识之大成。① 这五个集大成,其实就是集科学与哲学之大成和集科学与艺术之大成两个方面,因为集“量智”与“性智”之大成、集逻辑思维与形象思维之大成、集微观认识与宏观认识之大成三个方面分别从质量互变规律、思维科学、认识论角度阐述了集科学与艺术之大成。黄楠森认为大成智慧学显然就是关于现代科技体系的系统理论。“大成”是集现代科技体系于一身。但是“智慧”并非仅仅指学问。因为培根在《论学问》中指出:“运用这些学问,乃是……一种智慧。”智慧比单纯的知识要高一个层次。黄楠森关于“大成智慧学显然就是他关于这个现代科学技术体系的系统理论”②无疑是说智慧是关于知识的理论,这个观点对于“大成智慧学”来说显然还是不够的。

鲍展斌认为,大成智慧学的哲学与科学技术的统一、科学与艺术的交融、微观与宏观的结合、抽象思维与形象思维的合作有助于形成创造性思维,有利于培养创新型人才。大成智慧学有利于促进想象力、培养观察力、激发创新思维、培养大智大德创新人才。③ 鲍健强等认为大成智慧学是基于逻辑思维基础上的形象思维、计算机通讯时代的人机交互思维、巨量信息流背景下的复杂思维、创造性思维引领下的灵感思维、大成智慧学为核心的系统集成思维等丰硕的思维科学研究成果的理论集成。“大成智慧学”有基于现代科学技术知识体系的整体认识、基于对现代科学技术三维立体把握、基于对科技和哲学关系的认识论思考三根理论支柱。“大成智慧学”的思维框架有开放复杂巨系统的需要、整体论和系统论的具体体现、定性到定量综合集成法的方法论路径三个特点。“大成智慧学”的理论价值是“总体设计部”是大成智慧工程的有效途径,“大成智慧教育”是对人才培养问题的延伸思考,“集大成、得智慧”是21世纪的世界潮流和时代要求。④

关于大成智慧学的细化研究,以集科学技术与马克思主义哲学之大成、集科学技术与文学艺术之大成为多,关于集自然科学与社会科学之大成、集科学技术理论与实践之大成目前的研究成果还比较少,需要进一步挖掘和整理。

---

① 赵泽宗:《简论钱学森大成智慧教育思想与教育实践——解读“钱学森之问”和“钱学森成才之道”》,《汉字文化》2011年第3期,第7页。

② 黄楠森:《钱学森大成智慧学简论》,《上海交通大学学报》(社会科学版)2011年第6期,第5页。

③ 鲍展斌:《论钱学森大成智慧学的人文价值》,《宁波大学学报》(人文科学版)2012年第2期,第85-90页。

④ 鲍健强、张阳、叶设玲:《论钱学森“大成智慧学”的理论价值和现实意义》,《未来与发展》2013年第2期,第26-31页。

2. 关于大成智慧学坚持科学技术与哲学相结合

对于钱学森哲学思想的研究由来已久。最早胡昌善①、黄欣荣②、赵营波③等就对钱学森的哲学思想做了论述。钱学敏在《钱学森关于现代科学技术体系的构想及其"大成智慧学"》中指出,钱学森把马克思主义哲学和现代科学技术体系融汇在人类知识体系中,赋予马克思主义哲学以鲜明的科学性和鲜明的实践性,从而"真正成为智慧的学问"④。冯国瑞在《钱学森的科学观》中从两个方面阐述了现代科学技术与马克思主义哲学的关系:马克思主义哲学是人类认识的最高概括;现代科学技术可以丰富、深化、发展马克思主义哲学。⑤ 李志锋的《试论钱学森在马克思主义哲学领域的卓越成就》认为钱学森提出的现代科学技术体系对马克思主义哲学的建构有重要意义,关于复杂性的探索在一般系统论基础上进一步丰富和发展了以唯物辩证法为基础的具体方法论,关于思维科学的探索丰富和发展了马克思主义认识论,关于第五次产业革命的论述丰富和发展了唯物史观,关于建立一套建设和管理国家的科学之卓见是马克思主义哲学实践品质的最高体现,从科学和政治相结合的高度,实现了哲学家和自然科学家的联盟。⑥ 涂元季在《一位科学家的马克思主义哲学观》认为钱学森的马克思主义哲学观是建筑在现代科学技术体系基础之上的,他倡导的系统科学理论以辩证唯物主义为指导,钱学森认为社会科学通往马克思主义哲学的桥梁是唯物史观。⑦

黄楠森在《科学与哲学的有机结合》中认为,钱学森把科学技术体系称为"大成智慧学",把构建这个体系的工作叫作"大成智慧工程"。⑧ 黄楠森教授的理解

---

① 胡昌善:《现代科学技术体系构想及其哲学意义——钱学森哲学思想评述》,《江汉论坛》1987 年第 7 期;胡昌善:《马克思主义哲学体系的重大突破——评钱学森现代科学技术体系的哲学意义》,《长江论坛》1993 年第 1 期。

② 黄欣荣、王英的《钱学森哲学思想探索》,《赣南师范学院学报》1991 年第 2 期。

③ 赵营波:《关于宏观科学的哲学思考(上)——读钱学森今年论著心得体会和畅想》,《科学学与科学技术管理》1993 年第 2 期。

④ 钱学敏:《钱学森关于现代科学技术体系的构想及其"大成智慧学"》,《中国社会科学院研究生院学报》1994 年第 5 期,第 5 页。

⑤ 冯国瑞:《钱学森的科学观》,《中国工程科学》2001 年第 9 期,第 9 - 15 页。

⑥ 李志锋:《试论钱学森在马克思主义哲学领域的卓越成就》,《广西师范学院学报》(哲学社会科学版)2006 年第 3 期,第 135 - 139 页。

⑦ 涂元季:《一位科学家的马克思主义哲学观——学习〈钱学森书信〉的体会》,《人民日报》2007 年 7 月 20 日,第 16 版;涂元季:《一位科学家的马克思主义哲学观——读〈钱学森书信〉》,《北京大学学报》2007 年第 5 期,第 148 - 152 页。

⑧ 黄楠森:《科学与哲学的有机结合——读〈钱学森书信〉》,《人民日报》2007 年 8 月 10 日,第 15 版。

值得商榷。本文认为,黄楠森将科学技术体系的思想归于哲学,这是第一个误解,因为钱学森认为科学技术体系学隶属于科学学,是社会科学的一个分支。黄楠森认为钱学森把科学技术体系称为"大成智慧学",这是第二个误解,因为科学技术体系属于知识体系,而"大成智慧学"本质上属于智慧的体系,知识和智慧不是一个层次,有知识不一定有智慧。黄楠森将构建科学技术体系的工作叫作"大成智慧工程",这是第三个误解,"大成智慧工程"的含义更为深刻。黄顺基在《钱学森对马克思主义哲学的发展》中认为现代科学技术体系是对实践论的发展,科学技术是第一生产力理论是对历史唯物主义的发展,社会系统工程是对马克思主义国家学说的发展。① 王秀梅在《浅论钱学森对马克思主义哲学的贡献》中从马克思主义哲学体系及其核心,马克思主义哲学的研究对象,人类知识通往马克思主义哲学的途径,马克思主义哲学和其他学科的关系,关于世界本质的探讨等方面②阐述了钱学森对马克思主义哲学的贡献。马佰莲、王秀梅在《试论钱学森的马克思主义哲学观——以钱学森的现代科学技术体系思想为例》中从马克思主义哲学的精神实质、研究对象、科学地位、基本方法等方面③阐述了钱学森的马克思主义哲学观。冯亮在《浅析钱学森对马克思主义哲学的感悟》中认为"最好:马克思主义哲学是最锐利的思想武器","最正确:马克思主义哲学植根于现代科学技术","最高:马克思主义哲学是知识集合的最高层次"。④

3. 关于大成智慧学坚持科学技术与文学艺术相结合

钱学敏和涂元季⑤对这一问题研究较多。钱学敏在《论钱学森关于科学与艺术的思想》⑥和《钱学森谈科学艺术与大成智慧学》⑦中认为科学与艺术是不断丰

---

① 黄顺基:《钱学森对马克思主义哲学的发展》,《山东科技大学学报》(社会科学版)2011 年第 1 期,第 1 - 9 页。

② 王秀梅:《浅论钱学森对马克思主义哲学的贡献》,《盐城工学院学报》(社会科学版)2011 年第 1 期,第 33 - 35 页。

③ 马佰莲、王秀梅:《试论钱学森的马克思主义哲学观——以钱学森的现代科学技术体系思想为例》,《齐鲁师范学院学报》2011 年第 4 期,第 1 - 6 页。

④ 冯亮:《浅析钱学森对马克思主义哲学的感悟》,《改革与开放》2011 年第 24 期,第 38 - 39 页。

⑤ 涂元季:《科学与艺术的结合:一位科学家的独特见解——学习〈钱学森书信〉的体会》,《光明日报》2007 年 7 月 23 日第 9 版;《科学与艺术的结合——学习〈钱学森书信〉的体会》,《前沿科学》2007 年第 3 期;《科学与艺术的结合:一位科学家的独特见解——学习〈钱学森书信〉体会之二》(《西安交通大学学报》2009 年第 2 期。

⑥ 钱学敏:《论钱学森关于科学与艺术的思想》,《中国工程科学》2001 年第 11 期,第 1 - 9 页。

⑦ 钱学敏在《钱学森谈科学艺术与大成智慧学》,《北京联合大学学报》(自然科学版)2005 年第 1 期,第 1 - 7 页。

富的一对范畴。因为科学与艺术有共同根源、共同对象、共同目的、共同灵魂，所以科学与艺术相伴而行共同发展。艺术创新需要高新技术，艺术创新要有科学的世界观，科学思维与艺术思维各有特点，科学与艺术相辅相成综合创新，科学与艺术日趋融合相得益彰。钱学敏在《量性双悟智　天人一贯才——科学艺术与钱学森的大成智慧学》①中认为大成智慧学是集量智与性智之大成，集逻辑思维与形象思维之大成，集科学技术与文学艺术之大成。苗东升在《文艺科学再议——兼评钱学森的科学文艺观》中认为还原论科学造成文艺与科技相分离，科学系统新的转型演化推动文艺与科技相融合，新科技为文艺研究从学科变为科学准备了物质实践基础，复杂性科学能够为文艺提供科学诠释。② 涂元季在《科学与艺术的结合：一位科学家的独特见解——学习〈钱学森书信〉的体会》认为科学与艺术的结合是文理相通、辩证统一。将文学艺术与科学结合起来，探索思维科学新路③。钱学敏、苗东升和涂元季从不同侧面阐述了科学技术与文学艺术相结合。

三、本文努力体现的创新点、研究难点、研究方法和研究思路

（一）本文写作努力体现的创新点

本文努力尝试在较充分地占有和利用目前学界关于该选题研究基本资料基础上，在较充分地吸收和借鉴目前学界关于该选题研究成果和学术积累基础上，主要运用文本解读的研究方法，争取对钱学森大成智慧学思想进行比较全面、系统、深入的梳理和阐释，争取在对以往学界研究相对薄弱环节上有所突破、有所创新，努力提出一些探索性研究心得。

（1）分析提炼出大成智慧学提出的历史条件。信息技术革命是大成智慧学的技术基础，第五次产业革命是大成智慧学的物质条件，世界社会形态是大成智慧

① 钱学敏：《量性双悟智　天人一贯才——科学艺术与钱学森的大成智慧学》，《西安交通大学学报（社会科学版）2004 年第 2 期，第 65－68 页。

② 苗东升：《文艺科学再议——兼评钱学森的科学文艺观》，《首都师范大学学报》（社会科学版）2012 年第 1 期，第 30－36 页。

③ 涂元季：《科学与艺术的结合：一位科学家的独特见解——学习〈钱学森书信〉的体会》，《光明日报》2007 年 7 月 23 日，第 9 版；《科学与艺术的结合——学习〈钱学森书信〉的体会》，《前沿科学》2007 年第 3 期，第 22－25 页。

学的社会背景,现代科学技术体系是大成智慧学的科学基础,开放的复杂巨系统为大成智慧学提供了理论基础,从定性到定量综合集成法是大成智慧学的方法论储备,等等。

(2)努力从双向互动的关系角度探索钱学森大成智慧学“集大成”的内涵。大成智慧学坚持马克思主义哲学与科学技术相结合,坚持社会科学与自然科学相结合,坚持科学技术与文学艺术相结合,坚持科学技术理论与实践相结合,坚持基础科学、技术科学与工程技术相结合,坚持科学技术与前科学相结合,坚持人与电子计算机、信息网络和灵境技术相结合,等等。

(3)进一步归纳和总结大成智慧学的实践形式。大成智慧工程是大成智慧学的实践技术,从定性到定量综合集成研讨厅体系是大成智慧学的工作体系,总体设计部是大成智慧学的应用集体,大成智慧教育是大成智慧学的教育模式,等等。

(4)努力体现以往学术训练背景,充分运用相关研究资料,力求研究扎实、厚重。结合本人硕士研究生阶段“科学技术史”专业背景和博士研究生阶段“马克思主义中国化研究”专业方向,以及对于大成智慧学浓厚的学术兴趣和持续关注,本文尝试运用交叉学科宏观视野,从马克思主义中国化研究角度深入探讨钱学森大成智慧学思想,希望在介入问题角度及研究方法上有所突破和创新。

(5)关于钱学森大成智慧学的研究资料非常丰富,涉及领域非常广泛,钱学森本人著述极其繁多,几乎覆盖了十一个科技大部门的所有领域,而学界对大成智慧学的研究成果也是极其丰硕,这为本人研究提供了非常坚实的学术支撑,本人在论文写作过程中,尽可能挖掘、利用现有研究资料,包括已经初步整理出的钱学森文集、书信、传记、回忆录和学界关于钱学森大成智慧学思想研究的成果,争取最大限度地接近钱学森大成智慧学思想的原貌和真谛。

(二)本文写作遭遇的瓶颈和难点

(1)钱学森一生著述丰硕,他的文章和著作,他在各种场合的报告、讲话、发言、谈话都显现出他的真知灼见、战略眼光。他的著述虽然陆续整理出版,但仍有相当多资料没有公开出版,全面、系统的原始资料的收集比较困难。甚至一些出版过的著作由于发行数量少,其涉及领域敏感而难以得到进一步研究,如钱学森关于人体科学的著述就没有再次出版,其原版也是难觅踪迹,这给全面研究钱学森大成智慧学思想带来了困难。

(2)钱学森思想博大精深,很多观点的创新性比较强,与学界传统思想差别甚大,其思想观点很难被学术界认可。本论文既要体现钱学森的创新观点,又要被学界认可,其实很不容易。例如,钱学森认为辩证唯物主义是马克思主义哲学的核心,就有很多学者不认同,认为马克思主义哲学就是历史唯物主义,等等。所以本论文的写作有很多争议,但是作为一家之言,姑且存之。

(3)研究钱学森大成智慧学思想,既需要良好的人文社会素养,也需要良好的自然科学素养,还需要良好的交叉学科学术训练背景。本人一边努力学习,努力充实自然科学素养,尽力完善人文社会科学素养;一边深入研究,全面、系统地掌握资料,进入写作阶段又集中优势兵力,各个击破。在学习中研究,在研究中学习。自信笨鸟先飞,勤能补拙,兢兢业业,尽心尽力。

(三)本文写作的指导思想和基本研究方法

本文以马克思主义辩证唯物主义和历史唯物主义的基本立场、观点和方法为指导思想。首先是运用对立统一的矛盾分析法作为指导;其次是运用质量互变规律的指导。钱学森就是运用了质量互变规律提炼出处理开放复杂巨系统的从定性到定量综合集成法。本文写作的基本研究方法是:

第一,对钱学森大成智慧学原始文献和研究成果文献进行系统梳理和研究。对钱学森原始文献进行系统的综述,这需要有全局观、整体观、战略观,以及跨学科、宽领域、交叉性思路。只有集其大成,才能得智慧。研究钱学森大成智慧学思想,要用整体格局、系统方法。

第二,运用系统方法,把钱学森大成智慧学看作一个系统来研究。要坚持系统整体性原则;要坚持系统结构功能原则;要坚持系统动态平衡功能原则;要坚持系统目的性原则;要坚持最优化原则。

第三,运用历史与逻辑相统一的方法。坚持一切从事实材料出发的原则,经过分析归纳得出规律性认识。研究钱学森大成智慧学思想,应对大成智慧学思想的源和流进行清晰明确的梳理。研究钱学森思想要遵循历史唯物主义,才能具有历史厚重感、现实针对性、未来预测性。

第四,运用分析与综合、抽象与具体、归纳和演绎的辩证逻辑方法。对钱学森大成智慧学思想进行研究,既要进行细致分析,也要在分析基础上综合;在概括思想上要抽象,在论证时要具体;既要用归纳法归纳出条分缕析的结论,又要用演绎的方法进行推演,推广到一般的原理中。

第五,运用比较研究的方法。我们通过对钱学森与国内外其他科学家的比较分析,可以推定和明确他在中国科技史和世界科技史上的独特贡献和特殊地位;通过对他与马克思主义经典作家关于科技思想相关论述的对比研究,我们可以推定他在马克思主义科技思想发展和创新史上的独特贡献和特殊地位。

（四）本文写作的基本思路和大体框架

本文拟由导论、正文七章、结语、主要参考文献四大部分组成。

导论部分，主要是交代和说明本学位论文的选题意义、该研究领域的研究基础和现状、写作努力体现的创新点以及研究难点和研究方法、研究思路等。

正文七章是对钱学森大成智慧学分专题梳理和阐释。

第一章研究钱学森“大成智慧学提出的历史条件及其内涵分析”。

第二章研究钱学森“大成智慧学坚持科学技术与马克思主义哲学相结合”的思想及其重大意义和影响。

第三章研究钱学森“大成智慧学坚持科学技术理论和实践相结合”的思想及其重大意义和影响。

第四章研究钱学森“大成智慧学坚持社会科学与自然科学相结合”的思想及其重大意义和影响。

第五章研究钱学森“大成智慧学坚持科学技术与文学艺术相结合”的思想及其重大意义和影响。

第六章研究钱学森“大成智慧学的实践形式”。

第七章研究钱学森“大成智慧学的总体评价”。

结语部分，主要是对钱学森大成智慧学思想综合性的宏观总结。

第1章

大成智慧学的内涵分析及其形成的历史条件

苗东升指出,“培育大成智慧”是钱学森晚年关注的中心问题,“建立和应用大成智慧学”是他一生学术研究的最终归宿。① 大成智慧学思想在钱学森科学思想中居于重要位置是毫无疑问的。大成智慧学是钱学森一生思想的重要结晶。一方面融合了钱学森的技术科学思想、现代科学技术体系思想、系统工程与系统科学思想、开放复杂巨系统及其从定性到定量综合集成方法论思想;另一方面通过大成智慧工程、综合集成研讨厅体系、总体设计部、大成智慧教育得以实现。

1.1 大成智慧学思想的形成与发展

钱学森在耄耋之年才提出大成智慧学的概念。这是他科学技术理论创新的封笔之作,此后再也没有新的理论创新了。大成智慧教育基于大成智慧学和大成智慧工程,算不上是独立的理论创新。此后的钱学森一直受疾病困扰,身体状况不太好,基本上不怎么出门,不要说写书了,就是文章也很少写。此后文献有谈话稿,更多的则是与学术界同仁书信往来。大成智慧学思想的发展主要体现在一封一封的书信中。对钱学森大成智慧学思想的研究,就不能不细致地、详细地、认真地分析每封信的内涵外延的所指,话里话外的深意,进行历史与逻辑的探索,分析与综合的研究,归纳与演绎的推理。

1.1.1 大成智慧学思想的形成

20 世纪 70 年代末 80 年代初,钱学森形成“大成智慧学”思想,与他提出思维

① 苗东升:《什么是大成智慧学》,《西安交通大学学报》(社会科学版)2010 年第 6 期,第1－7,18 页。

科学的时间大体同步,稍后一点①,这正是他一生科学思想结晶的时期。在提出"大成智慧学"概念之前,钱学森就提出了"智慧""大智大慧""大成智慧""大成智慧工程""指挥体系"等概念。1987 年,钱学森就在发表的《智慧与马克思主义哲学》论文中指出,现代科学技术体系是"智慧的源泉",马克思主义哲学是"人类智慧的结晶",是"智慧的学问","要有智慧就必须懂得并会运用马克思主义哲学去观察分析客观世界的事物"。② 1991 年 6 月 15 日,钱学森致信资民筠指出:"自然科学与技术、社会科学、文学艺术……一概统一于马克思主义哲学。抓住这个核心,就一览众山小,洞察世界的一切……科学技术与文艺的结合,工作中的思想指导必须靠马克思主义哲学。"③这是说要坚持马克思主义哲学与科学技术相结合,坚持自然科学与社会科学相结合,坚持科学技术与文学艺术相结合。18 日,钱学森致信朱光亚指出:"培养科学技术帅才……不但理工要结合,要理工加社会科学。"④"理工结合"就是坚持基础科学、技术科学和工程技术三个层次相结合,或者说是坚持科学技术的理论与实践相结合;"理工加社会科学"就是坚持自然科学和社会科学相结合。7 月 13 日,钱学森致信戴汝为指出:"'灵境技术'可能是比较现实的人机综合智能系统,21 世纪会有大发展。"⑤这是说灵境技术是"人机结合"的智能系统。10 月 25 日,钱学森致信戴汝为指出,人机结合的智能系统,就是叫计算机及信息系统干它们能干的"理性"的事,让人干只有人脑这个复杂系统才能干的"非理性"的事;并让二者有机地结合起来。⑥ 这是说坚持"人机结合"实际就是坚持"理性"思维与"非理性"思维相结合。28 日,钱学森致信戴汝为指出,由人搞形象思维及抽象思维,让计算机搞它能搞的事以节省人的脑力劳动,这是人机结合的、辩证思维的智能体系。⑦ 这是说"人机结合"就是将计算机的逻辑思维和人的形象思维及抽象思维相结合形成辩证思维的职能体系。

---

① 赵泽宗:《简论钱学森大成智慧教育思想与教育实践》,《汉字文化》2011 年第 3 期,第 7 页。

② 《智慧与马克思主义哲学》(1987 年),《钱学森文集》(卷五),国防工业出版社 2012 年版,第 33 页。

③ 《致资民筠》(1991 年 6 月 15 日),《钱学森书信》(6),国防工业出版社 2007 年版,第 29 - 30 页。

④ 《致朱光亚》(1991 年 6 月 18 日),《钱学森书信》(6),国防工业出版社 2007 年版,第 32 页。

⑤ 《致戴汝为》(1991 年 7 月 13 日),《钱学森书信》(6),国防工业出版社 2007 年版,第 56 页。

⑥ 《致戴汝为》(1991 年 10 月 24 日),《钱学森书信》(6),国防工业出版社 2007 年版,第 134 页。

⑦ 《致戴汝为》(1991 年 10 月 28 日),《钱学森书信》(6),国防工业出版社 2007 年版,第 139 页。

1992 年 8 月 25 日,他认为:“国际中学生奥林匹克学科竞赛……出不了大智大慧。智慧是更高层次的人脑活动”。[①] 27 日,钱学森致信王寿云第一次提出“大成智慧工程”的创新概念。钱学森深感从定性到定量综合集成法和定性到定量综合集成研讨厅体系所表述的概念还要深化。把人类几千年来的智慧成就集其大成,把计算机科学技术、人工智能技术、作战模拟技术、思维科学、学术交流经验、马克思主义哲学合成为“大成智慧工程”。[②] 10 月 10 日,钱学森致信钱学敏指出:“从定性到定量综合集成法要建立一个体系,从定性到定量综合集成研讨厅体系……这是利用我们的现代科学技术体系的思想,综合古今中外,上万亿个人类头脑的智慧!所以可以称之为:‘大成智慧工程’!前无古人!”[③]这是说,“从定性到定量综合集成研讨厅体系”可以称为“大成智慧工程”。19 日,钱学森致信戴汝为指出:“我们是要把古今中外千亿人的头脑组织成一个伟大的思维体系,复杂超巨型系统。可否称之为‘大成智慧工程’。”[④]这是说“大成智慧工程”是一个复杂超巨型“思维体系”。11 月 4 日,钱学森致信汪成为指出:“计祘(算)机软件在以前是完全按照抽象(逻辑)思维建立起来的,但人的思维还有形象思维。所以要人机结合,我们一定要让计祘(算)机软件象(像)人脑那样工作。”[⑤]这是说“人机结合”是计算机的逻辑思维与人的形象思维相结合。11 月 8 日,钱学森致信钱学敏指出:“智慧的社会表现是人的思想品德”,“智慧又是‘大成智慧工程’的内涵”。这里的“智慧”其实就是指大成智慧学,大成智慧学概念的提出就水到渠成了。钱学森还指出,大成智慧工程还要扩展,包括文化事业的实践经验所产生的智慧。要“从科学技术体系扩展到智慧体系”[⑥]。“智慧即马克思主义哲学”,马克思主义哲学既来源于科学技术体系,还来源于文化事业的实践经验。这是说“智慧”要坚持科学技术与前科学相结合。

1992 年 11 月 13 日,钱学森在《关于大成智慧的谈话》[⑦]中第一次提出“大成

---

① 《致邹平》(1992 年 8 月 25 日),《钱学森书信》(6),国防工业出版社 2007 年版,第 383 页。

② 《致王寿云》(1992 年 8 月 27 日),《钱学森书信》(6),国防工业出版社 2007 年版,第392 - 393 页。

③ 《致钱学敏》(1992 年 10 月 10 日),《钱学森书信》(6),国防工业出版社 2007 年版,第 491 页。

④ 《致戴汝为》(1992 年 10 月 19 日),《钱学森书信》(6),国防工业出版社 2007 年版,第 502 页。

⑤ 《致汪成为》(1992 年 11 月 4 日),《钱学森书信》(7),国防工业出版社 2007 年版,第 4 页。

⑥ 《致钱学敏》(1992 年 11 月 8 日),《钱学森书信》(7),国防工业出版社 2007 年版,第 7 - 8 页。

⑦ 《关于大成智慧的谈话》(1992 年 11 月 13 日),《钱学森文集》(卷六),国防工业出版社 2012 年版,第 272 - 278 页。

智慧学”的概念。他认为“大成智慧学”是对“大成智慧工程”理论的提炼,是“马克思主义哲学发展到一个新的阶段”。钱学森从科学技术体系出发,再次重申“马克思主义哲学是智慧的结晶”,进一步提出大成智慧学坚持性智和量智相结合、坚持科学技术与文学艺术相结合。人的智慧既来源于科学技术,也来源于传统文化艺术。既要有文学艺术方面的“性智”,又要有科学技术方面的“量智”,才是大成智慧学。

1.1.2 大成智慧学思想的发展

“大成智慧学”的概念提出之后,钱学森在书信中多次谈到“大成智慧”、“大成智慧学”和“大成智慧工程”。1993年2月21日,钱学森致信钱学敏对大成智慧学寄予很大的期望:“我们的任务就在于宣传大成智慧学……那(哪)天大成智慧学被大家接受了,中国就一日千里了……大成智慧学是根本。性智与量智相结合。”①钱学森在这里强调了“大成智慧学”的重要意义,进一步指出大成智慧学是“性智与量智相结合”。25日,钱学森致信戴汝为指出:“我深感跨学科之重要性……大成智慧学是当务之急。”②科学技术在分解细化之后强烈要求再次跨学科综合,这就是大成智慧学的使命所在。大成智慧学为跨学科提供理论基础。3月4日,钱学森致信钱学敏再次强调大成智慧学包括“性智”“量智”③。6月6日,钱学森致信钱学敏指出,科学与艺术的结合“实际上是说人类的智慧有‘性智’和‘量智’两方面,二者综合为大成智慧。所以科学与艺术是相通的”④。这是说“性智”与“量智”相结合是科学与艺术相结合的表现形式之一。“大成智慧”坚持科学技术与文学艺术相结合,坚持“性智”与“量智”相结合。6月10日,钱学森致信钱学敏指出,大成智慧学是“马克思主义哲学发展深化的一个新阶段”,是“以马克思主义哲学为指导的知识体系论”,“是革命的锐利武器”。⑤ 7月8日,钱学森致信钱学敏指出,分解事物加逻辑推断的还原论称量智,用形象思维去领会事物宏观现象的整体观称性智,也就是“思维方法中所谓的逻辑思维与形象思维之分”。

① 《致钱学敏》(1993年2月21日),《钱学森书信》(7),国防工业出版社2007年版,第128页。

② 《致戴汝为》(1993年2月25日),《钱学森书信》(7),国防工业出版社2007年版,第134页。

③ 《致钱学敏》(1993年3月4日),《钱学森书信》(7),国防工业出版社2007年版,第139页。

④ 《致钱学敏》(1993年6月6日),《钱学森书信》(7),国防工业出版社2007年版,第237页。

⑤ 《致钱学敏》(1993年6月10日),《钱学森书信》(7),国防工业出版社2007年版,第242-243页。

“光用还原论的逻辑思维是不够的,一定要加上整体观的形象思维(包括灵感思维)”。“人的智慧是两大部分:量智和性智。缺一不成智慧!此为‘大成智慧学’,是辩证唯物主义的。”①这是说大成智慧学坚持“性智与量智相结合”,坚持逻辑思维与形象思维相结合,坚持还原论与整体观相结合,坚持微观与宏观相结合。7月18日,钱学森致信钱学敏指出科学技术与文学艺术相结合表现为量变与质变相结合,强调“整体观”和“系统观”是“我们能向前走一步的关键。所以是大成智慧学”②。大成智慧学坚持科学技术与文学艺术相结合,坚持量变与质变相结合,强调“整体观”和“系统观”。8月8日,钱学森致信戴汝为指出:“能站在高处,远眺信息大洋,能观察到洋流状况,察觉大势,作出预见。这就需要智慧了,需要‘大成智慧’了。”③这是说大成智慧学需要宏观思维、整体思维、系统思维的帮助。同日,钱学森致信夏军阐述了意识与潜意识,理性思维与非理性思维,逻辑思维、形象思维与灵感思维和科学技术与文学艺术之间的关系。④ 31日,钱学森致信钱学敏指出,文艺理论大部门是性智与量智并用,但表现出来的是性智;其他九个部门“都是由量智和性智建立起来的”,但表现出来的是量智。从发展和深化了马克思主义哲学来看,从大成智慧学的角度来看,这十大部门又是统一的。这就是大成智慧学的威力。⑤ 这是说大成智慧学坚持科学技术与文学艺术相结合,坚持“性智”与“量智”相结合。9月16日,钱学森致信王寿云等六同志指出,帅才就要“举重若轻”,而落实工作又要“举轻若重”。从定性到定量综合集成法,或称“大成智慧工程”,就要把众人的“举重若轻”和“举轻若重”结合统一起来;在定方针时居高远望,统揽全局,抓住关键;在制订行动计划时又注意到一切因素,重视细节。这可能是马克思主义哲学了,是“大成智慧学”了。⑥ 这是说科技帅才把“举重若轻”和“举轻若重”结合起来,把全局和细节结合起来,也是大成智慧学。钱学森的

---

① 《致钱学敏》(1993年7月8日),《钱学森书信》(7),国防工业出版社2007年版,第262页。

② 《致钱学敏》(1993年7月18日),《钱学森书信》(7),国防工业出版社2007年版,第269页。

③ 《致戴汝为》(1993年8月8日),《钱学森书信》(7),国防工业出版社2007年版,第312页。

④ 《致夏军》(1993年8月8日),《钱学森书信》(7),国防工业出版社2007年版,第316－318页。

⑤ 《致钱学敏》(1993年8月31日),《钱学森书信》(7),国防工业出版社2007年版,第338页。

⑥ 《致王寿云等六同志》(1993年9月16日),《钱学森书信》(7),国防工业出版社2007年版,第360页。

这个思想与毛泽东"战略上藐视敌人，战术上重视敌人"①有异曲同工之妙。10月7日，钱学森致信钱学敏指出，大成智慧学的硕士，具体地讲：(1)熟悉科学技术的体系，熟悉马克思主义哲学；(2)理工文艺结合，有智慧；(3)熟悉信息网络，善于用电子计算机处理知识。"②这是从大成智慧学硕士的"实然"来推测大成智慧学的"应然"。大成智慧学要坚持马克思主义哲学与科学技术相结合，坚持科学技术的理论与实践相结合，坚持自然科学与社会科学相结合，坚持科学技术与文学艺术相结合，坚持人与计算机、人与信息网络相结合。12月18日，钱学森致信查有梁指出："人的智慧不只来源于人脑，还有计算机和信息网络，是人机结合的智慧！"③这是说大成智慧学要坚持"人机结合""人网结合"。

1994年1月13日，钱学森致信钱学敏指出："跨度越大，创新程度越大……大成智慧学却教我们总揽全局，洞察关系……做到大跨度的触类旁通，完成创新。"④这是说大成智慧学教我们总揽全局，洞察关系，做到大跨度的触类旁通，做到更大的创新。2月7日，钱学森致信戴汝为指出，智能、智慧是抽象(逻辑)思维学、形象(直感)思维学、灵感(顿悟)思维学等"思维的综合"⑤。这是说大成智慧学是逻辑思维、形象思维和灵感思维等多种思维的综合。同日，钱学森结合个人经历为撰写"大成智慧学"的钱学敏提供素材时指出："马克思主义哲学居于科学技术以及知识体系之首，才是触类旁通的钥匙。创造力来源于马克思主义哲学，而用这个观点看科学技术以及知识体系，就是大成智慧学。"⑥这是说，大成智慧学只有坚持马克思主义哲学与科学技术相结合，才能做到触类旁通。钱学森还指出，毛泽东在20世纪50年代后期指出质子、中子、电子等所谓基本粒子也是可分的，没有尽头。邓小平在20世纪80年代提出科学技术是第一生产力，皆大成智慧学。3月1日，钱学森致信李德华指出，人机结合是务实，大成智慧学和大成智慧工程是务虚。总的目标是为了把人的智能——认识世界改造客观世界的本领

---

① 《帝国主义是不可怕的》(1960年5月7日)，《毛泽东文集》(第八卷)，人民出版社1999年版，第177页。

② 《致钱学敏(二)》(1993年10月7日)，《钱学森书信》(7)，国防工业出版社2007年版，第386页。

③ 《致查有梁》(1993年12月18日)，《钱学森书信》(7)，国防工业出版社2007年版，第496页。

④ 《致钱学敏》(1994年1月13日)，《钱学森书信》(8)，国防工业出版社2007年版，第30页。

⑤ 《致戴汝为》(1994年2月7日)，《钱学森书信》(8)，国防工业出版社2007年版，第57页。

⑥ 《致钱学敏》(1994年2月7日)，《钱学森书信》(8)，国防工业出版社2007年版，第59－60页。

提高一步。① 这是说，“大成智慧”是认识世界和改造世界的能力。为了得到“大成智慧”，提高人的智能，就要对大成智慧学和大成智慧工程进行理论研究，还要通过“人机结合”进行实践研究。14 日，钱学森致信戴汝为、钱学敏指出：“大成智慧学……把意识提高到思维，包括抽象（逻辑）思维和形象（直感）思维，以及灵感（顿悟）思维，特别是后二者‘非理性’思维。”“人的意识要用语言和符号表达联结起来的知识体系（包括信息网络）来提高，达到‘大成智慧’。”②这是说，大成智慧学要用人类知识体系和信息网络来提高，大成智慧学要坚持理性思维与非理性思维相结合，坚持形象思维、灵感思维和逻辑思维相结合，尤其要重视形象思维和灵感思维这两种“非理性”思维。24 日，钱学森致信钱学敏指出：“‘集大成’首先要‘集’，这是‘整体观’，但……必须有‘集’的对象……‘大成智慧学’是建筑在现代科学技术的基础上的。”③这是说大成智慧学以现代科学技术体系为科学基础，坚持整体观与还原论相结合。4 月 1 日，钱学森致信夏军指出，马克思主义哲学使我们能居高临下，总揽全部非理性世界，指出走出迷途的道路。④ 这是说非理性思维也要坚持马克思主义哲学的指导。10 日，钱学森致信戴汝为指出，人工智能与模式识别是“第二个时代的研究课题，而我们现在要开拓的是第三个时代——人机结合的大成智慧工程及大成智慧学……我们要扩大视野，用人机结合来包括机器的模式识别和人工智能”⑤。这是说，大成智慧学要坚持人机结合，用人机结合来包括模式识别和人工智能。5 月 20 日，钱学森致信王寿云等六同志指出，人们思想要有一个中心，“中心是大成智慧和大成智慧教育，也就是第五次产业革命所暴发的人机结合的劳动体系。因为没有人机结合的思想、人机结合的劳动体系所需要的人的智慧之认识，就不会懂得现代科学技术体系的目的”⑥。这是说大成智慧学以现代科学技术体系为科学基础，以第五次产业革命所暴发的“人机结合”的劳动体系为物质条件和技术手段。25 日，钱学森致信葛全胜、张时煜指出：“‘大成智慧学’是一个全新的概念，在国内也尚在争议讨论中，所以不宜拿到国际会议

---

① 《致李德华》（1994 年 3 月 1 日），《钱学森书信》（8），国防工业出版社 2007 年版，第 92 页。

② 《致戴汝为、钱学敏》（1994 年 3 月 14 日），《钱学森书信》（8），国防工业出版社 2007 年版，第 101 页。

③ 《致钱学敏》（1994 年 3 月 24 日），《钱学森书信》（8），国防工业出版社 2007 年版，第 109 页。

④ 《致夏军》（1994 年 4 月 1 日），《钱学森书信》（8），国防工业出版社 2007 年版，第 113 页。

⑤ 《致戴汝为》（1994 年 4 月 10 日），《钱学森书信》（8），国防工业出版社 2007 年版，第 122 页。

⑥ 《致王寿云等六同志》（1994 年 5 月 20 日），《钱学森书信》（8），国防工业出版社 2007 年版，第 160 页。

上去讲。”①钱学森对于新的理论创新是很小心的，“大胆假设，小心求证”的科学精神值得我们后来者学习。6 月 15 日，钱学森致信蒋谦指出，由信息技术革命所引起的第五次产业革命通过全球信息网络把全世界的人都联结起来。一切从古代开始直到今日的一切知识信息也都在网络库中随时可以调取。这是通过信息网络，通过电子计算机，搞人机结合的大社会思维，即人机结合的大成智慧思维。这是世界范围的全球规模的人机结合的大成智慧思维。“只能集古今中外之大成，得智慧！”②这是说，要“集古今中外之大成，得智慧”，就要通过电子计算机，通过信息网络等信息技术革命，搞人机结合的大成智慧思维。6 月 28 日，钱学森致信戴汝为指出，“人机结合”是人利用机器，机器辅助人，人还是比机器要高一些。③ 这是说大成智慧学坚持“人机结合”，但要以人为主。7 月 27 日，钱学森致信朱长乐指出：“一个人的知识面越广阔，就越会触类旁通，越有开拓能力。”④这是说要有开拓能力，就要触类旁通；要触类旁通，就要有广阔的知识面；要有广阔的知识面，就要掌握现代科学技术体系。9 月 25 日，钱学森致信钱学敏指出，就大成智慧的观点，不但要“学贯中西”，还应“文理工相通”⑤。这是说大成智慧学要集古今中外之大成，坚持自然科学与社会科学相结合，坚持科学技术理论与实践相结合。10 月 10 日，钱学森致信戴汝为、汪成为、钱学敏指出了灵境的重要作用：“灵境是人们所追求的一个和谐的人机环境，一个崭新的信息空间（Cyberspace）……灵境技术是继计算机技术革命之后的又一项技术革命。它将引发一系列震撼全世界的变革，一定是人类历史中的大事。”⑥这是说灵境技术革命是继计算机技术革命之后的一项新的技术革命。人与计算机技术相结合形成大成智慧学的重要阶段，人与灵境技术相结合必将形成大成智慧学新的阶段。灵境技术将引起新的产业革命和新的社会革命。灵境技术和大成智慧相互促进。

1995 年 2 月 2 日，钱学森致信钱学敏指出：“哲学必须是人的智慧的结晶，而

---

① 《致葛全胜、张时煜》（1994 年 5 月 25 日），《钱学森书信》（8），国防工业出版社 2007 年版，第 169 页。

② 《致蒋谦》（1994 年 6 月 15 日），《钱学森书信》（8），国防工业出版社 2007 年版，第 215 - 216 页。

③ 《致戴汝为》（1994 年 6 月 28 日），《钱学森书信》（8），国防工业出版社 2007 年版，第 242 页。

④ 《致朱长乐》（1994 年 7 月 27 日），《钱学森书信》（8），国防工业出版社 2007 年版，第 296 页。

⑤ 《致钱学敏》（1994 年 9 月 25 日），《钱学森书信补编》（4），国防工业出版社 2012 年版，第 375 页。

⑥ 《致戴汝为、汪成为、钱学敏》（1994 年 10 月 10 日），《钱学森书信》（8），国防工业出版社 2007 年版，第 398 页。

人的智慧只能来自……实践经验总结……哲学就是大成智慧！大成智慧是古老的'爱、智、慧'概念的更进一步了，更具体了。"①这是说，哲学也是大成智慧，大成智慧比哲学更进一步，更具体。7日，钱学森致信陈炎指出："我们要走向大成智慧，最核心的概念是现代科学技术体系的整体结构……这个整体结构的最高层是马克思主义哲学的殿堂。我们一定要把握这一结构……掌握知识体系结构，能跨学科、全领域看问题。"②这是说以马克思主义哲学为最高层的现代科学技术体系是大成智慧学"最核心的概念"。9日，钱学森致信戴汝为指出："核心问题还是人机结合，这大概永远是如此。人脑也会因有了先进的信息系统而变得更聪明，人与机互相促进……人也会使机器不断进步，越来越智能化，那就会解除人机结合中人的一些工作任务，让人解放出来做更难做的事。那也会使人脑更上一层楼！"③这是对人机结合、人与机器相互促进的阐述。钱学森还建议用"大成智慧学"、马克思主义哲学的观点对外国人的工作进行扬弃，吸其精华，去其糟粕，"学外国人是为了比他们干得更好"④。15日，钱学森致信戴汝为、汪成为、钱学敏对"人机结合"的形象（直感）思维和灵感（顿悟）思维的展望⑤。同日，钱学森认为王者香"治学之特长在于科学与艺术相结合"。一方面是法学权威，一方面是诗词、篆刻高手。这是治学之成功路，即"大成智慧"者⑥。这是说大成智慧学要坚持科学与艺术相结合。20日，钱学森致信戴汝为、汪成为指出："cyberspace 是人机结合的思维/思想活动世界，似可称为'智慧大世界'，简称'智界'。"⑦这是说"智界"是人机结合的思维/思想活动的世界。3月6日，钱学森致信钱学敏指出："要实现大成智慧必须用信息网络，所以要用'信息公路'。所以是第五次产业革

---

① 《致钱学敏》（1995年2月2日），《钱学森书信补编》（5），国防工业出版社2012年版，第2-3页。

② 《致陈炎》（1995年2月7日），《钱学森书信》（9），国防工业出版社2007年版，第61-62页。

③ 《致戴汝为》（1995年2月9日），《钱学森书信》（9），国防工业出版社2007年版，第64-65页。

④ 《致戴汝为》（1995年2月9日），《钱学森书信》（9），国防工业出版社2007年版，第65页。

⑤ 《致戴汝为、汪成为、钱学敏》（1995年2月15日），《钱学森书信》（9），国防工业出版社2007年版，第72页。

⑥ 《致王者香》（1995年2月15日），《钱学森书信》（9），国防工业出版社2007年版，第75页。

⑦ 《致戴汝为、汪成为》（1995年2月20日），《钱学森书信》（9），国防工业出版社2007年版，第86页。

命。国外有个字'cyberspace',我认为即大成智慧,或译称'智慧大世界',简称'智界'。"①"智界"(cyberspace)即大成智慧,要实现大成智慧必须用第五次产业革命的信息网络。4 月 20 日,钱学森致信戴汝为指出,形象思维就是由人感受到的形象去搜索存贮于大脑中的形象库,求能对号的形象。当然也要用人机结合的网络集成。这(指人机结合的数码手写识别系统)一旦成功,大脑中的形象库就大大扩展为计算机网络中的信息库,存量成百上千倍地增长,形象思维能力上升了,人机结合创"大成智慧"!② 这是说运用"人机结合""人网结合"的形象思维的深入研究,会将大脑中的"形象库"大大扩展为计算机网络中的"信息库",开创"大成智慧"。30 日,钱学森致信戴汝为指出:"人机结合的思维会不会导致出现比过去更聪明的人? ……肯定是如此。"③7 月 4 日,钱学森致信钱学敏指出,主体自由、社会自由和个性自由"三维自由"都是人学。"大成智慧结合第五次产业革命、第六次产业革命和第七次产业革命,到了现代中国第三次社会革命胜利的时刻,这'三维自由'就实现了。马克思主义行为科学要研究这个问题!"④这是说主体自由、社会自由、个性自由"三维自由"要在现代中国第三次社会革命胜利之时才能实现,而现代中国第三次社会革命要实现,就必须在第五次产业革命、第六次产业革命、第七次产业革命都要运用大成智慧学和大成智慧工程,实现"大成智慧"。9 日,钱学森致信戴汝为指出:"以前人们利用电子计算机对逻辑思维方面为人帮忙,发展了人机结合的逻辑思维。现在通过灵境技术以及有关的 virtual prototyping, virtual architecture design,实是在搞人机结合的形象思维。它们都使人的思维能力有一个飞跃。"⑤这是说人与电子计算机相结合可以发展逻辑思维,人与灵境技术相结合可以发展形象思维。同日,钱学森致信汪成为指出,灵境技术之所以重要就在于它能激发人的形象思维,而人的形象思维是人创造力的一个源泉。⑥这是强调灵境技术能激发人的形象思维,进一步提高人的创造力。8 月 20 日,钱

---

① 《致钱学敏》(1995 年 3 月 6 日),《钱学森书信补编》(5),国防工业出版社 2012 年版,第 18 页。

② 《致戴汝为》(1995 年 4 月 20 日),《钱学森书信》(9),国防工业出版社 2007 年版,第 177 – 178 页。

③ 《致戴汝为》(1995 年 4 月 30 日),《钱学森书信》(9),国防工业出版社 2007 年版,第 188 页。

④ 《致钱学敏》(1995 年 7 月 4 日),《钱学森书信补编》(5),国防工业出版社 2012 年版,第 82 页。

⑤ 《致戴汝为》(1995 年 7 月 9 日),《钱学森书信》(9),国防工业出版社 2007 年版,第 287 页。

⑥ 《致汪成为》(1995 年 7 月 9 日),《钱学森书信》(9),国防工业出版社 2007 年版,第 289 页。

学森致信戴汝为指出,"泛化"如作为"联觉",那"统觉"和"通感"就是更高层次的形象思维了。但不管是那(哪)一种都靠人能掌握的信息,所以形象思维重要,又必须能广泛运用知识,大成智慧就是其基础了①。这是说大成智慧学为形象思维提供"广泛的知识",是形象思维的"基础"。27 日,钱学森致信杨春鼎指出:"不要搞机械唯物论,也不要搞唯心主义,要运用辩证唯物主义来认识包括我们自己在内的客观世界……要把科学和艺术结合起来"②。这是说把科学和艺术结合起来,就能做到辩证唯物主义,避免机械唯物论和唯心主义。10 月 23 日,钱学森致信戴汝为、钱学敏指出:"未来的人工智能工作是人机结合的一项'大成智慧'工程!我们一旦进入这样的人工智能世界,人类也跟着改造了,将会出现一个'新人类',不只是人,是人机结合的'新人类'!"③这是说人工智能世界会出现人机结合的"新人类"。11 月 5 日,钱学森致信刘为民指出:"科学和艺术在文学方面的事例,似应着重研究文学家的思维素养,以证实艺术与科学的关系……文学创作必须立足于世界观,正确的世界观只能是科学的世界观,即马克思主义的世界观。"④这是说文艺工作者坚持艺术与科学相结合体现在马克思主义的、科学的、正确的世界观上。钱学森还指出:"从思维科学角度看,科学工作总是从一个猜想开始的,然后才是科学论证……科学工作是源于形象思维,终于逻辑思维。形象思维是源于艺术,所以科学工作是先艺术后科学。相反,艺术工作必须对事物有个科学的认识,然后才是艺术创作……科学需要艺术,艺术也需要科学。"⑤这是说,科学研究源于形象思维终于逻辑思维,先艺术后科学。文艺创作源于逻辑思维终于形象思维,先科学后艺术。科学离不开艺术,艺术也离不开科学。12 月 13 日,钱学森致信刘为民指出:"科学与文艺是互补的,只搞文艺不懂科学或只搞科学不懂文艺都不行"⑥。28 日,钱学森致信梅磊指出:"通过磁脑图,把人和电子计

① 《致戴汝为》(1995 年 8 月 20 日),《钱学森书信》(9),国防工业出版社 2007 年版,第 315 页。

② 《致杨春鼎》(1995 年 8 月 27 日),《钱学森书信》(9),国防工业出版社 2007 年版,第 321 页。

③ 《致戴汝为、钱学敏》(1995 年 10 月 23 日),《钱学森书信》(9),国防工业出版社 2007 年版,第 360 - 361 页。

④ 《致刘为民》(1995 年 11 月 5 日),《钱学森书信》(9),国防工业出版社 2007 年版,第 371 页。

⑤ 《致刘为民》(1995 年 11 月 5 日),《钱学森书信》(9),国防工业出版社 2007 年版,第371 - 372 页。

⑥ 《致刘为民》(1995 年 12 月 13 日),《钱学森书信补编》(5),国防工业出版社 2012 年版,第 168 页。

算机联结起来成为人机结合的智力系统则是我们努力的目标。"①

1996 年 1 月 10 日,钱学森致信钱学敏指出:"我们都相信'大成智慧'的观点和理论是对的,因此还需要多作宣传解释,让大家能理解接受。"②这是说大成智慧学需要大众化。14 日,钱学森致信王寿云等六同志指出:"把一切智能系统都放在我们说的'大成智慧'和'从定性到定量综合集成法'来思考,从而把我们的理论同第五次产业革命联在一起了……几十年来自动化科学技术终于走入'大成智慧'和信息革命。这证实了第五次产业革命的到来。"③这是说一切智能系统都要通过第五次产业革命进入大成智慧学。3 月 3 日,钱学森致信汪成为指出:"我提出的'大成智慧'只是人机结合的初级阶段,因为人机还没有真正合一,只是结合互补而矣。这会持续到 21 世纪中叶。而从灵境系统开始的这种结合则是融合,是把人'神化'了,成为'超人'!'超人'的感受可以大到宇宙、小到微观,成'仙'了!这真是人类历史的一次大革命,就如人类有了语言、文字!这将是 21 世纪后半叶的事。"④这是说"大成智慧"是人机结合的初级阶段,灵境系统开始的人·机融合。10 日,钱学森致信戴汝为指出:"'机'不是代替人,而是协助人,是人机结合,而人机结合又分两个阶段:(1)目前的信息革命会导致人机结合的第一阶段;(2)灵境技术的发展将导致人机结合的感受,是更高层次的结合,也是人机结合的第二阶段。"⑤钱学森设想,"第一阶段在我国于 2010 年实现?这也是进入发达时代所需要的"⑥。这是指信息革命会导致人机结合的第一阶段,灵境技术将导致人机结合的第二阶段。同日,钱学森致信刘为民指出:"我现在的观点仍然是:文艺始于对事物的科学认识,然后才是艺术;而科技始于对事物的形象探索,这需要文艺修养,然后落实到科学的论证。可以说文艺是先科学、后艺术;科技是

---

① 《致梅磊》(1995 年 12 月 28 日),《钱学森书信补编》(5),国防工业出版社 2012 年版,第 177 页。

② 《致钱学敏》(1996 年 1 月 10 日),《钱学森书信》(9),国防工业出版社 2007 年版,第 435 页。

③ 《致王寿云等六同志》(1996 年 1 月 14 日),《钱学森书信》(9),国防工业出版社 2007 年版,第 441 页。

④ 《致汪成为》(1996 年 3 月 3 日),《钱学森书信》(9),国防工业出版社 2007 年版,第 499 页。

⑤ 《致戴汝为》(1996 年 3 月 10 日),《钱学森书信》(9),国防工业出版社 2007 年版,第 511 页。

⑥ 《致戴汝为》(1996 年 3 月 10 日),《钱学森书信》(9),国防工业出版社 2007 年版,第 512 页。

先艺术、后科学。"[①]这是再次重申文艺先科学后艺术，科技先艺术后科学；科学中有艺术，艺术中有科学，科学与艺术是相互结合的。同日，钱学森致信周肇基指出，马克思列宁主义毛泽东思想是"人类智慧之大成"[②]。4 月 28 日，钱学森致信刘为民指出："科学技术研究要先用形象思维，然后才是逻辑思维"，要培养文艺工作者的科学技术素养。[③] 5 月 15 日，钱学森指出"打通哲学、社会科学、自然科学、应用科学技术的隔阂"也是大成智慧的必要条件，是今后一定要做到的。[④] 这是说大成智慧学要打通哲学、社会科学、自然科学和应用科学的隔阂，做到科学技术与马克思主义哲学相结合，自然科学与社会科学相结合，基础科学、技术科学与工程技术相结合，即科学技术理论与实践相结合。6 月 12 日，钱学森致信钱学敏指出："要建立大成智慧和大成智慧工程需要有开阔的思路。"[⑤]19 日，钱学森致信俞健指出，我们要解决好科学技术与艺术的融合问题，创造出技术与艺术的交响诗，就要求科技人员与艺术家互相了解，用对方的语言讨论问题。[⑥] 这是说坚持科学技术与文学艺术相结合要求科技工作者和文艺工作者相互学习。7 月 7 日，钱学森致信戴汝为指出："现在有了计算机信息网络，那我们就该(1)用这个现代科学技术体系来建立这一信息网络；(2)人要用这一信息网络，达到运用自如，真正成为人机结合的'新人类'。这样回顾人类的历史，我们就感到第五次产业革命的伟大意义！智能系统的建立及运用就如人开始有了语言文字。"[⑦]这是说要用现代科学技术体系来建立信息网络；人与信息网络相结合将出现"新人类"。14 日，钱学森致信戴汝为指出，要重视信息技术对人的影响，要强调大成智慧的人机结合会出现"新人类"。"新人类"当然要造就"新社会"，所以是社会结构的变革，脑力劳动者将大大增加，体力劳动者会相对减少。我们要敢于创新，用第五次产业革

---

① 《致刘为民》(1996 年 3 月 10 日)，《钱学森书信》(9)，国防工业出版社 2007 年版，第 514 页。

② 《致周肇基》(1996 年 3 月 10 日)，《钱学森书信》(9)，国防工业出版社 2007 年版，第 515 页。

③ 《致刘为民》(1996 年 4 月 28 日)，《钱学森书信补编》(5)，国防工业出版社 2012 年版，第 273 页。

④ 《致钱学敏》(1996 年 5 月 15 日)，《钱学森书信》(10)，国防工业出版社 2007 年版，第54－55 页。

⑤ 《致钱学敏》(1996 年 6 月 12 日)，《钱学森书信》(10)，国防工业出版社 2007 年版，第 89 页。

⑥ 《致俞健》(1996 年 6 月 19 日)，《钱学森书信》(10)，国防工业出版社 2007 年版，第 98－99 页。

⑦ 《致戴汝为》(1996 年 7 月 7 日)，《钱学森书信》(10)，国防工业出版社 2007 年版，第123－124 页。

命来推动中国的社会主义建设。“人机结合大成智慧学是一项世纪任务，非常重要！”①这是说，由于信息技术的影响，在坚持人机结合的大成智慧学影响下将出现“新人类”，“新人类”要造成“新社会”。这是用第五次产业革命来推动社会革命，推进了改革开放和社会主义现代化建设。同日，钱学森致信钱学敏指出：“大成智慧和大成智慧工程的概念还需要深入研究和宣传，这是我们面临的事，第五次产业革命现已开始了。在 21 世纪，人口中从事脑力劳动的将上升，人口中从事体力劳动的会下降，我们的社会主义中国要有予（预）见并作好规划。”②钱学森指出，在第五次产业革命，要大力宣传“大成智慧”和“大成智慧工程”的概念，因为第五次产业革命将引起新的社会革命，社会主义中国要对社会革命有所预见，做好规划，形成对策。21 日，钱学森致信钱学敏指出：“大成智慧是我们近年来工作的核心，第五次产业革命和科学技术体系的形成造成人机结合的思维体系，以至要求人人 18 歲（岁）达到硕士水平。这是‘新人类’了！而社会也将改观、改组，这一点一定要宣传好！中国共产党领导的社会主义要领先开步走上这条大道！能不能在建党一百周年开始？这才是头等大事！”③钱学森明确指出，“大成智慧学”是近年来“工作的核心”，是“第五次产业革命”和“现代科学技术体系”造成了“人机结合的思维体系”，将形成“新人类”，并称这是“头等大事”。23 日，钱学森致信吴义生指出，大成智慧学“一定要联系到正在兴起的信息网络，实际上人的思维已扩展为人・机（计算机）结合的信息系统，人将成为‘新人类’。社会结构也将起变化，是新的社会革命，即第五次产业革命。这才是大成智慧的深远意义”④！这是说大成智慧学坚持人与计算机相结合，人与信息网络相结合，人将成为“新人类”，社会也将成为“新社会”。大成智慧学将引起新的社会革命，这是大成智慧学的“深远意义”。8 月 13 日，钱学森致信徐章英、顾力兵指出：“现在全世界即将进入信息网络，将来人的工作一刻也离不开电子计算机，是人脑与计算机结合，优势互补，达到‘大成智慧’的人。我相信这会在 21 世纪中叶出现；我们现在就要作好

---

① 《致戴汝为》（1996 年 7 月 14 日），《钱学森书信》（10），国防工业出版社 2007 年版，第 130 – 131 页。

② 《致钱学敏》（1996 年 7 月 14 日），《钱学森书信》（10），国防工业出版社 2007 年版，第 134 页。

③ 《致钱学敏》（1996 年 7 月 21 日），《钱学森书信》（10），国防工业出版社 2007 年版，第 144 页。

④ 《致吴义生》（1996 年 7 月 23 日），《钱学森书信》（10），国防工业出版社 2007 年版，第 151 页。

准备呵!"①这是说人脑与计算机相结合就可以达到"大成智慧"。18日,钱学森致信戴汝为指出,人认识客观事物是一个辩证综合过程。一个人不如一个群体的实践经验丰富,所以社会思维非常重要。在现在已经开始的第五次产业革命,人与信息网络结合,真是社会思维了。人·机大结合!这是从思维创造上讲清了社会思维的意义。② 这是说,在第五次产业革命,人与信息网络相结合就做到了社会思维,人就会产生创造性思维,达到大成智慧。9月1日,钱学森致信钱学敏、涂元季指出:"我们……要通过现代科学技术体系来达到大成智慧。不然怎么能称'大成',又怎么能得'智慧'……大成智慧要大家来努力创造!"③这是说要达到大成智慧就要通过现代科学技术体系来实现。4日,钱学森致信戴汝为指出:"人机结合是强调机器可以帮助人,人也可不断改进机器。"④这是说人机结合是人与机器相互促进。15日,钱学森致信鲍世行指出:"地理科学只是自然科学与社会科学的交叉结合,而建筑科学则是自然科学、社会科学和美术艺术的三结合,更复杂高超!"⑤这是说,坚持自然科学与社会科学相结合催生了地理科学大部门;坚持科学技术和文学艺术相结合则催生了建筑科学大部门。12月22日,钱学森致信刘为民指出:"文艺也要先对客观世界有个科学正确的认识,然后才是艺术创作。"⑥这是说文艺创作是先科学后艺术。

1997年3月16日,钱学森致信钱学敏指出,现代科学技术体系表是把古今中外的哲学论述都放在那周围,作为有希望进入核心的素材。我们已经吸收了"人学""量智""性智",这只是开始,一定还有其他。我们是辩证唯物主义者,要学列宁、学毛泽东、学邓小平,不断开拓大成智慧!⑦ 这是说现代科学技术体系吸收了哲学思维中的"人学""性智""量智",要不断开拓大成智慧。4月6日,钱学森致

① 《致徐章英、顾力兵》(1996年8月13日),《钱学森书信》(10),国防工业出版社2007年版,第169页。

② 《致戴汝为》(1996年8月18日),《钱学森书信》(10),国防工业出版社2007年版,第174-175页。

③ 《致钱学敏、涂元季》(1996年9月1日),《钱学森书信》(10),国防工业出版社2007年版,第195-196页。

④ 《致戴汝为》(1996年9月4日),《钱学森书信》(10),国防工业出版社2007年版,第198页。

⑤ 《致鲍世行》(1996年9月15日),《钱学森书信》(10),国防工业出版社2007年版,第202页。

⑥ 《致刘为民》(1996年12月22日),《钱学森书信》(10),国防工业出版社2007年版,第234页。

⑦ 《致钱学敏》(1997年3月16日),《钱学森书信》(10),国防工业出版社2007年版,第261页。

信钱学敏指出"大成智慧"就在于"微观与宏观相结合,整体(形象)思维与细部组装向整体(逻辑)思维合用;既不只谈哲学,也不只谈科学;而是把哲学和科学技术统一结合起来。哲学要指导科学,哲学也来自科学技术的提炼。这似乎是我们观点的要害:必集大成,才能得智慧!"①这是说,"大成智慧"要坚持科学技术和马克思主义哲学相结合,坚持微观与宏观相结合,坚持整体思维与还原思维相结合。9日,钱学森致信王寿云等六同志指出,知识经济与发展大成智慧有关②。27 日,钱学森致信王寿云等六同志指出,"宏大产业(Macroindustrial)"的概念实是讲人类社会的社会革命,即人类进入世界大同的时代。它是以第五次产业革命(信息革命)、第六次产业革命(农业产业化)、第七次产业革命(人民身体和智力的提高)为基础的,将来还可能有从分子水平设计的结构(即所谓 Nanotechnology)为基础的第八次产业革命。这种对世界的认识也是大成智慧。③ 这是说产业革命和社会革命等对世界的认识也是大成智慧。

1998 年 1 月 10 日,钱学森致信钱学敏指出:"看来'大成智慧'及'现代科学技术体系'尚待向社会宣传。"④这是说大成智慧和现代科学技术体系都需要"大众化"。3 月 8 日,钱学森致信戴汝为指出:"要充分发挥人思维和信息网络的各自优势,要把二者结合成大成智慧。"⑤这是说"大成智慧"要坚持人与"信息网络"相结合。30 日,钱学森致信钱学敏等四同志指出:"'大成智慧'是人机结合的智慧,学生从小就用信息网络……关键是科学技术体系及信息网络。"⑥这是说"大成智慧"是人机结合的智慧,关键是"现代科学技术体系"和"信息网络"。6 月 17 日,钱学森致信戴汝为指出:"聪明来自艺术与科学的结合。"⑦7 月 12 日,钱学森致信钱学敏指出,科学的艺术工作是现代科技对艺术表达所起的作用;艺术的科

---

① 《致钱学敏》(1997 年 4 月 6 日),《钱学森书信》(10),国防工业出版社 2007 年版,第 275 页。

② 《致王寿云等六同志》(1997 年 4 月 9 日),《钱学森书信》(10),国防工业出版社 2007 年版,第 281 页。

③ 《致王寿云等六同志》(1997 年 4 月 27 日),《钱学森书信》(10),国防工业出版社 2007 年版,第 290 – 291 页。

④ 《致钱学敏》(1998 年 1 月 10 日),《钱学森书信补编》(5),国防工业出版社 2012 年版,第 359 页。

⑤ 《致戴汝为》(1998 年 3 月 8 日),《钱学森书信》(10),国防工业出版社 2007 年版,第 357 页。

⑥ 《致钱学敏等四同志》(1998 年 3 月 30 日),《钱学森书信补编》(5),国防工业出版社 2012 年版,第 364 页。

⑦ 《致戴汝为》(1998 年 6 月 17 日),《钱学森书信》(10),国防工业出版社 2007 年版,第 376 页。

学问题是正确认识我们所在的世界。① 这是说“科学的艺术工作”和“艺术的科学问题”都要坚持“科学技术与文学艺术相结合”。9月2日,钱学森致信钱学敏指出:“看来‘大成智慧’一时还难为大家所接受。”②这是说“大成智慧”亟需“大众化”。1999年4月11日,钱学森致信钱学敏等四同志指出,钱学敏“提出的思维结构:知识层、情感层、智慧层,这很好,是我们提倡的大成智慧的实质。但又缺信息网络”③。这是说“大成智慧”不能没有“信息网络”。8月7日,钱学森致信中国科学院指出:“我国的科技工作……开创的民主集中制光荣传统:在集中领导下的民主和民主基础上的集中……这里的民主是真正充分的,领导错了也要立即纠正。同时讨论又不能无边无际,而必须集中到要解决的问题。这就是做到‘大成智慧’了。”④这是说坚持“民主集中制”就是做到“大成智慧”了,民主集中制是做到“大成智慧”的有效机制。

2000年3月18日,钱学森致信钱学敏指出:“我们人民中国就该创新大成智慧,为世界作好事!”⑤这是说“大成智慧”的创新,不仅是为了中国人民,还为了世界人们。说明钱学森具有全球战略、世界眼光。“大成智慧学”不仅具有中国化、时代化,而且具有全球化视野。2001年,钱学森在《创新思维——微观与宏观的结合》中指出,创新思维是微观法的逻辑思维与宏观法的形象思维相结合的灵感(顿悟)思维。“逻辑思维和形象思维都是手段,创新思维才是智慧的源泉。”学界对逻辑思维研究得最深,对形象思维的研究只是有了一个开端,对创新思维的研究尚未起步。逻辑思维的任务可以让计算机去做;对形象思维的计算机化才刚刚开始,主要靠人来做;创新思维只能靠人来做。在信息时代,人的思维过程离不开信息网络。要产生创新思维的成果,就要将人与计算机相结合,将人与信息网络相结合,对一切有关的信息、知识和智慧进行综合集成,做到“集大成,得智慧”。这就是大成智慧工程和大成智慧学。⑥ 这是说大成智慧学要坚持逻辑思维与形象思

---

① 《致钱学敏》(1998年7月12日),《钱学森书信》(10),国防工业出版社2007年版,第389页。

② 《致钱学敏》(1998年9月2日),《钱学森书信》(10),国防工业出版社2007年版,第403页。

③ 《致钱学敏等四同志》(1999年4月11日),《钱学森书信》(10),国防工业出版社2007年版,第448页。

④ 《致中国科学院》(1999年8月7日),《钱学森书信补编》(5),国防工业出版社2012年版,第417页。

⑤ 《致钱学敏》(2000年3月18日),《钱学森书信补编》(5),国防工业出版社2012年版,第423页。

⑥ 《创新思维——微观与宏观的结合》(2001年),《钱学森文集》(卷六),国防工业出版社2012年版,第416页。

维相结合，坚持微观法与宏观法相结合，坚持人与计算机相结合，坚持人与信息网络相结合。2005年3月29日，钱学森在《最后一次系统谈话——谈科技创新人才的培养问题》中指出，艺术修养“对启迪一个人在科学上的创新是很重要的。科学上的创新光靠严密的逻辑推理不行，创新的思想往往开始于形象思维，从大跨度的联想中得到启迪，然后再用严密的逻辑加以验证”①。这是说创新思维要坚持逻辑思维与形象思维相结合。研究大成智慧学要基于钱学森的原话，仔细分析钱学森的原意，方能言之有据。

1.2 大成智慧学集大成的内涵分析

大成智慧学是“集大成，得智慧”，希腊文哲学“phileosophia”一词即“爱智慧”，钱学森认为大成智慧是“爱、智、慧”的具体化。钱学森认为“cyberspace是人机结合的思维/思想活动世界，似可称为‘智慧大世界’，简称‘智界’”②。但钱学森并没有给出大成智慧学的确切定义。与孔子关于“仁”的阐述相类似，钱学森在不同情况下对“大成智慧学”做了不同的解释。钱学敏认为“大成智慧学”是“引导人们尽快获得聪明才智和创新能力的学问”，是“集古今中外有关经验、知识、智慧之大成”。③ 还有学者认为，大成智慧学是以马克思主义哲学为指导，把理、工、文、艺结合起来达到大成智慧的学问。④ 钱学森对“大成”的理解来自于《辞海》。⑤《辞海》认为大成即大的成就，包括道德、事功和学问三方面的含义。这同

---

① 《最后一次系统谈话——谈科技创新人才的培养问题》(2005年3月29日)，《钱学森文集》(卷六)，国防工业出版社2012年版，第420页。

② 《致戴汝为、汪成为》(1995年2月20日)，《钱学森书信》(9)，国防工业出版社2007年版，第86页。

③ 钱学敏：《试论钱学森的“大成智慧学”——谨以此文祝贺钱老九十寿辰》，《首都师范大学学报》(社会科学版)2001年第3期，第11页。

④ 赵泽宗：《简论钱学森大成智慧教育思想与教育实践——解读“钱学森之问”和“钱学森成才之道”》，《汉字文化》2011年第3期，第8页。

⑤ 钱学森在1992年8月27日致信王寿云第一次提出“大成智慧工程”概念之时就在附件中写了《“大成”释》。即《辞海》释“大成”：(1)大的成就。1.指事功。《诗·小雅·车攻》：“允矣君子，展其大成。”2.指学问。《礼记·学礼》：“九年知类通达，强力而不反，谓之大成。”3.指道德。《孟子·万章下》：“孔子之谓集大成：集大成也者，金声而玉振之也。”赵岐注：“孔子集先圣之大道，以成已之圣德者也。”(2)完备。《老子》：“大成若缺，其用不弊。”参见《致王寿云》(1992年8月27日)，《钱学森书信》(6)，国防工业出版社2007年版，第393－394页。

儒家立德、立功、立言[①]的思想一致。孟子在《孟子·万章下》用“大成”来评价孔子,说圣之时者孔子是集圣之清者伯夷、圣之任者伊尹、圣之和者柳下惠之大成。与时俱进的孔子集伯夷之清高、伊尹之认真负责、柳下惠之平易近人于一身,是谓集大成。孔子大成至圣先师的尊称就是从孟子的评价得来的。苗东升认为大成智慧具有学问维、事功维、道德维三个维度[②],三者是辩证统一的关系,欧阳修强调修之于身、施之于事、见之于言三者统一。“立德”要坚持爱国主义、集体主义和社会主义,要坚守诚信、品行端正、宽容善良、仁爱孝道。“立功”要严谨做事,立功要先立志,立功需要本领,立功不居功。“立言”要传承文明,要为天地立心,为生民立命,为万世开太平。

1.2.1 大成智慧学集大成的要素分析

“大成智慧学”的要害是“必集大成,才能得智慧”[③]。钱学森对“我国学术界部门分割,各把一块的风气”[④]忧心忡忡,深感“跨学科之重要性”,认为“大成智慧学是当务之急”[⑤]。他指出,“建立大成智慧和大成智慧工程需要有开阔的思路”[⑥];“能站在高处,远眺信息大洋,能观察到洋流状况,察觉大势,作出预见。这就……需要‘大成智慧’”[⑦];“一个人的知识面越广阔,就越会触类旁通,越有开拓能力”[⑧];“跨度越大,创新程度也越大……大成智慧教我们总揽全局,洞察关系

---

① “立德,立功,立言”是中国知识分子的最高理想。春秋时鲁国大夫叔孙豹称“立德”“立功”“立言”为“三不朽”。《左传·襄公二十四年》:“泰上有立德,其次有立功,其次有立言,虽久不废,此之谓不朽。”唐代学者孔颖达对“三立”做了精辟的阐述:“立德,谓创制垂法,博施济众;立功,谓拯厄除难,功济于时;立言,谓言得其要,理足可传。”“立德”,即树立高尚的道德;“立功”,即为国为民建功立业;“立言”,即著书立说,提出具有真知灼见的言论。

② 苗东升:《什么是大成智慧学》,《西安交通大学学报》(社会科学版)2010年第61期,第1-7、18页。

③ 《致钱学敏》(1997年4月6日),《钱学森书信》(10),国防工业出版社2007年版,第275页。

④ 《致钱学敏》(1994年9月25日),《钱学森书信补编》(4),国防工业出版社2012年版,第375页。

⑤ 《致戴汝为》(1993年2月25日),《钱学森书信》(7),国防工业出版社2007年版,第134页。

⑥ 《致钱学敏》(1996年6月12日),《钱学森书信》(10),国防工业出版社2007年版,第89页。

⑦ 《致戴汝为》(1993年8月8日),《钱学森书信》(7),国防工业出版社2007年版,第312页。

⑧ 《致朱长乐》(1994年7月27日),《钱学森书信》(8),国防工业出版社2007年版,第296页。

……促使我们突破障碍,从而做到大跨度地触类旁通,完成创新"①。大成智慧学要有"开阔的思路""广阔的知识面","站在高处""观察洋流""总揽全局""洞察关系","触类旁通""突破障碍""察觉大势""做出预见","完成创新""获得智慧"。"我们用大成智慧学的观点,也就是用马克思主义哲学论外国人的工作。我们要了解他们的工作,吸取其精华,用我们的智慧加以发扬光大。学外国人是为了比他们干得更好。"②大成智慧学是"集大成,得智慧"。研究大成智慧学的内涵或者说其内部要素,就不单单是指某一方面的信息、知识、智慧,而是信息、知识、智慧的"集成"或者说"相结合"的关系。大成智慧学要集哪些信息、知识和智慧之大成呢?

(一)坚持科学技术和马克思主义哲学相结合

钱学森坚持认为,马克思列宁主义毛泽东思想是"人类智慧之大成"③。马克思主义哲学是"智慧的源泉",是"触类旁通的钥匙","创造力来源于马克思主义哲学,而用这个观点看科学技术以及知识体系就是大成智慧学"④;"哲学必须是人的智慧的结晶,而人的智慧只能来自个人的实践和吸取他人、包括古人遗留下来的,实践经验总结……哲学就是大成智慧!大成智慧是古老的'爱、智、慧'概念的更进一步了,更具体了"⑤;大成智慧学"既不只谈哲学,也不只谈科学;而是把哲学和科学技术结合起来"⑥;"到了今天,既不会有马克思主义哲学以外的科学技术,也不会有科学技术之外的马克思主义哲学;"⑦"要有智慧,就必须懂得并会运用马克思主义哲学去观察分析客观世界的事物。"⑧这都说明,大成智慧学要坚持科学技术与马克思主义哲学相结合。

钱学森指出,一要反对苏联的那一套死抱住"官方"书本不放、教条主义的作

① 《致钱学敏》(1994 年 1 月 13 日),《钱学森书信》(8),国防工业出版社 2007 年版,第 30 页。
② 《致戴汝为》(1995 年 2 月 9 日),《钱学森书信》(9),国防工业出版社 2007 年版,第 65 页。
③ 《致周肇基》(1996 年 3 月 10 日),《钱学森书信》(9),国防工业出版社 2007 年版,第 515 页。
④ 《致钱学敏》(1994 年 2 月 7 日),《钱学森书信》(8),国防工业出版社 2012 年版,第 59、60 页。
⑤ 《致钱学敏》(1995 年 2 月 2 日),《钱学森书信补编》(5),国防工业出版社 2012 年版,第2-3 页。
⑥ 《致钱学敏》(1997 年 4 月 6 日),《钱学森书信》(10),国防工业出版社 2007 年版,第 275 页。
⑦ 《致庞正元》(1992 年 7 月 6 日),《钱学森书信》(6),国防工业出版社 2007 年版,第 330 页。
⑧ 《智慧与马克思主义哲学》(1987 年),《钱学森文集》(卷五),国防工业出版社 2012 年版,第 30 页。

风;二要发扬毛泽东、邓小平结合实际,结合时代新实践,也吸取古今中外一切有用的东西来丰富、发展和深化辩证唯物主义哲学。这两条也是实事求是,实事求是应作为我们的态度。① 坚持和发展马克思主义哲学都要坚持实事求是的态度。钱学森指出,"第四次伟大尝试",建立并充实完善科学技术体系,包括部门哲学在内,要靠哲学家和整个科学技术界的同志大力协同,共同奋斗。是一件大规模的科学技术工作,要由党和国家来领导和组织才行。② 黄楠森曾指出:"钱学森同志提出的人类科学系统的模式把马克思主义哲学摆放在这个模式之中,把它看成范围最广、层次最高的科学,这是十分正确的。"③钱学森构筑的人类知识体系坚持了科学技术和马克思主义哲学相结合,这被学者所认可。

科学技术与马克思主义哲学之间是双向互动的关系。"哲学要指导科学,哲学也来自科学技术的提煉(炼)"④;"科学技术要靠马克思主义哲学来指导;而马克思主义哲学是建立在科学技术之上,靠科学技术的发展来深化的"⑤;"科学技术的进步应该用马克思主义哲学来指导。当然科学技术的进步也必然促使马克思主义哲学发展与深化"⑥;"马克思主义哲学是人类智慧的结晶,因此一方面科学技术研究要接受马克思主义哲学的指导,另一方面科学技术的发展又必然用来充实并深化马克思主义哲学。"⑦钱学森多次指出科学技术与马克思主义哲学之间的双向互动的关系,即科学技术要靠马克思主义哲学来指导,马克思主义哲学要靠科学技术的发展而深化。

(二)坚持自然科学与社会科学相结合

钱学森指出:"地理科学只是自然科学与社会科学的交叉结合,而建筑科学则

---

① 《致黄顺基》(1996 年 1 月 28 日),《钱学森书信》(9),国防工业出版社 2007 年版,第457－458 页。

② 《致黄楠森》(1992 年 9 月 8 日),《钱学森书信》(6),国防工业出版社 2007 年版,第 423 页。

③ 《致陈春旺》(1992 年 9 月 23 日),《钱学森书信》(6),国防工业出版社 2007 年版,第 453 页。

④ 《致钱学敏》(1997 年 4 月 6 日),《钱学森书信》(10),国防工业出版社 2007 年版,第 275 页。

⑤ 《致庞正元》(1992 年 7 月 6 日),《钱学森书信》(6),国防工业出版社 2007 年版,第 330 页。

⑥ 《致黄顺基》(1993 年 10 月 12 日),《钱学森书信》(7),国防工业出版社 2007 年版,第 401 页。

⑦ 《致徐纪敏》(1992 年 8 月 31 日),《钱学森书信》(6),国防工业出版社 2007 年版,第 402 页。

是自然科学、社会科学和美术艺术的三结合,更复杂高超!”①除了文艺理论大部门与其他的科学技术大部门区别明显,建筑科学是科学技术与文学艺术相结合之外,钱学森提出的现代科学技术体系的其他部门几乎都可以看作自然科学和社会科学结合的产物。数学科学原来被看作自然科学的一部分,至今数学仍然划在“理学”大门类之下就是明证。钱学森把数学单独划分出来,称作数学科学。把它看作独立于自然科学,自然科学和社会科学都可以使用的工具学科群。钱学森创建的系统科学、思维科学和人体科学都很明显是自然科学和社会科学相结合的产物。行为科学、军事科学原来被看作社会科学的组成部分,但由于自然科学方法的渗透,实际上已经成为自然科学与社会科学相结合的学科群。钱学森认为自然地理学、经济地理学应该结合起来形成新的地理科学,而不仅仅是属于自然科学的地学。这些原来或是看作自然科学的组成部分,或是看作社会科学的组成部分。在钱学森的分析和归纳之下,独立出来,自立门户,现代科学技术体系只是在科学技术研究进一步细化的背景下,为了研究的方便而划分出来的学科群。

坚持自然科学与社会科学相结合的大成智慧学与科学革命、技术革命、产业革命、政治革命、文化革命息息相关。知识经济与发展大成智慧有关。②“宏大产业(Macroindustrial)”的概念实是讲人类社会的社会革命,即人类进入世界大同的时代。它是以第五次产业革命(信息革命)、第六次产业革命(农业产业化)、第七次产业革命(人类身体和智力的提高)为基础的,将来还可能有从分子水平设计的结构(即所谓Nanotechnology)为基础的第八次产业革命。这种对世界的认识也是大成智慧。③ 就是说社会革命和产业革命等“对世界的认识”也是大成智慧学所要研究的重要课题。主体自由、社会自由和个性自由“三维自由”都是人学。“大成智慧结合第五次产业革命、第六次产业革命和第七次产业革命,到了现代中国第三次社会革命胜利的时刻,这‘三维自由’就实现了。马克思主义行为科学要研究这个问题!”④这就是说,主体自由、社会自由和个性自由“三维自由”要等到现代中国第三次社会革命的胜利才能实现,而现代中国第三次社会革命要取得胜利,就要将“大成智慧”与第五次产业革命、第六次产业革命和第七次产业革命相

---

① 《致鲍世行》(1996年9月15日),《钱学森书信》(10),国防工业出版社2007年版,第202页。

② 《致王寿云等六同志》(1997年4月9日),《钱学森书信》(10),国防工业出版社2007年版,第281页。

③ 《致王寿云等六同志》(1997年4月27日),《钱学森书信》(10),国防工业出版社2007年版,第290-291页。

④ 《致钱学敏》(1995年7月4日),《钱学森书信补编》(5),国防工业出版社2012年版,第82页。

结合。大成智慧学要坚持民主集中制原则,“我国的科技工作……开创的民主集中制光荣传统:在集中领导下的民主和民主基础上的集中……这里的民主是真正充分的,领导错了也要立即纠正。同时讨论又不能无边无际,而必须集中到要解决的问题。这就是做到‘大成智慧’了”①。在科技工作中坚持集中领导下的民主和民主基础上的集中相结合的民主集中制,民主是真正充分发挥的民主,集中是落实到解决问题的集中,做到这样的民主集中制,就是做到了“大成智慧”。“我们人民中国就该创新大成智慧,为世界作好事!”②包括大成智慧学和大成智慧工程在内的“大成智慧”,不仅是为了中国人民,而且还为了世界人民。这就说明,钱学森的大成智慧学不仅仅是坚持了中国化,坚持了民族化,坚持了时代化,而且也是坚持了全球化。

(三)坚持科学技术与文学艺术相结合

大成智慧学坚持科学技术与文学艺术相结合。“科学与文艺是互补的,只搞文艺不懂科学或只搞科学不懂文艺都不行”③,“聪明来自艺术与科学的结合”④。我们要解决好科学技术与艺术的融合问题,创造出技术与艺术的交响诗,就要求科技人员与艺术家互相了解,用对方的语言讨论问题。⑤“不要搞机械唯物论,也不要搞唯心主义,要运用辩证唯物主义来认识包括我们自己在内的客观世界。‘不要死心眼儿,不要乱猜!’……要把科学和艺术结合起来。”⑥“科学技术研究要先用形象思维,然后才是逻辑思维”,要培养文艺工作者的科学技术素养。⑦“科学和艺术在文学方面的事例,似应着重研究文学家的思维素养,以证实艺术与科学的关系。如鲁迅、郭沫若,早年都学过现代西医学,而郭沫若后来是中国科学院院长,对科学有很深的理解。而且文学创作必须立足于世界观,正确的世界观只

① 《致中国科学院》(1999年8月7日),《钱学森书信补编》(5),国防工业出版社2012年版,第417页。

② 《致钱学敏》(2000年3月18日),《钱学森书信补编》(5),国防工业出版社2012年版,第423页。

③ 《致刘为民》(1995年12月13日),《钱学森书信补编》(5),国防工业出版社2012年版,第168页。

④ 《致戴汝为》(1998年6月17日),《钱学森书信》(10),国防工业出版社2007年版,第376页。

⑤ 《致俞健》(1996年6月19日),《钱学森书信》(10),国防工业出版社2007年版,第98-99页。

⑥ 《致杨春鼎》(1995年8月27日),《钱学森书信》(9),国防工业出版社2007年版,第321页。

⑦ 《致刘为民》(1996年4月28日),《钱学森书信补编》(5),国防工业出版社2012年版,第273页。

能是科学的世界观,即马克思主义的世界观。”①科学的艺术工作是现代科技对艺术表达所起的作用;艺术的科学问题是正确认识我们所在的世界②。科技工作者要有文学艺术修养,文艺工作者要有科技修养。

大成智慧学坚持性智与量智相结合。钱学森多次指出,坚持性智与量智相结合是大成智慧学的必要条件。性智主要表现为文学艺术,量智主要表现为科学技术。性智与量智相结合就是科学技术和文学艺术相结合的一个表现形式。“人一方面要有文化艺术修养,另一方面又要有科学技术知识……既要有‘性智’,又要有‘量智’。这就是大成智慧学,是马克思主义哲学的发展与深化”③;“大成智慧学是根本。性智与量智相结合”④;科学与艺术的结合“实际上是说人类的智慧有‘性智’和‘量智’两方面,二者综合为大成智慧。所以科学与艺术是相通的”⑤;“人的智慧是两大部分:量智和性智。缺一不成智慧! 此为‘大成智慧学’,是辩证唯物主义的。”⑥把熊十力的“性智”和“量智”也吸收进来作为整体定性认识和微观定量认识,要二者结合使用才能完整地认识客观世界。⑦

大成智慧学坚持形象思维与逻辑思维相结合。智慧是抽象(逻辑)思维学、形象(直感)思维学、灵感(顿悟)思维学等“人思维的综合”⑧。“从思维科学角度看,科学工作总是从一个猜想开始的,然后才是科学论证……科学工作是源于形象思维,终于逻辑思维。形象思维是源于艺术,所以科学工作是先艺术后科学。相反,艺术工作必须对事物有个科学的认识,然后才是艺术创作……科学需要艺术,艺术也需要科学。”⑨“文艺始于对事物的科学认识,然后才是艺术;而科技始于对事物的形象探索,这需要文艺修养,然后落实到科学的论证。可以说文艺是

① 《致刘为民》(1995 年 11 月 5 日),《钱学森书信》(9),国防工业出版社 2007 年版,第 371 页。

② 《致钱学敏》(1998 年 7 月 12 日),《钱学森书信》(10),国防工业出版社 2007 年版,第 389 页。

③ 《关于大成智慧的谈话》(1992 年 11 月 13 日),《钱学森文集》(卷六),国防工业出版社 2012 年版,第 275 页。

④ 《致钱学敏》(1993 年 2 月 21 日),《钱学森书信》(7),国防工业出版社 2007 年版,第 128 页。

⑤ 《致钱学敏》(1993 年 6 月 6 日),《钱学森书信》(7),国防工业出版社 2007 年版,第 237 页。

⑥ 《致钱学敏》(1993 年 7 月 8 日),《钱学森书信》(7),国防工业出版社 2007 年版,第 262 页。

⑦ 《致黄顺基》(1996 年 1 月 28 日),《钱学森书信》(9),国防工业出版社 2007 年版,第457－458 页。

⑧ 《致戴汝为》(1994 年 2 月 7 日),《钱学森书信》(8),国防工业出版社 2007 年版,第 57 页。

⑨ 《致刘为民》(1995 年 11 月 5 日),《钱学森书信》(9),国防工业出版社 2007 年版,第371－372 页。

先科学、后艺术;科技是先艺术、后科学。"[1]"科学技术研究要先用形象思维,然后才是逻辑思维"[2]。艺术修养"对启迪一个人在科学上的创新是很重要的。科学上的创新光靠严密的逻辑推理不行,创新的思想往往开始于形象思维,从大跨度的联想中得到启迪,然后再用严密的逻辑加以验证"[3]。"文艺也要先对客观世界有个科学正确的认识,然后才是艺术创作。"[4]

大成智慧学坚持整体思维与还原思维相结合。"大成智慧学是一个科学化了的整体观"[5],"整体观"和"系统观"是"我们能向前走一步的关键。所以是大成智慧学"[6]。"大成智慧"在于"微观与宏观相结合,整体(形象)思维与细部组装向整体(逻辑)思维合用"[7]。分解事物加逻辑推断的还原论称量智,用形象思维去领会事物宏观现象的整体观称性智,也就是"思维方法中所谓的逻辑思维与形象思维之分"。"光用还原论的逻辑思维是不够的,一定要加上整体观的形象思维(包括灵感思维)。"[8]马克思主义哲学使我们能居高临下,总览全部非理性世界,指出走出迷途的道路。[9]

(四)坚持科学技术理论与实践相结合

"智慧即马克思主义哲学",马克思主义哲学又来源于科学技术体系,即十大部门、十架概括的哲学桥梁,以及外围的知识点滴。马克思主义哲学还来源于文化事业的实践经验,即"生产斗争、阶级斗争和科学实验",也就是教育、科技、文艺、园林建筑、广播电视、展览馆博物馆、出版报刊、体育、旅游、美食、花鸟鱼虫、宗教、群众团体、收藏等十四个事业。"大成智慧工程还要扩展,包括文化事业的实

---

① 《致刘为民》(1996 年 3 月 10 日),《钱学森书信》(9),国防工业出版社 2007 年版,第 514 页。

② 《致刘为民》(1996 年 4 月 28 日),《钱学森书信补编》(5),国防工业出版社 2012 年版,第 273 页。

③ 《最后一次系统谈话——谈科技创新人才的培养问题》(2005 年 3 月 29 日),《钱学森文集》(卷六),国防工业出版社 2012 年版,第 420 页。

④ 《致刘为民》(1996 年 12 月 22 日),《钱学森书信》(10),国防工业出版社 2007 年版,第 234 页。

⑤ 钱学敏:《钱学森关于现代科学技术体系的构想及其"大成智慧学"》,《中国社会科学院研究生院学报》1994 年第 5 期,第 6 页。

⑥ 《致钱学敏》(1993 年 7 月 18 日),《钱学森书信》(7),国防工业出版社 2007 年版,第 269 页。

⑦ 《致钱学敏》(1997 年 4 月 6 日),《钱学森书信》(10),国防工业出版社 2007 年版,第 275 页。

⑧ 《致钱学敏》(1993 年 7 月 8 日),《钱学森书信》(7),国防工业出版社 2007 年版,第 262 页。

⑨ 《致夏军》(1994 年 4 月 1 日),《钱学森书信》(8),国防工业出版社 2007 年版,第 113 页。

践经验所产生的智慧……从科学技术体系扩展到智慧体系”。智慧是“大成智慧工程”的内涵，“智慧的社会表现是人的思想品德”①。“人的思维不只是逻辑，而是感受与逻辑推理相结合，缺一不可。”我们只是根据感受认为客观世界有其规律，而且不以人们的意志为转移。要证明只有实践，无穷无尽的实践。从定性到定量综合集成法、大成智慧学、研讨厅体系都基于此认识。这就是辩证法。② 帅才就要“举重若轻”，而落实工作又要“举轻若重”。从定性到定量综合集成法，或称大成智慧工程，就要把众人的“举重若轻”和“举轻若重”结合统一起来；在定方针时居高远望，统揽全局，抓住关键；在制订行动计划时又注意到一切因素，重视细节。这可能是马克思主义哲学了，是大成智慧学了。③ 这是从坚持科学技术理论与实践的角度来看大成智慧学。

（五）坚持科学技术与前科学相结合

大成智慧学不但要运用唯物辩证法和现代科学技术体系的知识，还要运用“前科学”的感受和经验，才能“科学地研究和反映客观事物的全貌”。④ 钱学敏认为“前科学”是大成智慧学需要运用的很重要的组成部分，这是符合钱学森的思想的。现代科学技术体系表是把古今中外的哲学论述都放在那周围，作为由希望进入核心的素材。我们已经吸收了“人学”“量智”“性智”，这只是开始，一定还有其他。我们是辩证唯物主义者，要学列宁、学毛泽东、学邓小平，不断开拓大成智慧！⑤ 钱学森区分了马克思主义哲学与哲学思维，也说明了马克思主义哲学和哲学思维之间的辩证统一关系。他认为“哲学”是现代科学技术的最高概括，因此要指导一切科学技术的研究与探索。实践已经指明这样的“哲学”只能是马克思主义哲学——辩证唯物主义。也指明这样的马克思主义哲学是随着人类实践而不断发展深化的——永无止境。最重要的一点，是要从实践来，又要指导实践。这样的“哲学”、马克思主义哲学（辩证唯物主义）居于现代科学技术体系中的最高位置，但是整个体系的一部分。在这个体系的外围，还有大量的知识，点滴经验，各种想法，它们都还没有纳入现代科学技术体系本身——未经实践考验，所以只

① 《致钱学敏》(1992 年 11 月 8 日)，《钱学森书信》(7)，国防工业出版社 2007 年版，第 7 - 8 页。

② 《致钱学敏》(1993 年 10 月 19 日)，《钱学森书信》(7)，国防工业出版社 2007 年版，第 405 页。

③ 《致王寿云等六同志》(1993 年 9 月 16 日)，《钱学森书信》(7)，国防工业出版社 2007 年版，第 360 页。

④ 钱学敏：《钱学森关于现代科学技术体系的构想及其“大成智慧学”》，《中国社会科学院研究生院学报》1994 年第 5 期，第 5 页。

⑤ 《致钱学敏》(1997 年 3 月 16 日)，《钱学森书信》(10)，国防工业出版社 2007 年版，第 261 页。

能在外围。哲学思维也现处于外围,它是“一种精神意境”,有待于将来实践的考验。① 大成智慧学坚持科学技术与前科学的结合,坚持马克思主义哲学与哲学思维的结合,也坚持哲学、科学与经验的结合。

1.2.2 大成智慧学集大成要素之间的关系分析

大成智慧学坚持马克思主义哲学与科学技术相结合,坚持自然科学与社会科学相结合,坚持科学技术与文学艺术相结合,坚持基础科学、技术科学与工程技术相结合,坚持科学技术理论与实践相结合,坚持科学与前科学相结合等。这几个方面之间既是分立的,也是一体的,这就体现了一分为多、合多为一的关系,体现了唯物辩证法辩证统一的关系。

(一)从马克思主义哲学角度看各要素之间的辩证统一关系

坚持自然科学与社会科学相结合要坚持马克思主义哲学。自然科学工作者要学习社会科学知识,社会科学工作者要学习自然科学知识,社会科学工作者和自然科学工作者要结合起来开展大协作,在促进自然科学与社会科学联盟过程中,都要坚持马克思主义哲学的指导。为了追求社会科学的精确化,向社会科学研究推广数学方法;为了追求社会科学的系统化,向社会科学研究推广系统工程方法;为了追求社会科学的求实化,为社会科学研究构筑了从定性到定量综合集成法,在自然科学方法论和社会科学方法论趋向统一过程中,也要坚持马克思主义哲学的指导。开放复杂巨系统在复杂性问题上贯通了自然科学和社会科学,从定性到定量综合集成法是解决自然科学与社会科学复杂性的有效方法论,综合集成法是定性认识与定量认识相结合的辩证思维方法,在开放复杂巨系统及其从定性到定量综合集成法上都要坚持马克思主义哲学的指导。

坚持科学技术与文学艺术相结合也要坚持马克思主义哲学。科学技术与文学艺术相结合的道理就在于马克思主义哲学。“科学技术与文艺的结合,工作中的思想指导必须靠马克思主义哲学。”②科学技术和文学艺术都要以辩证唯物主义为指导,不搞机械唯物论,当然也不能搞唯心主义。③ 从马克思主义哲学的角度,坚持性智与量智相结合,坚持感性认识与理性认识相结合,坚持质变与量变相

---

① 《致任恢忠》(1995 年 11 月 26 日),《钱学森书信》(9),国防工业出版社 2007 年版,第 395 页。

② 《致资民筠》(1991 年 6 月 15 日),《钱学森书信》(6),国防工业出版社 2007 年版,第 29－30 页。

③ 《致〈现代化〉杂志编辑委员会》(1992 年 1 月 1 日),《钱学森书信》(6),国防工业出版社 2007 年版,第 203 页。

结合都自然而然地坚持了马克思主义哲学的指导。从思维科学的角度，坚持逻辑思维与形象思维相结合，坚持理性思维与非理性思维相结合，坚持整体思维与还原思维相结合也都是坚持了马克思主义哲学的指导。一个人的科学技术成就与他的文学艺术修养有重要关系，一个人的文学艺术成就与他的科学技术修养也有重要关系，科学技术与文学艺术在客观世界里彼此相互作用，在科学研究和文艺创作都要坚持科学技术与文学艺术相结合等各方面都要坚持马克思主义哲学的指导作用。

坚持科学技术理论与实践相结合还要坚持马克思主义哲学。要做到理论联系实际就必须深入实际。要抓到问题的要害，就要培养分析洞察问题的能力。培养分析洞察问题的能力"最好的方法就是学习并掌握马克思主义哲学"①。从马克思主义哲学的角度看，坚持科学技术理论与实际相结合既要重视实践的重要作用，也要重视理论的重要作用，坚持科学技术理论与实际相结合的辩证统一的关系，本身就是坚持了马克思主义哲学的指导作用。坚持科学技术理论与实验相结合，坚持科学技术理论与事实相结合，坚持科学技术理论与技术相结合，坚持科学技术理论与实践相结合都是从不同的角度和不同的侧面探讨了坚持科学技术理论和实际相结合，这些不同角度和不同侧面都是坚持以马克思主义哲学为指导思想。科学技术决定生产力决定国家的生存，作为第一生产力的科学技术包括全部现代科学技术体系，理论联系实际才能更好地认识客观世界和改造客观世界，科学技术是第一生产力将科学技术理论与实践密切联系起来，这无疑也坚持了马克思主义哲学的指导。

坚持科学技术与前科学也要坚持马克思主义哲学的指导。现代科学技术体系与前科学技术体系之间也是双向互动、辩证统一的关系。现代科学技术体系指导前科学技术体系的实践经验知识库和哲学思维以及不成文的实践感受和一般认识的整理工作，需要坚持马克思主义哲学的指导；前科学技术体系通过整理纳入现代科学技术体系之中，也需要坚持马克思主义哲学的指导。科学技术与前科学之间双向互动、辩证统一的关系都需要坚持马克思主义哲学的指导。

（二）从现代科学技术体系角度看各要素之间的辩证统一关系

大成智慧学是"马克思主义哲学发展深化的一个新阶段"，是"以马克思主义哲学为指导的知识体系论"。② "我们要走向大成智慧，最核心的概念是现代科学

① 《致刘清珺》(1991年11月14日)，《钱学森书信》(6)，国防工业出版社2007年版，第157页。

② 《致钱学敏》(1993年6月10日)，《钱学森书信》(7)，国防工业出版社2007年版，第242－243页。

技术体系的整体结构……这个整体结构的最高层是马克思主义哲学的殿堂……掌握知识体系结构，能跨学科、全领域看问题。"①"'集大成'首先要'集'，这是'整体观'，但……必须有'集'的对象……'大成智慧学'是建筑在现代科学技术的基础上的。"②"要通过现代科学技术体系来达到大成智慧。不然怎么能称'大成'，又怎么能得'智慧'。"③钱学森反复强调大成智慧学是"以马克思主义哲学为指导的知识体系论"，"是建筑在现代科学技术的基础上的"，"最核心的概念是现代科学技术体系的整体结构"，"要通过现代科学技术体系来达到大成智慧"。可见大成智慧学与现代科学技术体系具有千丝万缕的联系。在强调现代科学技术体系的时候，总是没有忘记马克思主义哲学的指导地位，"这个整体结构的最高层是马克思主义哲学的殿堂"，知识体系论也是"以马克思主义哲学为指导的"，甚至认为大成智慧学就是"马克思主义哲学发展深化的一个新阶段"。通过解读，我们看到其实钱学森是在强调了马克思主义哲学和现代科学技术体系两个方面。更全面地说，应该是包括马克思主义哲学体系、现代科学技术体系和前科学技术体系在内的人类知识体系（见表1.1）。通过对人类知识体系的分析我们可以看到如下重要关系。

首先对人类知识体系各层次之间的关系进行分析。第一，马克思主义哲学体系和现代科学技术体系之间是以部门哲学为中介桥梁的双向互动、辩证统一的关系。大成智慧学要坚持马克思主义哲学体系与现代科学技术体系相结合，换言之大成智慧学要坚持马克思主义哲学与科学技术相结合。第二，现代科学技术体系与前科学技术体系之间也是双向互动、辩证统一的关系。现代科学技术体系可以指导前科学技术体系的实践经验知识库和哲学思维以及不成文的实践感受和一般认识的整理工作，前科学技术体系可以通过整理纳入现代科学技术体系之中，大成智慧学要坚持现代科学技术体系与前科学技术体系相结合，换言之，大成智慧学坚持科学技术与前科学相结合。第三，在现代科学技术体系的内部三个层次之间，也是双向互动、辩证统一的关系。无论是从基础科学通过技术科学来指导工程技术，还是工程技术通过技术科学提炼上升到基础科学，三者两两之间都是双向互动、辩证统一的关系。也可以看作是从理论到实践、从实践到理论的过程。

① 《致陈炎》（1995年2月7日），《钱学森书信》（9），国防工业出版社2007年版，第61－62页。

② 《致钱学敏》（1994年3月24日），《钱学森书信》（8），国防工业出版社2007年版，第109页。

③ 《致钱学敏、涂元季》（1996年9月1日），《钱学森书信》（10），国防工业出版社2007年版，第195－196页。

大成智慧学要坚持基础科学、技术科学和工程技术之间的结合，坚持科学技术理论与实践相结合。

表 1.1 集马克思主义哲学体系和现代科学技术体系于一体的人类知识体系①

Table 1.1 Human knowledge system that set in the integration ofMarxist philosophy and the Modern System of Science and Technology

<table>
<tr><td rowspan="3">马克思主义哲学体系</td><td>总论</td><td colspan="11">辩证唯物主义——
人认识客观世界和主观世界的科学</td><td>核心</td></tr>
<tr><td>智慧</td><td colspan="10">量智</td><td>性智</td><td>两智</td></tr>
<tr><td>分论桥梁</td><td>自然辩证法</td><td>历史唯物主义</td><td>数学哲学</td><td>系统论</td><td>认识论</td><td>人天观</td><td>人学</td><td>军事哲学</td><td>地理哲学</td><td>建筑哲学</td><td>美学</td><td>部门哲学</td></tr>
<tr><td rowspan="3">现代科学技术体系</td><td>基础科学</td><td>自然科</td><td>社会科</td><td>数学科</td><td>系统科</td><td>思维科</td><td>人体科</td><td>行为科</td><td>军事科</td><td>地理科</td><td>建筑科</td><td>文艺理</td><td>科学哲学</td></tr>
<tr><td>技术科学</td><td>学技术</td><td>学技术</td><td>学技术</td><td>学技术</td><td>学技术</td><td>学技术</td><td>学技术</td><td>学技术</td><td>学技术</td><td>学技术</td><td>论创作</td><td>技术哲学</td></tr>
<tr><td>工程技术</td><td>大部门</td><td>大部门</td><td>大部门</td><td>大部门</td><td>大部门</td><td>大部门</td><td>大部门</td><td>大部门</td><td>大部门</td><td>大部门</td><td>大部门</td><td>工程哲学</td></tr>
<tr><td rowspan="2">前科学技术体系</td><td>理性认识</td><td colspan="11">（各科学技术大部门）实践经验知识库和哲学思维（自然哲学、中国哲学、西方哲学等）</td><td>哲学思维</td></tr>
<tr><td>感性认识</td><td colspan="11">（各科学技术大部门）不成文的实践感受和一般认识</td><td>一般认识</td></tr>
</table>

其次对人类知识体系主要是现代科学技术体系的组成要素之间的关系进行分析。第一，自然科学与社会科学之间的关系。自然科学和社会科学是学术界公认的两类重要的科学，直到现在，很多人仍然认为科学包括自然科学和哲学社会科学。这也难怪，自然科学和社会科学，尤其是自然科学发展得比较早，也比较成熟，这就形成了自然科学一家独大的局面，在理论成熟、方法精确、应用广泛、实效

① 本表一般称作"现代科学技术体系"，本文认为称作人类知识体系更为恰当。本文按照哲学、科学技术、实践经验三个层次一次划分为马克思主义哲学体系、现代科学技术体系和前科学技术体系三个层次。每个层次都有若干分层次。这是对钱学森关于现代科学技术体系就是"三个层次一架桥梁"的另一种解读。

显著方面，就连社会科学也相形见绌。当然自然科学和社会科学的交叉融合也出现了很多边缘学科、交叉学科。钱学森发现了这些交叉学科的重要性，对人类知识体系，尤其是科学技术体系重新做了梳理，陆续在自然科学和社会科学之外成立了系统科学、思维科学、人体科学等几个新的部门，整合了行为科学、军事科学、地理科学等重要的科学技术大部门。大成智慧学要坚持自然科学与社会科学相结合。第二，科学技术与文学艺术之间的关系。科学技术体系中从自然科学、社会科学、数学科学、系统科学、人体科学、思维科学、军事科学、行为科学到地理科学这九大部门都是由量智与性智建立起来的，但表现出来的是量智。文艺理论创作大部门与众不同，虽然也是性智与量智并用，但表现出来的是性智。这就是文艺和美学的特点。从发展和深化马克思主义哲学角度来看，从大成智慧学角度来看，这十大部门又是统一的。这就是大成智慧学的威力。[①] 建筑科学技术大部门不仅仅是自然科学和社会科学之间的结合，而且是科学技术和文学艺术之间的结合。大成智慧学要坚持科学技术与文学艺术之间的结合。

（三）从大成智慧教育角度看各要素之间的辩证统一关系

钱学森指出大成智慧硕士对马克思主义哲学要熟悉；对现代科学技术体系要熟悉；要结合理、工、文、艺；要善于运用电子计算机；要熟悉信息网络；要有智慧。[②] 根据大成智慧的观点，不但要“学贯中西”，还应“文理工相通”。[③] 我们可以从中分析要集成的几对关系。“熟悉现代科技体系”、“熟悉马克思主义哲学”，就要坚持科学技术与马克思主义哲学相结合；结合“理、工”，就要坚持基础科学、技术科学和工程技术相结合，坚持科学技术理论与实践相结合；结合“文、理”，就要坚持自然科学与社会科学相结合；结合“理、工、文、艺”，就要坚持科学技术与文学艺术相结合；“熟悉信息网路”、“善于用电子计算机处理知识”，就要坚持人与电子计算机相结合、人与信息网络相结合。钱学森还认为“打通哲学、社会科学、自然科学、应用科学技术的隔阂”也是大成智慧的必要条件，是今后一定要做到的。[④] “打通隔阂”就是做到“结合”，大成智慧学要坚持科学技术与马克思主义哲学相

① 《致钱学敏》（1993 年 8 月 31 日），《钱学森书信》（7），国防工业出版社 2007 年版，第 338 页。

② 《致钱学敏（二）》（1993 年 10 月 7 日），《钱学森书信》（7），国防工业出版社 2007 年版，第 386 页。

③ 《致钱学敏》（1994 年 9 月 25 日），《钱学森书信补编》（4），国防工业出版社 2012 年版，第 375 页。

④ 《致钱学敏》（1996 年 5 月 15 日），《钱学森书信》（10），国防工业出版社 2007 年版，第54－55 页。

结合,坚持自然科学与社会科学相结合,坚持基础科学、应用科学、工程技术相结合。通过与美国“2061计划”①相比较,钱学森指出大成智慧教育有两点优势:一是强调马克思主义哲学的主导地位,性智、量智并重;二是重视教育中的文艺修养,文、理、工、艺并重。钱学森坚信“大成智慧教育要勝(胜)过‘2061计划’”②。这就体现了作为大成智慧教育理论基础的大成智慧学坚持科学技术与马克思主义哲学相结合,坚持自然科学与社会科学相结合,坚持科学技术与文学艺术相结合,坚持科学技术理论与实践相结合等。将中国的大成智慧教育与美国的“2061计划”相比较并提出中国的优势所在,这显示出钱学森高度的历史责任感、面向未来的前瞻精神和与欧美竞争的战略思想。

综合钱学森在各种场合下对“大成智慧学”的解释,本文主要讨论大成智慧学坚持科学技术与马克思主义哲学相结合、坚持自然科学与社会科学相结合、坚持文学艺术与科学技术相结合、坚持科学技术理论与实践相结合几个方面。钱学敏认为大成智慧硕士在思维结构中应该具备知识层、情感层、智慧层三个层次,苗东升不赞同这个说法,本文也不赞同。信息、知识、智慧分别属于三个不同的层次。有了信息不一定有知识,有了信息和知识不一定有智慧。把情感层放在知识层和智慧层之间,既不符合逻辑,也不符合实际。现代科学技术体系本质上属于知识层次,仅仅强调大成智慧学与现代科学技术体系的关系对于研究大成智慧学还是远远不够的。钱学森指出,钱学敏的思维结构缺“信息网络”,这是很正确的。人与电子计算机相结合,人与信息网络相结合就成为大成智慧学的重要内涵之一。

(四)从“人机结合”创新思维角度看各要素之间的辩证统一关系

大成智慧学是“集大成,得智慧”,得智慧就要有创新思维。“意识活动是基于本人及其他人实践活动的,重要的是,不仅仅是本人,还有其他人。这就要交流,交流就要语言。”语言在人的意识中起到中心作用。“大成智慧学是这一思想的进一步发展,把意识提高到思维,包括抽象(逻辑)思维和形象(直感)思维,以及灵感(顿悟)思维,特别是后二者‘非理性’思维。”“人的意识要用语言和符号表达联结起来的知识体系(包括信息网络)来提高,达到‘大成智慧’。”③意识来源于实践,意识需要通过语言进行交流,把意识提高到思维。意识用语言和符号联结起

---

① 美国的“2061”计划是美国一些权威学者们所设想的,到2061年哈雷彗星再来前的美国教育改革。

② 《致戴汝为、汪成为、钱学敏》(1995年2月15日),《钱学森书信》(9),国防工业出版社2007年版,第73页。

③ 《致戴汝为、钱学敏》(1994年3月14日),《钱学森书信》(8),国防工业出版社2007年版,第101页。

来的知识体系和信息网络来达到“大成智慧”。“泛化”如作为“联觉”，那“统觉”和“通感”就是更高层次的形象思维了。但不管是那(哪)一种都靠人能掌握的信息，所以形象思维重要，又必须能广泛运用知识，大成智慧就是其基础了。[①] 大成智慧的信息和知识促进形象思维的发展，形象思维的提高又促进大成智慧。形象思维和大成智慧之间是双向互动、辩证统一的。“实践经验通过人际交流而大大扩展；再加文字的出现，把上代人、古人的实践知识记载下来传给后人，这是思维的阶段性飞跃”，即社会思维。由信息技术革命所引起的第五次产业革命通过全球信息网络把全世界的人都联结起来。一切从古代开始直到今日的一切知识信息也都在网络库中随时可以调取。这是通过信息网络，通过电子计算机，搞人机结合的大社会思维，即人机结合的大成智慧思维。这是世界范围的全球规模的人机结合的大成智慧思维。“只能集古今中外之大成，得智慧！”[②]通过电子计算机和信息网络，形成人机结合的大成智慧思维。这个大社会思维、大成智慧思维包括古今中外所有的信息、知识和智慧，当然也就包括马克思主义哲学、科学技术、自然科学、社会科学、文学艺术、前科学等各个不同层次、各个不同要素。“人机结合”的大成智慧学就要求将马克思主义哲学和科学技术相结合，要求将自然科学和社会科学相结合，要求将科学技术与文学艺术相结合，要求将科学技术理论和实践相结合，要求将科学技术与前科学相结合。

钱学森在《创新思维——微观与宏观的结合》中指出，创新思维是微观法的逻辑思维与宏观法的形象思维相结合的灵感(顿悟)思维。“逻辑思维和形象思维都是手段，创新思维才是智慧的源泉。”学界对逻辑思维研究得最深，对形象思维的研究只是有了一个开端，对创新思维的研究尚未起步。逻辑思维的任务可以让计算机去做；对形象思维的计算机化才刚刚开始，主要靠人来做；创新思维只能靠人来做。在信息时代，人的思维过程离不开信息网络。要产生创新思维的成果，就要将人与计算机相结合，将人与信息网络相结合，对一切有关的信息、知识和智慧进行综合集成，做到“集大成，得智慧”。这就是大成智慧工程和大成智慧学。[③] 创新思维是“智慧的源泉”，逻辑思维和形象思维是“智慧的手段”。但是“源泉”离不开“手段”，创新思维离不开逻辑思维和形象思维。学界对逻辑思维研究得最

① 《致戴汝为》(1995 年 8 月 20 日)，《钱学森书信》(9)，国防工业出版社 2007 年版，第 315 页。

② 《致蒋谦》(1994 年 6 月 15 日)，《钱学森书信》(8)，国防工业出版社 2007 年版，第 215－216 页。

③ 《创新思维——微观与宏观的结合》(2001 年)，《钱学森文集》(卷六)，国防工业出版社 2012 年版，第 416 页。

深,逻辑思维的任务可以让计算机去做。学界对形象思维的研究“只是有一个开端”,形象思维的任务“主要靠人来做”。学界对创新思维的研究“尚未起步”,创新思维的任务“只能靠人来做”。要产生创新思维的成果,就要坚持“人机结合”“人网结合”。从思维角度看,坚持“人机结合”“人网结合”就是坚持逻辑思维与形象思维相结合,但是要坚持“以人为主”,因为创新思维只能靠人来做。中国现代科技发展战略在基础研究、应用研究、开发研究模式中构建出原始创新、集成创新、引进吸收消化再创新等新的科技创新模式。其中集成创新模式的提出与钱学森“大成智慧学”不谋而合。

1.3　大成智慧学坚持人与计算机信息网络灵境技术相结合

“人的智慧不只来源于人脑,还有计算机和信息网络,是人机结合的智慧。”① 人们思想要有一个中心,“中心是大成智慧和大成智慧教育,也就是第五次产业革命所暴发的人机结合的劳动体系。因为没有人机结合的思想、人机结合的劳动体系所需要的人的智慧之认识,就不会懂得现代科学技术体系的目的”②。“大成智慧”包括大成智慧学和大成智慧工程。大成智慧学是人机结合的劳动体系的理论指导。人机结合是大成智慧学的重要手段,现代科学技术体系、人类知识体系是大成智慧学的必备基础。现代科学技术体系、人类知识体系是“体”,人机结合是“用”。1992年3月6日,钱学森指出:“我不以为能造出没有人实时参与的智能计尒(算)机,所以奋斗目标不是中国智能计尒(算)机,而是人结合的智能计算机体系。这……得益于近年来对从定性到定量综合集成的学习。”③“从定性到定量综合集成”包括从定性到定量综合集成法和从定性到定量综合集成研讨厅体系。从定性到定量综合集成的启示,钱学森认为“没有人实时参与”的智能计算机是不可能实现的,“‘机’不是代替人,而是协助人,是人机结合”④;只能是“人机结合”

① 《致查有梁》(1993年12月18日),《钱学森书信》(7),国防工业出版社2007年版,第496页。

② 《致王寿云等六同志》(1994年5月20日),《钱学森书信》(8),国防工业出版社2007年版,第160页。

③ 《致汪成为》(1992年3月6日),《钱学森书信》(6),国防工业出版社2007年版,第270页。

④ 《致戴汝为》(1996年3月10日),《钱学森书信》(9),国防工业出版社2007年版,第511页。

的智能计算机体系。钱学森实事求是,"马希文同志首先提出人机结合的概念,功不可没"①,体现了发明权的先占性原则。

大成智慧学坚持人与电子计算机、信息网络和灵境技术相结合。钱学森从计算机研制角度提出"三个时代"的概念。从第一代电子管计算机(1946—1958)、第二代晶体管计算机(1958—1964 年)、第三代集成电路计算机(1964—1970 年)到第四代大规模集成电路计算机(1970 年至今)属于第一个时代。人工智能、模式识别与智能机器人是第二个时代的研究课题,我们现在要开拓的是第三个时代的——人机结合的大成智慧工程及大成智慧学。我们要宣传第三个时代人机结合的研究。我们要扩大视野,用人机结合来包括机器的模式识别和人工智能。②钱学森区分了"人机结合"的两个阶段。"人机结合又分两个阶段:(1)目前的信息革命会导致人机结合的第一阶段;(2)灵境技术的发展将导致人机结合的感受,是更高层次的结合,也是人机结合的第二阶段。"③信息革命和灵境技术分别是"人机结合"的两个重要阶段。钱学森预言"第一阶段在我国于 2010 年实现,这也是进入发达时代所需要的"④。"未来的人工智能工作是人机结合的一项'大成智慧'工程!我们一旦进入这样的人工智能世界,人类也跟着改造了,将会出现一个'新人类',不只是人,是人机结合的'新人类'!"⑤

1.3.1 坚持人与电子计算机相结合

人机结合是务实,大成智慧学和大成智慧工程是务虚。总的目标是为了把人的智能——认识客观世界和改造客观世界的本领提高一步。⑥"人机结合"是人利用机器,机器辅助人,人还是比机器要高一些。⑦"人机结合是强调机器可以帮助人,人也可不断改进机器……现在人创造了电子计算机,又把脑活动测量直接

① 《致戴汝为》(1992 年 3 月 13 日),《钱学森书信》(6),国防工业出版社 2007 年版,第 279 页。

② 《致戴汝为》(1994 年 4 月 10 日),《钱学森书信》(8),国防工业出版社 2007 年版,第 122 页。

③ 《致戴汝为》(1996 年 3 月 10 日),《钱学森书信》(9),国防工业出版社 2007 年版,第 511 页。

④ 《致戴汝为》(1996 年 3 月 10 日),《钱学森书信》(9),国防工业出版社 2007 年版,第 512 页。

⑤ 《致戴汝为、钱学敏》(1995 年 10 月 23 日),《钱学森书信》(9),国防工业出版社 2007 年版,第 360 – 361 页。

⑥ 《致李德华》(1994 年 3 月 1 日),《钱学森书信》(8),国防工业出版社 2007 年版,第 92 页。

⑦ 《致戴汝为》(1994 年 6 月 28 日),《钱学森书信》(8),国防工业出版社 2007 年版,第 242 页。

输入电子计算机，是个重要改进。”①“计秝（算）机软件在以前是完全按照抽象（逻辑）思维建立起来的，但人的思维还有抽象思维。所以要人机结合，我们一定要让计秝（算）机软件象（像）人脑那样工作。”②“特定计算机程序多了，我们就可以综合，人仍是主宰，但大大节省脑力，也可以大大拓广（宽）视野。那将是人机结合的形象（直感）思维和灵感（顿悟）思维了。”③“传统的AI（即Artifical Intelligence，人工智能）没有认识到人体和人脑都是开放的复杂巨系统，所以把计算机能做的事太誇（夸）大了。”④“核心问题还是人机结合，这大概永远是如此。人脑也会因有了先进的信息系统而变得更聪明，人与机互相促进……当然，人也会使机器不断进步，越来越智能化，那就会解除人机结合中人的一些工作任务，让人解放出来做更难做的事。那也会使人脑更上一层楼！”⑤钱学森认为“人机结合”是大成智慧学的“核心问题”。机器不可能完全代替人，人永远都需要机器的帮助，因此“人机结合”是永远的话题。“人与机互相促进”：先进的信息系统会使人脑变得更加聪明；人会使机器不断智能化。人与机器相互促进。钱学森对“人机结合的数码（手写）识别系统”有了突破很关注。系统是不断学习适应手写的人！这打破了死机器的缺点！成了活的了，“大成智慧”！形象思维就是由人感受到的形象去搜索存贮于大脑中的形象库，求能对号的形象。当然也要用人机结合的网络集成。这一旦成功，大脑中的形象库就大大扩展为计算机网络中的信息库，存量成百上千倍地增长，形象思维能力上升了，人机结合创“大成智慧”。⑥“通过磁脑图，把人和电子计算机联结起来成为人机结合的智力系统则是我们努力的目标。”⑦大成智慧努力的目标是“人机结合”的智力系统。

---

① 《致戴汝为》（1996年9月4日），《钱学森书信》（10），国防工业出版社2007年版，第198页。

② 《致汪成为》（1992年11月4日），《钱学森书信》（7），国防工业出版社2007年版，第4页。

③ 《致戴汝为、汪成为、钱学敏》（1995年2月15日），《钱学森书信》（9），国防工业出版社2007年版，第72页。

④ 《致戴汝为》（1998年3月8日），《钱学森书信》（10），国防工业出版社2007年版，第357页。

⑤ 《致戴汝为》（1995年2月9日），《钱学森书信》（9），国防工业出版社2007年版，第64－65页。

⑥ 《致戴汝为》（1995年4月20日），《钱学森书信》（9），国防工业出版社2007年版，第177－178页。

⑦ 《致梅磊》（1995年12月28日），《钱学森书信补编》（5），国防工业出版社2012年版，第177页。

1.3.2 坚持人与信息网络相结合

钱学森在《创新思维——微观与宏观的结合》中指出，人在思维过程中离不开“信息网络”。只有将“人与计算机信息网络结合起来”，对一切有关的知识和信息进行“综合集成”，才能产生“创新思维的成果”，做到‘集大成，得智慧’。这就是“大成智慧工程和大成智慧学”。① “要实现大成智慧必须用信息网络”，即“信息公路”，这是第五次产业革命。“cyberspace”即大成智慧，或译称“智慧大世界”，简称“智界”。② 大成智慧学一定要联系到正在兴起的“信息网络”，实际上人的思维已扩展为“人机（计算机）结合的信息系统”，人将成为“新人类”。社会结构也将起变化，是新的社会革命，即“第五次产业革命”。③ 这才是大成智慧的深远意义”。现在全世界已经进入“信息网络”，将来人的工作一刻也离不开电子计算机，是“人脑与计算机结合”，优势互补，达到“大成智慧”。④ 这会在21世纪中叶出现。人认识客观事物是一个辩证综合过程。一个人不如一个群体的实践经验丰富，所以社会思维非常重要。现在已经开始的第五次产业革命，人与信息网络结合，真是社会思维了。人机大结合是从思维创造上讲清了社会思维的意义。⑤ 我们的想法是实事求是，“要充分发挥人思维和信息网络的各自优势，要把二者结合成大成智慧”⑥。“‘大成智慧’是人机结合的智慧，学生从小就用信息网络”，“关键是科学技术体系及信息网络”。⑦ 钱学敏提出的思维结构包括知识层、情感层、智慧层，是“大成智慧的实质”，但又缺“信息网络”。⑧ 可见“信息网络”是大成智

---

① 《创新思维——微观与宏观的结合》（2001年），《钱学森文集》（卷六），国防工业出版社2012年版，第416页。

② 《致钱学敏》（1995年3月6日），《钱学森书信补编》（5），国防工业出版社2012年版，第18页。

③ 《致吴义生》（1996年7月23日），《钱学森书信》（10），国防工业出版社2007年版，第151页。

④ 《致徐章英、顾力兵》（1996年8月13日），《钱学森书信》（10），国防工业出版社2007年版，第169页。

⑤ 《致戴汝为》（1996年8月18日），《钱学森书信》（10），国防工业出版社2007年版，第174－175页。

⑥ 《致戴汝为》（1998年3月8日），《钱学森书信》（10），国防工业出版社2007年版，第357页。

⑦ 《致钱学敏等四同志》（1998年3月30日），《钱学森书信补编》（5），国防工业出版社2012年版，第364页。

⑧ 《致钱学敏等四同志》（1999年4月11日），《钱学森书信》（10），国防工业出版社2007年版，第448页。

慧学所必需的。

1.3.3 坚持人与灵境技术相结合

钱学森指出了灵境的重要作用,灵境是人们所追求的一个"和谐的人机环境",一个"崭新的信息空间(Cyberspace)"。灵境技术是继计算机技术革命之后的又一项技术革命。它将引发一系列震撼全世界的变革,"一定是人类历史中的大事"。① 灵境技术对于促进大成智慧起到重要作用,大成智慧对于灵境技术也具有重要作用。(见图1.1)以前人们利用电子计算机发展了"人机结合的逻辑思维"。现在通过灵境技术及有关的virtual prototyping(虚拟原型制作——本文注),virtual architecture design(虚拟建筑技术——本文注)搞"人机结合的形象思维"。它们都使人的思维能力有一个飞跃。② 灵境技术之所以重要就在于它能"激发人的形象思维",而人的"形象思维是人创造力的一个源泉"。③ "大成智慧"只是人机结合的初级阶段,因为人机还没有真正合一,只是"结合互补"而已。这会持续到21世纪中叶。而从灵境系统开始的这种结合则是"融合",是把人'神化'为'超人',可以感受大到宇宙、小到微观的世界。这真是人类历史的一次"大革命"④,就如人类有了语言、文字!这将是21世纪下半叶的事。

"人机结合"的思维会不会导致出现比过去更聪明的人?钱学森认为"肯定是如此"⑤。重视信息技术对人的影响,强调大成智慧的人机结合会出现"新人类"。"新人类"造就"新社会",是社会结构的变革,脑力劳动者将大大增加,体力劳动者会相对减少。我们要敢于创新,用第五次产业革命来推动中国的社会主义建设。"人机结合大成智慧学是一项世纪任务,非常重要!"⑥钱学森"认为大成智慧和大成智慧工程的概念还需要深入研究和宣传,这是我们面临的事,第五次产业

---

① 《致戴汝为、汪成为、钱学敏》(1994年10月10日),《钱学森书信》(8),国防工业出版社2007年版,第398页。

② 《致戴汝为》(1995年7月9日),《钱学森书信》(9),国防工业出版社2007年版,第287页。

③ 《致汪成为》(1995年7月9日),《钱学森书信》(9),国防工业出版社2007年版,第289页。

④ 《致汪成为》(1996年3月3日),《钱学森书信》(9),国防工业出版社2007年版,第499页。

⑤ 《致戴汝为》(1995年4月30日),《钱学森书信》(9),国防工业出版社2007年版,第188页。

⑥ 《致戴汝为》(1996年7月14日),《钱学森书信》(10),国防工业出版社2007年版,第130-131页。

革命现已开始了"①。在21世纪,社会中从事脑力劳动的人数将逐渐上升,社会中从事体力劳动的人数会逐渐下降,我们的社会主义中国要有预见并做好规划。"大成智慧是我们近年来工作的核心,第五次产业革命和科学技术体系的形成造成人机结合的思维体系,以至要求人人18岁达到硕士水平。这是'新人类'了!而社会也将改观、改组……这才是头等大事!"②中国共产党领导的社会主义要领先开步走上这条大道!钱学森希望能在建党一百周年开始。

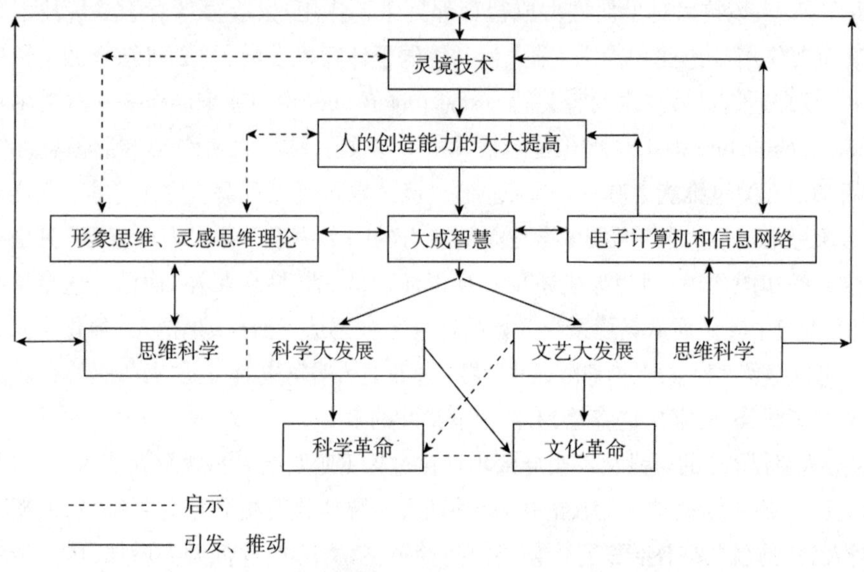

图1.1 灵境技术与大成智慧相互作用示意图

Fig. 1.1 Interaction diagram of Virtual reality technology and Science of Wisdom in Cyberspace

1.4 钱学森大成智慧学提出的历史条件

信息技术革命推动了第五次产业革命;"现代科学技术体系"的理论创新是认识世界和改造世界的重要理论武器;"开放复杂巨系统"理论将复杂性研究引入科

① 《致钱学敏》(1996年7月14日),《钱学森书信》(10),国防工业出版社2007年版,第134页。

② 《致钱学敏》(1996年7月21日),《钱学森书信》(10),国防工业出版社2007年版,第144页。

学新领域;解决“开放复杂巨系统”有效方法的“从定性到定量综合集成法”是重要的方法论革命。第五次产业革命、“现代科学技术体系”、“开放复杂巨系统”和“从定性到定量综合集成法”为“大成智慧学”的提出提供了物质条件、科学基础、理论基础和方法论储备。

1.4.1　第五次产业革命:大成智慧学形成的物质条件

由于科技产业一体化速度加快,第五次产业革命为大成智慧学提供了重要的技术支撑。科技产业一体化主要表现为以科学革命为先导,以技术革命为动力推动产业革命不断前进,产业革命又影响着政治革命和文化革命。文化革命中的教育革命、科学革命和技术革命对产业革命产生了越来越大的作用。教育革命、科学革命、技术革命、产业革命、政治革命、文化革命形成一条首尾相接、错综复杂、相互交错、循环往复、不可打断的否定之否定的“革命链”。钱学森认为,人类历史分别经历了农业革命、商业革命、工业革命、集团企业革命①四次产业革命。以相对论、量子力学等科学革命为先导,以微电子信息技术革命为动力的第五次产业革命开创了新型人机结合物质生产体系和精神生产体系,扩容和提升了物质生产力和精神生产力。物质生产力和精神生产力互相促进,使人类物质财富和精神智能迸发出无限力量。钱学森在 1995 年 12 月 11 日《关于人机结合》②谈话中指出,第五次产业革命的核心问题是人脑与机器,人脑与计算机和信息系统的结合,人与机器一旦真正结合起来,整个人类知识都可以吸收进来。搞机械加工的人与机器的结合是人力的扩展与延伸;人脑与计算机的结合是人脑的扩展与延伸,后一个结合对人类社会的影响更加深远。“以人为主,人机结合”不单是人与计算机的结合,而且是人网结合,是人与信息网络的终端机结合。第五次产业革命为“大成智慧学”创造了物质条件和精神动力。将人与整个世界联在一起的“互联网”以及使人更加便捷地利用全球和卫星上各种信息资源的“数字化地球”都极大地拓展了人类智慧空间。“把一切智能系统都放在我们说的‘大成智慧’和‘从定性到定量综合集成法’来思考,从而把我们的理论同第五次产业革命联在一起了……几十年来自动化科学技术终于走入‘大成智慧’和信息革命。这证实了第五次产业

① 《致于景元》(1993 年 1 月 26 日),《钱学森书信》(7),国防工业出版社 2007 年版,第 97 页。

② 《关于人机结合》(1995 年 12 月 11 日),《钱学森文集》(卷六),国防工业出版社 2012 年版,第 370 – 372 页。

革命的到来。"[①]信息革命与前几次产业革命的一个不同之处在于"直接提高人的智能",将来社会主义中国人大概都要有硕士文化水平。[②]"大成智慧"只是人机结合的初级阶段,因为人机还没有真正合一,只是结合互补而已。这会持续到21世纪中叶。从灵境开始的这种结合才是融合,是把人"神化"了,成为"超人"!"超人"的感受可以大到宇宙、小到微观。[③]这将是21世纪后半叶的事。大成智慧学横空出世,是"新人类""新社会"[④]所必需的。

第五次产业革命持续推动着各国形成紧密相联,逐渐打破地区界限的大社会。这个大社会由经济发展状况、国家政体、主导意识形态、文化、种族各不相同的国家组成,钱学森称这个大社会为"世界社会形态"。钱学森提出,人类正处于向共产主义过渡的"世界社会形态"[⑤],国家之间综合国力竞争激烈,大成智慧学成为综合国力竞争的重要理论基础。本文认为"世界社会形态"是钱学森的一个重要理论创新。"世界社会形态"将逐渐打破国家和地区界限,日益促进全世界经济政治文化一体化,为实现共产主义社会、走向世界大同奠定物质文明、政治文明、精神文明基础。世界社会形态有资本主义制度的国家,也有社会主义制度的国家,还有其他多种制度的国家。但是第五次产业革命与资本主义制度的私有制相矛盾,与社会主义制度的公有制相协调。[⑥]钱学森在中央党校所作《从世界经济发展的总特点看当前我国改革》报告中指出,科学技术应该在一个国家中居领先位置。钱学森在《评"第四次工业革命"》一文中指出:第五次产业革命是人类社会发展的一次重大变革。[⑦]世界社会形态对中国的影响特别巨大,必须运用大成智慧学、大成智慧工程和总体设计部指导国家建设。大成智慧学的提出也就成

① 《致王寿云等六同志》(1996年1月14日),《钱学森书信》(9),国防工业出版社2007年版,第441页。

② 《致黄顺基》(1996年5月12日),《钱学森书信》(10),国防工业出版社2007年版,第46页。

③ 《致汪成为》(1996年3月3日),《钱学森书信》(9),国防工业出版社2007年版,第499页。

④ 钱学森认为大成智慧的人机结合会出现"新人类","新人类"当然造就"新社会"。见《致戴汝为》(1996年7月14日),《钱学森书信》(10),国防工业出版社2007年版,第130-131页。

⑤ 1993年2月16日,钱学森致信钱学敏提出"世界社会形态"的概念。特指从一国一国自理的资本主义社会向世界大同的共产主义社会的过渡阶段。此后,钱学森多次阐述了这一思想。

⑥ 《致朱光亚》(1991年9月13日),《钱学森书信》(6),国防工业出版社2007年版,第112页。

⑦ 《评"第四次世界工业革命"》(1983年10月10日),《钱学森文集》(卷三),国防工业出版社2012年版,第234页。

为世界社会形态的时代呼唤。

1.4.2 现代科学技术体系:大成智慧学形成的科学基础

钱学森提出的融现代科学技术体系、马克思主义哲学体系、前科学技术体系为一体的人类知识体系初步形成,为大成智慧学的提出打下了坚实的科学基础和知识储备。胡昌善、白英国、钱学敏、苗东升、韩丹、黄顺基、陆近春、徐玲、王英、于景元、赵少奎等都对现代科学技术体系做过研究,写过论文;王英、钱学敏、王文华、黄顺基、赵少奎等还写了专著。科学出版社出版的"钱学森科学技术思想研究丛书"基本上是按照现代科学技术体系的框架而展开的。《钱学森对现代科学技术体系总体框架的战略思考》一文认为现代科学技术体系为认识世界和改造世界提供锐利武器;为"大成智慧学"提供知识源泉;为"大成智慧教育"提供智慧法宝;为社会主义建设提供理论支持。① 本文在这里简要介绍,不做展开。

钱学森指出:"现代科学技术体系是我们经过实践经验的累积,用马克思主义哲学作指导,总结出来的,是毛主席《实践论》的结果。也是不断发展的。"②从这句话我们可以看出,"现代科学技术体系"至少具有三个特点:第一,实践性。是"实践经验的积累"。第二,真理性。是"用马克思主义哲学作指导"。钱学森自己说过,现代科学技术体系来源于毛泽东《实践论》。第三,开放性。是"不断发展的"。现代科学技术体系随着实践的推进和科学研究的深入,不断整合出新的科学技术大部门,如1986年加进了"研究社会存在的客观物质环境及人对环境的影响"③的"地理科学",1996年加入了"建筑科学"④等。现代科学技术体系还有第四个特点,即民族性。在马克思主义哲学下引入了宏观整体认识的"性智"和微观定量分析的"量智"⑤,以及"人学"等。此外,在现代科学技术体系的外围,还有暂时还进不了体系的经验体会和设想。钱学森构筑的人类知识体系是以马克思主义哲学体系为核心、以现代科学技术体系为保护带、以前科学技术体系为环境的一个系统。在马克思主义哲学指导下的人类认识客观世界的全部系统化了的知

---

① 宋振东、董贵成:《钱学森对现代科学技术总体框架的战略思考》,《辽东学院学报》(社会科学版),2012年第1期,第1-10页。

② 《致戴汝为》(1996年7月7日),《钱学森书信》(10),国防工业出版社2007年版,第123-124页。

③ 《致姜璐》(1996年2月1日),《钱学森书信》(9),国防工业出版社2007年版,第464页。

④ 宋振东、董贵成:《钱学森对建筑科学技术大部门的战略思考》,《华南理工大学学报》(社会科学版)2012年第4期,第46-51、81页。

⑤ 《致姜璐》(1996年2月1日),《钱学森书信》(9),国防工业出版社2007年版,第464页。

识是现代意义的科学技术。① 作为认识世界重要理论成果的现代科学技术体系是进行社会主义现代化建设的重要科学基础。钱学森按照认识客观世界的侧重点和角度之不同,将科学技术划分为十一个大部门。② 钱学森认为,各大部门所研究的对象都是整个客观世界。钱学森根据理论与实践结合的紧密程度将科学技术划作三个层次。

钱学森构筑的现代科技体系拆除了以往诸部门之间隔行如隔山的不可逾越的鸿沟。钱学森认为,“打通各行各业各学科的界限”是大成智慧的核心③。他建议在学术讨论中要坚持民主集中制原则,大家都敞开思路互相交流、互相促进,同心同德谋智慧,群策群力促创新。钱学森多次强调要打破学科之间的壁垒,清除门类之间的障碍。他始终认为,我们掌握学科“跨度越大,创新程度也越大”。“部门分割、分隔、打不通”是进行创新的“障碍”。④ 一个人要会触类旁通,要有开拓能力,就必须有广阔的知识面。⑤ 现代科学技术体系以马克思主义哲学、辩证唯物主义作为最高概括,自然科学与社会科学相结合促生了系统科学、思维科学、人体科学等新的科学技术大部门,在马克思主义哲学之下引入了宏观整体认识的“性智”和微观定量分析的“量智”, 现代科学技术体系分作三个层次,还未进入现代科学技术体系外围,包括实践经验知识库和哲学思维等在内的前科学体系。这些都对大成智慧学坚持马克思主义哲学和科学技术相结合、坚持自然科学与社会科学相结合、坚持科学技术与文学艺术相结合、坚持科学技术理论与实践相结合等密切相关。现代科学技术体系本质上属于知识,有知识不一定有智慧,但是智慧离不开知识。纵横交错、阡陌交通、层次分明、要素合理的现代科学技术体系为建

---

① 《致张明坎》(1991 年 10 月 3 日),《钱学森书信补编》(3),国防工业出版社 2012 年版,第 386 页。

② 钱学森构筑的现代科学技术体系并不是一个僵化的体系,而是不断发展的。马蔼乃教授在 2010 年主题为“中国山水城市与区域建设——地理科学与建筑科学交叉研究”的第 378 次香山科学会议上,首次提出建立“虚拟科学”。马蔼乃:《人工环境与自然环境的协调发展》,香山科学会议编,《科学前沿与未来(2009—2011)》,科学出版社 2011 年版,第 145 – 157 页。马蔼乃指出,其部门哲学是虚实论,其基础理论是虚拟学,其技术科学是虚拟现实技术,其工程技术是虚拟系统工程。参见马蔼乃:《继承与发展钱学森的系统科学》,中国科学院院士工作局编,《钱学森先生诞辰 100 周年纪念文集》,科学出版社 2012 年版,第 282 页。

③ 《致钱学敏》(1994 年 4 月 1 日),参见钱学敏:《钱学森关于复杂系统与大成智慧的理论》,《西安交通大学学报》(社会科学版)2004 年第 4 期,第 55 页。

④ 《致钱学敏》(1994 年 1 月 13 日),《钱学森书信》(8),国防工业出版社 2007 年版,第 30 页。

⑤ 《致朱长乐》(1994 年 7 月 27 日),《钱学森书信》(8),国防工业出版社 2007 年版,第295 – 296 页。

立“大成智慧学”奠定了坚实的科学基础。

1.4.3　开放的复杂巨系统:大成智慧学的理论基础

复杂性科学逐渐打破简单性科学一统天下的局面,开放复杂巨系统的提出开创了系统研究的新领域,成为系统科学和复杂性研究的重要结合点,“要从整体上考虑问题”,开放复杂巨系统为大成智慧学提供了重要理论基础。复杂性研究是一个即将引起新的科学革命的科学新领域。“复杂性”是开放的复杂巨系统的动力学。钱学森在科学家座谈会上所作《要从整体上考虑并解决问题》报告中指出,“复杂性的问题,现在要特别地重视”①。我们要实事求是,做辩证唯物主义者,既要反对唯心主义,也要反对机械唯物论。要解决复杂性问题,就要跳出还原论方法的局限性,采用新的研究方法,这将会促进科学技术的巨大发展。复杂性研究的欧洲学派、美国学派在处理简单巨系统中做出应有的贡献。钱学森归纳和概括了社会主义现代化建设中各种复杂巨系统的工程实践,在《一个科学新领域——开放的复杂巨系统及其方法论》②等文章中提出了“开放复杂巨系统”的概念、理论和方法论。他深入“开放复杂巨系统”的范畴,并提出解决和处理开放复杂巨系统的从定性到定量综合集成法,使系统科学研究走上了复杂性科学研究的新轨道。开放复杂巨系统既是“开放系统”,又是“巨系统”,还是“复杂系统”。钱学森指出,子系统的多变不是其不确定性,而是子系统的行为与它所处的环境有关。系统环境影响子系统,而子系统行为又影响系统,所以是高度非线性的。复杂性离不开系统,只说复杂性不够,要用系统;因为用了宏观方法,故称复杂“巨”系统。③ 现代社会“复杂的系统几乎是无所不在的”④。“开放复杂巨系统确是普遍存在的,所以应该是科学研究的重点。”⑤开放复杂巨系统理论是系统科学理论发展到一个新阶段的理论概括。开放复杂巨系统开辟了辩证唯物主义的科学世界观、科学发展观和科学方法论的新天地、新领域和新境界。开放复杂巨系统及其

---

① 《要从整体上考虑并解决问题》(1990 年 8 月 14 日),《钱学森文集》(卷六),国防工业出版社 2012 年版,第 146 页。

② 钱学森、于景元、戴汝为:《一个科学新领域——开放的复杂巨系统及其方法论》(1990 年 1 月),《钱学森文集》(卷六),国防工业出版社 2012 年版,第 100 - 113 页。

③ 《致戴汝为》(1997 年 3 月 8 日),《钱学森书信》(10),国防工业出版社 2007 年版,第258 - 259 页。

④ 《大力发展系统工程,今早建立系统科学的体系》(1979 年 10 月 11 日),《钱学森文集》(卷二),国防工业出版社 2012 年版,第 287 页。

⑤ 《致戴汝为》(1998 年 7 月 4 日),《钱学森书信》(10),国防工业出版社 2007 年版,第 385 页。

方法论便于我们自觉从实际出发,周密研究与调查各子系统、各要素、各层次、各种功能及其相互关系和发展变化,准确地把握事物本质和发展规律。对于认识和解决开放复杂巨系统,整体观很重要。对社会主义现代化建设,就是"要从整体上考虑并解决问题"①。于景元②、戴汝为③、苗东升④等对开放复杂巨系统做了深入研究。章红宝以《钱学森开放复杂巨系统思想研究》⑤为题写了博士论文。

1.4.4 从定性到定量综合集成法:大成智慧学的方法论储备

"工欲善其事,必先利其器。"迄今为止,处理开放复杂巨系统的唯一有效方法和最有效的工具还是从定性到定量综合集成法,综合集成法的提出为大成智慧学提供了重要的方法论储备。从定性到定量综合集成法以《实践论》为基础,其工作过程以《矛盾论》为指导思想。⑥ 苗东升在《综合集成法的认识论基础》中认为开放复杂巨系统也是可认识的,科学与经验相结合的综合集成法可以解决开放复杂巨系统问题,这是科学方法论思想的根本转变,综合集成法是《实践论》的具体化,对哲学认识论作了深化。⑦ 综合集成法是科学和经验的结合,是定性与定量的结

① 《要从整体上考虑并解决问题》(1990 年 8 月 14 日),《钱学森文集》(卷六),国防工业出版社 2012 年版,第 142 - 146 页。

② 于景元:《钱学森关于开放的复杂巨系统的研究》,《系统工程理论与实践》1992 年第 5 期,第 8 - 12 页。《关于复杂性的研究》,《中外管理导报》2002 年第 9 期,第 17 - 21 页;《系统仿真学报》2002 年第 11 期,第 1417 - 1424 页。《系统科学与系统工程的发展》,《复杂系统与复杂性科学》2004 年第 3 期,第 4 - 9 页。《钱学森的系统科学成就和贡献》,《科技日报》2010 年 10 月 24 日,第 2 版。《集大成 得智慧——钱学森的系统科学成就与贡献》,《航天器工程》2011 年第 3 期,第 1 - 11 页。《创建系统学——开创复杂巨系统的科学与技术》,《上海理工大学学报》2011 年第 6 期,第 548 - 561 页。

③ 戴汝为关于开放复杂巨系统的论文有:《"再谈开放的复杂巨系统"一文的影响》,《模式识别与人工智能》2001 年第 2 期,第 129 - 134 页。《一个开放的复杂巨系统》,《系统工程学报》2001 年第 5 期,第 376 - 381 页。《Internet——一个开放的复杂巨系统》,《中国科学(E 辑)》2003 年第 4 期,第 289 - 296 页。《数字城市——一类开放的复杂巨系统》,《中国工程科学》2005 年第 8 期,第 18 - 21 页。

④ 苗东升:《钱学森复杂性研究述评》,《西安交通大学学报》(社会科学版)2004 年第 4 期,第 67 - 71、80 页。《开放复杂巨系统理论:科学性、研究现状和存在问题》,《河北师范大学学报》(哲学社会科学版)2005 年第 2 期,第 18 - 24 页。

⑤ 章红宝:《钱学森开放复杂巨系统思想研究》,中共中央党校马克思主义哲学专业博士论文,2005 年。

⑥ 《致于景元》(1991 年 8 月 12 日),《钱学森书信》(6),国防工业出版社 2007 年版,第 79 页。

⑦ 苗东升:《综合集成法的认识论基础》,《系统辩证学学报》2003 年第 1 期,第 37 - 42、50 页。

合，是整体与部分的结合，是感性认识与理性认识的结合。苗东升关于综合集成法是"科学方法论思想的根本转变"的思想是极其正确的。钱学森称之为新科学的"微积分"，与牛顿微积分相提并论，可见钱学森对这一方法论的重视程度。戴汝为在《从定性到定量的综合集成法的形成与现代发展》中认为从定性到定量综合集成法来源于系统工程实践和军事系统工程的奠基，系统工程方法论的研究在新的时代条件下有待于突破，自然科学和社会科学用系统观点进行交叉研究取得了重要进展，思维科学、智能科学、计算科学在方法论研究上做出了重要成果，信息空间综合集成研讨厅体系的技术得以实现①，从定性到定量的综合集成法的提出就水到渠成了。戴汝为对从定性到定量综合集成法的形成过程的阐述是符合事实的。钱学森总结了工程实践和社会改革的经验教训，立足于科技发展新趋势和世界社会形态，提炼出了处理开放复杂巨系统的方法，钱学森定名为"从定性到定量综合集成法"，把运用这个方法的集体称为"总体设计部"。② 开放复杂巨系统不同，其"有效时间"也不同，这就要具体问题具体分析，适时观察、及时研究、不断调整，防微杜渐，防患于未然。面对开放复杂巨系统，"从定性到定量综合集成法"集成了智能系统、专家系统和数据资料系统三个方面。"人机结合、以人为主"的智能系统和工作体系是对电子计算机、多媒体(Multimedia)、信息网络(Internet)、灵境(Virtual Reality)、遥作(Telescience)等现代信息技术和人工智能技术的综合集成。专家系统是各方面专家经验判断、意见建议、知识智能的综合集成。数据资料系统是对所需要的古今中外有关数据、资料、信息、知识的综合集成。具体操作过程是立足于智能系统和工作体系，对数据资料系统进行检索、调集和激活，坚持民主集中制原则，通过民主讨论，让专家各抒己见，互相补充、互相激发。形成解决方案，做成数学模型。用"作战模拟"方法，将解决方案模拟试行，反复修

① 戴汝为：《从定性到定量的综合集成法的形成与现代发展》，《自然杂志》2009 年第 6 期，第 311－314 页。

② 钱学森：《开放复杂巨系统的科学与技术——祝中国系统工程学会第八届学术年会的召开》，《科学决策》1995 年第 2 期。

正,为创造性思维与工作提供了前所未有的良好条件。于景元①和戴汝为由于受钱学森的直接影响,对综合集成法用功很勤。

① 于景元在综合集成法方面的论文众多,如《钱学森的现代科学技术体系与综合集成方法论》,《中国工程科学》2001 年第 11 期;《钱学森的现代科学技术体系与综合集成方法论——祝贺钱学森院士九十华诞》,《交通运输系统工程与信息》2001 年第 4 期;《从定性到定量综合集成法——案例研究》,《系统工程理论与实践》2002 年第 5 期;《复杂性研究与系统科学》,《科学学研究》2002 年第 5 期,第 449 – 453 页;《从定性到定量综合集成法的实现和应用》,《系统工程理论与实践》2002 年第 10 期,第 26 – 32 页;《综合集成方法与总体设计部》,《复杂系统与复杂性科学》2004 年第 1 期,第 20 – 26 页;《从综合集成思想到综合集成实践——方法、理论、技术、工程》,《管理学报》2005 年第 1 期,第 4 – 10 页;《交通运输系统工程与信息》2005 年第 1 期,第 3 – 10 页;《钱学森综合集成体系》,《西安交通大学学报》(社会科学版)2006 年第 6 期,第 40 – 47 页;《系统工程的发展与应用》,《工程研究——跨学科视野中的工程》2009 年第 1 期,第 25 – 33 页。

第 2 章

大成智慧学坚持科学技术与马克思主义哲学相结合

大成智慧学要坚持科学技术与马克思主义哲学相结合。钱学敏指出:"'大成智慧'的核心是技术科学与哲学的结合。"①需要指出的是,技术科学仅仅是科学技术三个层次中间的一个层次,这里缩小了科学技术的范围,应该说"大成智慧的核心是科学技术与哲学的结合"。钱学森认为,大成智慧学是"以马克思主义哲学为指导的知识体系",是"革命的锐利武器"。②"以马克思主义哲学为指导的知识体系",必须"以马克思主义哲学为指导"。要坚持用马克思主义哲学指导科学研究,但是对马克思主义哲学既要坚持又要发展,双向互动才是辩证法,才符合马克思主义哲学的内在要求。用科学研究成果发展马克思主义哲学成为历代马克思主义者的重要历史课题。钱学森锐意推进了马克思主义中国化,也锐意推进了马克思主义哲学中国化。

2.1 坚持用马克思主义哲学指导科学研究

钱学森是坚定的、彻底的、纯粹的马克思主义者,在认识世界、改造世界过程中,在分析问题、解决问题方法上,在科研工作、社会建设工作中,他始终坚持马克思主义哲学的指导。

---

① 钱学敏:《试论钱学森的"大成智慧学"——谨以此文祝贺钱老九十寿辰》,《华中建筑》2001 年第 5 期,第 1 页。

② 《致钱学敏》(1993 年 6 月 10 日),《钱学森书信》(7),国防工业出版社 2007 年版,第 243 页。

2.1.1 马克思主义哲学密切联系现代科学技术是时代精神的精华

钱学森指出，马克思主义哲学研究必须联系整个现代科学技术的实际是当今时代精神的精华。① 马克思说“任何真正的哲学都是自己时代的精神上的精华”②。研究文明的学问都属于社会科学，都与马克思主义哲学相联系，钱学森认为建立了现代科技体系就可以用来研究文明、研究文化。钱学森提出马克思主义哲学是现代科学技术的最高概括，是居现代科技大部门之首，又通过“桥梁”与大部门联系。马克思指出：“人民的……精髓都汇集在哲学思想里。”③教育、科学技术、文学艺术、图书馆博物馆科技馆、新闻出版、广播电视、建筑园林古迹、群众团体、旅游、体育、美食、花鸟鱼虫、宗教等十三个方面的文化事业实践都包括在现代科学技术、实践经验知识库和不成文实践感受中。现代科技大部门之外实践经验的知识库和不成文的实践感受都与马克思主义哲学有关。④

钱学森的哲学体系和科学技术体系是他一生所思考的重要成果。钱学森看到马克思主义哲学与科学技术的联盟是哲学发展新趋势，也是科技发展新趋势。钱学森从技术科学到工程技术再到整个现代科技体系，他总是强调实践，强调在理论指导下，把具体东西做出来；即使到了哲学层次，还是立足科学技术深厚底蕴，强调实践是钱学森哲学思想的最大特色。钱学森哲学思想形成、发展过程与其科学研究紧密联系在一起。钱学森用现代科学技术成果论证了马克思主义哲学的科学内涵；同时从哲学高度指出一些重大科技发展将对人类社会产生的巨大影响和可能发展前景。钱学森从科学家角度，分析和论证了马克思主义哲学是不断发展的，其视角独特，更有根基、更具理性。

马克思主义作为科学的思想理论体系，在一定程度上反映了客观世界的本来面貌，具有真理的客观性和绝对性。马克思主义基本原理是马克思、恩格斯在特定历史条件下，对客观世界规律性的科学概括，故认识具有时代局限性，不可能十分完善。发展马克思主义就成为马克思主义发展史上的永恒课题。钱学森坚持

---

① 《致王荫庭》（1990 年 10 月 4 日），《钱学森书信》（5），国防工业出版社 2007 年版，第 359、361 页。

② 马克思：《〈科伦日报〉第 179 号的社论》（1842 年 6 月 28 日—7 月 3 日），《马克思恩格斯全集》（第 1 卷），人民出版社 1995 年版，第 220 页。

③ 马克思：《〈科伦日报〉第 179 号的社论》（1842 年 6 月 28 日—7 月 3 日），《马克思恩格斯全集》（第 1 卷），人民出版社 1995 年版，第 219 - 220 页。

④ 《致中国社会科学院哲学研究所“哲学与文化”课题组》（1989 年 2 月 20 日），《钱学森书信》（4），国防工业出版社 2007 年版，第 427 - 428 页。

和发展了马克思主义，提出将马克思主义哲学与现代科技体系紧密地结合在一起，并在它们之间架起了一座座桥梁，指明了用科技成果发展马克思主义哲学的有效途径和用马克思主义哲学指导具体科技大部门的哲学概括。钱学森的见解对我们坚持和发展马克思主义具有重要启示。钱学森从科技角度对马克思主义哲学提出了许多独到见解，其哲学思想虽然没有沉浸于马克思主义哲学本身的哲学家深刻，却从广度、厚度和高度上另辟蹊径，开创了别有洞天的新天地。

2.1.2 只有马克思主义哲学才是智慧的源泉

钱学森指出："智慧的学问……必须是马克思主义哲学。"①这是说大成智慧学要"集大成，得智慧"就必须坚持马克思主义哲学为指导。钱学森认为马克思主义哲学是科学研究的"原则""宝贝""指南针""最高理论""最好的指导""最好的科学方法""最锐利的科学研究武器"。钱学森在《发展地理科学的建议》中指出："马克思主义哲学是现代科学的最高概括""人……要有真正的智慧，必须有马克思主义哲学。"②钱学森在《学点历史 学点哲学》中指出：马克思主义哲学是"人类一切知识的最高概括""人类智慧的最高结晶"。③ 钱学森在《再谈开放的复杂巨系统》中指出："人的智慧……是马克思主义哲学。哲学是人类知识的最高概括。"④钱学森在书信中也多次强调马克思主义哲学是"锐利的工具""智慧的源泉""最高最正确的概括""真正的智慧"。"人要有创造性，最高的创造性，要有真正的智慧，必须要有马克思主义哲学……这是人类知识的最高的最正确的概括，你掌握了这个最锐利的工具，当然会站得高、看得远"⑤；"我近来认为只有马克思主义哲学才是智慧的源泉"⑥；"马克思主义哲学是智慧的源泉！"并认为，这是"最最重要的一点"⑦。钱学森认为对马克思主义哲学经典著作要多读、精读，做到学

---

① 《智慧与马克思主义哲学》(1987 年)，《钱学森文集》(卷五)，国防工业出版社 2012 年版，第 33 - 34 页。

② 《发展地理科学的建议》(1986 年 11 月 11 日)，《钱学森文集》(卷六)，国防工业出版社 2012 年版，第 4、5 页。

③ 《学点历史 学点哲学》(1987 年 3 月)，《钱学森文集》(卷五)，国防工业出版社 2012 年版，第 147、149 页。

④ 《再谈开放的复杂巨系统》(1990 年 10 月 16 日)，《钱学森文集》(卷六)，国防工业出版社 2012 年版，第 168 页。

⑤ 《发展地理科学的建议》(1986 年 11 月 11 日 - 16 日)，《钱学森文集》(卷五)，国防工业出版社 2012 年版，第 5 页。

⑥ 《致张锡令》(1986 年 12 月 12 日)，《钱学森书信》(3)，国防工程出版社 2007 年版，第 342 页。

⑦ 《致于景元》(1989 年 8 月 7 日)，《钱学森书信》(5)，国防工业出版社 2007 年版，第 4 页。

以致用、融会贯通,如马克思、恩格斯、列宁、毛泽东的经典著作。① 钱学森始终坚持把马克思主义哲学和科学技术联系起来。

钱学森多次强调,马克思主义哲学是“真理”“最锐利的武器”“科学哲学”“真正的哲学”“正确的”“伟大”的。钱学森指出:“哲学发展到二十世纪只能是科学哲学……就是马克思主义哲学。”②“马克思、恩格斯、列宁、毛泽东都是人,不是神,他们都不可能看到今天的世界;所以马克思主义哲学需要深化与发展。”③“我认为马克思主义哲学是正确的。当然要发展,但其基础、基本观点不需要变。这是我在国外工作的经验教训总结后,在回到祖国比较认真学习了《反杜林论》《自然辩证法》《唯物主义与经验批判主义》等经典著作得出的结论”④。“马克思主义哲学是真理。而这我早就认识到,在我回归祖国不久就知道了。原因是:我多年在国外工作中实际体验的一些道理完全可以纳入马克思主义哲学体系中。”⑤钱学森指出,马列主义基本原理是真理,我们必须坚持不动摇;把马列主义和中国实际相结合的毛泽东思想对我们来说是真理,我们必须坚持不动摇;把马列主义毛泽东思想与我们的社会主义建设经验和世界形势相结合的邓小平理论对我们来说也是真理,我们必须坚持不动摇。⑥ 真正的哲学只能是马克思主义哲学。马克思主义哲学指导着生产斗争、阶级斗争、科学实验取得一系列巨大成果,马克思主义哲学是真理,是真正的哲学。

2.1.3 马克思主义哲学是最好的科学方法

钱学森用自己的语言和行动表明马克思主义的唯物辩证法是“最好的科学方法”,捍卫了马克思主义哲学在科学研究的指导地位。钱学森在《你为什么目的而学习》⑦中指出,许多学生对科学方法论很感兴趣,但他们不懂得“最好的科学方

---

① 《致俞岩》(1983 年 12 月 29 日),《钱学森书信》(1),国防工业出版社 2007 年版,第 298 页。

② 《致刘岩》(1988 年 10 月 26 日),《钱学森书信补编》(3),国防工业出版社 2012 年版,第 118 页。

③ 《致王东》(1990 年 7 月 16 日),《钱学森书信》(5),国防工业出版社 2007 年版,第 303 页。

④ 《致洪定国》(1990 年 7 月 21 日),《钱学森书信》(5),国防工业出版社 2007 年版,第 310 页。

⑤ 《致钱学敏》(1994 年 1 月 13 日),《钱学森书信》(8),国防工业出版社 2007 年版,第 30 - 31 页。

⑥ 《致王寿云等六同志》(1994 年 7 月 22 日),《钱学森书信》(8),国防工业出版社 2007 年版,第 287 页。

⑦ 《你为什么目的而学习》(1981 年 4 月 1 日),《钱学森文集》(卷三),国防工业出版社 2012 年版,第 42 页。

法是马克思主义的唯物辩证法”。现在外国科学界也很重视科学方法的研究,“但是只要是正确的东西,就一定和马克思主义哲学有一致的地方”。钱学森是“马克思主义的信奉者,国内许多老科学家都相信用马克思主义哲学指导科学工作”。就是有些青年学生不相信,而是越老的科技人员越相信。这大概因为老年人有经验了,他们从长期的实践中认识到,“只有马列主义是科学真理,马克思主义哲学是人类科学知识最高的概括”。说马克思主义哲学是空洞的教条的人,是丢了“最锐利的科学研究武器”,总要吃亏的,拖得越久,吃亏就越大,及早回头才好。钱学森在《谈对“先专后红”问题的看法》中指出:“马克思列宁主义不但是社会科学里不可一日没有的指南针,而且也是研究自然科学最好的指导。”①钱学森在《科学技术一定要在本世纪内赶超世界先进水平》中指出:“我们一定要努力学习唯物辩证法,用先进的哲学指导科学技术工作。”②钱学森在发表于《人民日报》1977 年 12 月 9 日的《现代科学技术》中指出:“必须用辩证唯物主义的哲学来指导科学技术的发展。”③钱学森在《现代化和未来学》中指出:“未来学必须以辩证唯物主义和历史唯物主义为基础……来研究人类社会的发展,预见未来。这才是真正科学的未来学,客观的未来学,是研究未来学的唯一正确道路。”④钱学森在《大力发展系统工程,尽早建立系统科学的体系》中指出:“搞科学技术应该用马克思主义哲学为指导。”⑤1979 年 11 月 30 日,钱学森《在上海机械学院系统工程研究所成立大会上的讲话》中说:“搞系统工程也当然要用马克思主义的哲学来指导,这样才能够看得更深刻,看得更远。”⑥钱学森指出:“马克思主义哲学……是人类社会实践的最高的概括,也可以说是人类智慧的最高产物,必须用它来指导科学技术的发展。”⑦钱学森在《现代科学的结构——再论科学技术体系学》中指出:“马克思

---

① 《谈对“先专后红”问题的看法》(1957 年 6 月 14 日),《钱学森文集》(卷一),国防工业出版社 2012 年版,第 234 页。

② 《科学技术现代化一定要在本世纪内赶超世界先进水平》(1977 年 4 月),《钱学森文集》(卷二),国防工业出版社 2012 年版,第 91 页。

③ 《现代科学技术》(1977 年 12 月 9 日),《钱学森文集》(卷二),国防工业出版社 2012 年版,第 99 页。

④ 《现代化和未来学》(1979 年 10 月),《钱学森文集》(卷二),国防工业出版社 2012 年版,第 279 页。

⑤ 《大力发展系统工程,今早建立系统科学的体系》(1979 年 10 月 11 日),《钱学森文集》(卷二),国防工业出版社 2012 年版,第 282 页。

⑥ 《在上海机械学院系统工程研究所成立大会上的讲话》(1979 年 11 月 30 日),《钱学森文集》(卷二),国防工业出版社 2012 年版,第 293 页。

⑦ 《马克思主义哲学与科学技术》(1981 年 6 月 1 日),《钱学森文集》(卷三),国防工业出版社 2012 年版,第 73 页。

主义哲学……当然要指导科学技术研究。"①《谈谈科学研究的方法》中指出:科学研究的方法"最根本的就是马克思主义哲学……是指导科学研究的原则。"②钱学森在《祖国的骄傲 民族的脊梁》中指出:"科技工作者通过科学技术去认识世界和改造世界……一定要学懂马克思主义哲学……用以指导我们的科技工作。"③钱学森认为,马克思主义哲学是最好的科学方法,坚持用马克思主义哲学指导科学研究。钱学森是坚定的马克思主义者,这应该是没有异议的。

2.1.4 科学研究全过程都要用马克思主义哲学作指导

钱学森指出:"所有的科学技术的最高的概括就是哲学。哲学指导我们一切科学部门的研究,是一切。"④无独有偶,爱因斯坦也指出:"如果把哲学理解为最普遍和最广泛的形式中对知识的追求,那么,显然,哲学就可以被认为是全部科学研究之母。"⑤钱学森指出学术研究全过程都要用马克思主义哲学作指导,必须用马列主义毛泽东思想的立场、观点和方法。他说:"研究学问……全过程都要用马克思主义哲学作指导。"⑥"要科学地解决问题,还得运用马克思主义理论。"⑦"我们做学问一定要到处用马克思列宁主义毛泽东思想作指导,那样我们就什么也不怕,能'激扬文字,粪土当年万户侯'了。"⑧马列主义毛泽东思想是指导社会主义中国一切工作的思想武器,既包括政治领域,也包括学术研究领域。掌握了马克思主义哲学的精神实质,可以正确地指导现代科技,减少前进道路上的曲折,少走弯路错路。

---

① 《现代科学的结构——再论科学技术体系学》(1982 年 3 月),《钱学森文集》(卷三),国防工业出版社 2012 年版,第 100 页。

② 《谈谈科学研究的方法》(1985 年 4 月 11 日),《钱学森文集》(卷四),国防工业出版社 2012 年版,第 127 页。

③ 《祖国的骄傲 民族的脊梁》(1990 年 6 月 29 日),《钱学森文集》(卷六),国防工业出版社 2012 年版,第 138 页。

④ 《关于马克思主义哲学和文艺学美学方法论的几个问题》(1985 年),《钱学森文集》(卷四),国防工业出版社 2012 年版,第 183 页。

⑤ 《物理学、哲学和科学进步》(1950 年),《爱因斯坦文集(增订本)》(第一卷),商务印书馆 2009 年版,第 696 页。

⑥ 《科普工作及科普史研究》(1985 年 7 月 30 日),《钱学森文集》(卷四),国防工业出版社 2012 年版,第 171 页。

⑦ 《致钟炳南》(1985 年 9 月 24 日),《钱学森书信补编》(2),国防工业出版社 2012 年版,第 41 页。

⑧ 《致沈大德、吴廷嘉》(1987 年 12 月 21 日),《钱学森书信》(4),国防工业出版社 2007 年版,第 103 页。

钱学森多次阐述这一思想,“我想如果真正掌握了马克思主义的精神实质,现代物理学的思想混乱是可以清理的”①;“要用我们社会主义中国的思想武器——马克思列宁主义、毛泽东思想去考虑问题。自然科学与技术、社会科学、文学艺术……一概统一于马克思主义哲学。抓住这个核心,就一览众山小,洞察世界的一切”②;“马克思列宁主义毛泽东思想是指导我们一切工作的,在政治领域当然重要;但在学术研究一样重要”③;“我们应该用马克思主义哲学指导我们的科学技术工作”④。正是在科学研究中,始终坚持马克思主义哲学的指导,钱学森才取得了杰出的贡献,成就了一生的辉煌。行文至此,也许有人会问这么一个看似悖论的命题,即西方发达资本主义国家并不信奉马克思主义哲学,他们不是也取得巨大科学技术成就吗?中国信奉马克思主义,有些方面不也是还不如人家吗?这确实是一个“悖论”,马克思主义哲学是“真理”“锐利武器”“科学哲学”,怎么坚持还不如不坚持呢?本文认为,各国在科学技术方面的此消彼长与国情、综合国力、历史、政治、经济等多方面因素相关,不是简单坚持不坚持马克思主义哲学的问题。西方科学家虽然不是信奉马克思主义哲学,但是自发地运用了马克思主义哲学的方法来指导研究。钱学森不但是坚定的马克思主义者,而且在科学研究过程中始终坚持用马克思主义哲学指导科学研究,是科技工作者学习的榜样。

2.2　既要坚持马克思主义哲学又要发展马克思主义哲学

钱学森指出马克思列宁主义毛泽东思想是人类智慧的最高结晶,是真理;对于真理,我们既要在人类实践活动中坚定不移地坚持,又要随着人类实践活动的发展而不断发展。1984年,钱学森在《马克思列宁主义教学怎样面向现代化面向世界面向未来》中说:“马克思主义哲学是原则,必须坚持,但又不是教条。”⑤他说:“一定用马克思主义哲学为指导,过去是失误正可以使我们变得更加正确;而

---

① 《致顾毓忠》(1990年11月2日),《钱学森书信补编》(3),国防工业出版社2012年版,第302页。

② 《致资民筠》(1991年6月15日),《钱学森书信》(6),国防工业出版社2007年版,第29页。

③ 《致资民筠》(1991年6月29日),《钱学森书信》(6),国防工业出版社2007年版,第43页。

④ 《致吴义生》(1996年4月17日),《钱学森书信》(10),国防工业出版社2007年版,第21页。

⑤ 《马克思列宁主义教学怎样面向现代化面向世界面向未来》(1984年),《钱学森文集》(卷四),国防工业出版社2012年,第28-29页。

马克思主义哲学也是不断发展的。"①"马克思主义、辩证唯物主义哲学不能背叛，但老经典著作说的可不见得字字是真理，死抱不放。这个精神可用五个字来形容：'离经不叛道'。"②"人类今天的实践证明了只有马克思列宁主义是真理，是人类智慧的最高概括，但真理也没有止境，还要深化和发展。"③钱学森认为对待马克思主义哲学的正确态度，就是既要继承又要发展，"离经不叛道"。有学者指出："离经"必然"叛道"，这个说法我是不赞同的。本文认为"经"和"道"有四种走向，即"离经叛道""离经不叛道""不离经叛道""不离经不叛道"四种情况。"离经叛道"是反马克思主义；"离经不叛道"是坚持和发展马克思主义；"不离经叛道"是假马克思主义；"不离经不叛道"是本本主义、是教条主义。这四种情形都是存在的，钱学森坚持了"离经不叛道"的正确道路。"经"是指经典，是指马克思主义经典作家的原著；"道"是指马克思主义基本原理。马克思主义基本原理不会变，但是马克思主义经典作家所说的话不一定符合一切时代的具体情况，这就要"离开经典"，根据事物变化着的情况，事实求是地分析，提出符合实际的路线、方针、政策。"离经"就是"发展"，"不叛道"就是"继承"。就是既要坚持马克思主义基本原理，又不能拘泥于文本；要按照马克思主义精神继续丰富、发展、完善。

2.2.1 马克思主义哲学本身就是继承和发展的产物

恩格斯在《路德维希·费尔巴哈和古典哲学的终结》中指出，自然科学的出现最终排除了自然哲学。④ 代替自然哲学的是从实实在在的研究客观世界知识总结提炼所得出来的哲学。钱学森认为，"马克思主义哲学是科学的哲学"，是"从人类的实践所总结出来的人认识客观世界最后提炼出来的最高的概括"，它是"科学技术最高的概括，也就是人类社会实践、人类认识客观世界的最高的概括"。⑤ 代替自然哲学的就是科学的哲学，就是马克思主义哲学，只此一家，别无分号。马克思

---

① 《致赵红洲》(1987 年 5 月 12 日)，《钱学森书信补编》(2)，国防工业出版社 2012 年版，第 375 页。

② 《致葛全胜》(1989 年 1 月 9 日)，《钱学森书信》(4)，国防工业出版社 2007 年版，第 366 页。

③ 《致胡孚琛》(1989 年 12 月 28 日)，《钱学森书信》(5)，国防工业出版社 2007 年版，第 144 - 145 页。

④ 恩格斯：《路德维希·费尔巴哈和德国古典哲学的终结》(1886 年 1 月—2 月初)，《马克思恩格斯选集》(第 4 卷)，人民出版社 2012 年版，第 253 - 253 页；《马克思恩格斯文集》(第四卷)，人民出版社 2009 年版，第 300 - 301 页。

⑤ 《马克思主义哲学与科学技术》(1981 年 6 月 1 日)，《钱学森文集》(卷三)，国防工业出版社 2012 年版，第 52 页。

主义、列宁主义、毛泽东思想、邓小平理论、“三个代表”重要思想、科学发展观、习近平新时代中国特色社会主义思想，一边继承，一边发展，形成了一系列重要理论成果。钱学森说：“用马克思列宁主义毛泽东思想做指导，那是既要坚持，又要发展。如果只坚持、不发展，那只有马克思主义，不会有马克思列宁主义，更不会有马克思列宁主义毛泽东思想”①；“马克思列宁主义、毛泽东思想、邓小平建设有中国特色的社会主义理论，都要在继承的基础上，不断地加以发展”②；“马克思主义哲学的基本概念是马克思创立的；当然他也用了前人的成果，而且在他之后，列宁也做出了贡献，在中国也先有毛泽东，后有邓小平，现在又有以江泽民为核心的新中国第三代领导人，他们都发展和深化了马克思主义哲学”③；邓小平理论“是在新的历史条件下对毛泽东思想的最好继承和创造性发展，为我们开创中国社会主义事业的崭新局面做出了重大贡献”④，是对马克思列宁主义和毛泽东思想的进一步发展和深化⑤。钱学森指出，当代中国的实际与马克思时代完全不同了，我们要在坚持《资本论》原理的基础上结合中国特色社会主义的建设实际，提出符合中国实际的理论。钱学森认为现代科技体系就是坚持和发展了毛泽东思想。他说：“我自己以为我的许多想法都是来源于毛主席的，本不是我的。如科学技术体系结构。”⑥钱学森认为现代科技体系是毛泽东思想的进一步发展，由此上溯，现代科技体系是马克思主义的重要组成部分。钱学森继承了马克思主义哲学的精神实质，结合科学研究的实践活动，创造性地发展了马克思主义哲学。

讲马克思主义哲学不能只重复马克思、恩格斯、列宁、毛泽东说过的话。钱学森旗帜鲜明地反对本本主义，反对教条主义。马克思主义哲学不能只是重复经典作家的话；述而不作，墨守陈规，思想僵化，不敢越雷池一步，这种思想是错误的，要不得的。他说：“讲马克思主义哲学只能重复马克思、恩格斯、列宁、毛泽东说过的话。别的一概不许，不允许发展、深化，不允许吸收人类认识客观世界的新体

① 《致章梦生》（1991 年 1 月 21 日），《钱学森书信》（5），国防工业出版社 2007 年版，第 450 页。

② 《致王寿云等六同志》（1993 年 10 月 28 日），《钱学森书信补编》（4），国防工业出版社 2012 年版，第 229 页。

③ 《致陈智祥》（1995 年 1 月 19 日），《钱学森书信补编》（4），国防工业出版社 2012 年版，第 438 页。

④ 奚启新著：《钱学森传》，人民出版社 2011 年版，第 499 页。

⑤ 《致王寿云等六同志》（1994 年 1 月 23 日），《钱学森书信补编》（4），国防工业出版社 2012 年版，第 264 页。

⑥ 《致钱学敏》（1993 年 4 月 14 日），《钱学森书信补编》（4），国防工业出版社 2012 年版，第 158 页。

会、新知识，这真可谓是孔老夫子教导的'述而不作'。"①像这种不要发展，不能越雷池一步的观点，本身就是非马克思主义的。按照这种观点，我们不好做科学研究，怎么做科学研究呢？都在老祖宗那里找根据，马克思、恩格斯、列宁、毛泽东没有讲过的都不许研究，那还有什么进展？还有什么科学发展？毛泽东在《实践论》中讲得很对，"马克思列宁主义……在实践中不断地开辟认识真理的道路"②。钱学森反对死守经典著作不动，反对迷信外国的洋货。1984 年 11 月 1 日，钱学森在与《文艺研究》编辑部负责人和有关人员谈话时，再次强调了这个观点，并尖锐地批评有些人思想僵化，死守经典，只准说马克思主义经典作家的话，见到"系统科学""系统工程"和"信息"之类的词语就认为是非马克思主义的东西，"经典里没有的都不许研究"的错误行为。③ 钱学森深刻领会了马克思主义哲学活的灵魂，在科技理论创新和科技实践创新交互作用下，在理论和实践两个层面上丰富和发展了马克思主义哲学。

2.2.2 坚持和发展马克思主义哲学要组织科技专家与哲学家相结合

现代科技与马克思主义哲学双向互动、相互促进。一方面，包括社会科学在内的整个现代科技体系的科学研究，都必须以马克思主义哲学为指导；另一方面，一切科技新成就，又必须用来丰富、充实、发展和深化马克思主义哲学。钱学森指出，马克思主义哲学是"人类实践最概括的总结"，"扎根于科学技术中"，"以人的社会实践为基础"，"马克思主义哲学……必须用来指导科学技术的进一步发展"。④ 钱学森在《〈宇航学报〉发刊祝词》中说："高能天文学的发现极大地加深了我们对宇宙的认识，即将充实并深化辩证唯物主义的自然观。"⑤钱学森在《我看文艺学》中指出："马克思主义哲学之所以是指导我们社会实践的原理，是因为

---

① 《马克思主义哲学的结构和中医理论的现代阐述》(1983 年)，《钱学森文集》(卷三)，国防工业出版社 2012 年版，第 177 页。

② 《实践论：论认识和实践的关系——知和行的关系》(1937 年 7 月)，《毛泽东选集》(第一卷)，人民出版社 1991 年版，第 295－296 页。

③ 《与〈文艺研究〉编辑部座谈科学、思想与文艺问题时的讲话》(1984 年 11 月 1 日)，《钱学森文集》(卷三)，国防工业出版社 2012 年版，第 350 页。

④ 《科学学、科学技术体系学、马克思主义哲学》(1979 年 1 月)，《钱学森文集》(卷二)，国防工业出版社 2012 年版，第 218、219、219 页。

⑤ 《〈宇航学报〉发刊祝词》(1980 年 1 月)，《钱学森文集》(卷二)，国防工业出版社 2012 年版，第 303 页。

它本身就是人通过实践获得的,对客观世界认识的最高概括。”①钱学森在《我国的国家功能结构体系——再谈社会工程》指出:“科学技术的发展必须有马克思主义哲学的指导……科学技术的发展又反过来为马克思主义哲学的深入和发展提供了素材。”②钱学森在书信中多次阐述这一对双向互动、辩证统一的关系:“科学技术的进步应该用马克思主义哲学来指导。当然科学技术的进步也必然促使马克思主义哲学发展与深化”③;“事物总是在不断发展的,但我们的工作仍必须以马克思主义哲学为指导,马克思主义哲学也因科学技术的不断发展而得到充实与深化”④;“科学技术要不要用马克思主义哲学来指导。我认为科学技术工作也必须在马克思主义哲学的指导下进行。”⑤只有用马克思主义哲学指导一切现代科技的研究工作,有效地促进科技发展与科技创新,科技成果才能又快又好又多地被人类所发现、所认识;同样,只有越来越多的科技成果被用来充实、丰富、发展、深化马克思主义哲学,马克思主义哲学才能越来越接近绝对真理,也就越来越有成效地促进科技发展与科技创新。

自然科学是现代科技体系的起点,也是马克思主义哲学产生的科学基础。钱学森说,150 年前,“只有一点自然科学,没有马克思主义哲学,也没有社会科学”;但这是现代科学技术体系的“起点”。⑥ 自然辩证法便是自然科学和哲学结合的产物。列宁在《论战斗唯物主义的意义》中指出,现代自然科学家“倾向于唯物主义,敢于捍卫和宣传唯物主义”⑦。钱学森倡导用现代科技新成果不断深化和丰富马克思主义哲学的理念,进一步证实了列宁的科学预见。他指出:“马克思主义哲学本是全部科学技术以及人类知识的最高概括,所以哲学家单枪匹马干是困难的,谁能说无所不知、无所不晓?今天搞马克思主义哲学要同各有关科学技术专

① 《我看文艺学》(1982 年 5 月),《钱学森文集》(卷三),国防工业出版社 2012 年版,第 112 页。

② 《我国的国家功能结构体系——再谈社会工程》(1982 年 7 月),《钱学森文集》(卷三),国防工业出版社 2012 年版,第 152 页。

③ 《致黄顺基》(1993 年 10 月 12 日),《钱学森书信》(7),国防工业出版社 2007 年版,第 401 页。

④ 《致陈立》(1994 年 6 月 24 日),《钱学森书信》(8),国防工业出版社 2007 年版,第 232 页。

⑤ 《致谢求成》(1995 年 3 月 31 日),《钱学森书信》(9),国防工业出版社 2007 年版,第159－160 页。

⑥ 《致吴世宦》(1985 年 7 月 23 日),《钱学森书信》(2),国防工业出版社 2007 年版,第 378 页。

⑦ 《论战斗唯物主义的意义》(1922 年 3 月 12 日),《列宁选集》(4),人民出版社 2012 年版,第 651 页;《列宁专题文集 论辩证唯物主义和历史唯物主义》,人民出版社 2009 年版,第 327 页;《列宁全集》第 43 卷,人民出版社 1987 年版,第 28 页。

家们合作,共同研究探讨。要开展多学科、跨学科的讨论会。”①他还指出,近一百多年来,人类知识的发展绝大部分在自然科学、工程技术,要深化并发展马克思主义哲学必须注意从自然科学、工程技术中吸取营养,而这又不能从一些“二路哲学家”吐出来的东西去找,要直接钻到自然科学、工程技术中去找。但这又有困难:哲学家不懂自然科学、工程技术,自然科学、工程技术的专家们又无暇钻研马克思主义哲学!所以我一直宣传马克思主义哲学家要同科技专家交朋友,联合作战!②发展马克思主义哲学就必须联系自然科学工程技术的实际。作为人类知识体系“硬核”的马克思主义哲学,它的一些基本概念当然应该与作为“保护带”的现代科技概念一致。

从科技史上看,科技与马克思主义哲学并没有很好地结合,或者说是处于分离状态。现代科学技术只是工具,工具不能解决指导思想问题,所以现代科技不能离开马克思主义哲学的指导。哲学家和科技工作者“各干各的”,这无异于“坐井观天”,这是一个错误的认识问题。哲学家们对近代自然科学及工程技术的成就不了解,他们也就得不到发展马克思主义哲学的基本素材。科技工作者对马克思主义哲学理解不深,也就很难解决科技发展中的重大前沿课题。自然科学的库恩(Kuhn,1922—1996)一旦对马克思主义哲学有所领悟,在科技发展中就会有所突破。玻姆(Bohm,1917—1992)在年青时支持过美国共产党的活动,对马克思主义有所了解,从而对量子力学的非决定论不满意,后来提出了“隐秩序”,这是对现代科技的一大发展。要组织科技专家与哲学家们交流,促进相互了解。马克思主义哲学是人类认识包括他自己在内的整个客观世界智慧的结晶;现代社会科学、自然科学等一切科学技术及文艺活动的实践,还有古人实践经验的概括,都要用来发展与深化马克思主义哲学③。将马克思主义哲学同现代科技相结合,组织科技专家与哲学家相结合,可以坚持和发展马克思主义哲学。1995 年 4 月 13 日,《光明日报》刊登了记者张鸣的《文化价值:今日社会建构之基础——关于后现代思潮的一次对话(续)》一文,钱学森读后批注道:“还是那个老问题:‘不唯书,不唯上,只唯实!’我们要不断地改进我们对世界的认识,才能改造好世界,使我们活得更好。后现代主义对资本主义社会的批判是有意义的,但它又逃避统治者的压

---

① 《致胡岚》(1987 年 5 月 27 日),《钱学森书信》(3),国防工业出版社 2007 年版,第 470－471 页。

② 《致王东》(1990 年 7 月 16 日),《钱学森书信》(5),国防工业出版社 2007 年版,第 304 页。

③ 《致胡孚琛》(1995 年 2 月 10 日),《钱学森书信》(9),国防工业出版社 2007 年版,第 66－67 页。

力,是流氓了!"[①]要坚持和发展马克思主义哲学,就要将马克思主义哲学与现代科技相结合,让科技专家与哲学家相结合。

2.2.3 以科研成果上升提炼到丰富深化马克思主义哲学

钱学森多次强调马克思主义哲学是"科学的哲学""科学真理""人类社会实践的最高的概括""所有科学技术的最高的概括""人认识客观世界的最高科学概括""人类科学知识最高的概括""人类智慧的最高产物"。马克思主义哲学来源于人类社会实践,来源于科学技术在内的整个人类认识客观世界的最高科学概括,由于人类社会实践永无止境,人的认识永无止境,从实践中、从科研成果中提炼丰富马克思主义哲学的过程也永无止境。钱学森指出:"我想我们除了要严格遵守国家宪法、中国共产党党章,以及其他法律规章之外,作为党员科技工作者,必须认真用马克思主义哲学指导我们的学术研究工作,并以我们的科研成果上升提炼到丰富深化马克思主义哲学。"[②]社会科学理论和自然科学理论一样是要不断发展的。自然科学先有牛顿力学,后有相对论和量子力学;社会科学导师先有马克思、恩格斯,后来又有列宁,又有以毛泽东为首的中国老一代无产阶级革命家。马克思和恩格斯开创了马克思主义哲学新局面,列宁主义、毛泽东思想都结合各自社会时代背景,进一步丰富和深化了马克思主义哲学。马克思不可能预见到今天世界科技与生产的关系,没有讲科学技术是第一生产力,原因是社会时代背景不同。[③] "马克思是人,不是神,他不可能预见到今天科学技术对生产力、对社会发展的巨大作用,所以他没有说科学技术是第一生产力。'科学技术是第一生产力'这句论断是邓小平同志讲的。这也说明:马克思列宁主义毛泽东思想要坚持,还要发展。"[④]钱学森始终坚持要丰富发展马克思主义哲学,既要坚持,又要发展,有来有往,才是辩证法。只有发展,才能"苟日新,日日新,又日新"。

哲学家要主动运用科学技术新成果发展马克思主义哲学。科学技术在发展,马克思主义哲学也要发展。钱学森在《马克思主义哲学与科学技术》[⑤]中阐述了

---

① 顾吉环、李明编:《钱学森读报批注》,国防工业出版社2012年版,第282页。

② 《致李德华(二)》(1985年2月26日),《钱学森书信》(2),国防工业出版社2007年版,第183页。

③ 《致许惠农》(1991年6月22日),《钱学森书信》(6),国防工业出版社2007年版,第37页。

④ 《致王伯惠》(1991年6月5日),《钱学森书信》(6),国防工业出版社2007年版,第22页。

⑤ 《马克思主义哲学与科学技术》(1981年6月1日),《钱学森文集》(卷三),国防工业出版社2012年版,第59-60页。

科技新发展对马克思主义哲学的冲击。以此建议哲学家要主动运用科学技术新成就发展马克思主义哲学。他说,哲学史上哲学家常常以被动方式来接受科技新发展,几乎每次科技重大新发展都使哲学家受到冲击。哥白尼发现了地球和行星绕太阳运行,在哲学上引起了强烈的冲击。以后每一次科技重大发展都爆发一场唯物主义对唯心主义的论战。在马克思主义哲学已经建立之后也是这样。一方面,马克思主义哲学工作者没有抓住科技新发展用来发展马克思主义哲学,反而被敌人歪曲了用来攻击我们。如热力学第二定律曾经被敌人利用,歪曲成“热寂说”,世界最后要灭亡,一切运动都要停止。电子的发现和相对论的创立没有被马克思主义哲学家抓住用来发展哲学,反而被唯心主义哲学家歪曲为反马克思主义哲学的口实。列宁在《唯物主义和经验批判主义》中指出电子是无穷的,就是针对利用电子的发现来制造混乱的人说的。教皇对大爆炸论大加赞赏,说大爆炸论就是说明有上帝。这些例子说明我们没有抓住科技新发展用来充实、深化马克思主义哲学,反而被敌人抓住了、歪曲了来攻击我们。这是一个深刻教训。另一方面,科技上新发现、新创造,被马克思主义哲学工作者乱批一通,批错了,闹了笑话。苏联曾经发起批判摩尔根学派遗传理论,推崇李森科,用李森科来批判摩尔根。这对分子生物学、遗传理论、遗传工程的发展都起了很坏的作用。在量子力学用到化学键结构方面,美国量子化学家鲍林提出了“共振论”,“共振论”在苏联被说成唯心主义而大加批判。其实“共振论”是对的,是量子化学一个很有用的工具。美国数学家维纳提出了控制论,在苏联也被说成唯心主义而遭到批判,后来改过来了,被说成是马克思列宁主义的伟大胜利。“板块论”在苏联也受到错误批判。电子计算机的出现提出了人工智能。人工智能在苏联也被批判错了。说电子计算机能够代替人的一部分脑力劳动,被说是“机械唯物论”。计算机确实代替了人的一部分脑力劳动,这是客观事实。总之,一方面,科技新成果出来了,我们没有利用它来充实、深化马克思主义哲学,反而被敌人歪曲了,用来攻击我们;另一方面,科技新发展,我们之中一些出于好心但不懂的人,乱批一通。科学研究验证了马克思主义哲学的正确性和真理性;同时,马克思主义哲学家要结合时代的发展,充分利用科技新成就来丰富和发展马克思主义哲学,概括和抽象出具有时代精神的马克思主义哲学,来指导新的科学研究。

2.3 用一切科技文艺实践来发展和深化马克思主义哲学

钱学森指出,将前科学中的中国哲学、西方哲学等营养进行扬弃,吸收到马克思主义哲学中来的,也是哲学家们的重要任务。马克思主义哲学指导整个科技研究乃至一切研究工作;科技实践乃至一切研究工作都要用来充实、丰富、发展、深化马克思主义哲学。钱学森多次阐明科学技术与马克思主义哲学的双向互动关系:马克思主义哲学、辩证唯物主义要指导整个科技研究,科技实践也必然反过来丰富和发展马克思主义哲学。又来又往,这才是辩证法。[①]“现代社会科学、自然科学……一切科学技术及文艺活动的实践,还有古人的实践经验的概括,也要用来发展与深化马克思主义哲学。”[②]马克思主义哲学是人类认识客观世界的智慧的结晶;要用一切科技、文艺活动的实践,古今中外实践经验来发展深化马克思主义哲学。钱学森认为,发展马克思主义最重要的方法就是把马克思主义哲学扎根于现代科技体系之中,用现代科技体系的最新成果通过“桥梁”为中介,来丰富、充实、发展、深化马克思主义哲学。把马克思主义哲学扎根于现代科技体系以及通过桥梁发展马克思主义哲学是相互促进、相辅相成的。马克思主义哲学必须跟上科技发展和人类社会实践发展的脚步。他认为现代科技的每一个大部门,都应该有一座通向马克思主义哲学的“桥梁”,“马克思主义要发展,只能用十大部门的学术成果,没有别的办法”。[③] 钱学森哲学思想在当代科学发展的系统论(开放复杂巨系统)、信息论、控制论、耗散结构、协同学、突变理论、混沌学、复杂理论等基础上,在当代高新技术、航天技术、计算机技术基础上,在当代可持续发展理论、中国特色社会主义理论等实践基础上,发展了马克思主义哲学观。

2.3.1　部门哲学是哲学家们应该抓的关键问题

对“桥梁”——部门哲学的研究应该是哲学家们应该重点抓的关键问题。魏宏森曾试图“直接去改造马克思主义哲学的核心——辩证唯物主义”,钱学森认为“条件还不具备,就连外围的八架桥梁都大部未构筑成规模,所以是基础未固呀!我主张先打基础……把传统的辩证唯物主义中的认识论、逻辑、军事哲学和美学拿出来作为桥梁,把历史唯物主义也作为桥梁,又加了系统论和人天观的桥

① 《致王者香》(1985 年 12 月 13 日),《钱学森书信》(3),国防工业出版社 2007 年版,第12－13 页。

② 《致胡孚琛》(1995 年 2 月 10 日),《钱学森书信》(9),国防工业出版社 2007 年版,第 67 页。

③ 《致孙凯飞》(1990 年 1 月 15 日),《钱学森书信》(5),国防工业出版社 2007 年版,第 171 页。

梁"①。钱学森"不是哲学工作者,不懂哲学,只是认为研究一切学问都要以马克思主义哲学为指导,而一切学问的成果又将丰富和深化马克思主义哲学。人与客观世界的交往有两个方面:认识客观世界与改造客观世界;这个运动永无止境"②;他"强调抓本质,这是我的经验。也就是不能舍本求末"③;"哲学家们应该抓关键问题,如九大部门到马克思主义哲学的桥梁"④。辩证唯物主义和部门哲学之间是作用与反作用的关系,其实质是丰富与深化马克思主义。"作用"与"反作用"是相对的,也可以把部门哲学对马克思主义哲学的影响称为"作用",那么马克思主义哲学对部门哲学的作用就是"反作用"了。"'作用'与'反作用'只是情况的表象,尚非实质,实质是丰富与深化马克思主义哲学。"⑤总之,哲学家们发展马克思主义哲学的重点和关键是抓部门哲学,即马克思主义哲学到各大科技部门的"桥梁"。

(一)科学技术大部门与其哲学概括谁先谁后各有千秋

钱学森在科技大部门和马克思主义哲学的核心之间架起了桥梁。每一个科技大部门到马克思主义哲学的核心、辩证唯物主义之间都有一架桥梁。考虑科学技术的体系问题,当然要联系到人类知识最高概括的马克思主义哲学。钱学森认为自己对马克思主义哲学没有研究,不敢进此殿堂,只在外围观望而已。他看到马克思主义哲学殿堂之外似有九架通道桥梁,各通往科学技术的一大部门:通往自然科学的自然辩证法,通往社会科学的历史唯物主义,通往数学科学的数学哲学,通往系统科学的系统论,通往思维科学的认识论,通往行为科学的"社会论",通往人体科学的人天观,通往军事科学的军事哲学,通往文艺理论的美学。这九架桥梁中只前两个比较完整(当然也还在建),后面这七个,现在还在构筑;像"社会论",那是还看不见轮廓!"殿堂加桥梁合成马克思主义哲学的一体建筑。"⑥科

---

① 《致魏宏森》(1983 年 9 月 5 日),《钱学森书信补编》(1),国防工业出版社 2012 年版,第 73 – 74 页。

② 《致贾毅》(1985 年 7 月 11 日),《钱学森书信补编》(2),国防工业出版社 2012 年版,第 9 页。

③ 《致刘奎林》(1982 年 5 月 24 日),《钱学森书信》(1),国防工业出版社 2007 年版,第 188 页。

④ 《致孙凯飞》(1987 年 3 月 4 日),《钱学森书信补编》(2),国防工业出版社 2012 年版,第 339 页。

⑤ 《致王者香》(1986 年 2 月 19 日),《钱学森书信》(3),国防工业出版社 2007 年版,第 80 页。

⑥ 《致乌杰》(1988 年 10 月 14 日),《钱学森书信》(4),国防工业出版社 2007 年版,第 283 – 284 页。

技大部门与其哲学概括的谁先谁后，是各有千秋的：马克思主义的社会科学和思维科学至今不完整，尤其是思维科学；这些部门是先从马克思主义哲学构筑一个哲学概括，然后用以指导部门学科的研究发展，部门学科发展了，又回过来丰富深化原来的哲学概括。但自然科学技术则不然，是先有部门学科的发展，然后恩格斯才总结了直到19世纪中叶的自然科学的工程技术，写出其哲学概括的《自然辩证法》。钱学森建议，研究并建立"社会论"，可以向恩格斯学习，因为现在马克思主义的行为科学的部门学科是非常丰富的，德育、伦理、法学以及国外的行为科学，著述汗牛充栋，现在要用马克思主义为指导，将这些素材提炼出其哲学概括的"社会论"。[①] 科技大部门与哲学概括哪一个先建成，这在不同的科技大部门是不相同的，社会科学和思维科学是先从马克思主义哲学构筑哲学概括，再用以指导科技大部门的发展；自然科学技术是先有科技大部门的发展，然后总结出其哲学概括；行为科学大部门也可以按照自然科学技术的研究思路，从中提炼出哲学概括"社会论"。

（二）先着眼于十架桥梁，再考虑上升到马克思主义哲学本身

要研究十架桥梁的内涵；以及它们与主结构——马克思主义哲学殿堂的关系，从桥梁到殿堂，从殿堂到桥梁、到各个大部门。[②] "哲学、马克思主义哲学绝不是凭空想象，而是根据人对客观世界的认识，即整体科学技术体系的基层，十大部门三个层次的学问概括出来的。先有十架桥梁，最后汇总到马克思主义哲学。所以马克思主义哲学是不断前进的，但又是永无止境！今胜昔！"[③]张岱年是从行为科学的哲学概括到马克思主义哲学的桥梁入手，而不是一下子就攻马克思主义哲学这个现代科学技术体系的最高概括！钱学森本人也是如此。要用中国古代的整体观来发展系统论。系统论是系统科学到马克思主义哲学的桥梁，也是系统科学的哲学概括。由此钱学森悟到应该提炼中国古代哲学思想中的精华来发展深化马克思主义哲学应先着眼于那些桥梁。最后再考虑上升到马克思主义哲学本身。[④] 深化马克思主义哲学必须借助于部门哲学这一中介性桥梁，这具有很强的

---

① 《致钱学敏》（1989年11月6日），《钱学森书信》（5），国防工业出版社2007年版，第86－87页。

② 《致钱学敏》（1990年9月21日），《钱学森书信》（5），国防工业出版社2007年版，第348页。

③ 《致钱学敏》（1993年12月13日），《钱学森书信》（7），国防工业出版社2007年版，第489页。

④ 《致王寿云等六同志》（1994年12月2日），《钱学森书信》（8），国防工业出版社2007年版，第496－497页。

可操作性。钱学森提出了深化马克思主义哲学的具体路径和研究方案,是钱学森的重要创新思想。

(三)从科技体系概念出发把科学“美”深化到马克思主义哲学的最高概括

钱学森指出,科学美即与宇宙真理相和谐,属于哲学范畴。要从现代科技体系概念入手,通过科技部门、桥梁,把科学美深化到马克思主义哲学的最高概括中去。他一直认为马克思主义哲学是人类智慧的结晶。什么叫“科学美”? 只有符合马克思主义哲学的科学思想才是美的;不符合就是丑的。① 科学研究中的“美”属思维中的“美感”,实是哲学;说透了,是科学思维中意识到马克思主义哲学,并感到与马克思主义哲学相和谐,从而得到“美”感。“正确的认识应从科学技术的体系概念出发,即十大部门、十架到马克思主义哲学的桥梁,把科学‘美’深化到马克思主义哲学的最高概括。美即与宇宙真理相和谐。”②在科学研究中,“美”与“真”相辅相成、彼此统一。科学“美”应该与科学“真”相一致,科学“真”应该符合马克思主义哲学,科学“美”也应该符合马克思主义哲学。只有科学“真”,才是科学“美”,与宇宙真理相和谐就是科学美。科学“真”贯通于部门哲学、马克思主义哲学,科学“美”也应该贯通于部门哲学和马克思主义哲学。

2.3.2 提取中国传统文化精华来丰富、发展和深化马克思主义哲学

1960 年 12 月 24 日,毛泽东指出:“对中国的文化遗产,应当充分地利用,批判地利用。”③钱学森提出:“第四次伟大嘗(尝)试还应包括一项工作,即把中国古代哲学思想的精华提炼出来,纳入马克思主义哲学。”④要对中国古代传统文化进行批判继承,结合到现代科技体系和马克思主义哲学中去;而不是另起炉灶,重建理论。“现代中国人的任务是把我们祖先传下来的古籍中的珍宝提出来,这就要用两分法。全部否定不对,全部肯定也不对。”⑤“中国的古老遗产有珍贵的东西,我

---

① 《致徐纪敏》(1992 年 8 月 31 日),《钱学森书信》(6),国防工业出版社 2007 年版,第 402 页。

② 《致吴振奎》(1992 年 12 月 7 日),《钱学森书信》(7),国防工业出版社 2007 年版,第 46 页。

③ 《应当充分地批判地利用文化遗产》(1960 年 12 月 24 日),《毛泽东文集》(第八卷),人民出版社 1999 年版,第 225 页。

④ 《致黄楠森》(1992 年 1 月 17 日),《钱学森书信》(6),国防工业出版社 2007 年版,第225 - 226 页。

⑤ 《致杨永忠》(1984 年 6 月 28 日),《钱学森书信》(1),国防工业出版社 2007 年版,第 473 页。

们要用马克思主义哲学来鉴别并提炼，然后把它们结合到现代科学技术体系中去。结合的过程也就是发展和深化科学体系和马克思主义哲学的过程，这是辩证的。”我们不应该在现代科技体系及其最高概括的马克思主义哲学所形成的科学体系之外，再树立什么东方物理学、时空医易学。① 从中国古代哲学思想中提取精华用来丰富和发展马克思主义哲学，是钱学森发展马克思主义哲学思想的重要内容。

钱学森指出，马克思、恩格斯、列宁没有考虑的古代智慧也有，这就是中国古代思想中的精华。应该考虑把中国几千年文明中的精华用来丰富和发展马克思主义。“毛泽东思想的一个来源就是中国古代文明的精华。”②至于怎样从传统文化中提取精华，钱学森指出，可以从老一辈无产阶级革命家的著述中找到榜样，特别是毛泽东、周恩来和刘少奇的文章。③ 当今人类实践已证明，只有马克思主义哲学才是智慧的结晶。“我们的任务是继续发展并深化马克思主义哲学。我们要把我国传统思想中的精华、正确的内涵提炼出来，以完成上述任务。”④钱学森与学者探讨说：“老一套钻书本的办法不见得高明，总要考虑为建设社会主义现代化中国作贡献。您是搞哲学的，又深入中国古代思想，那能不能把中国传统思想中的精华用来丰富、发展马克思主义列宁主义？主结构是马克思列宁主义毛泽东思想，用我民族的优秀智慧加以充实和扩展。北京大学张岱年教授同意这个建议……马克思、恩格斯、列宁对中国古代思想不可能了解很多；是毛泽东同志在他著述中倒常见有中国古代思想的闪光。所以我想此建议是件大事。”⑤钱学森赞同张岱年提出“应该从祖国民族文化遗产中提取精华，用来深化和发展马克思主义哲学”⑥的思想；也同意宫达非提出“要重视儒家思想中的珍贵遗产”的观点。

钱学森指出，从中国古典哲学中提取精华，用来丰富、发展、深化马克思主义哲学，毛泽东做出了示范，还需要进一步努力。对“古典文献的整理应深入一步，

---

① 《致赵定理》(1985年9月16日)，《钱学森书信补编》(2)，国防工业出版社2012年版，第39页。

② 《致钱学敏》(1989年9月24日)，《钱学森书信》(5)，国防工业出版社2007年版，第53-54页。

③ 《致钱学敏》(1989年10月12日)，《钱学森书信》(5)，国防工业出版社2007年版，第73-74页。

④ 《致周瀚光》(1989年12月26日)，《钱学森书信》(5)，国防工业出版社2007年版，第141页。

⑤ 《致胡孚琛》(1989年12月28日)，《钱学森书信》(5)，国防工业出版社2007年版，第144-145页。

⑥ 《致张岱年》(1991年6月10日)，《钱学森书信》(6)，国防工业出版社2007年版，第23页。

不停留在注释上。对于如何深入,我意必须以马克思主义哲学做指导。这样我们也就可以从古典文献中提炼出一些现代意义上的精华,用以丰富和深化马克思主义哲学”①。他指出:“近来我一直在考虑如何丰富、发展、深化马克思主义哲学,毛泽东主席已走在前面作出示范;但他未能做完这项工作,因为中国古典哲学的内容非常丰富,要他老人家独立完成是不现实的。”②钱学森提出可以对易学进行扬弃来帮助处理开放的复杂巨系统。“易学是有可能对复杂巨系统的处理有用的,所以对医学、人体科学有用,也会对经济系统、政治系统有用。”但是他说“也只是说有可能而已”。医易已经初见成效,在研究复杂巨系统时要注意吸收易学的精华。③ 钱学森还提出把道家思想中的有益元素提取出来丰富马克思主义哲学。道家提倡人法地,地法天,天法自然,达到天人合一。毛泽东在《实践论》中就讲过,人认识世界是个无穷无尽的历史过程,不可能一下子就悟出来。但是老子也总有不少生活实践经验积存在他大脑中,他的直觉悟道是在“泛化”,即把点滴某事物的认识用到另外的场合,取其相似。在自然科学研究中人们也用“泛化”。“泛化”是一种思维方法,属形象思维。所以我们研究工作也要用“悟”法。只不过“悟道”是“泛化”的认识,还要科学论证才是知识。④ 道家直觉悟道的“泛化”思想可以用来丰富马克思主义哲学。

2.3.3 提取西方先进文化智慧精华来发展和深化马克思主义哲学

恩格斯曾经建议德国人“最好是首先了解一下国外所获得的成就”,编选那些对德国尚属新鲜的具有宝贵内容的著作,因为“他们只有知道了在他们之前已经做过些什么,才能表明他们自己能够做些什么”⑤。钱学森在建立现代科技体系、发展马克思主义哲学、创建系统科学、思维科学、人体科学等科技大部门、提出开放的复杂巨系统以及从定性到定量综合集成法等科技创新思想过程中,总是对西

① 《致孟乃昌》(1990 年 4 月 5 日),《钱学森书信补编》(3),国防工业出版社 2012 年版,第 249 页。

② 《致陈炎》(1994 年 11 月 27 日),《钱学森书信补编》(4),国防工业出版社 2012 年版,第 406 页。

③ 《致涂元季》(1998 年 9 月 23 日),《钱学森书信补编》(5),国防工业出版社 2012 年版,第 384 页。

④ 《致胡孚琛》(1995 年 6 月 8 日),《钱学森书信》(9),国防工业出版社 2007 年版,第 243 - 244 页。

⑤ 恩格斯:《“傅里叶论商业的片段”的前言和结束语》(1945 年底),《马克思恩格斯全集》(2),人民出版社 1957 年版,第 660 - 661 页;《傅里叶论商业的片段》(1945 年下半年),《马克思恩格斯全集》(42),人民出版社 1979 年版,第 358 - 359 页。

方先进文化虚心学习、批判继承、综合扬弃,从中吸取有益的营养。

钱学森多次强调外文的重要性,认为直接看外文书刊对于了解今天的世界非常重要。他多次通信要求青年科技工作者要掌握外文,直接用外文读书、看杂志。他认为青年科技工作者成为一位学者的一大障碍是"不能阅读外文书刊",还举例说鲁迅能看几国文字,青年岳安林能看四种外语,并期望青年科技工作者"一定要突破这一关,要有紧迫感,越往后越难了。现在后顾之忧如果少一点,就请把工夫用在学看英语书刊上"①。钱学森对胡孚琛"通过外语关"表示祝贺,"希望您今后能流畅地看业务外文书;当今之世,不吸取外国人的东西是不利的"②。钱学森说:"要读大量讲资本主义、帝国主义世界的书,还得去他们那里亲身体验一番。这才能实事求是。不然难免脱离实际,空对空,也就没有意义了。"③与外国交往,不但要知己,还要知彼。要做到知己知彼,才能百战百胜。"了解今天的世界是十分重要的;我们都要学习,不学习不行。为此,直接看外文书刊非常重要。"④要了解今天的世界,就要直接看外文书刊,要看外文书刊,就要掌握外文;只有掌握了外文,才能真实地了解今天的世界,真正做到"洋为中用"。要提取西方文化的精华发展马克思主义哲学,就必须掌握外文,直接看外文书刊,这是钱学森一贯坚持的主张。

钱学森提出对外国的东西,要坚持辩证唯物主义,取其精华、去其糟粕。近代科学始于四百年前的文艺复兴,是哥白尼、开普勒、笛卡尔、伽利略、培根和牛顿他们创立了从实验观察出发,推理为手段的所谓科学方法。为了在复杂现象中能定量测定,不得不分解事物,而且越分越细,生物学已到了分子生物学,但还不够,还要再分下去,到 DNA 结构!另外,推理就有综合,如何综合?人的主观不能不起作用;这一点,爱因斯坦早就指出过。总之建立在还原论基础上的所谓科学方法是有很大的局限性的。这也是一方面自然科学中的物理、化学和工程技术虽然取得了了不起的成就,但心理学这门研究人自己的学问却进展甚微。这一事实在国外也已公认。⑤ 钱学森指出:"在资本主义世界,只有自然科学工程技术是靠得住

---

① 《致杨春鼎》(1982 年 4 月 5 日),《钱学森书信》(1),国防工业出版社 2007 年版,第 172 页。

② 《致胡孚琛》(1986 年 7 月 12 日),《钱学森书信》(3),国防工业出版社 2007 年版,第 184 页。

③ 《致吴建》(1987 年 4 月 18 日),《钱学森书信补编》(2),国防工业出版社 2012 年版,第 357 页。

④ 《致张伊宁》(1989 年 5 月 16 日),《钱学森书信》(4),国防工业出版社 2007 年版,第 490 页。

⑤ 《致李铁映》(1990 年 1 月 27 日),《钱学森书信》(5),国防工业出版社 2007 年版,第181－182 页。

的,一到社会实际,就没有靠得住的科学理论了。所以只有自然科学这‘一维’。”“在工作具体方法上,我们决不该盲目自满,洋人的东西要分析,吸取其能为我所用的。但我们要坚持辩证法,活学活用。”①“外国人的东西只能供我们参考,不能以为完全对。”②在学习外国人的成果,借鉴外国人的成果的时候,钱学森主张要运用辩证唯物主义,对他们的东西要批判地分析,做到活学活用。

研究系统学、系统科学要对西方的系统学理论进行研究、借鉴。20 世纪 80 年代,钱学森指出,贝塔朗菲(Bertalanffy,1901—1972)的“一般系统论”、普利高津(Prigogine,1917—2003)的非平衡态理论、耗散结构理论,哈肯(Haken,1927—)的协同学,都是系统科学的基础理论——系统学。③ 我们要下功夫学。由七人组成的系统科学小讨论班,在早期就是向生物学学习的。贝塔朗菲本来就是生物学家。后继者普利高津用他的“耗散结构”理论,通过熵的概念,解释了许多生命现象。到 20 世纪 70 年代末哈肯发展了这一理论,建立了“协同学”(Synergetics),引用了统计物理学的方法。哈肯及其同事还把协同学试用到社会问题。到 1980 年代初艾根(Eigen,1927—)更把这一理论用于解释生物进化演变。小讨论班是跟着他们学了近 10 年,向生物学找系统科学的理论。但到了 80 年代,小讨论班终于觉悟到他们这套从热动力学概念出发的理论只能处理比较简单的巨系统,系统有亿万个成员子系统。但是一个高层次的动物,特别是人、人的大脑、社会、地理环境等不是这种简单巨系统,子系统门类多到成百上千,是复杂巨系统,是开放的复杂巨系统。处理开放复杂巨系统用协同学那种基于熵流的理论是不成功的。实际上哈肯学派在处理社会经济问题也是不成功的。这就使我们另起炉灶,创立了一种用来处理开放的复杂巨系统问题的方法论——早期叫“定性与定量相结合的综合集成法”,现在改称更为确切的“从定性到定量综合集成法”。④ 钱学森处理开放复杂巨系统的方法论——从定性到定量综合集成法,是对系统科学欧洲学派处理简单巨系统方法论的扬弃。要提起西方先进文化的智慧精华来丰富、发展和深化马克思主义哲学,就要认真学习西方先进的科学技术,跟踪西方科学技术的最新进展,批判地继承。

---

① 《致于景元》(1991 年 10 月 19 日),《钱学森书信》(6),国防工业出版社 2007 年版,第 128、129 页。

② 《致吴义生》(1993 年 7 月 29 日),《钱学森书信》(7),国防工业出版社 2007 年版,第 292 页。

③ 《致赵定理》(1985 年 9 月 16 日),《钱学森书信补编》(2),国防工业出版社 2012 年版,第 39 - 40 页。

④ 《致叶家明》(1993 年 6 月 20 日),《钱学森书信》(7),国防工业出版社 2007 年版,第道家提倡人法地,地法天,天法自然,达到天人合一。246 - 247 页。

2.3.4 利用一切可为我用的东西来发展和深化马克思主义哲学

关于马克思主义具体如何发展,钱学森提出了自己的看法。第一,要联系实际,多做社会考察。第二,要知道今日社会科学和自然科学工程技术的新进展,多与一线的人交流讨论。也可以去参加科技新进展发展的研讨会,多吸收营养。第三,对中国古代哲学思想也要取其精华,但不能盲目崇古!第四,一定要分清是非,不能跟洋人跑,搞“西化”。① 钱学森指出,必须以马克思主义哲学为指导,立足于社会主义建设实际,对中国传统文化、国外先进文化进行综合扬弃,做到古为今用、洋为中用,来发展、深化马克思主义哲学。“有了马克思主义的哲学指导,我们中国人看问题就应该高于洋人,要有长远眼光。”②要发挥我们的优势,我们有马列主义、毛泽东思想、邓小平理论为指导,又有中国人几千年文明的智慧,我们要敢于创新,不迷信洋人!钱学森概括说:“哲学必须是人的智慧的结晶,而人的智慧只能来自于个人的实践和吸取他人,包括古人留下来的,实践经验总结。如有空白,那时才能以猜想填补;而这猜想也实际来自个人生活实践在头脑中的沉积。所以哲学就是大成智慧!大成智慧是古老的‘爱智慧’概念的更进一步,更具体了。这也就解决了‘主体论’的问题。”③钱学森总结了综合扬弃的几个成果:把整体论与还原论结合起来的从定性到定量综合集成法、量智和性智、把“人学”作为行为科学的哲学概括、把中医和民族医学纳入人体科学是用来深化和发展马克思主义哲学的几个典型的成果。“从中国前代哲学中提取精华,用来发展深化马克思主义哲学。此事我说了多年,我自己做的只一小点,即把整体观引入开放的复杂巨系统研究;并提出要把整体论与还原论结合起来的从定性到定量综合集成。”④“一是按照现代科学技术的发展,提现在包括十大部门(将来还会发展)的科学技术体系;二是把熊十力的‘性智’和‘量智’也吸收进来作为整体定性认识和微观定量认识,要二者结合使用才能完整地认识客观世界。”⑤“过去这几年,我

---

① 《致钱学敏》(1995年4月13日),《钱学森书信补编》(5),国防工业出版社2012年版,第36–37页。

② 《致中国科学院上海原子核研究所青年学术研讨小组》(1991年12月21日),《钱学森书信》(6),国防工业出版社2007年版,第190页。

③ 《致钱学敏》(1995年2月2日),《钱学森书信补编》(5),国防工业出版社2012年版,第2–3页。

④ 《致王寿云等六同志》(1994年12月2日),《钱学森书信》(8),国防工业出版社2007年版,第495页。

⑤ 《致黄顺基》(1996年1月28日),《钱学森书信》(9),国防工业出版社2007年版,第457–458页。

们已经做了的是:吸取了①整体观;②量智和性智;③人学观点和把'人学'作为行为科学的哲学概括;④把中医及民族医学纳入人体科学。这一工作一定还没有做完,我们还要努力。"[①]正如杨足仪所说:"坚持哲学的特质与本性,吸收中国传统哲学的精华,综合自然科学及社会科学的研究成果,在马克思主义指导下,创造出融汇中西的智慧,这是未来哲学的基本走向。"[②]马列主义是在斗争中发展。我们要利用古今中外一切可为我用的东西来发展和深化马克思主义哲学。

2.4 对钱学森发展马克思主义哲学体系的再思考

马克思主义哲学在不同时代具有完全不同的形式和完全不同的内容。钱学森指出,关于唯物辩证法理论系统化,现在该是我们中国人继马克思和恩格斯、狄慈根、列宁之后搞第四次伟大尝试了,而且我们要力求成功。我们是可以成功的,毛泽东早在50年前就开始了。第四次伟大尝试的一项工作就是建立现代科技体系,钱学森认为自己已对此做了点事,当然还远未完成。第四次伟大尝试还应包括一项工作,即把中国古代哲学思想的精华提炼出来,纳入马克思主义哲学。此事毛泽东已经开了头。[③] 钱学森提出的马克思主义哲学体系是丰富马克思主义哲学体系的一次重要尝试,在专业化方面大大前进了一步。正如恩格斯所说:"一个民族要想站在科学的最高峰,就一刻也不能没有理论思维。"[④]中华民族要想站在科学的最高峰,就一时一刻也不能没有理论思维,钱学森构筑的马克思主义哲学体系与此前的马克思主义哲学体系相比,具有"完全不同的形式",也具有"完全不同的内容"。马克思主义哲学体系与现代科技体系水乳交融,融合在一起。部门哲学是对科技大部门的哲学概括,它们都通往马克思主义哲学的核心、辩证唯物主义。钱学森在《系统思想、系统科学和系统论》中提出马克思主义哲学是否也有

---

① 《致戴汝为》(1996年5月19日),《钱学森书信》(10),国防工业出版社2007年版,第57-58页。

② 杨足仪:《返本归真:保持哲学自身的本性——也谈哲学的走向》,《光明日报》,1995年1月26日第5版。转引自:《致钱学敏》(1995年2月2日),《钱学森书信补编》(5),国防工业出版社2012年版,第2页。

③ 《致黄楠森》(1992年1月17日),《钱学森书信》(6),国防工业出版社2007年版,第225-226页。

④ 恩格斯:《自然辩证法》(1873—1882年),《马克思恩格斯选集》(3),人民出版社2012年版,第873-874页;《马克思恩格斯文集》(第九卷),人民出版社2009年版,第437、436页。

体系结构的问题，初步提出八个桥梁和一个大厦的结构体系。[①]《马克思主义哲学的结构和中医理论的现代阐述》一文重新阐述了一个核心、八个基础的马克思主义哲学的结构。[②] 1985 年 4 月，钱学森在全国交叉科学讨论会上所作《交叉科学：理论和研究的展望》中指出所有桥梁学科和辩证唯物主义一起组成马克思主义的哲学大厦；"马克思主义哲学确实是一件宝贝，是一件锐利的武器。"[③]钱学森曾提出"何不写一部书：马克思主义哲学新体系？一个核心，九架桥梁"[④]。2012 年 3 月，钱学森的这一创新思想由苗东升实现，《钱学森哲学思想研究》[⑤]一书就是按照这种体例编著而成的。

2.4.1 部门哲学和辩证唯物主义一起组成马克思主义的哲学大厦

钱学森认为马克思主义哲学的对象是全部科学技术，马克思主义哲学的核心是辩证唯物主义，马克思主义哲学的基础是与 11 个科学技术大部门对应的 11 个部门哲学，并归纳出"核心和桥梁共同构成了马克思主义哲学体系"，或者说部门哲学和辩证唯物主义一起组成马克思主义的哲学大厦。

（一）全部科学技术都是马克思主义哲学的对象

毛泽东在《整顿党的作风》中认为，哲学"是关于自然知识和社会知识的概括和总结"[⑥]。钱学森进一步指出，马克思主义哲学是人类"一切知识"[⑦]和"一切实践"的最高概括。钱学森是将马克思主义哲学和现代科技体系作为一个整体来研究的，马克思主义哲学的根就扎在科学技术之中。钱学森从现代科技体系出发，在《关于马克思主义哲学和文艺学美学方法论的几个问题》中指出："由于科学技术体系的形成，只有同全部科学技术相结合的哲学才是马克思主义哲学。"[⑧]各个

---

① 《系统思想、系统科学和系统论》(1982 年 7 月 10 日)，《钱学森文集》(卷三)，国防工业出版社 2012 年版，第 143 页。

② 《马克思主义哲学的结构和中医理论的现代阐述》(1983 年)，《钱学森文集》(卷三)，国防工业出版社 2012 年版，第 180 页。

③ 《交叉科学：理论和研究的展望》(1985 年 4 月 17 日)，《钱学森文集》(卷四)，国防工业出版社 2012 年版，第 147、148 页。

④ 《致孙凯飞(一)》(1986 年 6 月初)，《钱学森书信》(3)，国防工业出版社 2007 年版，第 151 页。

⑤ 苗东升著：《钱学森哲学思想研究》，科学出版社 2012 年版，第 1－266 页。

⑥ 《整顿党的作风》(1942 年 2 月 1 日)，《毛泽东选集》(第三卷)，人民出版社 1991 年版，第 815 页。

⑦ 《学点历史 学点哲学》(1987 年 3 月)，《钱学森文集》(卷五)，国防工业出版社 2012 年版，第 147 页。

⑧ 《关于马克思主义哲学和文艺学美学方法论的几个问题》(1985 年)，《钱学森文集》(卷四)，国防工业出版社 2012 年版，第 184 页。

部门哲学是对各个科技大部门的哲学概括。每一个科技大部门都划分为三个层次,其中每一个层次都有一门哲学概括与之相对应,即工程哲学之于工程技术,技术哲学之于技术科学,科学哲学之于基础科学。在前科学层次哲学思维与人类经验知识库相对应。这样,马克思主义哲学体系与现代科学技术体系相互对应,更加明确了"马克思主义哲学的对象就是全部科学技术"的观点。

在现代科学技术体系与马克思主义哲学的结合部位有作为马克思主义哲学基础的"桥梁",引到各自科技大部门。这样"对象问题"就解决了。① 今天我们已经把人类对世界的知识组成以马克思主义哲学为最高概括的、各大部门组成的开放体系,这是无产阶级的革命武器。所以"这个开放体系就是马克思主义,这个开放体系就是马克思列宁主义、就是马克思列宁主义毛泽东思想"②。马克思主义哲学指导科学技术实践,科学技术实践总结又深化、发展马克思主义哲学。③ 钱学森认为这是彻底地解决了马克思主义哲学的对象问题。"第四次伟大尝试"是现代中国人的历史责任。要进行这项工作,不靠哲学家当然不行;只靠哲学家也不行,要整个科学技术界同志大力协同,共同奋斗。所以是一件大规模的科学技术工作,要由党和国家来领导和组织才行。④ 钱学森认为,马克思主义哲学体系和现代科学技术体系交织在一起,以前科学体系为环境的人类知识体系就是"马克思主义",就是"马克思列宁主义",就是"马克思列宁主义毛泽东思想"。本文理解应该是从马克思主义哲学的对象说的,如果按照这个"开放体系"就是马克思主义,那不是说马克思主义无所不包?钱学森的说法有待商榷,他认为全部科学技术都是马克思主义哲学对象的说法是有一定道理的。

(二)辩证唯物主义是马克思主义哲学的核心

钱学森认为在马克思、恩格斯时代,马克思主义哲学由并列四大块⑤组成的"看法是有道理的,在历史发展中形成的,但从现代化的、展望未来中形成的,它又是陈旧的,应该革新"。自然科学在马克思之前已经发展得比较完备;社会科学由于马克思提出历史唯物主义和剩余价值学说"两大发现"而成为科学。自然辩证

① 《致高清海》(1985年9月26日),《钱学森书信》(2),国防工业出版社2007年版,第441页。

② 《致钱学敏》(1989年9月5日),《钱学森书信》(5),国防工业出版社2007年版,第37页。

③ 《致胡克实》(1992年12月13日),《钱学森书信》(7),国防工业出版社2007年版,第49-50页。

④ 《致黄楠森》(1992年9月8日),《钱学森书信》(6),国防工业出版社2007年版,第421-423页。

⑤ 学界曾经认为马克思主义哲学由辩证唯物主义、历史唯物主义、自然辩证法和认识论四大块组成。

法是对自然科学的哲学概括;历史唯物主义是对社会科学的哲学概括。钱学森认为,马克思主义哲学的核心就是辩证唯物主义的观点遭到许多马克思主义哲学家的反对,因为历史唯物主义是马克思的“两大发现”之一,他们认为“马克思主义哲学就是历史唯物主义”,这些观点都可以商榷,百花齐放、百家争鸣。钱学森认为,辩证唯物主义和历史唯物主义不是一个层次,辩证唯物主义位于最高层次,历史唯物主义位于下面一个层次。钱学森列举了两条理由:第一,列宁认为,马克思把辩证唯物主义基本原理贯彻和推广到社会领域,发现了历史唯物主义。列宁在《卡尔·马克思》中指出,马克思主义“把唯物主义贯彻和推广运用于社会现象领域”,“发现唯物主义历史观”,“消除了以往的历史理论的两个主要缺点”。[①]第二,李达认为,辩证唯物主义位于最高层次,历史唯物主义位于辩证唯物主义下面一个层次。李达在《法理学大纲》(1948年)中明确把“科学的世界观”放在最高层次;其下才是“科学的历史观”。“科学的世界观”和“科学的社会观”分别指辩证唯物主义和历史唯物主义。[②] 钱学森认为“马克思主义哲学是马克思列宁主义毛泽东思想的哲学,其核心是辩证唯物主义;辩证在于主观与客观的相互作用,即实践”[③]。历史在不断发展,随着人类实践进步和科技发展,哲学也要相应地革新。

很多学者持不同意钱学森提出的辩证唯物主义是马克思主义哲学核心的思想。他们说“马克思主义是科学共产主义,马克思主义哲学是历史唯物主义”。马克思主义主要包括科学共产主义、政治经济学和马克思主义哲学三个部分,说“马克思主义就是科学共产主义”还是有一些武断。本文认为,马克思把辩证唯物主义贯彻推广到社会现象领域,发现了历史唯物主义;可不可以说,恩格斯把辩证唯物主义贯彻推广到自然现象领域,发现了自然辩证法。恩格斯说马克思有历史唯物主义和剩余价值理论两大发现,恩格斯当然不能自吹自擂地说自然辩证法是自己的重要发现。马克思和恩格斯是分工合作的关系,把马克思和恩格斯割裂开来看是不对的。马克思主义当然是包括马克思和恩格斯两位伟人的思想,不只是马克思一个人的思想,虽然恩格斯自认为是“第二小提琴手”。如果把马克思主义仅仅局限于社会科学领域,那就是把自己局限于社会科学的狭小圈子里,降低了马

---

① 《卡尔·马克思(传略和马克思主义概论)》(1914年11月),《列宁选集》(2),人民出版社2012年版,第425页;《列宁专题文集　论马克思主义》,人民出版社2009年版,第14页;《列宁全集》(第26卷),人民出版社1988年版,第59页。

② 《马克思列宁主义教学怎样面向现代化面向世界面向未来》(1984年),《钱学森文集》(卷四),国防工业出版社2012年,第28页。

③ 《致董树君》(1990年8月2日),《钱学森书信》(5),国防工业出版社2007年版,第320页。

克思主义在一切领域的指导地位。实际上马克思主义对于自然科学领域也是有指导作用的。本文在这里提出来供专家商榷,不对的地方请专家多多指教。

(三)部门哲学是马克思主义哲学的基础

钱学森提出11个科技大部门分别通往辩证唯物主义的桥梁。他认为马克思主义哲学通过这些"桥梁"联系到每一个科技大部门,这些"桥梁"就是每一大部门最概括的学问,即部门哲学。今天谈哲学不了解科技的最新发展是不行的。如果真想搞现代哲学,那就应该下功夫学些现代科技。搞学问只能老老实实。① 今天,既不会有马克思主义哲学以外的科技,也不会有科技之外的马克思主义哲学。科技大部门通过"桥梁"汇集到最高概括的马克思主义哲学,即辩证唯物主义,这一认识来源于恩格斯论"自然哲学"。② "桥梁"有两层意思:一方面,马克思主义哲学通过桥梁指导科学技术的发展;另一方面,科学技术通过桥梁丰富、发展马克思主义哲学。马克思主义哲学不是无源之水、无本之木,它要随着人类社会实践和科技发展,通过哲学桥梁来总结、提升、丰富和发展。钱学森哲学体系和现代科技体系是一个问题的两个方面,科技大部门与马克思主义哲学分论之间存在一一对应关系。科技大部门通过各自桥梁与马克思主义哲学的核心——辩证唯物主义双向互动:辩证唯物主义通过桥梁指导科技大部门;科技大部门通过桥梁丰富和发展辩证唯物主义。辩证唯物主义指导桥梁的建立、丰富和发展,各大科技大部门用自己各门具体科学的成果,来发展充实本部门的部门哲学,各部门哲学也就逐渐成为马克思主义哲学的一部分。黄楠森认为,钱学森的"思想确实对那些否定辩证唯物主义世界观的观点,特别是对辩证唯物主义过时论,从科学技术革命的角度,筑起了一道难以超越的铜墙铁壁"③。

2.4.2 基于大成智慧学对钱学森提出的哲学新体系的进一步总结

以钱学森构筑的马克思主义哲学体系为基础。为了将马克思主义哲学和科学技术体系结合得更加紧密,本文将与现代科学技术体系三个层次相对应的三类横贯哲学作为保护带纳入马克思主义哲学体系之中,并将哲学思维和一般认识作为马克思主义哲学的外部环境。这样钱学森构筑的马克思主义哲学体系就表述

---

① 《致谢荣祥》(1986年8月4日),《钱学森书信》(3),国防工业出版社2007年版,第219-220页。

② 《致庞正元》(1992年7月6日),《钱学森书信》(6),国防工业出版社2007年版,第330页。

③ 黄楠森:《钱学森与辩证唯物主义》,南通师范学院学报(哲学社会科学版)2001年第4期,第3-6页。

为:以辩证唯物主义为硬核,以 11 个部门哲学为第一保护带,以三类横贯哲学作为第二保护带,以哲学思维和一般认识为环境。根据这个体系,完全可以将马克思主义哲学与广义上的自然辩证法、科技哲学等密切联系起来。

(一)将三个横贯哲学纳入钱学森提出的马克思主义哲学体系之中

应该将科学哲学、技术哲学、工程哲学作为保护带纳入马克思主义哲学体系。桥梁与科技大部门一一对应、双向互动、又来又往、辩证统一。辩证唯物主义通过桥梁指导科技大部门的三个层次,每架桥梁都是对三个层次的哲学概括;科技大部门三个层次都要通过桥梁丰富和发展辩证唯物主义。但是各部门哲学之间、各科技大部门同一层次之间、各科技大部门之间既有差异性,又有同一性。它们之间的差异性通过不同的桥梁来体现,它们之间的同一性可以通过横贯哲学来体现。与三个层次相对应的科学哲学、技术哲学、工程哲学,分别从横向上总结概括和归纳 11 个科技大部门三个层次成就,并用来指导三个层次的研究与实践。这样马克思主义哲学在 11 个部门哲学下面又多了科学哲学、技术哲学、工程哲学三个层次,这正是当前科技哲学界热烈讨论的话题。

本文将科学哲学、技术哲学和工程哲学统称为横贯哲学,理由如下:①为了叙述方便,指代科学哲学、技术哲学和工程哲学三种哲学;②根据现代科技体系结构,科学哲学、技术哲学、工程哲学分别是横向贯穿 11 个科技大部门基础科学层次、技术科学层次、工程技术层次的哲学概括;③三种横贯哲学恰好与纵向 11 个部门哲学相辅相成,构成了哲学体系的网状结构;④三种横贯哲学都需要马克思主义哲学的指导,三者皆可以直接与辩证唯物主义相联系。将三个横贯哲学纳入马克思主义哲学体系有如下好处:第一,横贯哲学并不是脱离马克思主义哲学指导而独立存在的"自由王国",必须以马克思主义哲学为指导;第二,横贯哲学不仅仅研究自然科学,而且研究整个现代科学技术体系;第三,有利于加强自然科学与社会科学、科学技术与文学艺术横向联盟;第四,区分了自然辩证法和科学哲学、技术哲学和工程哲学等横贯哲学各自不同的研究范围,明确了各自在现代科技体系中的位置。钱学森构筑的现代科技体系和马克思主义哲学体系,开启了理解自然辩证法与科学哲学、技术哲学、工程哲学,与自然哲学、科学学关系的新思路。在钱学森看来,狭义自然辩证法是在辩证唯物主义和自然科技大部门之间沟通的桥梁。科学哲学、技术哲学、工程技术分别是贯通三个层次的哲学概括。钱学森称科学技术与社会为科学学,隶属于社会科学;自然哲学在前科学的哲学思维层次。

(二)将前科学中的哲学思维作为环境纳入马克思主义哲学体系中

钱学森称暂时进入不了现代科技体系的学问为"前科学",即在现代科技体系之外包括中国古代哲学思想、今人哲学探索不能纳入的知识和经验体会可以成为哲学思维。前科学是现代科技体系的外部环境和后备素材。现代科学技术体系是一个有序的、动态的开放系统,这个开放系统环境就是“前科学的海洋”。① 前科学中的哲学思维是马克思主义哲学体系中的外部环境。前科技体系中通过实践经验得到的一般认识和哲学思维分别与前科学中的不成文的实践感受和实践经验知识库两个层次相对应,它们是马克思主义哲学的环境。在人类知识体系中,居于前科学的人类经验知识库和哲学思维,其数量非常庞大。哲学门类中二级学科的中国哲学、外国哲学尤其是西方哲学、宗教学、自然哲学等其实处于这个层次。由于它们大多数还没有在马克思主义哲学的指导下,经过去伪存真、去粗取精、由此及彼、由表及里的批判性继承,还没有被吸收到马克思主义哲学中去。有了前科学的哲学思维,马克思主义哲学不是无源之水、无本之木,有吸收不完的营养;马克思主义哲学体系就有了从实践到理论的一整套台阶,而无突兀之感。

(三)对钱学森提出的马克思主义哲学新体系的最新概括

本文基于大成智慧学对钱学森提出马克思主义哲学新体系进一步概括和归纳为核心、部门哲学、横贯哲学、哲学思维等多个层次。这个新体系以辩证唯物主义为硬核,以部门哲学为第一保护带,以横贯哲学中的科学哲学、技术科学、工程哲学为第二保护带,以哲学思维为环境。马克思主义哲学的核心、总论——辩证唯物主义至高无上;马克思主义哲学的分论、桥梁、部门哲学并列其下。横贯哲学中的科学哲学、技术哲学、工程哲学分别与现代科技体系中的基础科学、技术科学、工程技术三个层次相对应,是马克思主义哲学的保护带。可以从哲学思维中提炼、归纳、总结、升华到马克思主义哲学中的横贯哲学、部门哲学,甚至辩证唯物主义里面去,可以作为马克思主义哲学的环境来考虑。这样马克思主义哲学体系就构成了一个包括总论、分论、保护带和环境为一体的完整体系结构。这是对钱学森马克思主义哲学体系新的尝试的进一步归纳和概括,符合钱学森的思想。科学哲学、技术哲学、工程哲学蓬勃发展,蔚然大观,已经成为哲学界的显学。框架已经搭建成型,接下来的任务就是具体完善和重新整合了。

2.4.3 对钱学森丰富和发展马克思主义哲学思想的总结

钱学森运用系统论,继承矛盾论和实践论,将科学技术与马克思主义哲学相结合,提出了现代科学技术体系,既坚持了马克思主义哲学基本原理,又发展了马

① 《致洪定国》(1986年9月5日),《钱学森书信》(3),国防工业出版社2007年版,第248页。

克思主义哲学。钱学森关于科学技术和马克思主义哲学相结合的思想,既不同于一般哲学家,也不同于一般科学家。从这个意义上说,钱学森既是科学哲学家,也是哲学科学家。正如列宁所说:“判断历史的功绩……是根据他们比他们的前辈提供了新的东西。”①钱学森“比他的前辈提供了新的东西”主要表现在以下三个方面。

第一,钱学森丰富和发展了马克思主义哲学具体理论形态。哲学总是时代的产物。钱学森坚持科学技术与马克思主义哲学相结合,概括升华为马克思主义哲学体系和现代科学技术体系两个具体理论形态,给马克思主义哲学具体理论形态发展注入了新的活力。钱学森指出,马克思主义哲学的对象是全部科学技术,辩证唯物主义是马克思主义哲学的核心,11 个部门哲学是马克思主义哲学的基础,“所有桥梁学科和辩证唯物主义一起,组成马克思主义的哲学大厦”。

第二,钱学森丰富和发展了马克思主义哲学具体研究方法。马克思主义哲学应该吸收中国传统文化精华,批判地继承西方先进文化,融通马中西,成就我一家。要用古今中外一切科学技术和文学艺术实践来发展马克思主义哲学,哲学家们应该抓的关键问题是部门哲学,提取中国传统文化精华来丰富、发展和深化马克思主义哲学,提取西方先进文化精华来丰富、发展和深化马克思主义哲学,要利用古今中外一切可为我用的东西来发展和深化马克思主义哲学。

第三,钱学森补充论证了马克思主义哲学基本原理和基本范畴。钱学森以大量材料为基础,对马克思主义哲学基本原理和基本范畴做了新阐发,开拓了马克思主义哲学研究的新思路。他对辩证唯物主义、实事求是、物质与精神、认识论、矛盾论、质量互变规律等马克思主义哲学基本原理和基本范畴做了新阐发。

按照钱学森的构想,把辩证唯物法理论系统化的“第四次伟大尝试”的一项工作是“建立科学技术的体系”,钱学森认为“近年来我已对此做了点事”;还应包括一项工作,即“把中国古代哲学思想的精华提炼出来,纳入马克思主义哲学”②。钱学森发展、深化辩证唯物主义是实事求是的态度,就是一要反对苏联的那一套死抱住“官方”书本不放、教条主义的作风;二要发扬毛泽东、邓小平结合实际、结合时代新实践,也吸取古今中外一切有用的东西来丰富、发展以致深化辩证唯物

---

① 《评经济浪漫主义——西斯蒙第和我国的西斯蒙第主义》(1896 年 8 月—1897 年 3 月),《列宁全集》(第二卷),人民出版社 1984 年版,第 154 页。

② 《致黄楠森》(1992 年 1 月 17 日),《钱学森书信》(6),国防工业出版社 2007 年版,第225 - 226 页。

主义哲学。钱学森指出:“这两条也是实事求是,实事求是应作为我们的态度。”① 钱学森自信地指出,我们已经吸取了整体观、量智和性智、人学观点和把“人学”作为行为科学的哲学概括、把中医及民族医学纳入人体科学等。② 钱学森坚持马克思主义哲学的说法和做法得到学术界的回应和支持。但是钱学森丰富、发展和深化马克思主义哲学的见解得到很多学者的不同评价。尤其学者对于辩证唯物主义是马克思主义哲学体系的核心以及钱学森构建的马克思主义哲学体系持保留意见。本文认为这也无可厚非,本来钱学森并非哲学家,他自己也说“我对哲学还是学生”③。这不仅是谦虚,也是事实。与专门研究马克思主义哲学的专家相比较,钱学森只是从科学的角度走向哲学。作为一家之言,我们可以借鉴其有益成分。

---

① 《致黄顺基》(1996 年 1 月 28 日),《钱学森书信》(9),国防工业出版社 2007 年版,第457 - 458 页。

② 《致戴汝为》(1996 年 5 月 19 日),《钱学森书信》(10),国防工业出版社 2007 年版,第57 - 58 页。

③ 《致章韶华》(1996 年 2 月 28 日),《钱学森书信补编》(5),国防工业出版社 2012 年版,第 230 页。

第 3 章

大成智慧学坚持社会科学与自然科学相结合

“集大成,得智慧”要坚持社会科学和自然科学相结合。要促进自然科学与社会科学联盟,坚持将自然科学的研究方法应用到社会科学中去。社会科学所研究的问题本质上属于复杂性问题。复杂性科学日渐昌盛,逐步打破简单性科学一统天下的局面。钱学森在系统研究和复杂性研究基础上,进一步提出开放复杂巨系统理论以及有效处理开放复杂巨系统的从定性到定量综合集成法。

3.1 促进自然科学与社会科学联盟

钱学森认识到自然科学和哲学社会科学相互割裂阻碍了社会主义现代化的发展进程。他在刊载于《经济学动态》1984 年第 7 期《重读孙冶方的来信》中指出:“自然科学和哲学社会科学互相沟通的问题尚待进一步解决,也还有不少人反对自然科学与经济科学互相沟通。”[①]钱学森针对有人反对自然科学与经济科学互相沟通的现状,大力倡导和推动自然科学和社会科学联盟。钱学森在《自然科学与社会科学的结合》中强调:“要通过经济学家和自然科学家的合作,促使自然科学在经济管理方面发挥重要作用,加速管理现代化的进程。”[②]钱学森在《自然科学工程技术能为哲学社会科学发展提供的一点信息》中强调:“促进自然科学和社会科学联盟,也就是整个科学技术的现代化。”[③]钱学森在《关于培养“科技帅

---

① 《重读孙冶方的来信》(1984 年 7 月),《钱学森文集》(卷二),国防工业出版社 2012 年版,第 116 页。

② 《自然科学与社会科学的结合》(1985 年),《钱学森文集》(卷四),国防工业出版社 2012 年版,第 90 页。

③ 《自然科学工程技术能为哲学社会科学发展提供的一点信息》(1986 年 11 月 4 日),《钱学森文集》(卷四),国防工业出版社 2012 年版,第 374 页。

才”的问题》中指出:“要培养科技帅才,就要把自然科学技术与社会科学结合起来……”①钱学森关于自然科学和社会科学联盟的思想不仅经历了长期的实践检验,而且具有科学的理论根据,是理论与实践相结合的产物。

3.1.1 社会科学同自然科学工程技术都是科学技术的重要组成部分

科学将沿着逐步克服自然科学和人文社会科学相互对立的方向发展,自然科学与人文社会科学将会相互融合,最终导致一门统一科学的建立。钱学森在中国科学技术协会成立30周年纪念大会上所作《为科技兴国而奋力工作》报告中指出,21世纪的科学技术将“是自然科学与社会科学和哲学相统一的科学技术”②。他号召应当大力促进自然科学与社会科学联盟。现代科学本身是统一的。对自然科学内在规律和外在条件的研究要介入哲学社会科学领域。社会科学研究若离开自然科学基础,就形不成时代要求有真正价值的学术思想。要促进自然科学与社会科学之间,以及自然科学内部各学科之间的交叉渗透,继续推动交叉学科和边缘学科的发展和繁荣。

钱学森针对学术界中存在科学技术就是指自然科学、工程技术的偏见,强调指出社会科学也是科学技术。钱学森在1980年3月18日召开的“系统工程专题报告会”上所作《用系统工程的方法规划、组织经济管理》中指出:“要改造客观世界,这个客观世界往往是社会的一部分,离不开社会科学”,“现代科学技术就是要包括社会科学,包括哲学”。③ 钱学森在刊载于《计划经济研究》1980年4月2日第5期《在“国民经济现代化的标志座谈会”上的发言》中指出:“科学不仅包括自然科学技术,而且也包括社会科学。”④钱学森在刊载于《计划经济研究》1980年6月17日第11期《用科学方法绘制国民经济现代化的蓝图》一文中指出:“不能把社会科学排除在现代科学技术这个概念之外。”⑤钱学森在发表于《文汇报》1980年9月29日的《从社会科学到社会技术》中指出,“科学技术要包括社会科学”,科

---

① 《关于培养“科技帅才”的问题》(1991年6月17日),《钱学森文集》(卷六),国防工业出版社2012年版,第202页。

② 钱学森:《为科技兴国而奋力工作——在中国科学技术协会成立三十周年纪念大会上的报告》(1988年9月23日),《中国科技史料》,1988年第9卷第4期,第8-9页。

③ 《用系统工程的方法规划、组织经济建设》(1980年3月18日),《钱学森文集》(卷二),国防工业出版社2012年版,第343、343、345页。

④ 《在“国民经济现代化的标志座谈会”上的发言》(1980年4月2日),《钱学森文集》(卷二),国防工业出版社2012年版,第353页。

⑤ 《用科学方法绘制国民经济现代化的蓝图》(1980年6月17日),《钱学森文集》(卷二),国防工业出版社2012年版,第360、363、364页。

学技术现代化也包括社会科学现代化。① 钱学森在《全国政协要建立信息系统》中指出："整个科学，自然科学、社会科学要融合在一起。"②正如马克思在《1844 年经济学哲学手稿》中所预言的："自然科学往后将包括关于人的科学，正像关于人的科学包括自然科学一样：这将是一门科学……自然界的社会的现实和人的自然科学或关于人的自然科学，是同一个说法。"③钱学森努力实现马克思的预言，加强自然科学和社会科学的联盟，将自然科学和社会科学都放在现代科学技术体系之中。

钱学森多次论述社会科学的重要作用："在今天，国家和人民需要社会科学远甚于自然科学、工程技术……党和人民终于认识到这一点了。"④他还说："我深感中央对中国社会科学界寄以厚望，建设有中国特色的社会主义，只有自然科学、工程技术是不够的；而且看来在许多重大问题的解决非社会科学不可，连什么'高技术'也无能为力！"⑤因为科学技术要满足社会的需要，就要充分利用社会主义制度的优越性，正如钱学森发表在《科学实验》1978 年 1 月号的《现代科学技术是社会化的科学技术》中指出："社会主义制度的优越性不仅要体现在适应生产社会化的需要，同时也体现在适应科学技术社会的需要。"⑥科学技术，尤其是尖端科学技术都已成为"社会化""集体化"的劳动，就像钱学森在刊载于《光明日报》1978 年 3 月 15 日《作为尖端科学技术的高能物理》中指出，搞尖端科学技术是集体的劳动，社会化的劳动。⑦ 解决现代化的科学技术不能仅仅是自然科学、工程技术的问题，更重要的需要党组织、总体设计部、机关部门的领导和协调。钱学森在《现代科学技术的组织管理》中指出："集体化、社会化是现代化科学技术的关键问题"，"党的领导、总体部门跟机关是解决现代化的高度复杂的科学技术工作的组

① 《从社会科学到社会技术》（1980 年 9 月 29 日），《钱学森文集》（卷二），国防工业出版社 2012 年版，第 367 – 376 页。

② 《全国政协要建立信息系统》（1994 年 7 月 20 日），《钱学森文集》（卷六），国防工业出版社 2012 年版，第 319 页。

③ 马克思：《1844 年经济学哲学手稿》（1844 年 4—8 月），《马克思恩格斯文集》（1），人民出版社 2009 年版，第 194 页；《马克思恩格斯全集》（3），人民出版社 2002 年版，第 308 页。

④ 《致吴廷嘉、沈大德》（1987 年 2 月 4 日），《钱学森书信补编》（2），国防工业出版社 2012 年版，第 316 页。

⑤ 《致吴建》（1987 年 2 月 6 日），《钱学森书信》（3），国防工业出版社 2007 年版，第 391 – 392 页。

⑥ 《现代科学技术是社会化的科学技术》（1978 年 1 月），《钱学森文集》（卷二），国防工业出版社 2012 年版，第 105 页。

⑦ 《作为尖端科学技术的高能物理》（1978 年 3 月 15 日），《钱学森文集》（卷二），国防工业出版社 2012 年版，第 111 页。

织形式”。[①] 钱学森在刊载于《系统工程与科学管理》1980 年第 1 期《论科学技术研究的组织管理与科研系统工程》中指出:“社会化是科学技术现代化的不可抗拒的变革。”[②]列宁早就提出了自然科学与社会科学相互关系以及自然科学与社会科学联盟的命题。列宁在《又一次消灭社会主义》中指出:“从自然科学奔向社会科学的强大潮流,不仅在配第时代存在,在马克思时代也是存在的。到 20 世纪,这个潮流是同样强大,甚至可说更加强大了。”[③]钱学森关于坚持自然科学与社会科学相结合的思想进一步证实了列宁的论断的正确性。在坚持自然科学和社会科学相结合方面,钱学森的思想与马克思主义经典作家的思想是一致的。科学技术飞速发展,实现联盟的潮流不可阻挡!科学技术发展历程完全证实了马克思主义经典作家的远见卓识。

江泽民在全国科学大会上所作《实施科教兴国战略》报告中指出“科学当然包括社会科学”,要“加强自然科学与社会科学的紧密结合”。胡锦涛在全国科学技术大会上所作《坚持走中国特色自主创新之路,为建设创新型国家而努力奋斗》报告中也强调要“促进哲学社会科学与自然科学相互渗透”[④]。党和国家领导人的报告是对钱学森等学者加强“自然科学与社会科学联盟”重要思想从研究层面上升到了国家意志,已经成为马克思主义中国化的重要成果。钱学森对社会科学重要性的认识,主张社会科学与自然科学联盟的思想,得到党和国家领导人的呼应。钱学森的思想既超出一般自然科学工作者,也超出一般社会科学工作者。作为一个多维科学家,钱学森总是看得高、看得远、看得深。我们要继续加强宣传自然科学与社会科学联盟,把自然科学与社会科学联盟推向前进。

3.1.2 科技工作者既要学习自然科学也要学习社会科学

按照钱学森的现代科技体系的思想,这里的“科技工作者”包括所有现代科学技术体系的工作人员,既包括社会科学工作者,也包括自然科学工作者,还包括文学艺术工作者等。钱学森对社会科学界脱离现实世界的状况表示担忧。他说:

---

① 《现代科学技术的组织管理》(1978 年 5 月下旬),《钱学森文集》(卷二),国防工业出版社 2012 年版,第 126、128 页。

② 《论科学技术研究的组织管理与科研系统工程》(1980 年 1 月),《钱学森文集》(卷二),国防工业出版社 2012 年版,第 309 页。

③ 《又一次消灭社会主义》(1914 年 3 月),《列宁全集》(25),人民出版社 1988 年版,第 43 页。

④ 胡锦涛:《坚持走中国特色自主创新道路,为建设创新型国家而努力奋斗》(2006 年 1 月 9 日),《十六大以来重要文献选编》(下),中央文献出版社 2008 年版,第 194 页。

"恕我直言,社会科学界中有根底的学者们大都在老一套经典世界中僵化了,走不到现实世界中来……我说的观念转变,转到现实世界中来!所以我仍说观念转变是必要的,不然不能现代化。"①怎么样才能改变社会科学界脱离现实的状况呢?要想解决问题就得向恩格斯学习:"社会科学哲学家下功夫学自然科学技术,自然科学技术家下功夫学社会科学哲学。除此没有捷径。"②钱学森建议,要"改变社科院的研究人员构成,调入大量学习和做过自然科学工程技术工作的人"。调少了不行,可能要使中国社会科学院四分之一到三分之一的研究人员是原来搞自然科学工程技术的。调入的人可以帮助树立务实的学风,并引入新方法,如系统科学方法和运用电子计算机作定量分析。③

钱学森建议,中国科学院和中国社会科学院加强联系,组织自然科学家和社会科学家共同研讨社会问题,这是建立自然科学与社会科学联盟的一种切实的途径。他说:"自然科学和社会科学要联盟,不是成立全国社科联独立于自然科学工程技术,而是二者联盟,中国科学技术协会中既有自然科学、工程技术、医学,也有社会科学。现在中国科学院已是院士制,据说还即将成立院士制的中国工程院。那中国社会科学院也应如中国科学院那样,地方院是分院不是独立院。这样中国社会科学院也可以是院士制了。"④这是钱学森从体制上提出的建议。建立各种形式的自然科学与社会科学联盟,应有兼通文理的管理人才、领导人才和研究人才。江泽民在全国科学大会上指出:"我们提倡社会科学工作者注意学习自然科学知识,自然科学工作者注意学习社会科学知识。"⑤党的十六大报告中指出"坚持社会科学和自然科学并重"⑥。《中共中央关于进一步繁荣发展哲学社会科学

---

① 《致吴建》(1987年2月6日),《钱学森书信》(3),国防工业出版社2007年版,第392页。

② 《致钱学敏》(1993年5月13日),《钱学森书信》(7),国防工业出版社2007年版,第219页。

③ 《致郁文》(1989年7月31日),《钱学森书信》(4),国防工业出版社2007年版,第523页。

④ 《致李忠杰》(1994年2月21日),《钱学森书信》(8),国防工业出版社2007年版,第80页。

⑤ 《实施科教兴国战略》(1995年5月26日),《江泽民文选》(第一卷),人民出版社2006年版,第434-435页。

⑥ 《全面建设小康社会,开创中国特色社会主义事业新局面》(2002年11月8日),《江泽民文选》(第三卷),人民出版社2006年版,第561页。

的意见》提出“五个同样重要”[①]的论断。这个论断从国家意志的高度充分提升了哲学社会科学的战略地位,是对钱学森等关于自然科学与社会科学联盟思想进一步认可。

钱学森在1958年2月中国科学院召开的研究所所长会议发言[②]中提出,科学院的条件特别适宜于发展新的学科之间的边缘科学。这不仅是指自然科学、技术科学的相互渗透,而且应当重视自然科学、技术科学渗透到社会科学部门中去,如把统计数学方法用到社会科学中去以及工程技术方面的工业经济中等。这种相互渗透就有可能发展出崭新且重要学科,如地理科学就是自然科学和社会科学相结合的产物。钱学森在《要区别“地球科学”和地球表层学》中认为“地球表层学是一门综合了社会科学和自然科学的学问”[③],地球表层学是地理科学的基础科学,因而地理科学就是集自然科学与社会科学之大成的一个科技大部门。钱学森在《关于地学的发展问题》中指出:“地理科学必须是自然科学与社会科学的汇合。”[④]钱学森在《和中国科协书记处书记刘恕同志的谈话》中说:“地理科学是指自然科学和社会科学交叉,是科学建设社会主义所必要的理论。”[⑤]再如工业设计是自然科学和哲学社会科学中的美术相结合的产物。钱学森在《谈谈工业设计》中指出:“工业设计是综合了工业产品的技术功能的设计和外形美术的设计,所以使自然科学跟社会科学哲学中的美术相汇合。”[⑥]坚持自然科学和社会科学相结

---

① 《意见》指出:“在改革开放和社会主义现代化建设进程中,哲学社会科学与自然科学同样重要,培养高水平的哲学社会科学家与培养高水平的自然科学家同样重要,培养高水平的哲学社会科学家与培养高水平的自然科学家同样重要,提高全民族的哲学社会科学素质与提高全民族的自然科学素质同样重要,任用好哲学社会科学人才并充分发挥他们的作用与任用好自然科学人才并充分发挥他们的作用同样重要。”见《中共中央关于进一步繁荣发展哲学社会科学的意见》(2004年1月5日),《十六大以来党和国家重要文献选编》(上二),人民出版社2005年版,第1324页;《十六大以来重要文献选编》(上),中央文献出版社2005年版,第684页。

② 《争取科学工作的大跃进——记中国科学院研究所所长会议》(1958年2月13-15日),《科学通报》,1958年第6期,第166页;霍有光编著:《钱学森年谱》,西安交通大学出版社2011年版,第131页。

③ 《要区别“地球科学”和地球表层学》(1987年4月16日),《钱学森文集》(卷五),国防工业出版社2012年版,第78页。

④ 《关于地学的发展问题》(1987年7月10日),《钱学森文集》(卷五),国防工业出版社2012年版,第135页。

⑤ 《和中国科协书记处书记刘恕同志的谈话》(1989年7月11日),《钱学森文集》(卷六),国防工业出版社2012年版,第22页。

⑥ 《谈谈工业设计》(1987年10月14日),《钱学森文集》(卷五),国防工业出版社2012年版,第353页。

合就会产生新的科学技术部门,这是钱学森对发展新学科的重要思路。

3.1.3　社会科学工作者和自然科学工作者要结合起来开展大协作

钱学森在"全国第一次科学学学术讨论会"召开前夕所作《希望》①谈话中说,"自然科学和社会科学要结合"。现代科学技术应该包括社会科学,从社会科学到社会技术,到社会工程,对社会进行设计。"社会科学理论上的发展要运用自然科学的成就",系统工程就是典型例子。"自然科学的发展也离不开社会科学理论。"钱学森在国家计委所作《用科学方法绘制国民经济现代化的蓝图》的报告专门对社会科学工作者和自然科学工作者、工程技术人员结合问题做了论述。通过研究复杂课题的实际研究任务来建立自然科学和社会科学联盟,把自然科学家和社会科学家组织起来。钱学森在担任中国科协主席期间,于1988年9月建立起了中国科协"促进自然科学和社会科学联盟工作委员会"。委员会从1988年5月到1989年5月在北京举办了"科学与文化"论坛,目的是充分认识文化事业在整个社会主义现代化建设中的地位和作用,制定社会主义文化发展战略;充分认识科学技术在文化建设中的重要作用,确立包括教育、科学技术、社会科学、文化艺术在内的新文化观念,致力于提高全社会的科学文化素质。论坛探讨了科技与教育、科学与文化、现代科学技术与马克思主义、新技术革命与21世纪的中国和世界、企业文化与农村文化等问题。钱学森几次在讨论会上带头发言。论坛在"五四运动"70周年之际出版了"科学与文化"论丛。

钱学森认为"夏商周断代工程"是把社会科学、自然科学和工程技术融为一体的大科学！体现了自然科学和工程技术联盟。水建设问题是横跨社会科学、自然科学、工程技术的大问题。"水是我国社会主义建设中的一个大问题,它涉及社会经济、国家行政管理、农田用水、工业用水、人民生活用水、水污染、气象科学技术、水利科学技术等横跨社会科学、自然科学、工程技术的大问题。我们在过去没有能从全局高层次上考虑我国水的问题,以致矛盾百出,又解决不了。"②钱学森建议宋健来抓我国水问题,"从全局的高度汇集社会科学、自然科学和工程技术来研究……到2000年提出一个'水建设在中国'的思路和总体设想"③。解决卫生工作,要实现国家总体设计部。卫生工作也是一件跨部门的大事,中央应能解决部

---

① 钱学森:《希望》,《科学学和科学技术管理》,1981年第1期,第7页。

② 《致宋健》(1996年5月23日),《钱学森书信》(10),国防工业出版社2007年版,第64－65页。

③ 《致宋健》(1996年5月23日),《钱学森书信》(10),国防工业出版社2007年版,第64－65页。

门分割、各顾一头的问题。就要从系统的整体观点出发，解决这个难点。从前建议设国家总体设计部是对的。① 钱学森指出，“这总是要实现的”。“要建设社会主义新中国，自然科学工程技术固然重要，社会科学也十分重要，或者说更为重要；因为国家的宏观问题要靠社会科学来解决。”②中国科技工作者都盼望中国的社会科学能在马克思、恩格斯、列宁和毛泽东开创的基础上，结合今日世界实际和中国实际，继续前进。

2009年11月6日，新华社播发的《钱学森同志生平》指出，钱学森促进自然科学与社会科学联盟，他在系统工程与系统科学、思维科学、科学技术体系学与马克思主义哲学等自然科学与社会科学结合点上，做出了许多开创性贡献。③ 钱学森倡议自然科学和社会科学联盟的思想根源来自三个方面：一是作为自然科学家，尤其是工程技术专家，直接投身社会主义建设实践的体会。二是归国后毛泽东多次指点他要投身社会实践，要与广大工农群众相结合；科学技术要为社会主义建设服务，要解决社会主义建设中的问题。三是这一思想直接来源于马克思主义哲学与马克思主义的科学精神。他深刻理解马克思主义和自然科学关于科学精神的区别，就在于马克思主义的科学精神不仅继承和发扬了自然科学的科学精神，更主要的是表现在认识社会现象过程中。我们既需要有认识自然现象的自然科学科学精神，也需要有认识社会现象的马克思主义的科学精神。

3.2 自然科学方法论和社会科学方法论趋向统一

钱学森一贯坚持将社会科学研究方法与自然科学研究方法相结合。他曾经亲自指导自然科学工作者应用自然科学的研究方法诸如系统科学方法研究国民经济等社会科学问题，取得了良好效果。钱学森在《做好管理科学研究》中“对自然科学与社会科学交叉这个问题……相信精确的自然科学方法的威力”④。钱学森还指出：“在现代科学技术中所用的研究方法也逐渐统一了，不能区分自然科学

---

① 《致于景元》(1996年5月26日)，《钱学森书信》(10)，国防工业出版社2007年版，第72－73页。

② 《致郁文》(1989年7月31日)，《钱学森书信》(4)，国防工业出版社2007年版，第522页。

③ 《钱学森同志生平》(2009年11月6日)，涂元季、莹莹著：《钱学森故事》，解放军出版社2011年版，第5页。

④ 《做好管理科学研究》(1981年5月)，《钱学森文集》(卷三)，国防工业出版社2012年版，第47页。

的方法论和社会科学的方法论。"①他多次引用列宁的经典描述:"从自然科学奔向社会科学的强大潮流……在20世纪,这个潮流是同样强大,甚至可以说是更加强大了。"②在21世纪的今天,涌现出很多自然科学与社会科学交叉的科学,这是现代科学技术与人类社会发展到新的更高阶段的成果和标志,也是人类文明进步的必然趋势。它将促使人们能够把对开发利用自然界和治理人类社会提高到更高科学水平。钱学森倡导自然科学与社会科学联盟的重要思想之一,就是希望社会科学家能够向自然科学家学习先进方法,推动社会科学现代化进程。

3.2.1 社会科学精确化:向社会科学研究推广数学方法

钱学森在"中国科学院第四次学部委员(院士)大会"上所作《做好管理科学研究》③发言中建议把社会、经济问题精确化,因为"用精确的现代科学技术改造客观世界的威力是无穷的"。现在理论上有数学方法,计算工具有电子计算机,就具备了解决问题的条件。情报资料和数据收集传输问题,不再是实现社会科学精确化的障碍。自然科学与社会科学的交叉学科真正工作起来,"搞社会科学的已广泛采用了自然科学方法,例如计算机和数学方法……搞自然科学的也已习惯同国民经济的发展结合了"。在社会主义现代化建设中,既离不开社会科学的理论和方法,也离不开自然科学的理论和方法,社会科学和自然科学的结合是必然的。钱学森在发表于《人民日报》1958年4月29日的《发挥集体智慧是唯一好办法》中指出:"我们也应该考虑怎样使自然科学、技术科学渗透到社会科学部门","让近代数学的方法和计算技术为工程经济和工业经济服务"。④ 钱学森的《自然科学和技术发展的主要方向》一文刊载于中国青年出版社1958年6月版《青年共产主义者丛刊》第7集《人类征服自然界的新纪元》,文章指出:"数学的发展也不只影响了自然科学的发展,在今天它也正在逐渐渗透到哲学和社会科学里面去。"⑤钱学森在第二期科技管理研究班所作《马克思主义哲学与科学技术》讲话中指出:

---

① 钱学森:《自然辩证法、思维科学和人的潜力》(1980年),《论系统工程》(新世纪版),上海交通大学出版社2007年版,第121页。

② 《又一次消灭社会主义》(1914年3月),《列宁全集》(25),人民出版社1988年版,第43页。

③ 《做好管理科学研究》(1981年5月),《钱学森文集》(卷三),国防工业出版社2012年版,第47-48页。

④ 《发挥集体智慧是唯一好办法》(1958年4月29日),《钱学森文集》(卷一),国防工业出版社2012年版,第290页。

⑤ 《自然科学和技术发展的主要方向》(1958年6月),《钱学森文集》(卷一),国防工业出版社2012年版,第302页。

"社会科学在最近半个世纪有很多新的因素,最重要的是一个方法的问题,就是在社会科学中引用了数学的方法,引用了精密科学的方法。一门科学要真正成为科学,应该用精密的方法,精密的方法就是数学的方法。"①钱学森在《国际经济研究和数学方法》中指出:"从不用数学分析的定性研究方法到应用数学分析的定量研究方法,或称经济计量学方法、数理经济学方法,是国际经济问题研究中半个世纪以来的一项重大变革。"②马克思早就指出:"一门科学只有当它成功地运用数学时,才算达到真正完善的地步。"③钱学森强调社会科学数学化和精密化,丝毫不意味着否认或轻视在社会科学中定性分析、分析判断的重要性。定量分析要依赖于定性分析。钱学森大力倡导将数学方法运用到社会科学中,促进社会科学的完善,这是非常正确的。

钱学森在中央党校所作《研究社会主义建设的大战略,创立社会主义现代化建设的科学》报告中指出,解决社会主义现代化建设中的问题,有必要用自然科学方法,特别是定量的数学方法。钱学森说:"所谓自然科学的方法,一个很重要的方法,就是数学的方法""用现代科学的方法来处理、研究社会科学问题,其中包括定量的数学分析的方法"。④ 他在介绍了运用自然科学方法、使用实验方法后指出,社会科学"可以像自然科学中那样,用现代科学的方法来处理、研究社会科学的问题,其中包括定量的数学分析的方法"⑤。钱学森还指出:"从社会科学本身的发展来看,现在已经不能停留在定性的论述,还要定量,要用数的概念来分析社会现象……经济体制问题、经济结构问题……要处理大量的数据,找到它们内在的联系,把数学的理论、方法,运用到具体的经济计划、经济管理中去。一些非常复杂的数学关系,还要用电子计算机来处理。"⑥社会科学只有用定量数学方法来分析社会现象,才能从中找出固有规律,进而改造社会实践。

钱学森还指出:"你原先是错误的概念,再用数学也正确不了;你原来是正确

① 《马克思主义哲学与科学技术》(1981 年 6 月 1 日),《钱学森文集》(卷三),国防工业出版社 2012 年版,第 64 页。

② 《国际经济研究与数学方法》(1982 年 9 月),《钱学森文集》(卷三),国防工业出版社 2012 年版,第 162 页。

③ Karl Marx, Eine Sammlung von Erinnerungen und Aufsaatzen Ditz Verlag, Berlin, 1974, S, 42。拉法格:《回忆马克思》。

④ 《研究社会主义建设的大战略,创立社会主义现代化建设的科学》(1985 年),《钱学森文集》(卷五),国防工业出版社 2012 年版,第 313、315 页。

⑤ 《研究社会主义建设的大战略,创立社会主义现代化建设的科学》(1985 年),《钱学森文集》(卷五),国防工业出版我 2012 年版,第 315 页。

⑥ 徐慰农、程士安:《钱学森谈科学》,2012. 02. 29, 2013. 01. 15.

的东西,如果不用数学,无非是慢一点,但终究还是正确的……数学仅仅是一个工具。用了一种更好的工具,可以使你的工作顺利一些,迅速一些,省力一些。"①数学只是一种工具,能使工作迅速、顺利、省力;数学代替不了概念和理论。研究社会问题还是要从社会实际出发。钱学森指出"现实的都是合理的",作为马克思主义者,我们的任务在于找出这个合理的"理",以达到有朝一日,党中央辛苦的结果是按部就班地、恰到好处地,领导全国人民进入共产主义的轨道！现在还差得远,社会科学还处于自然科学的哥白尼时代,怎么能"发射卫星"而不出偏差?② 社会科学要像自然科学中准确地发射人造卫星,就必须引进精确的数学的方法,使社会科学精确化、定量化。钱学森用自然科学的"发射卫星"来类比社会科学"进入共产主义",指出在社会领域运用数学的重要性。

3.2.2　社会科学系统化:向社会科学研究推广系统工程方法

对社会科学来说,单一过程分析法很难适用。因为马克思主义教导我们,"研究问题必须从实际观察出发,而不能从想象出发,而一切社会现象都是综合的"。自然科学的"过程可以隔离开做试验,对单一过程进行观察,所以能用单一过程分析法"。要实事求是地研究社会问题只能用软科学的方法,也就是"从综合入手,然后逐步分解找到单一过程。这是研究社会科学的科学方法,舍此无他"。③ 社会科学家们要有严格的科学理论根据;要了解开放特殊复杂巨系统的社会系统;要从实际出发。④ 钱学森认为"当务之急是理论与实际相结合"。"在自然科学工程技术,理论与实际相结合是解决得比较好的,脱离实际的理论是没有市场的。"钱学森对中国社会科学工作者脱离中国、脱离实际的状况很是担忧。钱学森建议运用社会系统工程的方法来指导科学研究,将整个社会看作一个整体,是一个开放的复杂巨系统。"整个社会是一个开放的复杂巨系统……(要)用社会系统工程的方法去促生产力的发展!"⑤"我们的理论是整体论,首先要看全局。全局是什么？是社会形态。什么是社会形态的问题？是改革开放的实际与人们思想意识

① 《关于马克思主义哲学和文艺学美学方法论的几个问题》(1985年),《钱学森文集》(卷四),国防工业出版社2012年版,第187页。

② 《致吴健》(1985年2月28日),《钱学森书信》(2),国防工业出版社2007年版,第187页。

③ 《致姜井水》(1988年1月14日),《钱学森书信》(4),国防工业出版社2007年版,第118－119页。

④ 《致孙凯飞》(1989年2月27日),《钱学森书信》(4),国防工业出版社2007年版,第438页。

⑤ 《致于景元》(1991年8月26日),《钱学森书信》(6),国防工业出版社2007年版,第99页。

的差距。今天的中国面貌全新,已有翻天覆地的变化,但人民的脑筋还停留在老一套,十几年前的状态。这才是整体观的结论。”①钱学森认为:“中国社会科学工作者的困难是习惯于钻书本子,不习惯于考察社会科学的研究对象——社会。自然科学工作者就总是在考察自然科学的研究对象,而不是死读书。”②钱学森建议要用开放的复杂巨系统及其方法论处理社会系统。

1978 年春天,钱学森为促进运筹学、系统工程、系统分析在中国发展,先后在北京、成都、昆明、长沙发表了一系列学术演讲。1978 年 6 月 20 日,钱学森《在云南省、昆明军区地市级以上干部大会上的报告》从“现代科学技术复杂的组织管理工作”“现代科学技术的劳动社会化,也就是集体化问题”“现代化的组织管理,用电子计算机”等方面阐发了组织管理问题。报告指出,“复杂的组织管理工作,无法避免”;建议“在党委之下,要设一个总体部门,一个机关。这两个机构,都是抓组织协调的,它们一个从技术方面抓,一个从行政管理方面抓”。③ 钱学森关于系统工程的主要见解,集中表达在发表于《文汇报》1978 年 9 月 27 日的《组织管理的技术——系统工程》中,在这篇被学术界公认为“中国系统科学研究的一个里程碑”文章中,钱学森从组织管理工作的历史发展、经营科学、运筹学、电子计算机、培养组织管理专门人才等方面探讨了“小系统”的系统工程。钱学森在《什么叫系统工程》中指出“系统工程的任务是改进我们的组织管理,提高效率,也就是提高组织管理的水平”④。钱学森在为《工程控制论(修订版)》撰写的序《 现代化、技术革命与控制论》中说:“系统工程已从工程的系统推广应用到了非工程的系统,从工程系统工程发展到了经济系统工程和社会系统工程。系统工程是各类系统的组织和管理技术。”⑤由于在系统工程方面的开拓贡献,钱学森于 2011 年 6 月 20 日在美国丹佛市举行的国际系统工程联合会(INSOSE)开幕式上被授予 2011 年系统工程开拓奖⑥,是亚洲第一位获奖者。

---

① 《致于景元》(1993 年 6 月 24 日),《钱学森书信》(7),国防工业出版社 2007 年版,第 251 页。

② 《致沈大德、吴廷嘉》(1987 年 12 月 21 日),《钱学森书信》(4),国防工业出版社 2007 年版,第 105 页。

③ 《在云南省、昆明军区地市级以上干部大会上的报告》(1978 年 6 月 20 日),《钱学森文集》(卷二),国防工业出版社 2012 年版,第 139、144、149、144、148 页。

④ 《什么叫系统工程》(1981 年 5 月),《钱学森文集》(卷三),国防工业出版社 2012 年版,第 44 页。

⑤ 《序 现代化、技术革命与控制论》(1980 年 10 月),《钱学森文集》(卷三),国防工业出版社 2012 年版,第 14 页。

⑥ 戴汝为:《钱学森系统科学研究的启示》,中国科学院艺术工作局编:《钱学森先生诞辰 100 周年纪念文集》,科学出版社 2012 年版,第 180 页。

钱学森将系统工程运用到社会主义建设的组织管理中,提出社会系统工程的概念,简称社会工程。钱学森在刊载于《经济管理》1979年第1期的《组织管理社会主义建设的技术——社会工程》中主要探讨了"国家范围的组织管理技术"问题,指出"组织管理社会主义建设的技术叫社会工程"①。钱学森在刊载于《现代化杂志》1979年10月第6期的《现代化和未来学》中指出:"要多快好省地实现我国社会主义的四个现代化,就要用社会工程,发展这门工程。"②钱学森在刊载于《计划经济研究》1980年6月17日第11期《用科学方法绘制国民经济现代化的蓝图》一文中指出:"社会工程是从系统工程发展起来的,是社会系统工程。"③钱学森在《我国的国家功能结构体系——再谈社会工程》中指出国家功能结构分作八个方面,分别用不同的系统工程来实施,如物质财富的生产用经济系统工程、农业系统工程、企业系统工程等;精神财富的创造要用科研系统工程、教育系统工程等;国防事业要用军事系统工程;国家机关用行政系统工程;国家法治用法治系统工程;国家环境用环境系统工程;等等④。钱学森将系统工程运用社会领域中,提出社会系统工程,为社会主义现代化建设的组织管理提供了一类切实可行的技术手段。

钱学森还将系统工程的理念和方法陆续运用到具体领域中分别提出具体领域的系统工程。1979年7月24日,钱学森在中国人民解放军总部机关领导同志学习会上所作《军事系统工程》报告中陈述了军事系统工程在参谋业务、武器使用、后勤业务、组织建立指挥体系、战略研究等方面的应用,阐述了系统工程对我军现代化的重要意义。⑤ 1979年10月,钱学森在北京系统工程学术讨论会上作了《大力发展系统工程,尽早建立系统科学的体系》的发言,发表于《光明日报》1979年11月10日。发言将系统工程运用到各个具体领域,形成了工程系统工程、科研系统工程、企业系统工程、信息系统工程、军事系统工程、经济系统工程、环境系统工程、教育系统工程、社会系统工程、计量系统工程、标准系统工程、农业

---

① 《组织管理社会主义建设的技术——社会工程》(1979年1月),《钱学森文集》(卷二),国防工业出版社2012年版,第229页。

② 《现代化和未来学》(1979年10月),《钱学森文集》(卷二),国防工业出版社2012年版,第281页。

③ 《用科学方法绘制国民经济现代化的蓝图》(1980年6月17日),《钱学森文集》(卷二),国防工业出版社2012年版,第360、363、364页。

④ 《我国的国家功能结构体系——再谈社会工程》(1982年7月),《钱学森文集》(卷三),国防工业出版社2012年版,第149-161页。

⑤ 《军事系统工程》(1979年7月24日),《钱学森文集》(卷二),国防工业出版社2012年版,第249-269页。

系统工程、行政系统工程、法治系统工程等。[①] 1980 年 3 月 18 日,钱学森在“系统工程专题报告会”上所作《用系统工程的方法规划、组织经济管理》中指出:“系统工程就是用科学的方法来改造客观世界,做组织、计划、规划、管理方面的问题。”[②]钱学森在发表于《文汇报》1980 年 9 月 29 日的《从社会科学到社会技术》中指出,社会技术除了社会工程外,还包括环境系统工程、教育系统工程、行政系统工程、法治系统工程、思想政治工作等社会技术。[③] 钱学森与张沁文在《农业系统工程》中说:“农业系统工程,也就是系统工程在社会主义大农业中的应用。”[④]钱学森在《重视科学文化　发展“第四产业”》中指出:“按产业那样来领导和组织管理科学文化事业,同样可以运用系统工程的方法。”[⑤]钱学森在《社会主义的人才系统工程》中探讨了用人才系统工程对人才进行培养、选拔和使用三者相结合的问题。[⑥] 钱学森在《研究社会主义精神文明创造事业的学问——文化学》指出组织管理精神财富创造事业的技术有科研系统工程、计量系统工程、标准化系统工程、教育系统工程、人才系统工程、文艺系统工程等。[⑦] 钱学森在《保护环境的工程技术——环境系统工程》中专门论述了环境系统工程。[⑧] 钱学森在《社会主义法制和法治与现代科学技术》中阐述了法制系统工程和法治系统工程[⑨],在《把系统工程运用到我国的对外贸易领域》中建议把系统工程运用到国际贸易领域中来,实行国际贸易工程。[⑩] 钱学森在推广和应用系统工程方面做出了巨大贡献,推

---

① 《大力发展系统工程,尽早建立系统科学的体系》(1979 年 10 月 11 日),《钱学森文集》(卷二),国防工业出版社 2012 年版,第 282 - 291 页。

② 《用系统工程的方法规划、组织经济建设》(1980 年 3 月 18 日),《钱学森文集》(卷二),国防工业出版社 2012 年版,第 343、343、345 页。

③ 《从社会科学到社会技术》(1980 年 9 月 29 日),《钱学森文集》(卷二),国防工业出版社 2012 年版,第 367 - 376 页。

④ 《农业系统工程》(1980 年 9 月),《钱学森文集》(卷二),国防工业出版社 2012 年版,第 387 页。

⑤ 《重视科学文化　发展“第四产业”》(1981 年 6 月 17 日),《钱学森文集》(卷三),国防工业出版社 2012 年版,第 75 页。

⑥ 《社会主义的人才系统工程》(1982 年 1 月),《钱学森文集》(卷三),国防工业出版社 2012 年版,第 83 - 89 页。

⑦ 《研究社会主义精神文明创造事业的学问——文化学》(1982 年),《钱学森文集》(卷三),国防工业出版社 2012 年版,第 121 页。

⑧ 《保护环境的工程技术——环境系统工程》(1983 年),《钱学森文集》(卷三),国防工业出版社 2012 年版,第 189 - 194 页。

⑨ 《社会主义法制和法治与现代科学技术》(1984 年),《钱学森文集》(卷三),国防工业出版社 2012 年版,第 284 - 295 页。

⑩ 《把系统工程运用到我国对外贸易领域》(1985 年 3 月),《钱学森文集》(卷四),国防工业出版社 2012 年版,第 121 - 126 页。

动了马克思主义中国化的历史进程。于景元等为解决20世纪80年代中国粮油价格倒挂问题而完成的“财政补贴、价格、工资综合研究以及国民经济发展预测”的课题,戴汝为院士研制的“支持宏观决策的人机结合综合集成体系”,宋健院士主持的“夏商周断代工程”等,都是钱学森系统工程和系统科学思想的成功应用。

3.2.3 社会科学求实化:为社会科学研究构筑“微积分”

早在20世纪70年代后期,钱学森就积极主张自然科学和社会科学工作者进行协作,研究社会科学领域中的问题。把自然科学、工程技术方法运用到社会科学研究中去,可以促进社会科学的发展。社会科学领域有许多需要研究的问题,社会科学家们迫切希望得到解决;而自然科学家、工程技术人员们掌握的这些自然科学方法,可以用于社会科学。双方结合起来,互学所长,互补所短,开展大协作,这是一个好办法,一定会做出更多的贡献。中国即将涌现出一批为建设社会主义绘制蓝图的“社会工程师”。定性与定量相结合的系统方法是社会科学的“微积分”。钱学森在1988年3月9日《人民日报》发表的《促进社会科学与自然科学联盟 钱学森谈用“定量定性相结合系统方法”研究初级阶段理论》①中指出,研究社会主义初级阶段理论,光靠社会科学机构是不够的,要促进社会科学与自然科学的联盟。所谓近代科学的还原论方法用于社会科学行不通,社会科学研究的对象是人类社会,人类社会不能切块。社会科学还没有一个科学的研究方法,类似牛顿以前没有微积分一样。现在我们找到了一个方法,这就是“定量与定性相结合的系统方法”。航天部710所对国民经济发展形势的年度预测分析以及粮油倒挂问题的测算是运用系统方法成功的例子:一是依靠了各方面经济专家们的经验、知识;二是周密收集了有关数据、信息;三是由此确定了理论模型,用计算机算。有了这三个要素,结果很成功。数据是实实在在的,又加了人的经验、判断、智慧,就是定量与定性相结合。这种方法符合马克思列宁主义实事求是的精神,这就是社会科学的“微积分”。成思危推崇钱学森关于自然科学与社会科学相结合的观点,称迄今为止最值得重视的方法就是“从定性到定量综合集成方法”。

---

① 《促进社会科学与自然科学联盟 钱学森谈用“定量定性相结合的系统方法”研究初级阶段理论》(1988年3月9日),霍有光编著:《钱学森年谱》(初编),西安交通大学出版社2011年版,第559-560页。

3.3 从定性到定量综合集成法是处理开放复杂巨系统唯一有效方法

钱学森认为,从哥白尼、开普勒、笛卡尔、伽利略、培根到牛顿奠定的以还原论为"科学方法"的近代科学创造了资本主义文明。"我们要用定性与定量相结合的综合集成法……创造社会主义共产主义文明。"①我们必须运用马克思主义哲学——辩证唯物主义来观察一切问题,要唯物论但又不能是机械唯物论。开放的复杂巨系统不能用还原论的机械唯物论方法,要运用微观与宏观、个体与整体相结合的方法来研究。② 钱学森在《把系统学与金融经济学的研究结合起来》中指出:"提出了社会系统的概念,也就是提出了复杂巨系统概念及综合集成法。"③可见,开放复杂巨系统及其综合集成法是从自然科学与社会科学相结合、微观与宏观相结合、整体与个体相结合中提出的重要理论创新。

3.3.1 开放复杂巨系统在复杂性问题上贯通自然科学与社会科学

钱学森在1987年底最后一次系统学大讨论班上提出了复杂巨系统概念的"惊人之论",苗东升认为"这是系统学讨论班的分水岭",也是"中国系统科学发展的分水岭"。④ 本文认为这个判断是正确的。复杂巨系统概念真正体现了系统科学与复杂性科学的融合,将系统科学从简单巨系统提升到了复杂巨系统领域,开创了系统科学研究的新领域。1988年1月22日,钱学森在系统学讨论班上作了《社会是一个特殊复杂巨系统》⑤的发言;1988年3月24日,系统学小讨论班以席彤(系统的谐音)为笔名在《光明日报》上发表了《社会系统研究的方法论》,公布了钱学森"惊人之论"的基本内容。⑥ 钱学森在《哲学研究》1989年第10期上发

---

① 《致孙凯飞》(1990年1月15日),《钱学森书信》(5),国防工业出版社2007年版,第170页。

② 《致胡孚琛》(1995年7月9日),《钱学森书信》(9),国防工业出版社2007年版,第288页。

③ 《把系统学与金融经济学的研究结合起来》(1989年2月28日),《钱学森文集》(卷五),国防工业出版社2012年版,第368页。

④ 苗东升:《钱学森与系统科学的中国学派》,中国科学院院士工作局编:《钱学森先生诞辰100周年纪念文集》,科学出版社2012年版,第298页。

⑤ 《社会是一个特殊复杂巨系统》(1988年1月22日),《钱学森文集》(卷五),国防工业出版社2012年版,第184-185页。

⑥ 席彤:《社会系统研究的方法论》,《光明日报》1988年3月24日,第3版。

表了《基础科学研究应该接受马克思主义哲学的指导》;钱学森和于景元、戴汝为刊载于《自然杂志》1990年第1期的《一个科学新领域——开放的复杂巨系统及其方法论》,1990年10月16日钱学森在系统学讨论班上作了《再谈开放的复杂巨系统》的发言。钱学森的这些文章以及相关谈话、书信中清晰地描绘出开放复杂巨系统研究框架的蓝图。

钱学森开放复杂巨系统的要点如下:他指出开放复杂巨系统是"一个科学新领域",是"系统科学涌现出来的一个大领域";提出开放的复杂巨系统是"整个系统科学的核心概念";给出了系统的新的分类;提出了从定性到定量综合集成法的方法论;提出巨系统学分作简单巨系统学和复杂巨系统学两大部分;把系统工程推广到开放复杂巨系统,提出了实施开放复杂巨系统工程的组织形式是从定性到定量综合集成研讨厅体系;指出研究简单巨系统主要依靠量智,研究复杂巨系统则需要把量智和性智结合起来;强调从定性到定量综合集成法是《实践论》的具体化,坚持以马克思主义、毛泽东思想为指导;进而提出大成智慧学、大成智慧工程和大成智慧教育等①新概念。

钱学森在小系统和大系统之外,提出了巨系统的概念;巨系统是由亿万子系统组成的开放系统,又分为简单巨系统和复杂巨系统。前者子系统种类不多,而后者子系统种类极多。普利高津的"耗散结构"及哈肯的"协同学"只能处理物理、化学系统等开放简单巨系统。耗散结构理论及协同学对于生态系统、生命系统、人体系统等复杂巨系统无能为力。对特殊复杂社会巨系统,就更处理不了,因为社会中的人是有意识和思维判断的,不是什么简单的"条件反射"。② "简单"是说子系统的个数虽然几十亿、几百亿,但种类只有几种、十几种;"复杂"是说子系统不但数量"巨",而且种类有几百、几千种之繁。用外国人吹得那么高的理论来处理开放复杂巨系统,不能不主观臆断地把巨系统的参数削减到几个,而实际要几百以上参数、要几百上千参数来描述复杂巨系统。③ 开放复杂巨系统与简单巨系统、大系统、小系统等具有本质之不同。前者必须用从定性到定量综合集成法来处理;后者可以用还原法处理。前者是复杂性问题;后者是简单问题。开放的

---

① 苗东升:《钱学森与系统科学的中国学派》,中国科学院院士工作局编:《钱学森先生诞辰100周年纪念文集》,科学出版社2012年版,第298－299页。

② 《致陈春和》(1988年11月11日),《钱学森书信》(4),国防工业出版社2007年版,第319－320页。

③ 《致浦汉昕》(1989年10月9日),《钱学森书信》(5),国防工业出版社2007年版,第69页。

复杂巨系统用"耗散结构理论""协同学""系统动力学"的方法是不够的①,必须用定性与定量相结合的综合集成法。

钱学森明确了复杂巨系统学的应用范围,"复杂巨系统学只能解决宏观问题,还不能解决微观问题"。如地震是地壳运动的临界性局部现象,它也是开放的复杂巨系统。但地壳中发生地震则是一个局部现象,不是什么宏观概念。开放的复杂巨系统学要解决的是宏观统计量的预报。② 钱学森提出开放的复杂巨系统的特征时间的思想,提出要区分研究复杂巨系统的时间尺度。各种开放的复杂巨系统及其特征时间(一次综合集成模型的有效时间)大约如下:①人脑是几分钟;②人体是1天;③社会是几年;④生态地理环境是几十年;⑤全球信息网络的特征时间有待研究。③ "从宏观大时间尺度去研究复杂巨系统,是历史问题,是脱离实际的……要调控短时间内的复杂巨系统,是现实问题,是联系实际的,是我们在做的。"④钱学森给出了开放复杂巨系统的适用范围和一次综合集成模型的有效时间,为运用总体设计部进行集体解决开放复杂巨系统问题研究指明了方向。基于开放复杂巨系统的复杂性数学模型具有辩证逻辑的功能,确定性与不确定性在一个解析解中,"天天变的现象,天天算;年年变的现象,年年算"⑤。对于开放复杂巨系统,从定性到定量,再到高一层次的定性。钱学森对于开放复杂巨系统在方法论上有了突破。钱学森提出"复杂性"问题的研究途径要一切从实际出发。目前关于开放复杂巨系统的研究还很不成熟,按照钱学森的说法还仅仅是"'开放复杂巨系统'有了第一步了"⑥。只是有个初步的概念,初步的设想,具体的开放复杂巨系统的框架还没有搭建起来,基础科学、技术科学和工程技术三个层次以及其哲学概括都还没有建立起来。"要建立开放的复杂巨系统的一般理论,必须从一个一个具体的开放复杂巨系统入手……只有从一个一个具体的开放的复杂巨系统入手进行研究,当这些具体的开放的复杂巨系统的研究成果多了,才能从中

① 《致张香桐》(1989年10月19日),《钱学森书信》(5),国防工业出版社2007年版,第77页。

② 《致涂元季》(1997年5月1日),《钱学森书信》(10),国防工业出版社2007年版,第293、292页。

③ 《致王寿云等六同志》(1997年1月12日),《钱学森书信》(10),国防工业出版社2007年版,第246页。

④ 《致戴汝为》(1998年4月19日),《钱学森书信》(10),国防工业出版社2007年版,第366页。

⑤ 马蔼乃:《继承与发展钱学森的系统科学》,中国科学院院士工作局编:《钱学森先生诞辰100周年纪念文集》,科学出版社2012年版,第282页。

⑥ 《致于景元》(1991年2月13日),《钱学森书信》(5),国防工业出版社2007年版,第476页。

提炼出一般的开放的复杂巨系统理论,形成开放的复杂巨系统学,作为系统学的一部分。”①开放复杂巨系统理论体系任重而道远,需要后来者投身其中,将中国人创建的这一理论形态发扬光大,推向前进。

3.3.2　综合集成法是解决自然科学与社会科学复杂性的方法论

圣塔菲(SFI)学派提出的方法只能解决简单巨系统,而不能处理开放复杂巨系统,以至于从复杂走向困惑!戴汝为分析他们的缺点在于:只从自然科学观点入手,没有深入社会科学、系统科学、行为科学、地理科学、人体科学等多个方面来考察复杂现象;正是在这些领域还原论方法的局限性表现得尤为突出。② 他们认为还原论是“唯一科学”的方法论,思维被还原论所束缚,当然也就提不出超越还原论、集还原论与整体论两者优势于一体的系统论,也就找不到“从定性到定量综合集成法”。本文认为戴汝为的分析是很有道理的。如果没有钱学森,中国要提出开放复杂巨系统及其方法论还要延后很多年。只有在“百科全书式”科学家钱学森的带领下,才提出了这一重要理论创新。解决开放复杂巨系统的“唯一有效方法”就是从定性到定量综合集成法。它的提出过程不是一帆风顺的,而是一波三折。1989年9月15日,钱学森从社会科学“定性方法与定量方法相结合”得到启发,提出“定性定量相结合的‘综合分析’”的方法;1989年10月9日,钱学森正式提出“定性与定量相结合综合集成法”;1990年5月16、19日,钱学森分别致信于景元、戴汝为,正式提出“从定性到定量综合集成法”。

(一)定性定量相结合的“综合分析”(1986—1989年)

钱学森指出,社会科学界所说“定性方法与定量方法相结合”中定性的核心是怎么看社会问题,是立场、观点和原则问题,而不是方法问题。称为定性方法论,那是减轻了分量!在原则问题明确了之后,方法必须力求定量。③ 一切社会系统的系统工程工作中,确有许多只是定性的东西,不能勉强硬要定量。所以搞这类系统工程必须“定性与定量相结合”,要听专家经验之谈。④ 1989年9月15日,钱学森指出:“我近来一直对开放的复杂巨系统和定性定量相结合的‘综合分析’

---

① 《再谈开放的复杂巨系统》(1990年10月16日),《钱学森文集》(卷六),国防工业出版社2012年版,第167页。

② 戴汝为:《钱学森系统科学研究的启示》,中国科学院院士工作局编:《钱学森先生诞辰100周年纪念文集》,科学出版社2012年版,第181－182页。

③ 《致吴廷嘉》(1986年5月3日),《钱学森书信》(3),国防工业出版社2007年版,第125页。

④ 《致俞梅荪》(1987年7月2日),《钱学森书信》(3),国防工业出版社2007年版,第504页。

（请提一个好名词）很兴奋，感到是我们三年多讨论的硕果。"①钱学森提出"定性定量相结合的'综合分析'"的概念，他感觉不满意，建议于景元"提一个好名词"。最后还是钱学森自己提出了"定性与定量相结合的综合集成法"。

（二）"定性与定量相结合综合集成法"（1989—1990年）

1989年10月9日，钱学森正式提出"定性与定量相结合综合集成法"，简称"综合集成"。他说，普利高津（Prigogine）和哈肯（Haken）只能处理"开放的简单巨系统，不是开放的复杂巨系统"。中国人通过解决社会经济问题发明了原来叫"定性定量相结合"的实用有效方法。我们的创新叫"'定性与定量相结合综合集成法'。简称'综合集成'，英译'meta - synthesis'。这是研究开放的复杂巨系统的方法，也是现有的唯一方法。"②普利高津"耗散结构理论"和哈肯"协同学"只能处理开放的简单巨系统，对开放的复杂巨系统无效；而处理开放的复杂巨系统，则非"定性与定量相结合综合集成"法不可，而且是"现有的唯一方法"。"综合集成"（meta - synthesis）与国外的"综合分析"（meta - analysis）有根本之不同，钱学森自豪地称之为"我们的创新"。1990年，在被称作"中国系统科学发展史上的第二个里程碑"的重要论文③中所用名称是"定性定量相结合的综合集成方法"。

钱学森在书信中多次提到"定性与定量相结合的综合集成法"。这个方法是"从零星的定性认识综合成全面的定量认识，也是从感性认识到理性认识"④；各个科学技术大部门"要真正成为马克思主义哲学指导下的现代化科学，都必须按定性与定量相结合的综合集成法来研究，这个我们发明的方法，是一切新科学的'微积分'"⑤；"只议论，只定性地说感性认识，不定量，终非科学。所以我们主张专门为开放的复杂巨系统创立一种新方法"⑥。在定性与定量相结合的综合集成法中，定性认识是"零星的"，定量认识是"全面的"；零星的定性认识是感性认识，全面的定量认识是理性认识；从零星的定性认识综合成全面的定量认识，就是从感性认识到理性认识。

钱学森自豪地称这个方法是"一切新科学的'微积分'"。"旧科学"指简单性

① 《致于景元》（1989年9月15日），《钱学森书信》（5），国防工业出版社2007年版，第48页。

② 《致浦汉昕》（1989年10月9日），《钱学森书信》（5），国防工业出版社2007年版，第69-70页。

③ 《一个科学新领域——开放的复杂巨系统及其方法论》（1990年），《钱学森文集》（卷六），国防工业出版社2012年版，第105页。

④ 《致丁衡高、朱光亚》（1989年12月2日），《钱学森书信》（5），国防工业出版社2007年版，第119页。

⑤ 《致孙凯飞》（1990年1月15日），《钱学森书信》（5），国防工业出版社2007年版，第169-170页。

⑥ 《致肖君和》（1990年2月19日），《钱学森书信》（5），国防工业出版社2007年版，第200页。

科学,“新科学”指“复杂性科学”,简单性科学开创了近代科学技术四百年的辉煌,复杂性科学必将开创现代科学的又一个辉煌时代。“微积分”是处理简单性科学的根本方法;“定性与定量相结合综合集成法”是处理复杂性科学的根本方法。“定性与定量相结合综合集成法”之于复杂性科学犹如“微积分”之于简单性科学。牛顿和莱布尼兹发明“微积分”,钱学森提出“定性与定量相结合综合集成法”,钱学森之于“定性与定量相结合综合集成法”犹如牛顿、莱布尼兹之于“微积分”。现代科学技术已经无可争辩地进入了由简单性科学到复杂性科学的科学转型时期。现代科学技术体系的各个科技大部门都要转型到复杂性科学的研究中去,都要以马克思主义哲学为指导运用综合集成法。

(三)“从定性到定量综合集成法”(1990年—)

1990年5月16、19日,钱学森分别致信于景元、戴汝为,书面明确提出“从定性到定量综合集成法”,简称“综合集成工程”(Meta - synthetic Engineeriing)。钱学森致信于景元指出:“综合集成工程虽然是新技术,犹如20年代的航空工程,但那时MIT就在Hunsaker① 领导下成立了航空工程系。所以我们现在就应该筹备综合集成工程专业,争取早日开班。培养人是急事。”②钱学森认为用“航空工程”类比“综合集成工程”,亨塞克创立了“航空工程系”,中国人要创立“综合集成工程专业”。钱学森认为“培养人是急事”。钱学森致信戴汝为指出,我在40年代初参加了喷气推进的工程培训班,那时的Jet - Propulsion Engineering并不比现在的Metasynthetic Engineering成熟。你们可以考虑搞综合集成工程专业,并开始培养人。③ 钱学森明确了“从定性到定量综合集成法”就是“综合集成工程”;“综合集成工程”属于思维工程技术层次,为思维技术科学层次和思维基础科学层次以及哲学概括认识论提供营养;建议设立“综合集成工程专业”,开始培养人。

钱学森指出,“从定性到定量”就是“从感性认识到理性认识”。于景元等搞经济的宏观问题之所以成功,是因为必要的计算能力。解决开放复杂巨系统问题,就连每秒几亿次、万亿次的计算机都不够用。我们面临的问题是必须使计算量控制到计算机能力之内。④ 钱学森指出,把“从定性到定量综合集成技术”与

---

① Jerome C. Hunsaker,杰尔姆·C. 亨塞克(1996—1984),美国麻省理工学院航空工程系的创始人。

② 《致于景元》(1990年5月16日),《钱学森书信》(5),国防工程出版社2007年版,第267页。

③ 《致戴汝为》(1990年5月19日),《钱学森书信》(5),国防工业出版社2007年版,第268-269页。

④ 《致戴汝为》(1990年8月15日),《钱学森书信》(5),国防工业出版社2007年版,第324-325页。

《实践论》相结合。我们要照毛主席在《实践论》所讲"从感性认识上升到理性认识"的道理,在工作中把专家们从实践中总结出的点点滴滴不全面的定性认识,用系统模型加电子计算机试算,逐步搞清搞准,上升为定量认识。所以改称为"从定性到定量综合集成法"。① 这是我们"把毛主席的《实践论》和党的群众路线引入系统学"。钱学森指出:"唯象方法即从整体去认识问题,也就从实践去观察象,再从象上升到意。用现代语言,即由实践得到对事物的整体认识,或称定性认识,然后再结合定量分析综合成理性认识,在综合分析过程中还可以用电子计算机代劳作复杂的计算,这就是我们近年来一直在宣传的从定性到定量综合集成法。这是处理一切开放的复杂巨系统的唯一有效方法。"②研究开放复杂巨系统必须用从定性到定量综合集成法,综合整体宏观认识与细部微观考察。以人体为例,宏观认识要吸取中国古代道家、儒家观点,微观考察要利用现代生理学、西方医学、脑科学以及心理学研究成果。从定性到定量综合集成法工作程序示意图见图3.1。

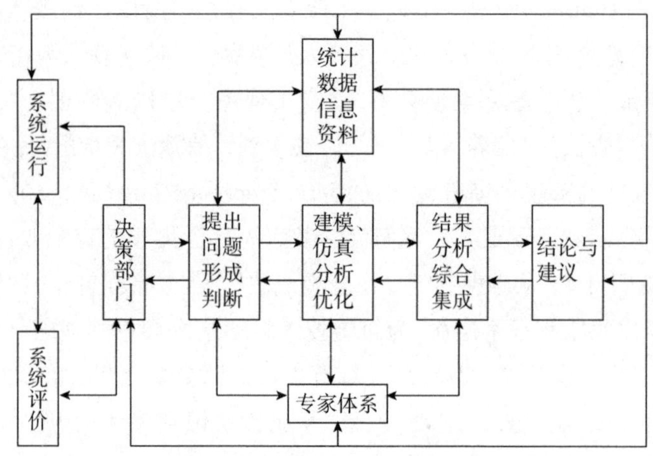

图 3.1 从定性到定量综合集成法工作程序示意图③

Fig. 3. 1Working procedure schematic diagram of Comprehensive Integration from Qualitative to Quantitative Method

---

① 《致钱学敏》(1993 年 3 月 23 日),《钱学森书信》(7),国防工业出版社 2007 年版,第 163 页。

② 《致邹伟俊》(1993 年 9 月 7 日),《钱学森书信》(7),国防工业出版社 2007 年版,第 354 页。

③ 本示意图参照王文华所绘"综合集成法工作程序",并略作修改而成。参见王文华:《钱学森学术思想》,四川科学技术出版社 2007 年版,第 136 页。

钱学森指出,“一切复杂系统必须用从定性到定量的综合集成法”①。处理开放的复杂巨系统要从两个角度,宏观和微观,定性和定量,东方古典式和西方近代式;把两者结合起来称为“从定性到定量综合集成法”。② 人的判断非常重要,参与人从自己的知识素养中,提取高层次、大跨度的理论判决来改造计算结果。可以把计算机的计算作为“微观”的,而人要作“宏观调控”。③ “靠人机的相互作用,这就是从定性到定量综合集成法的要害。”④综合集成法就是要集成宏观与微观,集成定性与定量,集成计算机“微观计算”与人“宏观调控”等方面。开放复杂巨系统与开放简单巨系统有本质区别,研究方法也不一样。普利高津的耗散结构理论和哈肯的协同学适用于开放简单巨系统。开放复杂巨系统只能用“从定性到定量综合集成法”,现在只能如此;“将来也可能会有更高明的研究方法”。⑤ 钱学森提出“从定性到定量综合集成方法”作为解决开放复杂巨系统的方法,是方法论上的重大突破,丰富和发展了现代科学研究的方法论体系,是科学技术史上一场方法论革命,意义深远。

3.3.3　综合集成法是定性认识与定量认识相结合的辩证思维方法

“从定性到定量综合集成法是晚年钱学森在科学上最得意的创造。”⑥从定性到定量综合集成法属于唯象方法,唯象方法是从整体去认识问题,也就是从实践去观察“象”,再从“象”上升到“意”。换成现代语言,即由实践得到对事物的整体认识,或称定性认识,然后再结合定量分析综合成理性认识,在综合分析中还可以用电子计算机代劳作复杂的计算。⑦ 钱学森自己认为,综合集成法“本质上它是科学和经验的结合”,“现在还只是个方法而已”,只有经过实践的充分运用,“才

---

① 《致戴汝为》(1995 年 8 月 9 日),《钱学森书信补编》(5),国防工业出版社 2012 年版,第 95 页。

② 《致贾雨文》(1995 年 10 月 31 日),《钱学森书信补编》(5),国防工业出版社 2012 年版,第 137 页。

③ 《致戴汝为》(1994 年 1 月 13 日),《钱学森书信》(8),国防工业出版社 2007 年版,第 29 页。

④ 《致戴汝为》(1995 年 9 月 17 日),《钱学森书信》(9),国防工业出版社 2007 年版,第 343 页。

⑤ 《致刘宗超》(1991 年 7 月 9 日),《钱学森书信》(6),国防工业出版社 2007 年版,第 51 - 52 页。

⑥ 苗东升:《钱学森与系统科学的中国学派》,中国科学院艺术工作局编,《钱学森先生诞辰 100 周年纪念文集》,科学出版社 2012 年版,第 300 页。

⑦ 《致邹伟俊》(1993 年 9 月 7 日),《钱学森书信》(7),国防工业出版社 2007 年版,第 354 页。

能再升华出理论”。[①] “从定性到定量综合集成法是建筑在《实践论》基础上的……工作过程是以《矛盾论》为指导思想的”[②];“要完善提高从定性到定量综合集成技术要引用《矛盾论》”[③]。从定性到定量综合集成法将从感性到理性的认识路线提升为从定性到定量的研究路线,具体包括“定性的综合集成、定性定量相结合的综合集成、从定性到定量的综合集成三个步骤”[④]。这个过程是反复比较、逐次逼近的,实际上是用结构化序列去逼近非结构化序列。从定性描述到定量描述,再到定量科学结论。这就实现了从感性的定性认识到科学的定量认识,也即将主观判断和客观事实统一起来,得到现阶段对事物认识的科学结论。钱学森认为,“综合集成,即辩证统一”[⑤]。运用从定性到定量综合集成法解决复杂系统问题的过程包含一系列的矛盾对立面:局部与整体、微观与宏观、定性与定量、感性与理性等。综合集成是让这些对立面在综合集成过程中反复碰撞、逐步融合,实现从局部到整体、从微观到宏观、从定性到定量、从感性到理性的辩证转化,最终从局部定性认识中涌现出整体定量认识。这是一个循环往复、不断深化的科学研究过程。

认识整体要用整体论与还原论相结合的系统论,要用从定性到定量综合集成法。钱学森认为:“实践过程是永无止境的,不能在那(哪)一天完毕。认识整体只用还原论方法是不行的,要把整体论与还原论结合起来。这在今天的系统科学中称之为从定性到定量综合集成法。”[⑥]实践过程永无止境,认识过程永无止境。认识整体要把整体论与还原论相结合,感性认识与理性认识相结合,定性认识与定量认识相结合,钱学森称之为“从定性到定量综合集成法”,这是个重要的方法创新。钱学森还指出,人的认识过程是对客观存在的开放复杂巨系统的研究,有两种方法:一是分解事物加逻辑推断的还原论方法;二是对事物宏观现象用形象思维去领会的整体观方法。前者称为量智;后者称为性智。这是思维方法中所谓逻

① 《关于将知识工程引入系统学的问题》(1989 年 11 月 7 日),《钱学森文集》(卷六),国防工业出版社 2012 年版,第 78 页。

② 《致于景元》(1991 年 8 月 12 日),《钱学森书信》(6),国防工业出版社 2007 年版,第 79 页。

③ 《致于景元》(1991 年 7 月 22 日),《钱学森书信》(6),国防工业出版社 2007 年版,第 65 页。

④ 于景元、周晓纪:《从定性到定量综合集成方法的实现和应用》,《系统工程理论与实践》2002 年第 7 期,第 26 - 32 页。

⑤ 《定性定量是一个辩证过程》(1989 年 10 月 10 日),《钱学森文集》(卷六),国防工业出版社 2012 年版,第 64 - 66 页。

⑥ 《致吴远》(1994 年 3 月 8 日),《钱学森书信》(8),国防工业出版社 2007 年版,第 97 页。

辑思维与形象思维之分。[①] 人对客观世界、对开放复杂巨系统的认识有还原论和整体论两种方法。还原论采用逻辑思维,称作量智;整体论采用形象思维,称作性智。从方法上是还原论与整体论之分;从思维方法上是逻辑思维与形象思维之别;从智慧上是量智与性智之异。钱学森指出:"辩证逻辑实是辩证思维的规律,是思维科学的重要内容。"辩证思维是"将感性认识上升到理性认识的思维过程……称为从定性到定量综合集成法"[②]。辩证思维过程是高度综合的,是高层次的,辩证思维是从感性认识上升到理性认识的思维过程,也称作从定性到定量综合集成法。定性就是感性认识,定量就是理性认识。从定性到定量综合集成法就是定性与定量相结合,感性认识与理性认识相结合,就是辩证思维方法,是处理开放复杂巨系统的重要方法。

---

① 《致钱学敏》(1993年7月8日),《钱学森书信》(7),国防工业出版社2007年版,第261－262页。

② 《致马佩》(1991年4月30日),《钱学森书信》(5),国防工业出版社2007年版,第520、521页。

第 4 章

大成智慧学坚持科学技术与文学艺术相结合

大成智慧学"集大成,得智慧"要坚持科学技术和文学艺术相结合。科学研究应该既要有科学技术素养,又要有文学艺术修养。人的智慧有量智和性智两大部分,此为"大成智慧学"。中国科技界专家多而统领科技全面发展的科学家少;文艺界不懂科技照样可以从事文艺创作,但真正创作出传世佳作的少。这种局面的产生或许与没有很好地将科学技术与文学艺术结合起来有关系。钱学森关于坚持科学技术与文学艺术相结合的独到见解和深刻思想有利于打破科学技术与文学艺术之间的森严壁垒,有利于促进科学技术与文学艺术相统一。

4.1 坚持科学技术与文学艺术相结合的哲学分析

钱学森指出,科技与文艺的结合的思想指导必须靠马克思主义哲学,千万不要丢了这个锐利武器。① 科技与文艺相结合的道理在于马克思主义哲学②。正如李政道所说:"科学和艺术……追求的目标都是真理的普遍性。"③从马克思主义哲学角度,坚持科学技术与文学艺术相结合,就是坚持性智与量智相结合,感性认识与理性认识相结合,质变与量变相结合,坚持辩证唯物主义,避免唯心主义和机械唯物主义的错误。

---

① 《致资民筠》(1991 年 6 月 15 日),《钱学森书信》(6),国防工业出版社 2007 年版,第 30 页。

② 《致〈现代化〉杂志编辑委员会》(1992 年 1 月 1 日),《钱学森书信》(6),国防工业出版社 2007 年版,第 203 页。

③ 李政道:《科学和艺术的关系》,《科学启蒙》2004 年第 5 期。此文系李政道 2004 年在上海科学与艺术展上所作的《科学与艺术》的讲演。

4.1.1 要求感性认识与理性认识相结合

一切认识都是主观与客观相互作用的结果，总是从感性认识上升到理性认识。马克思主义认为："人脑处理实践的结果，先有感性认识，然后再上升为理性认识，都是人脑的功能。"①即实践—感性认识—理性认识。钱学森进一步指出，"人的认识过程是螺旋上升的，下一个阶段的理性认识又是上一个阶段感性认识的基础。最高阶段的认识总是哲理性的。"②即实践—感性认识—理性认识—新的感性认识—新的理性认识……钱学森坚持了否定之否定规律，进一步发展了认识论。钱学森指出，人的定性认识是初步的，"或称感性认识"；许许多多定性认识经过综合集成，去粗取精、去伪存真，最后扬弃、上升为定量认识。这个定量认识比原始资料的定性认识要高一个层次，"或称理性认识"。等到一个方面事物的许许多多实例的定量认识积累得多了，人人会悟到这一个方面的事物整体的定性认识，又高一个层次了。人认识客观世界是辩证的，就是"由定性跃到定量，又跃到定性，再跃到定量……"。这个道理在毛泽东同志的《实践论》中讲得很清楚③，即定性认识—定量认识—新的定性认识—新的定量认识……"从马克思主义哲学的认识论来说，一切认识都是主观与客观相互作用的结果，总是从定性上升到定量。"④钱学森认为感性认识与定性认识一致，理性认识与定量认识一致。从感性认识到理性认识就是从定性认识到定量认识。只有用马列主义毛泽东思想对事物进行实事求是的分析，才能正确认识问题，进而解决问题。科学研究和文艺创作都应该坚持定性认识和定量认识相结合，感性认识与理性认识相结合。定性认识和定量认识相结合，感性认识与理性认识相结合，可以看作科学技术与文学艺术相结合的一个侧面。

4.1.2 要求质变与量变相结合

科技主要表现为量智，文艺主要表现为性智，量智和性智、科技和文艺都符合质量互变规律。1993年7月18日，钱学森致信钱学敏明确阐述了科学技术与文

---

① 《致王义勇》(1985年12月5日)，《钱学森书信》(3)，国防工业出版社2007年版，第3页。

② 《致黄建平》(1983年7月12日)，《钱学森书信》(1)，国防工业出版社2007年版，第239-240页。

③ 《致孟凯韬》(1989年11月11日)，《钱学森书信》(5)，国防工业出版社2007年版，第90-91页。

④ 《致戴汝为》(1990年1月6日)，《钱学森书信》(5)，国防工业出版社2007年版，第158页。

学艺术相结合表现为量变与质变相结合的思想。钱学森指出,对事物的理解可以分为“质”和“量”两个方面,但二者是辩证统一的,“有从‘量’到‘质’的变化和‘质’也影响‘量’的变化。我们对事物的认识,最后目标是对其整体及内涵都充分理解”①。“量智”主要是指科技,科技总是从局部入手到认识事物整体,从研究量变到研究质变,主要表现为“量变”;科技也重视由量变所引起的质变,科技也有“质变”。“性智”主要是指文艺,文艺是从整体入手到理解事物局部,从研究质变到研究量变,主要表现为“质变”;文艺也重视由质变引起的量变,文艺也有“量变”。主要表现为“质变”的文艺和主要表现为“量变”的科技遵循质量互变规律,辩证地统一在一起。科技与文艺都是通过认识世界进而改造世界。从认识世界和改造世界的角度看,科技和文艺是统一的,都符合马克思主义的认识论。科学研究和文艺创作,既要讲“质变”,也要讲“量变”;既要定性,也要定量。将“质变”和“量变”统一起来,将“定性”和“定量”统一起来。

质变与量变相互作用、辩证统一;量变引起质变,质变引起量变。钱学森指出:“量变引起质变,而质变又导致量变规律的发展。这在元素周期表中看得很清楚:质变是电子壳层的变化,量变是同一电子壳层中逐步填满。”②钱学森指出:“算术到代数、常量到变量、必然到或然,都是质的飞跃,绝不是只捏合在一起!”③只讲“质变”不讲“量变”是有很大的局限性的。只讲文学艺术而不讲科学技术同样具有很大的局限性。钱学森指出,如只考虑一个“质”,局限性太大。就连中医理论也不能只建立在“阴”“阳”的基础上,还要“五行”和十二干支。而人体是开放复杂巨系统,这种中医理论还不够用,老中医大夫都要根据临床经验加以修补。只讲“质”是不行的。④ 只讲“质变”的局限性是很明显的。同样,只讲“量变”不讲“质变”也有局限性,如果搞科学研究只按照还原论的方法,我们就不会对事物的整体有清晰的认识,所以现在即使到了 DNA 层次,对于生物的整体还是搞不太清楚。只有“质变”而没有“量变”,或者只有“量变”而没有“质变”都是片面的,要将“质变”和“量变”结合起来,要将科学技术和文学艺术结合起来。

---

① 《致钱学敏》(1993 年 7 月 18 日),《钱学森书信》(7),国防工业出版社 2007 年版,第 269 页。

② 《致平措汪杰》(1990 年 5 月 3 日),《钱学森书信》(5),国防工业出版社 2007 年版,第 241 - 242 页。

③ 《致孟凯韬》(1989 年 11 月 11 日),《钱学森书信》(5),国防工业出版社 2007 年版,第 91 页。

④ 《致平措汪杰》(1990 年 5 月 3 日),《钱学森书信》(5),国防工业出版社 2007 年版,第 242 页。

4.1.3 要求性智与量智相结合

福楼拜说:“艺术越来越科学化,科学越来越艺术化。”钱学敏指出:“大成智慧学是‘性智’与‘量智’兼备。”①大成智慧学是性智与量智的结合,性智与量智的相通。性智主要表现为文艺修养,量智主要表现为科技知识。1992年11月13日,钱学森在“关于大成智慧的谈话”中提出智慧的体系包括性智和量智两个方面。他说:熊十力认为人的智慧有文艺方面的“性智”和科学方面的“量智”两个方面。科技体系属“量智”,文化体系属“性智”。中国古代哲学精华是“性智”,即人根据自己实践经验,从整体上来看世界,这也是综合集成。只从科技方面讲人的智慧是不够的,还要看到智慧的另一个来源,即传统文化艺术。科技体系的概念要扩大进而变成智的体系。“人一方面要有文化艺术修养,另一方面又要有科学技术知识……既要有‘性智’,又要有‘量智’。这就是大成智慧学,是马克思主义哲学的发展与深化。”②在现代科技体系中,“性智”和“量智”是相通的、科技与文艺是相通的。他说:“‘性智’与‘量智’……要加个双向箭头……以示科学技术与文艺是相通的。”③1993年8月31日,钱学森致信钱学敏指出,科学技术体系中从自然科学、社会科学、数学科学、系统科学、人体科学、思维科学、军事科学、行为科学到地理科学这九大部门都是由量智与性智建立起来的,但表现出来的是量智。而文艺这一部门与众不同,虽然也是由性智与量智并用的,但表现出来的则是性智。这就是文艺和美学的特点。从发展和深化了马克思主义哲学来看,从大成智慧学的角度来看,这十大部门又是统一的。这就是大成智慧学的威力。④ 科技与文艺相结合构成了“大成智慧学”的重要内容,量智侧重于科技,性智侧重于文艺,性智与量智相互促进,密不可分。我们对事物的理解可分为“性智”和“量智”两个方面,这二者是辩证统一的。

“性智”与“量智”相结合体现了科学技术与文学艺术相结合,是科学技术与文学艺术一个侧面的体现。潘寿所写“量性双悟智,天人一贯才”的楹联,准确表

① 钱学敏:《钱学森关于现代科学技术体系的构想及其“大成智慧学”》,《中国社会科学院研究生院学报》1994年第5期,第6页。

② 《关于大成智慧的谈话》(1992年11月13日),《钱学森文集》(卷六);国防工业出版社2012年版,第275页。

③ 《致钱学敏》(1993年7月18日),《钱学森书信》(7),国防工业出版社2007年版,第270页。

④ 《致钱学敏》(1993年8月31日),《钱学森书信》(7),国防工业出版社2007年版,第338页。

达了人的智慧包括“量智”与“性智”两部分的思想。所谓“量性双悟智”:科技主要表现为“量智”,文艺主要表现为“性智”。所谓“天人一贯才”:量智,天学也;性智,人学也。“大成智慧学”即古人学究天人之意。若想成为大成智慧者,就要融会“量智”和“性智”,贯通“天道”和“人道”。要“集大成,得智慧”,就要将“量智”与“性智”结合起来。在人才培养和智力开发方面,艺术教育和科学教育都至关重要。科学教育代替不了艺术教育,艺术教育也代替不了科学教育,它们是人才培养不可或缺的两个重要方面。钱学森强调,“艺术教育……有科学教育无法替代的作用”①。培养学生的思维方法,既要从理论上研究思维科学,又要在实践中总结经验规律。既要强调科技,又要重视文艺,将文艺与科技完美地结合起来。钱学森说:“‘素质教育’的关键是培养学生的思维方法,提高智力……聪明来自艺术与科学的结合”②。科技与文艺相结合,“冷”与“热”相结合,这是大科学家、大思想家、大艺术家的智慧之源、成功之路、创新之源。

4.1.4 科学技术与文学艺术相结合可以避免机械唯物论和唯心论

文艺工作者要懂科技,科技工作者要懂文艺。这样才能真正做到“文理相通”。钱学森说:“今天的文艺人不懂科技不行;今天的科技工作者不懂文艺也不行。”③钱学森说:“说马克思主义是机械唯物论的人,必然是唯心主义者;说马克思主义是唯心主义的人,必然是机械唯物论者。”④“辩证唯物主义不就是取唯心主义和机械唯物论之所长,弃其所误而形成的吗?核心问题在于承认客观世界是不以人们的意志而存在的,是物质的。”⑤“问题的实质在于:不要搞机械唯物论,也不要搞唯心主义,要运用辩证唯物主义来认识包括我们自己在内的客观世界。‘不要死心眼儿,也不要乱猜!’或者说,我们要把科学和艺术结合起来。”⑥从马克思主义哲学角度看,科技和文艺应该结合。文艺创作和科学研究都以辩证唯物主义为指导,也应该在马克思主义哲学、辩证唯物主义的指导下结合起来。既懂科

① 《致钱学敏》(1996 年 4 月 1 日),《钱学森书信补编》(5),国防工业出版社 2012 年版,第 256 页。

② 《致戴汝为》(1998 年 6 月 17 日),《钱学森书信》(10),国防工业出版社 2007 年版,第 376 页。

③ 《致张帆》(1987 年 7 月 28 日),《钱学森书信》(3),国防工业出版社 2007 年版,第 525 页。

④ 顾吉环、李明编:《钱学森读报批注》,国防工业出版社 2012 年版,第 18 页。

⑤ 《致钱学敏》(1993 年 7 月 8 日),《钱学森书信》(7),国防工业出版社 2007 年版,第 261 页。

⑥ 《致杨春鼎》(1995 年 8 月 27 日),《钱学森书信》(9),国防工业出版社 2007 年版,第 321 页。

学技术又懂文学艺术，就可以同时避免唯心主义错误和机械唯物主义错误，也就坚持了辩证唯物主义、坚持了马克思主义哲学。科学技术和文学艺术应该在辩证唯物主义指导下结合起来。科技工作者和文艺工作者要相互学习，科技工作者只有懂得文艺，才能避免“死心眼”、避免机械唯物主义；文艺工作者只有懂得科技，才能有科学的世界观、才能避免唯心主义。钱学森主张科技工作者懂点文艺，以避免机械唯物论。文艺工作者懂得点科学技术，以避免唯心主义。① 人要认识世界和改造世界，既要靠科学家，也要靠艺术家。钱学森说：“当好一个社会主义的公民，是‘科盲’就不行。”②要避免犯唯心主义和机械唯物主义的错误，就要既懂得科技也懂得文艺。科技工作者和文艺工作者要相互学习。

“所谓理性主义是机械唯物论，所谓非理性主义是唯心主义，都不对，片面了！我们应该是《实践论》的辩证唯物主义。”③钱学森认为，老子是中国传统理论的典型，也是唯心主义的典型，是一个极端；西方科学理论是机械唯物论的典型，也是一个极端；马克思主义的辩证唯物主义就是取二者之长，以补二者之不足。老子道家思想就是坐而悟道，达到天人合一；以为认识世界的一切，无所不知、无所不晓。讲“悟”是“泛化”一切。老子是个彻底的唯心主义者。机械唯物论者反其道而行之：就事论事，决不旁推而扩大点滴认识——不“泛化”。这又是一个极端。我们是辩证唯物主义者，既讲实践，又讲“泛化”；而且知道“泛化”只是一个启发猜想，尚待科学验证。但“泛化”的猜想是重要的。毛泽东在《实践论》中说，人的认识过程是个无穷无尽的过程，最终才能天人合一。④ 只懂科学技术而不懂文学艺术，就会犯机械唯物主义错误但可以避免唯心主义错误；只懂文学艺术而不懂科学技术，就会犯唯心主义错误但可以避免机械唯物主义错误。“西方国家的科学理论是机械唯物论的；而我国的传统理论则又因社会实践不足，限于系统的检测手段，免不了唯心主义的成分。马克思主义的辩证唯物主义就是取二者之长，互相补充，‘既不死心眼儿，又不乱猜’。这个道理在毛主席的《实践论》里讲得很透彻。”⑤钱学森旗帜鲜明地指出了机械唯物论、二元论和唯心主义的错误：“机械

---

① 《致沈大德、吴廷嘉》（1988年11月15日），《钱学森书信》（4），国防工业出版社2007年版，第323页。

② 《致萧延中》（1989年1月25日），《钱学森书信》（4），国防工业出版社2007年版，第383－384页。

③ 《致戴汝为》（1996年9月4日），《钱学森书信》（10），国防工业出版社2007年版，第198页。

④ 《致戴汝为》（1995年6月7日），《钱学森书信》（9），国防工业出版社2007年版，第241页。

⑤ 《致邹伟俊》（1995年8月27日），《钱学森书信》（9），国防工业出版社2007年版，第322页。

唯物论不承认意识和精神的存在,所以是错误的。二元论承认物质与精神并存,二者有相互作用,但又不知道意识来源于物质的高层次活动,所以精神的本源问题解决不了——最后不得不求助于上帝!所以二元论也是错误的。当然还有一个唯心主义,当然也是错误的了。"①老子"坐而论道"是唯心主义的极端,西方科学理论是机械唯物主义的极端,马克思主义辩证唯物主义是取二者之长。我们要避免唯心主义的极端,也避免机械唯物主义的极端,坚持辩证唯物主义。要认识世界和改造世界,就应该坚持以马克思主义为指导。我们要立足于社会主义现代化建设实际,一切从实际出发,实事求是,用马克思主义立场、观点和方法分析问题、解决问题,认识世界、改造世界。我们要坚持辩证唯物主义和历史唯物主义观点,运用社会主义制度的优越性,来分析和解决中国和世界的问题,避免唯心主义和机械唯物主义的干扰。

4.2 坚持科学技术和文学艺术相结合的思维分析

"集大成,得智慧",就要坚持科学技术与文学艺术相结合。科学技术与文学艺术相结合具体表现为逻辑思维与形象思维相结合、理性思维与非理性思维相结合、宏观整体思维与微观形象思维相结合等几个侧面。

4.2.1 要求逻辑思维与形象思维相结合

人如何认识客观世界(包括人自己)?爱因斯坦早就说过不能只靠抽象(逻辑)思维,还必须用形象(直感)思维。毛泽东从感性认识到理性认识也是这个意思。美国圣塔菲学派说得更明确些。钱学森等人用系统学和电子计算机等具体办法解决了二者更好地结合的问题。为了让计算机更好地帮助人进行形象(直感)思维,以解放人去更有效地面向涌来的第五次产业革命信息大潮,有必要建立形象(直感)思维学。② 形象思维当然不限于文学艺术、社会科学,自然科学和工程技术中也缺少不了形象思维。自然科学工程技术中的创造都离不开形象思维、直感思维。③ 钱学森说,文艺与科技之所以分成两个领域,是由于科技知识总是用

① 《致王义勇》(1986年5月12日),《钱学森书信》(3),国防工业出版社2007年版,第134-135页。

② 《致戴汝为》(1993年9月27日),《钱学森书信》(7),国防工业出版社2007年版,第371页。

③ 《致汪惆款》(1995年1月8日),《钱学森书信》(9),国防工业出版社2007年版,第21页。

逻辑思维为主来构成,文艺实践则以逻辑思维之外的思维为主来创作。人的思维既有科技成分又有文艺成分。“但有朝一日,思维科学有了突破,形象思维的规律搞清楚了,那科学技术与文学艺术的界限会变的。”①在科学研究和文艺创作中,既有形象思维也有逻辑思维,甚至还有灵感思维。从思维科学角度看,文艺与科技既有区别又有联系:文艺以形象思维为主,科技以抽象思维为主。科技多逻辑思维,文艺多形象思维。人的思维既有形象思维又有逻辑思维,既有文艺成分又有科技成分。文艺和科技的界限会随着人类对思维科学认识的改变而改变。

科技工作者要综合运用形象思维、抽象思维和灵感思维,智慧来自科技与文艺的结合。1984年11月1日,钱学森在与《文学研究》编辑部座谈科学、思维与文艺问题讲话中指出,思维有形象思维、抽象思维、灵感思维三种形式。人的具体思维过程,不可能局限于某一种,至少是形象思维和逻辑思维两种思维并用。有时候加上灵感思维三种思维并用。科技不都是推理、逻辑思维,还有直感、形象思维。所谓“科研就是抽象思维,事实上是不可能的”②。科技工作者只用抽象思维,不会有太大的成就;要想有大的成就、对人民有大的贡献,就要不但要用抽象思维,还要用形象思维和灵感思维。钱学森指出:“聪明科技工作者是逻辑思维和形象思维并用的,有时还得靠灵感的帮助。所以科学与文学艺术是相通的。”③正如爱因斯坦所说:“真正的科学和真正的音乐需要同样的思维过程。”1995年1月2日,钱学森致信戴汝为指出,灵感思维实是半醒状态下的形象思维。在半醒状态人思维的框框少了,能出现大跨度的跳跃。钱学森自己深有体会地说,从前自己头脑中框框多,所以对一个新问题的思索,有时百思不得其解,要求灵感思维,于半梦境中突然解决。后来进入现代科学技术体系,能够综合看问题了,也就能大跨度搞形象思维,问题解决得了,也就再也没有从前的灵感经验了。所以“重要的是形象(直感)思维和大成智慧学。灵感(顿悟)思维实是形象(直感)思维的特例。我们这是把灵感再次降级”④。灵感思维又称顿悟思维,是强调求突发性,其实形象思维也是在长时间思索后的突然发现。突发是在最后一秒钟,但准备阶段

① 《致张帆》(1986年12月24日),《钱学森书信》(3),国防工业出版社2007年版,第351－352页。

② 《与〈文学研究〉编辑部座谈科学、思维与文艺问题时的讲话》(1984年11月1日),《钱学森文集》(卷三),国防工业出版社2012年版,第353页。

③ 《致萧延中》(1989年1月25日),《钱学森书信》(4),国防工业出版社2007年版,第383页。

④ 《致戴汝为》(1995年1月2日),《钱学森书信》(9),国防工业出版社2007年版,第1－2页。

则可能是一小时、几天,甚至更长。①

从思维方法来看,科学创新是从不同事物的大跨度联想激活的,这正是艺术家惯用的形象思维。接下来进行的严密数学推导计算和严谨科学实验验证,才是科学家的逻辑思维。科技离不开文艺,文艺也离不开科技,科技与文艺你中有我,我中有你,相互融合在一起。要强调形象思维和灵感思维的重要性,在文艺领域中,它们是全部活动的本质;在科技领域中,它们是发明创造的动力源泉。还原论用逻辑思维,整体观用形象思维和灵感思维。在科技领域中,既要用还原论逻辑思维,也要用整体观形象思维和灵感思维。钱学森对科技青年同意"科学技术研究要先用形象思维,然后才是逻辑思维的论证"表示高兴,并认为"培养文艺工作者中的科学技术素养"是当前重要的工作。② 钱学森说:"光用还原论的逻辑思维是不够的,一定要加上整体观的形象思维(包括灵感思维)。"③形象思维和灵感思维是整体论的,逻辑思维是还原论的;创造既需要形象思维和灵感思维,也需要逻辑思维。"把抽象(逻辑)思维和形象(直感)思维综合成一体,即辩证思维了。"④"综合集成法和研讨厅体系是同时结合形象思维和逻辑思维,因而是创造思维的好范例。"⑤钱学敏也指出:"大成智慧学要求逻辑思维与非逻辑思维并举。"⑥钱学敏和钱学森的思想是一脉相承的。形象思维和灵感思维在文艺欣赏和文艺创作中尤其重要。科技工作源于形象思维、终于逻辑思维,先艺术后科学;文艺工作源于逻辑思维、终于形象思维,先科学后艺术。从思维科学角度看,科技与文艺是相通的。"集大成,得智慧",就要将逻辑思维、形象思维和灵感思维结合起来,将科学技术与文学艺术结合起来。

4.2.2 要求理性思维与非理性思维相结合

科学研究要运用辩证思维,既有理性又有非理性;既有逻辑思维,也有直感思

① 《致杨春鼎》(1995年2月4日),《钱学森书信》(9),国防工业出版社2007年版,第57页。

② 《致刘为民》(1996年4月28日),《钱学森书信补编》(5),国防工业出版社2012年版,第273页。

③ 《致钱学敏》(1993年7月8日),《钱学森书信》(7),国防工业出版社2007年版,第262页。

④ 《致戴汝为》(1992年1月7日),《钱学森书信》(6),国防工业出版社2007年版,第214页。

⑤ 《致戴汝为》(1997年3月8日),《钱学森书信》(10),国防工业出版社2007年版,第259页。

⑥ 钱学敏:《钱学森关于现代科学技术体系的构想及其"大成智慧学"》,《中国社会科学院研究生院学报》1994年第5期,第6页。

维和灵感思维。钱学森指出:人的思维是非理性与理性思维辩证统一的辩证思维。唯心主义只承认非理性;机械唯物主义只承认理性。"非理性思维即直感思维,是人在实践中感受到的,但又无法讲清道理。其实即便在几何学中也有非理性的成分:公理及定义即是。"①科学研究既要有理性,也要有非理性。排除非理性只搞理性就陷入机械唯物论;排除理性只搞非理性就是唯心主义。② 逻辑思维是理性思维,形象思维和灵感思维是非理性思维;只承认理性思维是机械唯物论,只承认非理性思维是唯心主义;排除了理性思维就陷入了唯心主义,排除了非理性思维就陷入机械唯物论。人的思维既有逻辑思维也有形象思维和灵感思维;既有理性思维也有非理性思维,理性思维和非理性思维的辩证统一就是辩证思维。要"集大成,得智慧",就要集理性思维与非理性思维之大成,集逻辑思维与形象思维、灵感思维之大成。钱学森讨论了理性思维与非理性思维的分类及其关系,强调了形象思维和灵感思维的重要性,以及理性思维、非理性思维与科学技术与文学艺术之间的关系。意识与潜意识和理性思维与非理性思维之间的关系见表4.1。

表4.1 意识与潜意识和理性思维与非理性思维之间的关系

Table 4.1 Relationship between consciousness and subconsciousness and rational and irrational thinking

<table>
<tr><td rowspan="4">意识
经过大脑思维而做出行为</td><td>抽象(逻辑)思维</td><td>理性思维</td></tr>
<tr><td>形象(直感)思维</td><td rowspan="5">非理性思维</td></tr>
<tr><td>灵感(顿悟)思维</td></tr>
<tr><td>做梦,即梦境</td></tr>
<tr><td rowspan="2">潜意识
不通过大脑而做出的行动</td><td>由植物神经控制的动作</td></tr>
<tr><td>因感性冲动而做出的行为</td></tr>
</table>

钱学森特别强调了形象思维和灵感思维的重要性。在科学技术领域,形象思维和灵感思维是"发明创造的动力",没有这两者就没有科学技术的突破。"创造并非逻辑推理之结果",逻辑推理只是用来验证已有的创造设想。文学艺术的创

① 《致孙凯飞》(1991年10月1日),《钱学森书信》(6),国防工业出版社2007年版,第115页。

② 《致刘元亮》(1991年10月24日),《钱学森书信》(6),国防工业出版社2007年版,第133页。

造和欣赏更是“以形象思维和灵感思维为其全部活动的本质”。[①] 非理性的问题应该用马克思主义哲学来回答。“马克思主义哲学使我们能居高临下,总览全部非理性世界,指出走出迷途的道路。”[②]非理性思维,也就是形象思维和灵感思维,是文学艺术创作和欣赏等全部活动的“本质”,是科学研究“发明创造的动力”。可见,非理性思维无论是对于科学研究,还是对于文艺创作都具有重要价值。

钱学森说:“文艺始于对事物的科学认识,然后才是艺术;而科技始于对事物的形象探索,这需要文艺修养,然后落实到科学的论证。可以说文艺是先科学、后艺术,科技是先艺术、后科学。”[③]这里“形象探索”就是理性思维,“科学论证”就是非理性思维。文艺始于理性思维,科技始于非理性思维。钱学森在《关于科学与艺术及复杂性巨系统问题》中指出:“科学的创造首先要有猜想,这个猜想就是艺术而不是科学。有了猜想,要做理论推导,又要做试验验证,这些推导和验证就是科学,而不是艺术了。科学的推导和验证虽然是十分重要,但是没有开始的猜想也是不行的。归纳起来,艺术的思维是先科学后艺术,而科学的思维是先艺术后科学。”[④]科技和文艺的区别在于科技始于形象探索的非理性思维,落实到科学论证的理性思维;文艺始于科学认识,始于理性思维,然后才是文艺创作,才是非理性思维。科技是始于文艺终于科技,科技既始于非理性思维终于理性思维,文艺是始于科技终于文艺,即文艺始于理性思维终于非理性思维。科技和文艺的联系在于科学研究和文艺创作都是既有科技阶段又有文艺阶段,既有理性思维又有非理性思维。科技与文艺辩证地统一于科学研究和文艺创作过程之中,理性思维和非理性思维统一于科学研究和文艺创作过程中。这是钱学森对科技与文艺相互作用的又一重要认识。

恩格斯在《自然辩证法》中指出,黑格尔区分“悟性”和“理性”是有一定的意义的,只有辩证的思维才是理性。[⑤] 钱学森指出,恩格斯明确了“辩证思维”概念是人所特有的,其中“悟性”十分重要。我们只是更加提得尖锐些,把“悟性”归结为“直觉”“灵感”这种非理性思维活动;所以是在做一点“发展深化”工作。[⑥] 恩

---

① 《致夏军》(1993 年 8 月 8 日),《钱学森书信》(7),国防工业出版社 2007 年版,第 317 页。

② 《致夏军》(1994 年 4 月 1 日),《钱学森书信》(8),国防工业出版社 2007 年版,第 113 页。

③ 《致刘为民》(1996 年 3 月 10 日),《钱学森书信》(9),国防工业出版社 2007 年版,第 514 页。

④ 《关于科学与艺术及复杂巨系统问题》(1996 年 12 月 23 日),《钱学森文集》(卷六),国防工业出版社 2012 年版,第 389 页。

⑤ 《自然辩证法》(1873 - 1882)《马克思恩格斯选集》(3),人民出版社 2012 年版,第 923 页;《马克思恩格斯文集》(9),人民出版社 2009 年版,第 485 页。

⑥ 《致戴汝为》(1991 年 10 月 25 日),《钱学森书信》(6),国防工业出版社 2007 年版,第 135 页。

格斯还指出:"辩证逻辑由此及彼地推导出这些形式,不是把它们并列起来,而是使它们互相从属,从低级形式发展出高级形式。"①恩格斯所说的"辩证思维",实是现代逻辑中的多阶逻辑,即模态逻辑,是逻辑系统,他认为辩证逻辑仍属逻辑思维。钱学森分析了恩格斯的观点后指出,辩证思维实际上是三种思维的综合思维系统。这样比1988年提出的"思维的系统观"更明确。我们搞人机结合的智能系统,就是叫电子计算机及信息系统干它们能干的"理性"的事,把人留在只有人脑这个复杂巨系统才能干的"非理性"的事;并让二者有机地结合起来。这至少是个技术革命!② 钱学森认为辩证思维是逻辑思维、形象思维、灵感思维"三种思维的综合",是"思维系统",这要比恩格斯的理解更深了一步,辩证思维真正地坚持了理性思维与非理性思维相结合,也就体现了科学技术与文学艺术相结合。

4.2.3　要求整体思维与还原思维相结合

科技与文艺是互补的,把科技与文艺作为相互作用的整体来研究,可以达到对事物整体及内涵两个层面的认识,这是钱学森的创新思维。钱学森指出:"性智"是宏观定性分析,"量智"是微观定量分析③;"科学与文艺是互补的"④。这是因为,如果"只搞科学不懂文艺",就只能认识事物的内涵而不能认识事物的整体;如果"只搞文艺不懂科学",就只能认识事物的整体而不能认识事物的内涵。总之,"只搞科学不懂文艺"或者"只搞文艺不懂科学"都不能达到对事物的"内涵"及"整体"都充分理解的最终目标。科技可以对事物内涵有深刻了解,文艺可以对事物整体有完整认识。只有将科技和文艺作为一个相互作用的整体,才能达到对事物整体和内涵两个方面充分理解。从宏观整体和微观内涵辩证统一角度认识事物,这是钱学森对科技和文艺相互作用的一个重要认识角度。钱学森"要从整体上考虑并解决问题"⑤和钱学敏"大成智慧学是一个科学化了的整体观"⑥的思想都说明整体思维的重要性。"但强调宏观并不是忽视微观,强调整体并不是不

---

① 《自然辩证法》(1873—1882)《马克思恩格斯选集》(3),人民出版社2012年版,第925页;《马克思恩格斯文集》(9),人民出版社2009年版,第487页。

② 《致戴汝为》(1991年10月25日),《钱学森书信》(6),国防工业出版社2007年版,第135-136页。

③ 《致姜璐》(1996年2月1日),《钱学森书信》(9),国防工业出版社2007年版,第464页。

④ 《致刘为民》(1995年12月13日),《钱学森书信补编》(5),国防工业出版社2012年版,第168页。

⑤ 钱学森:《要从整体上考虑并解决问题》,《光明日报》1990年12月30日。

⑥ 钱学敏:《钱学森关于现代科学技术体系的构想及其"大成智慧学"》,《中国社会科学院研究生院学报》1994年第5期,第6页。

注意细部机理。”①

钱学森指出,科学出现之前的“思辨方法”,即努力从现象之间相互联系环节上去理解事物。恩格斯在《路德维希·费尔巴哈和德国古典哲学的终结》中指出思辨方法的不足在于不能深入!近代科学转而用分割、分析的方法,能够深入,所以取得了很大进步,是近代科学方法成功之处。我们不能丢掉分割、分析的科学方法。但恩格斯又指出近代科学方法之不足,即不重视事物间之本来千丝万缕的联系,结果也就必然失去整体的动态发展面貌。所以在了解到分割、分析之后的细节后,又必须回到整体,掌握全貌。这时的全貌比一开始的全貌深刻多了,是认识过程的一大进步。怎样再深入呢?只有再次根据新的整体认识抓住重点、要害,再分割、分析,以求再深入。然后再回到更高一层认识的整体,这是辩证唯物主义的认识方法,也就是马克思主义的思维方法。② 人对世界的认识限于当时的方法:古代没有现代科学手段,只能通过宏观观察,所以是整体观方法。现代科学家能作细部观察研究,又成了各搞各的,忘记宏观系统了。马克思主义哲学、辩证唯物主义解决了这个缺点,“我们认识世界要辩证地把细部观察研究与整体考察结合起来,既自下而上也自上而下”③。从定性到定量综合集成法就是如此。钱学森认识到科学研究是有机的整体,各个组成部分之间是相互作用、相互联系的,而不是孤立存在的,正确地处理好整体与局部、部分与部分之间的关系至关重要。

钱学森多次阐述研究问题要运用宏观整体分析方法、整体观方法来分析与研究问题。钱学森指出,“我们对改革要强调宏观整体思维,这是现在最缺的”④;中国许多问题都与缺少“宏观整体分析”有关;四渡赤水的胜利就是由于有了对战场的“宏观整体分析”,所以用兵如神⑤;我们办事,一定要“审时度势”,全面考察;切不要从一点去看,认为合理就动手。那会适得其反。⑥ 钱学森认为,中国地理科学工作者缺少从“宏观整体”角度考察地理系统,研究地理系统要用开放复杂巨系统

① 《致陈信》(1994 年 10 月 14 日),《钱学森书信》(8),国防工业出版社 2007 年版,第 405 页。

② 《致祁明礼》(1985 年 1 月 26 日),《钱学森书信》(2),国防工业出版社 2007 年版,第150－151 页。

③ 《致戴汝为》(1996 年 8 月 14 日),《钱学森书信》(10),国防工业出版社 2007 年版,第 171 页。

④ 《致于景元》(1993 年 7 月 15 日),《钱学森书信》(7),国防工业出版社 2007 年版,第 265 页。

⑤ 《致乔培新》(1988 年 3 月 3 日),《钱学森书信补编》(3),国防工业出版社 2012 年版,第 28 页。

⑥ 《致吴廷嘉》(1987 年 6 月 9 日),《钱学森书信补编》(2),国防工业出版社 2012 年版,第 386 页。

的正确方法。他建议,中国地理学会要宣传开放复杂巨系统论,促使大家从宏观上研究地理科学。① 钱学森认为,中国古代强调整体认识方法论,西方国家推崇还原论方法。马克思主义哲学批评了还原论,指出必须"重视整体中单体事物的相互联系",但没有给出"综合单体事物及其相互联系为整体的方法论"。钱学森建议,"王弼的'言'、'象'、'意'的思维方式,是整体思维方法论,可以补马克思、恩格斯之不足"②。"从事物整体关系的'形象'上抓事物的机理,这是科学研究中创新的老道理,英文称 heuristic reasoning;以区别于逻辑推理。"③钱学森在科学研究中运用辩证唯物主义认识方法、马克思主义思维方法,提出问题、分析问题以至于解决问题,在科学研究理论与实践深度、跨学科研究广度之外,毋庸置疑地体现出了他科学研究的高度。

4.3 科学研究和文艺创作都要坚持科学技术与文学艺术相结合

要解决好科学技术和文学艺术相结合的问题,"创造出技术与艺术的交响诗,就要求科技人员与艺术家互相了解"④。1980 年 3 月 15 日,钱学森在全国科协第二次全国代表大会上指出:"把文学艺术和科学技术结合起来……就会出现现代化的社会主义新文学、新艺术,科学技术现代化一定要带动文学艺术现代化。"⑤钱学森建议科技工作者要有文艺素养,文艺工作者要有科技素养。

4.3.1 一个人的科学技术成就与他的文学艺术修养有重要关系

科技工作者的科学技术成就与他的文学艺术修养有重要关系。钱学森多次强调文学艺术修养对科技工作者的重要作用,建议科技工作者要有文学艺术修

① 《致瞿宁淑》(1993 年 7 月 7 日),《钱学森书信》(7),国防工业出版社 2007 年版,第 260 页。

② 《致刘培育》(1993 年 9 月 6 日),《钱学森书信》(7),国防工业出版社 2007 年版,第 352 页。

③ 《致钱学敏》(1994 年 1 月 13 日),《钱学森书信》(8),国防工业出版社 2007 年版,第 30 页。

④ 《致俞健》(1996 年 6 月 19 日),《钱学森书信》(10),国防工业出版社 2007 年版,第 98 - 99 页。

⑤ 《科学技术现代化一定要带动文学艺术现代化》(1980 年 3 月 15 日),《钱学森文集》(卷二),国防工业出版社 2012 年版,第 327 页。

养。钱学森指出,“一个科技工作者如果没有一点文艺修养,也同样难于具有正确的世界观,也会影响他的科技工作”①;“一个人的科学技术成就和他在文艺领域的修养有重要关系”②。科技工作者应该加强文学艺术修养,这是钱学森的切身体会,也是谆谆告诫。钱学森在《关于科学与艺术及复杂巨系统问题》中认为“科学的创造首先要有猜想,这个猜想就是艺术而不是科学”③。文学艺术为科技工作者提供大跨度的宏观形象思维;文学艺术为科技工作者提供智慧的源泉;文学艺术为科技工作者提供艺术修养。

文学艺术为科学研究提供大跨度宏观形象思维。钱学森在《感谢、怀念和心愿》中指出:音乐“艺术……使得我丰富了对世界的认识,学会了艺术的广阔思维方法”④。钱学森在“纪念蒋英教授执教40周年教学研讨会”上的书面发言《艺术与科学》⑤中以从事艺术事业的蒋英对从事科学事业的钱学森的重要影响角度,再次指出文艺对科学思维的开启作用。钱学森在《最后一次系统谈话》中重申艺术上大跨度的宏观形象思维对科学创新的重要作用,他说:“艺术上的修养……学会了艺术上大跨度的宏观形象思维。”⑥爱因斯坦指出:“想象力概括着世界的一切,推动着进步,并且是知识进化的源泉。严格地说,想象力是科学研究中的实在因素。”⑦没有想象力的人,只能生活在一维世界里;而有丰富想象力的人则生活在遥远的过去和未来的世纪,大大提高了生命容量。钱学森指出,想象能力就是形象思维,形象思维就是直感思维。文艺创作是靠形象思维,可以通过文艺创作培养形象思维能力。形象思维在自然科学工程技术中是对事物整体的察觉,即直感思维。钱学森建议:“形象(直感)思维该如何培养?这也很简单,文艺创作是要靠形象思维的,没有形象思维的文艺人是不存在的。所以培养青年的形象(直感)

---

① 《致李准、丁振海》(1988年5月9日),《钱学森书信》(4),国防工业出版社2007年版,第202页。

② 《致〈现代化〉杂志编辑委员会》(1992年1月1日),《钱学森书信》(6),国防工业出版社2007年版,第202页。

③ 《关于科学与艺术及复杂巨系统问题》(1996年12月23日),《钱学森文集》(卷六),国防工业出版社2012年版,第388-389页。

④ 《感谢、怀念和心愿》(1991年10月16日),《钱学森文集》(卷六),国防工业出版社2012年版,第208、210页。

⑤ 《艺术与科学》(1999年7月10日),《钱学森文集》(卷六),国防工业出版社2012年版,第408页。

⑥ 《最后一次系统谈话——谈科技创新人才的培养问题》(2005年3月29日),《钱学森文集》(卷六),国防工业出版社2012年版,第420页。

⑦ 《论科学》(1931年),《爱因斯坦文集(增补本)》(第一卷),商务印书馆2009年版,第409页。

思维能力可以用文艺创作这一途径。"[①]科学与艺术是辩证统一的，科学中有艺术，艺术中有科学。艺术思维是先科学而后艺术，科学思维是先艺术而后科学。科学创新始于猜想，也就是艺术上大跨度的宏观形象思维；其次理论推导，而后实验验证。文学艺术为科技工作者提供大跨度的宏观形象思维。

文学艺术为科学研究提供智慧的源泉。钱学森呼吁文艺工作者要和科技工作者交朋友。钱学森说："对文学艺术要有一定的欣赏能力，是做一个现代社会主义国家公民的必要条件。"[②]钱学森致信沈大德、吴廷嘉说："很高兴地听到你们都爱好音乐，有较深的鉴别能力；好！知识分子要有文学艺术的修养，而音乐是比较难的呀。在美国，古典音乐的欣赏只限于一部分教授和他们的研究生"[③]；"弦乐四重奏是西洋音乐的顶峰，你们听出味儿来了，了不起"[④]。通过大脑加工的人的实践可以形成感受，表现为文艺。如果抓住实践与文艺的关系，则"文艺也是人智慧的泉源"。毛泽东的智慧主要来自文艺，他是用文艺去总结历史的。科技人员相信智慧来源于科技，那容易流入机械唯物论和客观唯心主义。我们要科技人员懂文艺、爱文艺。"智慧与文艺"加上"智慧与科学技术"就集成"智慧与马克思主义哲学"了。[⑤] 钱学森称赞王者香"治学之特长在于科学与艺术相结合：一方面您是法学权威，而另一方面您又是诗词、篆刻高手。这是治学之成功路。即我称之谓'大成智慧'者"[⑥]。钱学森呼吁文艺工作者和科技工作者交朋友。如果一个人知识面不宽，是不利于创造活动的。极大地提高整个中华民族的科学文化水平，需要从各方面花大力气。科学史上重要的科学家也都具有深厚的文学艺术修养，牛顿擅长作诗，伽利略是诗人兼文学批评家，开普勒是一名音乐家，达芬奇集画家、雕塑家、药物学家、天文学家、武器制造家、发明家于一身。爱因斯坦不但喜欢音乐，也推崇文学，他热爱莎士比亚、歌德、海涅、陀思妥耶夫斯基和萧伯纳。他们的文学艺术素养为科学研究提供了智慧的源泉。文学艺术为科技工作者提供智

---

① 《致赵擎寰》(1991年11月14日)，《钱学森书信》(6)，国防工业出版社2007年版，第158页。

② 《致郭因》(1984年2月6日)，《钱学森书信补编》(1)，国防工业出版社2012年版，第115页。

③ 《致沈大德、吴廷嘉》(1985年8月5日)，《钱学森书信补编》(2)，国防工业出版社2012年版，第23－24页。

④ 《致沈大德、吴廷嘉》(1985年10月16日)，《钱学森书信补编》(2)，国防工业出版社2012年版，第60页。

⑤ 《致钱学敏》(1992年10月23日)，《钱学森书信》(6)，国防工业出版社2007年版，第524页。

⑥ 《致王者香》(1995年2月15日)，《钱学森书信》(9)，国防工业出版社2007年版，第75页。

慧的源泉这是很明显的。

文学艺术为科学研究提供艺术素养。搞科学的人除了需要数据和公式之外，同样需要灵感。科学家钱学森的灵感许多就是从艺术中悟出来的。艺术上的修养对科学工作很重要，能够开拓科学创新思维。钱学森在《浙江青年》1935 年第 4 期上发表的《音乐和音乐的内容》中指出："音乐的好坏是完全以内容来作标准的"①，"音乐演奏的生命在内容的表达" ②；并指出，达到正确鉴赏力的唯一办法，就是"多多听名家音乐：由简单的歌谣开始，渐渐听提琴短曲、钢琴小曲，再到三重奏、四重奏，最后到规模最大、内容最丰富的交响乐"③，还指出了利用留声机听世界名曲的办法。钱学森在 24 岁就能有如此见解，可见他从小就对音乐有深刻的理解，有着良好的音乐素养。钱学森与蒋英合作在 1956 年 9 月 29 日《光明日报》发表了《对发展音乐事业的一些意见》④中具体谈了如何吸收西洋音乐的长处，如何继承我国民族音乐的遗产，如何满足适当的音乐生活以及如何发展音乐等具体问题。钱学森个人重视文艺修养。形象（直感）思维不同于抽象（逻辑）思维，它只能意会，不可言传。⑤ 钱学森对著名科学家具有丰富的文学艺术修养念念不忘。⑥ 杨振宁和李政道对科学和艺术都有深刻见解。爱因斯坦一生热爱音乐，尤其爱拉小提琴，他的艺术气质和素养无疑有助于他的物理学研究，他所创立的现代物理学理论和相对论原理，为科学做出了伟大贡献。这些科学家都做到了"文理相通"。文学艺术为科技工作者提供艺术修养。

4.3.2 一个人的文学艺术成就与他的科学技术修养有重要关系

钱学森多次强调科学技术修养对文艺创作的重要作用。钱学森在《社会主义精神文明建设与文艺工作》中强调："科学技术现代化带动文学艺术的现代化。这

---

① 《音乐和音乐的内容》（1935 年 2 月），《钱学森文集》（卷一），国防工业出版社 2012 年版，第 44 页。

② 《音乐和音乐的内容》（1935 年 2 月），《钱学森文集》（卷一），国防工业出版社 2012 年版，第 47 页。

③ 《音乐和音乐的内容》（1935 年 2 月），《钱学森文集》（卷一），国防工业出版社 2012 年版，第 45 页。

④ 钱学森、蒋英：《对发展音乐事业的一些意见》（1956 年 9 月 29 日），《钱学森文集》（卷一），国防工业出版社 2012 年版，第 97 – 100 页。

⑤ 《致赵擎寰》（1991 年 11 月 14 日），《钱学森书信》（6），国防工业出版社 2007 年版，第 158 页。

⑥ 《致〈现代化〉杂志编辑委员会》（1992 年 1 月 1 日），《钱学森书信》（6），国防工业出版社 2007 年版，第 202 – 203 页。

就是文艺和科学技术的关系。"①钱学森在《关于科学与艺术及复杂巨系统问题》中认为"艺术离不开科学的支持"②。鲁迅作为一位文学家而蜚声中外,但是他拥有良好的科学技术修养。他在《而已集·革命时代的文学》中明确地表示:"我首先正经学习的是开矿,叫我讲掘煤,也许比讲文学要好一些。"鲁迅先是搞自然科学,然后才是搞文学艺术,鲁迅的文学艺术成就与他的科学技术修养具有重要关系。③ 科学技术为文艺工作者提供正确的认识、提供新工具、提供物质基础、提供新形式、开辟新领域。

科学技术为文艺创作提供科学的认识。钱学森指出:"文艺人只学习总的方针政策是不够的,还必须学好科学的文艺理论,即马克思列宁主义毛泽东思想的文艺理论和文艺学。没有理论的指导,怎么实践"④;"文艺人要正确看待'赛先

① 《社会主义精神文明建设与文艺工作》(1986年10月28日),《钱学森文集》(卷五),国防工业出版社2012年版,第12页。

② 《关于科学与艺术及复杂巨系统问题》(1996年12月23日),《钱学森文集》(卷六),国防工业出版社2012年版,第388-389页。

③ 鲁迅以文学家而著称于世,这其实是片面的认识。本文认为人民文学出版社出版的《鲁迅全集》没有全面收集鲁迅的翻译作品和自然科学方面的著作,是对鲁迅全面认识的误导,至多可以称为《鲁迅著作全集》。关于鲁迅与自然科学的关系的前期成果可以参照刘再复、金秋鹏、汪子春:《鲁迅和自然科学》,科学出版社1976年版;公盾:《鲁迅与自然科学论丛——纪念鲁迅诞生一百周年》,广东科技出版社1981年版;娄国忠、裘士雄:《鲁迅与科普》,西泠印社出版社2011年版等书籍。期刊论文有:刘再复、金秋鹏、汪子春:《鲁迅和自然科学》,《中国科学》1976年第3期,第246-254页;郭志坤:《〈中国矿产志〉和鲁迅早期自然科学思想》,《杭州大学学报》1978年第3期,第30-37页;金涛:《鲁迅和自然科学》,《自然杂志》第1卷第6期,第345-349页;朱维娴:《鲁迅早期的科学思想初探》,《史学月刊》1981年第1期,第64-68页;黄芥田:《科学教育与社会改革——试论鲁迅的自然科学教育观》,《江汉大学学报》1992年第4期,第68-74页;孙郁:《梦科学之泽——鲁迅收藏自然科学图书研究》,《社会科学辑刊》1996年第1期,第121-128页;王学谦:《科学理性的生命关照——论鲁迅早期的科学思想》,《齐鲁学刊》2004年第2期,第131-134页;李宗纲:《自然科学视野中的鲁迅其人其事(之二)》,《山东商业职业技术学院学报》2006年第5期,第82-86页;张雪莉、钱长炎:《论鲁迅的自然科学精神》,《鲁迅研究月刊》2006年第11期,第77-81页;张雪莉、褚蓓娟:《自然科学知识在鲁迅作品中的运用》,《高校理论战线》2007年第9期,第59-61页;黄蓉芳、刘从德:《新文化运动的先声:早期鲁迅科学观解读》,《求索》2008年第3期,第91-93页;黄乔生:《谈谈鲁迅的自然科学修养——2008年9月在石家庄"人文与科技发展论坛"上的讲演》,《博览群书》2008年第12期,第31-37页;朱成勇:《缪斯与自然科学的联姻——鲁迅与自然科学探析》,《小说评论》2011年第5期,第83-85页;梁佳:《现代自然科学的思想启蒙者——论鲁迅早期与自然科学的关系》,《小说评论》2011年第5期,第80-82页;池田:《借科学以"立人"——鲁迅科学思想研究》,山东大学硕士论文,2009年。

④ 顾吉环、李明编:《钱学森读报批注》,国防工业出版社2012年版,第65页。

生'需要有现代科学技术的认识,有了认识才会利用现代科学技术为文艺服务"①。在钱学森看来,科学技术包括整个现代科学技术体系,文艺理论和文艺学都隶属于现代科学技术体系。他把文艺工作者要学习文艺理论和文艺学看作是科学技术为文学艺术提供科学的认识。钱学森还说过,文艺工作者的根底是哲学社会科学,也就是宏观看世界;科技工作者的根底是科技,微观看世界。文艺工作者必须掌握现代科技知识,从宏观走向微观,看清楚了再回到宏观,做到宏观与微观的综合集成,全面地看问题。文艺工作者要下力气学习科学技术②。钱学森在这里认为文艺工作者要学习科学技术,做到宏观与微观的综合集成。"文艺也要先对客观世界有个科学的、正确的认识,然后才是艺术创作"③;"艺术家的创造必须对客观世界先有一个认识,而这个认识必须是科学的认识、正确的认识";艺术的创造必须用马克思主义、毛泽东思想和邓小平建设有中国特色的社会主义理论作指导,科学地认识世界,不然,你创造的东西不能被人民群众所接受。这是文学艺术与科学技术的关系。④ 钱学森多次强调指出:"文学创作必须立足于世界观,正确的世界观只能是科学的世界观,即马克思主义的世界观"⑤;"大世界观是人对世界的总的认识,所以个人认识不同,大世界观也就不一样,或不完全一样。一个马克思主义者的世界观是建立在马克思主义哲学基础上的。当前我国文艺人中多数对马克思主义哲学没有掌握好,因而他们的世界观就偏离了马克思主义世界观"⑥。有学者指出,为文艺工作者提供正确世界观的只能是哲学,这里题目是"科学技术为文艺创作提供正确的认识"又怎么理解呢?本文认为,哲学提供世界观这是正确的。但是哲学来源于对科学的提炼,说科学技术为文艺创作提供正确的认识是"间接"的,马克思主义哲学为文艺创作提供正确的认识则是"直接"的。

科学技术为文艺创作提供新工具。电影技术之于电影艺术,照相技术之于摄影艺术,电子技术之于电视,微声器、扬声器之于广播,建筑材料之于建筑艺术,造

---

① 《致刘为民》(1996 年 4 月 7 日),《钱学森书信补编》(5),国防工业出版使 2012 年版,第 260 页。

② 《致孙凯飞》(1996 年 4 月 21 日),《钱学森书信补编》(5),国防工业出版社 2012 年版,第 268 页。

③ 《致刘为民》(1996 年 12 月 22 日),《钱学森书信》(10),国防工业出版社 2007 年版,第 234 页。

④ 《关于科学与艺术及复杂巨系统问题》(1996 年 12 月 23 日),《钱学森文集》(卷六),国防工业出版社 2012 年版,第 388 - 389 页。

⑤ 《致刘为民》(1995 年 11 月 5 日),《钱学森书信》(9),国防工业出版社 2007 年版,第370 - 371 页。

⑥ 《致王仲》(1992 年 6 月 22 日),《钱学森书信》(6),国防工业出版社 2007 年版,第 317 页。

纸技术和造笔、造墨、造颜料的技术之于绘画书法艺术,新材料之于造型艺术,灯光布景技术之于戏剧,都说明了科技对文艺的表达有深刻影响。这是物质、物质活动、科学技术对文学艺术的影响。由于科学技术的发展,还可能产生新的艺术部门,技术美学就是这样产生的。钱学森建议称"卡拉OK带"为"录音伴奏",简称"录伴",还可以现场微调节奏。要逐步建立"舞台技术业"①。钱学森在"科教电视创作座谈会"开幕式讲话②中指出,科学技术发展了,人们就想到利用科学技术的成果,来作为文学艺术的表达手段。电影和电视都是科学技术的产物。电影、电视的这种技术是很复杂的,很不简单。整个电影、电视创作过程,涉及很多科学技术。我们要主动用科学技术的发展来为文学艺术的创造服务。

学技术为文艺创作提供物质基础。钱学森在《科学技术现代化一定要带动文学艺术现代化》中指出:"戏剧艺术的物质基础除午(舞)台、道具、灯光……之外,最重要做核心的是演员,即演员(包括其大脑在内)的身体。东方戏剧重'功夫',也就是气功,运'气'……这叫做人体功能态。"③钱学森认为演员是最重要的物质基础,他在经济建设之外增加了人民体制建设,共同作为社会主义物质文明建设的重要组成部分,这个思想对坚持"以人为本"的科学发展观具有重要价值。钱学森建议"研究如何用高技术发展我国民族艺术服务",因为"发展民族艺术是目的,高技术是手段。主次要明确"④。在钱学森看来,无论技术多么高,对于艺术而言仅仅是手段,发展艺术才是目的。钱学森指出,"至于象(像)建筑这种艺术,技术手段的影响就更显注(著)"⑤。建筑艺术离不开技术手段,或者说技术手段在建筑艺术中表现得更加明显。技术手段为建筑艺术提供物质基础是很显然的。钱学森指出,文艺的物质载体和表现方式有机械文化时代、影视文化阶段、信息文化阶段三个时代。科学技术为文艺创作提供必要的物质基础。

科学技术为文艺创作提供新形式。钱学森在《科学技术现代化一定要带动文学艺术现代化》发言中对文艺新形式作了展望,以激光焰火、电子计算机为制作工具的音乐和电影为例,说明现代科学技术为文艺表达提供了新形式。1986年10

① 《致〈艺术科技〉编辑部》(1992年7月2日),《钱学森书信》(6),国防工业出版社2007年版,第327页。

② 《社会主义的两个文明建设需要科教电影电视》(1987年2月16日),《钱学森文集》(卷五),国防工业出版社2012年版,第56页。

③ 《致俞唯洁》(1985年6月19日),《钱学森书信补编》(1),国防工业出版社2012年版,第399页。

④ 《致资民筠》(1990年3月19日),《钱学森书信》(5),国防工业出版社2007年,第213页。

⑤ 《致张帆》(1985年1月15日),《钱学森书信》(2),国防工业出版社2007年版,第138页。

月 28 日,钱学森在《文艺研究》编辑部报告会讲话①中指出,建筑、园林、技术美学等艺术门类既有文学艺术成分,又有科学技术成分,是文艺和科技交叉的产物。在音乐领域也是如此,“运用现代电子音响技术能创造出现在人的歌喉所无法唱出的歌声”②。钱学森指出,科技对于文艺的表达有深刻影响,应当主动在文艺工作中重视有关科技,加强用科技基础来促进文艺发展。我们应该能动地去寻求还有什么现代科技成果可以为文艺所利用,使科技为创造社会主义文艺服务。

科学技术为文艺创作开辟新领域。钱学森在全国科协第二次全国代表大会上所作《科学技术现代化一定要带动文学艺术现代化》③中指出,科技工作者通过各种探测仪器所观察到的范围比常规世界要广阔得多。地球物理学家可以帮助文艺工作者描述大洋洋底,深入地球地壳、地幔、地核。天文学家可以帮助文艺工作者描述地球外十几千米太阳风引起的磁暴。再往外到月球、水、金、火、木、土、天、海、冥等太阳系的世界。再往远处是恒星、银河星系、星系团和星系团集的世界。生物学家可以帮助文艺工作者描述细胞、遗传基因、核糖核酸、脱氧核糖核酸的世界。物理学家和化学家可以帮助文艺工作者描述分子、原子、原子核、基本粒子的世界。通过钱学森的分析,科学技术可以在我们熟知的宏观世界之外,向文艺工作者提供深入地壳、地幔、地核,高至月球、太阳系,大到宇观、涨观世界,小到微观、渺观世界的几十个不同的世界。作为重要文艺形式的“科学小说”是小说型的科普,“科学小说”是根据今日我们知道的科学理论,构想微观世界、宏观世界、宇观世界中的情节加以描述。④ 科学技术为文艺创作开辟了前所未有的新领域。

4.3.3 科学技术与文学艺术在客观世界彼此相互作用

苏轼的《琴诗》是一首哲理诗:“若言琴上有琴声,琴在匣中何不鸣?若言声在指头上,何不于君指上听。”琴声既不是仅仅来源于琴,也不是仅仅来源于指头,而是琴与指头共同作用的结果。好的琴声是琴与指头密切配合、通力合作的结果。借用这一比喻,客观世界就是科技与文艺相互作用的结果。钱学森指出:“‘工艺’和‘技术’本来是可以通用的,俄语的 техника 常译作‘工艺’,而英语的 technology

① 《社会主义精神文明建设与文艺工作》(1986 年 10 月 28 日),《钱学森文集》(卷五),国防工业出版社 2012 年版,第 12 页。

② 《致俞健》(1995 年 1 月 13 日),《钱学森书信》(9),国防工业出版社 2007 年版,第 28 页。

③ 《科学技术现代化一定要带动文学艺术现代化》(1980 年 3 月 15 日),《钱学森文集》(卷二),国防工业出版社 2012 年版,第 326 - 327 页。

④ 《致孙凯飞》(1996 年 3 月 30 日),《钱学森书信补编》(5),国防工业出版社 2012 年版,第 255 页。

则译作‘技术’。我认为它们都代表人在认识了客观世界之后的、改造客观世界的本事”①;“我以为电子计算机是一种文化工具,就如文字、纸、笔、印刷等一样。说文化,当然就不是其纯技术的侧面,如造纸技术、印刷技术,而是其艺术的一面”②;科技中也有文艺,这就是工业艺术,“要把工业艺术应用到一切工业产品”③。客观世界绝不仅仅是科技的世界,也不仅仅是艺术的世界,而是科技与文艺密切合作、辩证统一的。

文艺理论又具体地分为技术艺术、戏剧电影、诗词、文学等各部类文艺理论,它们同科技的关系不尽相同。美学是美的哲学概括,同科学技术相距甚远了。④根据辩证唯物主义观点,客观实际本身就是泛艺术论与泛科技论相结合的。在高度文明社会中,艺术、美和科学技术都无处不在。钱学森指出:“我是泛艺术论同泛科学论相结合的信徒。我认为高度文明的社会就应该艺术、美无处不在,科学技术也无所不在!我多次说过:造宣纸、画笔、墨和颜料都是科学技术,所以国画家也离不开科学技术!所以客观实际就是泛艺术论同泛科技论相结合的。这是辩证唯物主义的观点。”⑤但钱学森指出:“文学艺术和科学技术统一在文明……文化学是讲社会主义精神文明建设中文化建设的学问,自然有文学艺术,也有科学技术(也有技术艺术)。请注意:文化学中讲文艺与科技结合是广义的,不一定都是技术艺术;广义的是‘文理相通’吧。”⑥钱学森并不是“泛技术艺术论”者,虽然文艺与科技统一在文明,但并不是每一件具体事都要有文艺与科技。文化学是文化建设的学问,既有文艺,也有科学,文艺和科技相结合在于文理相通。钱学森在中央音乐学院隆重举行“蒋英教授执教40周年活动——艺术与科学研讨会”上的书面发言中说:“我钱学森要强调的一点,就是文艺与科技的相互作用。”⑦

科学技术与文学艺术相结合是科普工作的必然要求。在1979年1月召开的第一届全国委员会第二次(扩大)会议上作了《科普工作也要现代化》的发言中指

---

① 《致张帆》(1986年2月24日),《钱学森书信》(3),国防工业出版社2007年版,第86页。

② 《致张帆》(1986年6月28日),《钱学森书信补编》(2),国防工业出版社2012年版,第169页。

③ 《科学技术现代化一定要带动文学艺术现代化》(1980年3月16日),《钱学森文集》(卷二),国防工业出版社2012年版,第324页。

④ 《致张帆》(1987年1月19日),《钱学森书信》(3),国防工业出版社2007年版,第378页。

⑤ 《致张帆》(1987年6月5日),《钱学森书信》(3),国防工业出版社2007年版,第481-482页。

⑥ 《致张帆》(1987年7月8日),《钱学森书信》(3),国防工业出版社2007年版,第508页。

⑦ 《艺术与科学》(1999年7月10日),《钱学森文集》(卷六),国防工业出版社2012年版,第407-408页。

出:“你要达到普及的效果,你就必须深入浅出,科学还得跟文学、艺术结合起来”,“我们要搞科学技术和文艺的结合”,“文学和科学技术的结合,美术和科学技术的结合,电影、电视、广播这一些跟科学技术的结合,就能使我们科学技术普及工作有更大的、更好的效果”。[①] 钱学森在这里从科普工作指出,科学技术和文学艺术的结合是科普工作的必然要求。建筑科学是科学技术与文学艺术相结合的产物。建筑是科学的艺术,也是艺术的科学。钱学森在发表于《人民日报》1958 年 3 月 1 日的《“不到园林,怎知春色如许?”——介绍园林学》中指出,园林学和建筑学“都是介乎纯美术和工程技术之间的,是以工程技术为基础的美术学科”[②]。在钱学森看来,园林学和建筑学都是科学技术与文学艺术相结合的学科。研究科学技术和文学艺术相互作用的规律,就能很好地坚持辩证唯物主义,正确地认识世界和改造世界。自觉运用辩证唯物主义和历史唯物主义,研究科技和文艺相互作用的规律。钱学森在为《艺术科技》1990 年第 2 期所写卷首语中建议“应该研究科学技术和文学艺术之间相互作用的规律”[③]。利用现代科技成果为创造文艺服务。

---

① 《科普工作也要现代化》(1979 年 1 月),《钱学森文集》(卷二),国防工业出版社 2012 年版,第 201、201、207 页。

② 《“不到园林,怎知春色如许?”——介绍园林学》(1958 年 3 月 1 日),《钱学森文集》(卷一),国防工业出版社 2012 年版,第 284 - 286 页。

③ 《应该研究科学技术和文学艺术之间相互作用的规律》(1990 年),《钱学森文集》(卷六),国防工业出版社 2012 年版,第 121 页。

第 5 章

大成智慧学坚持科学技术理论与实际相结合

"集大成,得智慧"要坚持科学技术理论与实际相结合。科学研究必须理论联系实际,将理论和实际①结合起来,这是钱学森历来的主张。理论联系实际是马克思主义最基本原则之一。其基本精神是达到主观和客观、理论与实践、知和行的具体的历史的统一。对于中国共产党人来说,理论联系实际就是用马克思主义的立场、观点和方法,认真研究中国历史、革命、建设和改革实际,正确地解决历史、革命、建设和改革中所发生的实际问题,从中引出规律,作为行动的向导。这种有的放矢、实事求是的态度,是同理论与实际相分离的主观主义根本对立的。理论联系实际是中国共产党三大优良作风之一,也是中国共产党思想路线②的重要内容之一。实践是理论的源泉,理论是实践的向导。我们要认清当前世界发展的总

① "实际"和"实践"这两个概念是既有联系又有区别。二者的联系是,对于人们的主观来说它们都是客观。二者的区别是,"实际"是我们头脑以外的一切。毛泽东在中国革命的战略问题》中指出:"除了我们的头脑以外,一切都是客观实际的东西。""实践"则是指人们改造世界的一切社会性的客观物质活动,它是实际的一部分。"实际"这一个概念,按照中国文字,有两种含义:一种是指真实的情况,一种是指人们的行动(也即一般人所说的实践)。毛泽东在他的著作中,应用这一个概念时,时常是双关的(见《毛泽东选集》第1卷第238页注释[1])。本文使用该词,有些地方也是双关的。从概念的使用上来说,"理论联系实际"的命题比"理论联系实践"更宽泛、更一般。而将理论应用于社会革命(包括产业革命、政治革命和文化革命),人们在将理论联系实际时,主要又是将理论与实践相联系。在这个意义上说,"理论联系实践"比"理论联系实际"更深刻、更具体。见陈占安:《准确把握理论联系实际思想原则的科学内涵》,《北方交通大学学报》(社会科学版),2003年第4期,第2页。

② 邓小平在1980年2月召开的十一届五中全会的讲话中指出:"实事求是,一切从实际出发,理论联系实际,坚持实践是检验真理的标准,这就是我们党的思想路线。"1982年9月召开的中国共产党第十二次全国代表大会上根据邓小平的概括,作了文字上的调整,把"一切从实际出发,理论联系实际,实事求是,在实践中检验真理和发展真理"作为党的思想路线写进了党章,这是在中国共产党的党章中第一次写进思想路线。参见阎治才:《邓小平关于马克思主义同中国实际相结合的思想》,《东北师大学报》(哲学社会科学版)2012年第6期,第6页。

体趋势,使我们的理想不脱离现实,面向世界,跟上时代的潮流,适应我国社会主义建设的需要。

5.1 坚持科学技术理论与实际相结合的哲学分析

从理论和实践的关系来思考必须坚持理论与实际相结合。理论和实践的统一,马克思主义与中国实际的统一,都是“具体的历史的统一”。钱学森在发表于《人民日报》1956 年 6 月 11 日的《一门古老而又年青的学科》中说:“只有掌握了辩证唯物主义,才能真正灵活地把理论同实际结合起来。”[①]钱学森在发表于《自然辩证法研究通讯》1957 年第 1 期的《技术科学中的方法论问题》中指出:“在技术科学研究里,最重要的一件事是怎么把理论和实际结合起来”;“这个灵活地结合理论与实际也就是辩证唯物主义的真髓了”[②]。钱学森提出实事求是就是要做到理论联系实际,这是“辩证唯物主义的真髓”。正如列宁所说:“马克思主义的精髓,马克思主义的活的灵魂:对具体情况作具体分析”[③],“必须把认识和实践结合起来”[④]。钱学敏指出“理论联系实际是马克思主义哲学的基本原则,也是钱学森哲学思想的特点和红线”[⑤],这深刻揭示了钱学森哲学思想与马克思主义哲学思想的内在统一性,由于理论联系实际思想的重要性,本文专列一章进行阐述。

5.1.1 科学技术理论与实际相结合的辩证统一关系

钱学森指出,“马克思主义哲学认为:意识的内容只能来自客观物质世界;人脑作为意识的器官,不会自动产生意识,只有当客观事物作用于感觉器官,反映到人脑之后,才形成意识;意识不只是反映客观世界,意识对客观世界还有能动作

---

① 《一门古老而又年青的学科》(1956 年 6 月 11 日),《钱学森文集》(卷一),国防工业出版社 2012 年版,第 73 页。

② 《技术科学中的方法论问题》(1957 年 1 月),《钱学森文集》(卷一),国防工业出版社 2012 年版,第 183 - 184 页。

③ 《〈共产主义〉:为东南欧国家办的共产国际杂志(德文版)》(1920 年 6 月 12 日),《列宁选集》(第四卷),人民出版社 2012 年版,第 213 页;《列宁专题文集 论马克思主义》,人民出版社 2009 年版,第 293 页;《列宁全集》(第 39 卷),人民出版社 1986 年版,第 128 页。

④ 《哲学笔记》(1985—1916 年),《列宁专题文集 论辩证唯物主义和历史唯物主义》,人民出版社 2009 年版,第 139 页;《列宁全集》(第 55 卷),人民出版社 1990 年版,第 185 页。

⑤ 钱学敏:《钱学森的哲学探索》,《北京大学学报》(哲学社会科学版)1994 年第 4 期,第 67 页。

用,改造客观世界。"①钱学森对意识与物质的关系,既坚持了马克思主义哲学基本原理,又做了新的阐释。钱学森认为,现代科学也一定要用辩证唯物主义作指导,处理好物质与精神、客观与主观的辩证关系,说到底,这是个马克思主义哲学的问题。② 思维科学(Noetic Sciences)"是处理意识与大脑、精神与物质、主观与客观的马克思主义哲学。搞好了,是马克思列宁主义的胜利"③。意识与大脑、精神与物质、主观与客观是思维科学的研究内容,也是研究认识论的重要步骤。爱因斯坦也指出:"认识要是不同科学接触,就会成为一个空架子。科学要是没有认识论……就是原始的混乱的东西。"④这是对认识与科学的相互依存的关系的重要阐述。

(一)从物质决定精神到实践是理论的源泉

钱学森对物质与精神的关系做了新的阐发,他说:"物质是世界的本源,万物由物质派生,意识也是物质的产物,精神既不能独立成为本源,也不可能派生物质,精神必须作用于物质才能产生力量。"⑤"其实意识、意识活动也是物质运动,意识之作用于物质也是通过特定的物质运动的。只是现在我们还不能通过脑科学讲清意识是什么样的物质运动,所以不得不把它划出来,称为意识、意识活动"。⑥ 物质是世界的本源,意识是物质的产物;精神不能独立成为本源,也不能派生物质,精神必须作用于物质才能产生力量。意识、精神都来自人脑,而人脑是物质的。所以马克思主义哲学是唯物主义的。钱学森指出,上升到马克思主义哲学的高度就是:"辩证唯物主义;人的意识当然是人的存在所决定的,但存在,即客观世界又是由人去改造的。"⑦"我们在改造客观世界的同时,要改造我们自己。"⑧意识是由于人的实践产生而储存于人脑的;而认识则是意识经过思维加工

---

① 《致邱峰》(1985年6月4日),《钱学森书信》(2),国防工业出版社2007年版,第317页。

② 《致匡调元》(1986年5月1日),《钱学森书信》(3),国防工业出版社2007年版,第124页。

③ 《致戴汝为》(1986年5月28日),《钱学森书信》(3),国防工业出版社2007年版,第141页。

④ 《对批评的回答——对汇集在论文集〈阿尔伯特·爱因斯坦:哲学家—科学家〉中各篇论文的意见》(1949年2月1日),《爱因斯坦文集(增补本)》(第一卷),商务印书馆2009年版,第642页。

⑤ 《致谢景安》(1994年2月22日),《钱学森书信》(8),国防工业出版社2007年版,第83页。

⑥ 《致谭暑生》(1991年8月14日),《钱学森书信》(6),国防工业出版社2007年版,第82页。

⑦ 《致刘天怡》(1986年4月21日),《钱学森书信》(3),国防工业出版社2007年版,第120页。

⑧ 《致钱学敏》(1989年9月5日),《钱学森书信》(5),国防工业出版社2007年版,第38-39页。

的结果。当然认识又存储于人脑。所以人越来越聪明,社会的人也越来越聪明。①

人的大脑可以加工从感觉器官传来的信息,也可以加工存贮于大脑中的信息,都能产生形象或声象。正常的由外界传给人的是第一种;人做梦就是第二种。这都是人体包括大脑在内物质运动的表现。濒死者所“见”是第二种,是做梦之外的做梦,或称幻觉。这也是作为物质的人体进入某种功能态所表现出来的。要解释,用辩证唯物主义哲学就够了。引入什么“彼岸世界独立的精神世界”是错误的。② 意识决定于存在,存在由人去改造。也就是说,主观世界决定于客观世界,客观世界由主观世界去改造;改造客观世界要和改造主观世界同时进行。“没有马克思主义哲学和开放的复杂巨系统理论是研究不了意识的。”③研究意识,既要坚持马克思主义哲学的理论指导,又要坚持开放的复杂巨系统理论的具体指导。从物质决定精神可以推断出实践是理论的源泉,物质决定精神与实践是理论的源泉是一致的。

(二)从精神反作用于物质到理论是实践的向导

钱学森提醒说,我们不能成为“机械唯物论者”,一定要重视精神作用,而精神作用是根据人的认识,人的认识又来自人的实践,而实践永无止境,所以精神的作用也永无止境。④ 钱学森解释了意念对物质、对自身、对他人作用的机理。“意念可以作用于物质,这是我们无时无刻不在体验的。”我们已经知道其经过的底细:脑发出指令到有关部位的肌肉,肌肉动作起来,等等。所谓经络说,是一个可能的说法。但是什么中介?现在设想是电磁波,一种复杂的调幅调频电磁波,这是有根据的。但细节又不知道了!⑤ 钱学森认为,“精神能够客观地作用于物质是明显又明确的”;而且精神说到底也是大脑这一由千亿个神经元组成的物质产生的。这就是马克思主义哲学、辩证唯物主义;而绝不是机械唯物论,也绝不是唯心主义!⑥ 意念(ideas of consciousness)是在实践后产生的。不是客观的,因为产生并

---

① 《致戴汝为》(1995年7月20日),《钱学森书信》(9),国防工业出版社2007年版,第299页。
② 《致马深》(1986年7月28日),《钱学森书信》(3),国防工业出版社2007年版,第203页。
③ 《致戴汝为》(1994年7月8日),《钱学森书信》(8),国防工业出版社2007年版,第256页。
④ 《致谢景安》(1994年2月22日),《钱学森书信》(8),国防工业出版社2007年版,第83页。
⑤ 《致彭贤》(1993年12月19日),《钱学森书信补编》(4),国防工业出版社2012年版,第247-248页。
⑥ 《致彭贤》(1993年12月19日),《钱学森书信补编》(4),国防工业出版社2012年版,第248页。

存在于主观;可是没有实践也就出不了"意念",则又是"主客观相互作用的产物"。[1] 精神是由物质产生的,又客观地作用于物质,意念是主客观相互作用的产物,这就是辩证唯物主义。从精神反作用于物质可以推论出理论是实践的向导,精神反作用于物质与理论是实践的向导是一致的。

5.1.2 坚持科学技术理论与实际相结合要重视实践的重要作用

钱学森对辩证唯物主义的阐发富有新意。他认为,客观世界是物质的,物质运动是客观的;认识主体可以通过实践认识客观世界,进而运用客观规律改造客观世界、改造人本身;主体认识总有局限性,认识过程永无止境。世界本质只有物质,物质是第一性;但物质的大脑有高层次活动,这就是意识;意识表现为精神,所以精神是第二性。精神虽是第二位的,但能反作用于物质,改造客观世界。[2] 人的认识只能来源于实践,自己的实践,或他人的实践而把其认知转告于我,或古人的实践通过书籍文字转告于我。[3] 不依靠实践,空想是得不到知识的。

(一)人认识客观世界的要素扩大为实践、精神财富、集体的作用

客观世界是第一性的,精神是第二性的,人可以通过实践逐步地认识客观世界规律,进而利用规律来改造客观世界。人通过实践认识到的客观世界规律叫知识、叫精神财富。钱学森指出:"我们现在应该把人认识客观世界的要素扩大为:①实践;②利用人类的精神财富;③集体的作用。对此进行深入研究才是发展马克思主义认识论的必要工作。"[4]钱学森将认识客观世界的要素细化为实践、精神财富和集体作用三个方面,即体现了认识来源于实践的辩证唯物主义观点,又体现了与时俱进的马克思主义精神特质。钱学森提出集体作用作为认识客观世界的要素值得认真深思和借鉴。"事情总是靠人干的,而人是受大脑指挥的,所以第一位的问题是认识问题。而认识来源于实践,也来源于学习。"[5]"人认识客观世界只有一条路,即实践的路。接受外界信息也是实践。"[6]要改造客观世界就必须

---

① 《致钱学敏》(1994年6月15日),《钱学森书信补编》(4),国防工业出版社2012年版,第337页。

② 《致王义勇》(1986年5月12日),《钱学森书信》(3),国防工业出版社2007年版,第134页。

③ 《致吴远》(1994年2月13日),《钱学森书信》(8),国防工业出版社2007年版,第66页。

④ 《致何萍》(1985年3月14日),《钱学森书信》(2),国防工业出版社2007年版,第204-205页。

⑤ 《致江觉贤》(1984年11月5日),《钱学森书信》(2),国防工业出版社2007年版,第67页。

⑥ 《致王义勇》(1985年12月5日),《钱学森书信》(3),国防工业出版社2007年版,第3页。

认识客观世界,认识客观世界只有实践,接受外界信息也是实践。认识来源于实践,也来源于学习。在现在科技迅速发展的时代,集体的作用越来越重要。钱学森丰富、深化和拓展了马克思主义认识论。钱学森将人认识客观世界的要素扩大为实践、精神财富和集体作用的观点本文认为具有重要意义。

首先,先有实践然后才有认识。马克思主义哲学认为先有实践然后才有认识,这是十分正确的。钱学森指出:“没有实践,就没有经验;没有经验,就没有感性认识;没有感性认识也就不可能有理性认识。”①实践—经验—感性认识—理性认识,这是认识的基本步骤。“要知道客观世界,必须通过认识主体的人与客观世界的交往,即实践。”②实践就是认识主体与客观世界的交往。“人通过实践总是可以认识客观世界的,科技、高科技中是会有暂时不认识的东西,但可以把不认识的东西独立出来专门做试验来搞清楚。我国的‘两弹’工作就是用这个办法来消除未知的。”③这是说,不认识的东西经过实践可以“消除未知”,变“未知”为“已知”。因为这是通过实践认识和检验了的对客观世界的一种认识。

其次,人类的精神财富是认识客观世界所不可缺的。钱学森指出,认识世界除了亲自实践这条路外,“还有过去和现在的会合。这是通过图书记录的;过去的认识通过图书记录传给我们,我们的认识又通过图书记录传给后代……科学、知识、文化非常重要,是人认识客观世界所不可缺的。K. Popper(即波普尔——笔者注)说这是世界三。三个世界论当然不对,但强调科学、知识、文化,或说人类的精神财富,则是正确的。”④钱学森认为古今中外所有图书记录是人类实践的结晶,是人类的精神财富,这是人认识客观世界非常重要的途径之一。“如果没有知识和文化的积累,只靠一个人生下来后自己实践”,同野人差不了多少!钱学森对波普尔进行批判地分析,认为三个世界的理论是不正确的,但是波普尔强调精神财富的重要作用,具有借鉴价值。钱学森强调了科学技术和文化知识的重要性,认为人类的精神财富是过去和现在的会合,是人类通过图书代代相传的经过实践的认识。钱学森强调了体现实践成果的精神财富的重要性,是对波普尔世界三的扬弃,记载在古今中外所有图书记录的精神财富对于认识作用巨大。

再次,现代科学加强和发展了集体的作用。钱学森认为:“认识的集体作用,

---

① 《致刘奎林》(1985 年 11 月 16 日),《钱学森书信》(2),国防工业出版社 2007 年版,第 510 页。

② 《致吴远》(1994 年 3 月 8 日),《钱学森书信》(8),国防工业出版社 2007 年版,第 97 页。

③ 《致郑功成》(1993 年 10 月 3 日),《钱学森书信补编》(4),国防工业出版社 2012 年版,第 219 – 220 页。

④ 《致何萍》(1985 年 3 月 14 日),《钱学森书信》(2),国防工业出版社 2007 年版,第 204 页。

自从人类有了语言、文字就有了,不是现代科学的特点。现代科学只不过加强和发展了集体的作用;到今天,由于交通通信的便利,科学研究的集体已不限于一个研究所,而是全国性和世界性的了。"①古人也提倡同道间的学术讨论,这也是认识的集体主体。对科学技术工作,要认真讨论,发挥集体的作用。钱学森非常强调科学研究中集体的作用,他不但在"两弹一星"工程中运用民主集中制原则调动广大科技工作者的积极性,而且还在科学研究中,采取学术讨论班的形式发挥集体的作用,并取得了一系列重要成果。

(二)人要通过大量的实践来认识客观世界

钱学森说:"一个人光有学问有技术,不行! 那办不了什么大事。人要有作为,真为人民办好事,还得敢干!"②这里所说的"敢干",就是要联系实际,做实际工作。正如毛泽东《在中国共产党全国宣传会议上的讲话》所指出的:"知识分子……一定要研究当前的情况,研究实际的经验和材料。"③我们进行科学研究工作,必须从实际出发,以理论作为武器,去考察、研究和掌握实际的特点和规律,从而把实际概括提升为理论。科学研究与实际需要结合,乃是一个由低级到高级,由部分到全面的逐步发展的过程,科技人员应该从实际条件出发,实事求是地循着这个方向前进。任何人企图"寻找捷径"或"一蹴而就",都是不可能的。

钱学森说:"人认识客观世界是很不容易的,就是要通过大量的实践,首先要在我们的头脑中产生一个认识这个客观世界的概念,懂得这个大概的道理,然后才能顺利去认识,你的概念要是错的,你的认识就是错的,那就要犯大错误。我们也可以考虑到马克思主义的认识论,就是要靠人的主观来认识客观,你这个主观要是不对头,客观就是认识不了。"关于社会主义精神文明建设问题,事实早就摆在那儿,人就是认识不了。几十年的工夫,吃了那么大亏,然后才觉悟了。1979 年叶剑英在中华人民共和国成立 30 周年的讲话④里第一次提出精神文明的重要性;

① 《致何萍》(1985 年 3 月 14 日),《钱学森书信》(2),国防工业出版社 2007 年版,第 203 - 204 页。

② 《致陈际平》(1988 年 2 月 2 日),《钱学森书信补编》(3),国防工业出版社 2007 年版,第 21 页。

③ 毛泽东:《在中国共产党全国宣传会议上的讲话》(1957 年 3 月 12 日),《建国以来重要文献选编》第十册,中央文献出版社 1994 年版,第 116 页;《在中国共产党全国宣传会议上的讲话》(1957 年 3 月 12 日),《毛泽东文集》第七卷,人民出版社 1999 年版,第 272 - 273 页。

④ 《在庆祝中华人民共和国成立三十周年大会上的讲话》(1979 年 9 月 29 日),《叶剑英选集》,人民出版社 1996 年版,第 515 - 552 页。

1982年在党的十二大报告①里写出关于社会主义精神文明建设问题4000字的论述;1986年在党的十二届六中全会写出《中共中央关于社会主义精神文明建设指导方针的决议》②。"人要变聪明点就是要掌握马克思主义哲学,即人是怎样认识客观世界这个问题,这样你自己就有点警惕性了,就不会自以为是,认为自己头脑里这套是对的,要考虑到可能是错的。我们如果真懂得这个道理后,人改造客观世界的能力要增加1万倍、10万倍、100万倍,到那时我们就是神了。"③钱学森的说法看起来好像有些言过其实,这也说明坚持马克思主义哲学认识客观世界比较客观,具有前瞻性。

钱学森说:"动手也是学习的开始,'干中学'是对的,不能等待。"④"新兴的系统科学之所以成为热门,是因为实际需要,不是什么理论问题。"至于"系统科学需要什么数学?这不能空谈,只有从事系统问题的实际工作,从实践中发现;我现在就不敢告诉您是什么数学理论,因为我也不知道。这样,我认为要学大系统所要的理论,最好先做大系统的工作;从工作中发现数学理论的需要"⑤。正如列宁多次引用歌德的话:"我的朋友,理论是灰色的,而生活之树是常青的。"⑥科技人员做科学研究一定要理论联系实际,既要有扎实的理论基础,又要在生产实践和科学实验中,锻炼独立进行研究工作和解决实际问题的能力,增长实际本领和才干。钱学森非常重视学术队伍的学风。学风严谨、正派,不是纸上谈兵。他要求学术带头人一定要深入实际亲自实践,钱学森在他所领导的科研学术团队运行模式的创新,不同于经院式的研究所,完全适应国家建设的大背景。

---

① 胡耀邦:《全面开创社会主义现代化建设的新局面》(1982年9月1日),《十二大以来重要文献选编》(上),人民出版社1986年版,第25-33页。

② 《中共中央关于社会主义精神文明建设指导方针的决议》(中国共产党第十二届中央委员会第六次全体会议一九八六年九月二十八日通过),《十二大以来重要文献选编》(下),人民出版社1988年版,第1173-1190页。

③ 《人体科学与现代科技发展纵横观》,人民出版社1996年版,第395页。

④ 《致钱学敏》(1989年10月12日),《钱学森书信》(5),国防工业出版社2007年版,第74页。

⑤ 《致王新民》(1991年10月19日),《钱学森书信》(6),国防工业出版社2007年版,第127页。

⑥ 《论策略书》(1917年4月8日和13日),《列宁选集》第三卷,人民出版社2012年版,第27页;《列宁专题文集 论马克思主义》,人民出版社2009年版,第169页。《怎样组织竞赛?》(1917年12月24—27日),《列宁选集》第三卷,人民出版社2012年版,第381页;《列宁专题文集 论社会主义》,人民出版社2009年版,第60页。

5.1.3 坚持科学技术理论与实际相结合要重视理论的重要作用

(一)没有不可知的事物,认识是人一步一步逼近目标

钱学森坚持可知论,对可知论中的唯心论和唯物论进行辩证分析,指出了可知论中的唯物论是正确的。“科学上的‘不可解’、‘不可判定’、‘不可能’和‘不可破’实是‘知’,不是‘不知’。”①钱学森指出:“所谓人定胜天,没有不可知的事物,可以有两种理解:如认为现在就能做到,则是唯心论;但如认为人在将来一步一步逐渐逼近此目标,则是唯物论。关键在于要知道:人的认识,对客观世界的认识,要靠实践。”②从这段话我们可以得出这样的结论:辩证唯物主义是可知论,不是不可知论;是由相对真理逐渐逼近绝对真理的唯物论,不是现在就能做到的唯心论;认识客观世界必须靠实践,钱学森的观点坚持了马克思主义的认识论。认识过程是无穷的,知识是无穷的,人只能掌握也永远掌握不全客观规律。钱学森指出:“人从社会实践中认识社会,而社会不断前进,人的认识与社会运动的客观规律总有一段差距,因而个人与社会的矛盾是永恒的,协调是暂时的。”③“人们的认识常常落后于事物的发展。这是一条规律。而且常常是因认识错误、吃了大亏,然后才总结经验,取得正确认识。这大概无法完全避免。唯一补救的办法是尽力掌握一些事物发展的普遍规律,即马克思主义哲学,以力求看得远些。”④首先是事物在发展,然后人们采取认识,所以认识常常落后于事物的发展。事物认识过程可以概括为:人们对于发展中的事物可能会产生正确和错误的认识,对正确的认识总结经验,对错误的认识总结教训,然后认识就逐渐达到正确。只有掌握马克思主义哲学,尽力掌握一些事物发展的普遍规律,才能在认识事物过程中尽量减少错误的认识,才能看得远、看得真。

钱学森说:“认识过程是无穷的,知识是无穷的。过程、历史、发展、前进,永无止境。我们现在知道的只是一小块,我们不知道的才是大海。”⑤“大彻大悟”只能

---

① 《致黄顺基》(1994年12月2日),《钱学森书信》(8),国防工业出版社2007年版,第493页。

② 《致邹俊伟》(1994年7月9日),《钱学森书信》(8),国防工业出版社2007年版,第262页。

③ 《致孙凯飞(一)》(1986年6月初),《钱学森书信》(3),国防工业出版社2007年版,第149页。

④ 《致刘海波》(1986年10月15日),《钱学森书信》(3),国防工业出版社2007年版,第295-296页。

⑤ 《致钱学敏》(1994年2月7日),《钱学森书信》(8),国防工业出版社2007年版,第60页。

是人类认识客观世界的终极目标,是最高理想;任何一个人都不可能达到这最终胜景。科技进步会促进这个过程。信息网络、大成智慧学和大成智慧工程,都会大大加速这个过程。从实践感知到感性认识是就事论事的经验总结,思维过程比较简单。从感性认识到理性认识是质的飞跃,这个认识过程很难。感性认识规律要嵌入理论体系,要选出可以嵌入的已知理论体系;如果都不合适,那就要修改已有理论体系。这一步比较难,逻辑思维当然要用,要验证;但重在找路子,所以泛化就很有用了。总之,我们是辩证唯物主义者,一方面要解放思想,看到光明,今人要胜过古人;另一方面又千万不可超出现实!① "人只能掌握也永远掌握不全客观规律,并按此行事。人是由于实践经验的累积而越来越聪明,但人永远也不会无所不知、无所不晓!"②钱学森坚持马克思主义认识论,并做了自己的阐发,丰富了唯物主义的认识论。钱学森的论述,让我们对事物的认识更加明确了。尽管科技进步加速了认识过程,人也越来越聪明,但是人永远都要虚心,不要骄傲。

(二)理论指导实践并通过实践进一步得到丰富

没有科学理论指导的盲目的实践,不可能不走弯路,不可能不遭到失败。理论可以预见未来。理论联系实际并不是说只要实际而不要理论。科学离不开理论的指导,正如爱因斯坦所指出的:"科学不能仅仅在经验的基础上成长起来。"实践和理论是辩证地互相推进和发展的,我们从为了解决实际生产问题出发,把理论应用到实际中去,帮助技术向前推进一步,而同时我们在实践中的体会使我们在理论的认识上又深入了一层;而且实践中也会发现一些从前所不知道的问题,这就是发展和丰富理论的养料,理论因而得到提高;而提高了的理论又可以进一步推动生产实践。只有这样,理论才会不断发展,也保证了技术和生产的不断更新和提高。所以在联系实际的同时,我们也要发展理论。"理论联系实际是辩证唯物主义的哲学",要把人家的经验和理论结合我国实际情况,创造出中国自己的科学技术。片面强调理论,忽视实验,轻视生产问题;或者仅仅做工人,做工程师,不要理论的研究和探索,都是不会联系实际。

钱学森认为,所谓实际认识活动中的超前反映,就是只有在人们从实践中认识了客观世界的运动规律之后,才能预见,才能超前反映。对广大群众来说,一般是做不到的;所以才需要党做工作,进行思想教育,也才有灵魂工程师的工作。就

---

① 《致戴汝为》(1995 年 6 月 21 日),《钱学森书信》(9),国防工业出版社 2007 年版,第261 - 262 页。

② 《致钱学敏》(1995 年 6 月 25 日),《钱学森书信》(9),国防工业出版社 2007 年版,第 268 页。

是对中国共产党,我们也要在革命的实践中不断总结经验,才能超前反映。我们党的两次历史性飞跃都是由此而来的。也只有这样认识,才能避免唯心主义。这一点对任何人都是重要的,文艺人、文艺理论家也不例外①。钱学森在《以科技的发展促进工业的发展》中根据中国实际与世界发展情况建议,“不是从工业的发展来促进科学技术,而是以发展科学技术来促进工业的发展……真正把科学技术作为一个产业”②。钱学森指出:“智能机的研制必须理论与实际密切配合,没有理论不行。”③“一定要抓理论,必须有理论的指导;理论指导实践,实践丰富理论!当前智能机的理论——思维科学,一定要抓上去……理论一定要为实际制造智能机服务。不能只为出论文。”④在智能机的研制过程中,一定要抓理论。

钱学森在航天医学工程研究所“脑科学研讨会”上所作《发展实用性脑科学研究》发言中说道:“我这个人往往是讲究实效的;我是搞理论的,理论联系实际,相信这一条。”他谈到当时世界各国都在竞赛人工智能和智能机研究时指出,这个工作是不健康的,因为“理论没有多少人搞”,说搞人工智能不需要理论的观点是完全错误的,按马克思主义哲学观点,理论指导实践,人要改造客观世界得先要认识客观世界,认识客观世界就知道世界事物发展的客观规律,也就是理论问题。没有理论怎么能盲目去做人工智能工作,做智能机工作;当然,实践是必要的,没有实践就没有一切。但是,实践当中就必须要总结经验,提高理论;然后再用理论来指导我们的实践,这样一个关系,怎么能说理论不需要呢?所以有些外国的人工智能、智能机的工作这些做法,至少有一部分人的做法是错误的,是不符合马克思主义哲学的,将来他们一定要碰壁,“中国人因为有马克思主义哲学的最高概括的认识,来指导我们这个非常重要的21世纪世界争夺的人工智能、智能机工作,我们必须重视理论”⑤。要理论联系实际,就必须有理论的指导,没有理论是不行的;一定要抓理论,用理论指导实践,在实践中丰富理论。

钱学森指出,理论工作者也可以联系实际。实际情况通过各种媒介,信息随

---

① 《致李准、丁振海》(1987年11月16日),《钱学森书信》(4),国防工业出版社2007年版,第80-81页。

② 《以科技的发展促进工业的发展》(1990年),《钱学森文集》(卷六),国防工业出版社2012年版,第158页。

③ 《致洪加威》(1985年5月18日),《钱学森书信补编》(1),国防工业出版社2012年版,第373页。

④ 《致洪加威》(1985年6月6日),《钱学森书信》(2),国防工业出版社2007年版,第321-322页。

⑤ 钱学森:《发展实用性脑科学研究》(1986年8月15日),卢明森编:《钱学森思维科学思想》,科学出版社2012年版,第110、111页。

手可得,就看理论工作者对大量的第一手材料注意不注意。我自己自当博士生起,就是理论工作者,我不搞实验室工作,也未当过工程师,更没有做过工;这就十足地脱离了实际了吗?我没有,因为我的老师教育我,一定要去实验室与实验工作者交朋友,了解他们的工作和想法;要与工程师交往,知道他们在工作中遇到的难题。而且要读工程实际的书刊,知道情况。我回到祖国后,更是高高在上,做的是技术组织工作;但我总要倾听在实干的技术人员的意见。现在我离现场更远了,但我的办法是看书、看报、听广播;您说我讲的那些数字,并不是我自己收集的,是报刊上的。① 钱学森在这里指出了理论联系实际的具体方法。

5.2 坚持科学技术理论与实际相结合的不同侧面分析

理论联系实际是马克思主义的重要观点。钱学森以为从马克思主义的实践观出发去考虑问题是"唯一的正确方法"②。研究理论要联系实际,要走出纯粹研究理论的"象牙之塔"。"青出于蓝而胜于蓝"最好的方法就是"理论联系实际"。在试图用理论去解决问题的过程中考验是否真正掌握了理论,如果理论还有不足之处,就可以继续发展、完善。钱学森在《关于马克思主义哲学和文艺学美学方法论的几个问题》中指出:"理论脱离不了实际,实际也脱离不了理论。理论跟实际是冷与热的结合。"③钱学森认为工程力学"必须理论联系实际";要"做到理论联系实际",就要认真学习并掌握马克思主义哲学,逐渐培养分析问题和解决问题的能力。钱学森认为,"不论人的思维还是数学总要力求合乎客观世界的运动变化规律,不然就成了胡思乱想、或主观臆造了;这是马克思主义的原则"④。根据马克思主义基本原理,要实事求是,而不是追求事物的简单化,思维要力求合乎客观世界的运动变化规律。在钱学森看来,坚持理论与实际相结合,就是坚持了具体问题具体分析,也就坚持了马克思主义实事求是的原则。坚持理论与实际相结合,是大成智慧学"集大成,得智慧"的重要方面。

---

① 《致钱学敏》(1990 年 5 月 10 日),《钱学森书信》(5),国防工业出版社 2007 年版,第250 - 251 页。

② 《致中国社会科学院哲学研究所"哲学与文化"课题组》(1989 年 2 月 20 日),《钱学森书信》(4),国防工业出版社 2007 年版,第 426 页。

③ 《关于马克思主义哲学和文艺学美学方法论的几个问题》(1985 年),《钱学森文集》(卷四),国防工业出版社 2012 年版,第 186 页。

④ 《致胡世华》(1988 年 2 月 29 日),《钱学森书信》(4),国防工业出版社 2007 年版,第 162 页。

5.2.1 要求科学技术理论与实践相结合

钱学森多次谈到理论联系实际问题:按照现代科技体系,知识分子都是科技工作者,都要理论联系实际。哲学家"是从哲学往下看问题",工程技术人员"是从世界的实际往上看问题",无论是"往上看问题"还是"往下看问题",都要"联系实际"①;"现在我们应该真正用马克思列宁主义毛泽东思想理论联系实际的观点,改正过去的错误。社会科学工作者中大多数要参与社会主义建设的实际工程中去,干实事,不说空话"②;"无论出国考察还是在国内工作,只有一条,联系实际。空谈泛论是不足取的"③。钱学森在发表于《科学大众》1956年10月号《从自己的业务中学习科学》中指出要把理论与业务结合起来,即"把学习和自己的业务结合起来,在不断改进自己的工作方法和提高自己的业务能力中去学习科学","灵活地在自己的业务中学习科学"。④ 钱学森说:"我总以为,'学'是解决实际问题的结果,而不是开头。这个思想我用另外的表达法写于《写在〈郭永怀文集〉后面》一文中。"⑤即钱学森所说:"把力学理论和火热的改造客观世界的革命运动结合起来……是一切技术科学所共有的,一方面是精深的理论,一方面是火热的斗争,是冷与热的结合,是理论与实践的结合。"⑥理论与实践相结合的方法是唯一正确的学习方法。

钱学森说:"我们办事无非是两个步骤,一是确定目标,二是用有效方法。也可以说是认识客观世界、改造客观世界。"⑦认识客观世界要靠理论,改造客观世界要靠实践。认识客观世界和改造客观世界是一个问题的两个方面,两者是辩证统一的。理论和实践也是一个问题的两个方面,也是辩证统一的。只有理论而不去实践,或者只有实践而没有理论都不能达到我们的目标,既不能很好地认识世

---

① 《致黄顺基》(1992年6月22日),《钱学森书信》(6),国防工业出版社2007年版,第315页。

② 《致李忠杰》(1994年1月30日),《钱学森书信》(8),国防工业出版社2007年版,第46-47页。

③ 《致张帆》(1984年10月27日),《钱学森书信》(2),国防工业出版社2007年版,第59页。

④ 《从自己的业务中学习科学》(1956年10月),《钱学森文集》(卷一),国防工业出版社2012年版,第106-107页。

⑤ 《致周曼殊》(1980年1月15日),《钱学森书信》(1),国防工业出版社2007年版,第145页。

⑥ 《写在〈郭永怀文集〉的后面》(1980年1月16日),《钱学森文集》(卷二),国防工业出版社2012年版,第302页。

⑦ 《致周诚》(1985年8月3日),《钱学森书信》(2),国防工业出版社2007年版,第400页。

界,也不能很好地改造世界。只有把理论和实践很好地结合起来,把认识客观世界和改造客观世界很好地结合起来,我们的事业才会成功,我们的目的才能达到。钱学森指出:"'大智'来源于洞察客观世界的最普遍、最概括的规律,而洞察就要能知道这些规律并会运用这些规律去改造客观世界"①;"人总是通过实践,总结经验,达到认识世界的一定程度,然后再根据这一认识,能动地改造世界。"②周恩来也说:"学习理论需要反复实践,才能掌握得更准确,领会得更深刻";"通才也好,专才也好,都需要理论与实际联系。"③科学研究既要向书本学习,又要向实践学习。图书是人类经验知识的结晶,认真地阅读科学技术理论和资料,把前人研究成果继承下来,掌握我们不会的东西,少走弯路。一切科学技术理论都必须拿到实践中去检验,根据丰富的实践经验加以必要修正和补充。科学研究要"集大成,得智慧",就要坚持科学技术理论与实践相结合。

钱学森致信郁文④指出陈云和马寅初是社会科学领域理论联系实际的典范。钱学森读了北京大学出版社 1990 年版的《马寅初经济论文选集(增订本)》后,"很受教育"。马寅初原来学习矿业专业,坚持"研究解决中国的实际经济问题",才成为一位有重大贡献的经济学学者,并建议在中国社会科学院"提倡研究马寅初"。钱学森在读了 1981 年中共中央党校出版社的邓力群著《向陈云同志学习做经济工作》、1991 年中央文献出版社出版的《陈云与新中国经济建设》(文集)、《陈云文选》第二集(1949—1956 年)及第三集(1956—1985 年)后认为,"深感这几本书都是在社会科学领域如何理论联系实际的好教材"。它们对我国社会科学界不能有所帮助吗?钱学森坚持实践是检验真理的唯一标准的思想。"人的认识最后靠实践来检验,不是没有客观标准"⑤,他以中医名家在治病实践中常常超出易理为例来说明这一思想。中医名家的治病实践经验常常超出易理,所以唯象中医学不能被易理框住,思想要解放!⑥ 钱学森再次强调:"实践是检验真理的唯一

---

① 《致刘元亮等四同志》(1986 年 12 月 3 日),《钱学森书信》(3),国防工业出版社 2007 年版,第 332 页。

② 《致王恩涌》(1992 年 7 月 9 日),《钱学森书信》(6),国防工业出版社 2007 年版,第 334 页。

③ 《在全国高等教育会议上的讲话》(1950 年 6 月 8 日),《周恩来选集》(下卷),人民出版社 1984 年版,第 18 页。

④ 《致郁文》(1991 年 10 月 12 日),《钱学森书信》(6),国防工业出版社 2007 年版,第 125 - 126 页。

⑤ 《致李泽厚》(1984 年 8 月 20 日),《钱学森书信》(1),国防工业出版社 2007 年版,第 502 页。

⑥ 《致林才生》(1995 年 7 月 17 日),《钱学森书信补编》(5),国防工业出版社 2012 年版,第 87 页。

标准”。

5.2.2　要求科学技术理论与实验相结合

科学研究一定要亲自动手,亲自参加到科学实验中去,才能发现问题,做出成绩。马克思列宁主义认识论指出,任何理论都来源于实践,检验理论的唯一标准就是实践。自然科学的发展和长期反复的科学实验是分不开的。为现代自然科学发展做出重大贡献的科学家都非常重视科学实验。牛顿和惠更斯就通过科学实验验证自己的理论;伽利略主张通过对自然界进行系统的观察和实验研究自然界。这是自然科学进入一个新阶段的重要标志。钱学森十分强调研究工作要建立在前人工作和认真观察客观现象基础上,必要时还需要亲自做实验。复杂问题往往需要经过多次反复,经历若干个认识、再认识过程,才能得到正确结论。阶段性结论与实验结果或实践经验作对比会随时引导这些反复。只有通过实验验证,且经过严密逻辑推理,才能肯定这个结论。

钱学森在航天医学工程研究所学术报告会上所作《当代科学前沿——人体科学》①的发言联系报告人观点着重阐述了“科学研究要理论与实验相结合”的问题。他反驳报告人“不能完全靠实验,还是靠理论”的观点指出“理论跟实验是要结合的”。如果“理论归理论、实验归实验”,最后“理论也进展不了,实验也进展不了”。“理论必须与实验相结合,也就是理论要提出了做哪些实验,而这些实验又恰恰证明理论所预见的结果”,科学研究就前进了。“理论与实验必须结合,不结合就没有用”,钱学森在实验中深切地感受到“马克思主义的哲学说清楚了就是理论和实践必须结合”。他总结说:“人从实际观察上升到理论,这个理论又要拿来检验下一阶段的实践。这样,反反复复地理论跟实际相结合,研究工作才能前进。”科学研究就是观察到理论,理论到实验……理论与实际反复结合的过程。钱学森针对“不能完全靠实验,还是靠理论”的观点指出要“理论跟实验相结合”。1985年10月,钱学森在中国人体科学研究会(筹)召开的“研究重点和研究方法讨论会”上作了题为《我们的研究工作要实验与理论并重》的讲话。他讲道:“虽然在座的都是做实验工作的,我想理论工作也是很重要的。到底猜想合不合乎科学的道理? 还是要靠理论工作。如果说是等离子体,需要在理论上加以证明,所以理论工作还是很重要的。这可以从现代科学来看一看,原子物理和高能物理研究都是实验工作与理论工作同时进行的,二者缺一不可。在这个问题上,恐怕我

---

① 《当代科学前沿——人体科学》(1985年6月17日),《人体科学与现代科技发展纵横观》,人民出版社1996年版,第277-278页。

们队伍中少一些搞理论工作的同志。"①这里,钱学森针对"在座的都是做实验工作的"非常重视实验,而提出"理论工作也很重要",要"实验工作与理论工作同时进行"。钱学森既反对单纯重视理论研究,也反对单纯重视实验工作,明确指出要"理论与实验相结合"的思想。坚持科学技术理论与实验相结合,才能"集大成,得智慧",科学研究才能有所创新、阔步前进。

5.2.3 要求科学技术理论与事实相结合

钱学森认为:"科学要从事实出发,并且最终要接受事实的检验。不然再'言之成理'也是空的。当然科学的创造要靠思维的火花,即在分析了观察的事实后,提出了一个事物机理的设想;但绝不能只提出设想,还要再根据这个设想,推导出可以用事实验证的论断;只有论断被事实验证了,理论才算成立,科学研究才算有了成果。"②空想得再美好,也不是科学。"讨论问题的重点应该是尊重事实,而不是什么形式上的简单。"③理论一定要从事实出发,最终要接受事实检验。钱学森认为,科学研究要理论与事实相结合。

1956年5月27日,钱学森在北京航空学院所作《航空技术的展望》的学术报告发表于《科学通报》1956年5月号。报告在关于流体力学问题中,指出不但要理论与实验相结合,还要理论与事实相结合。④ 钱学森在《航空技术的展望》⑤中在谈到"流体力学"问题时指出,有许多从事航空研究的人,以为流体力学的目的是把所有设计飞机的资料用理论上计算来求出。这是不对的!所有工程理论为了使数据计算能够真正做出来,必然地把事实简单化。没有一个工程理论能够完全代表事实。完善的工程理论也许能代表百分之八十的事实,差的工程理论更不能完全代表事实。推论完全不错、计算完全不错的最好工程理论也不过能做到百分之八十对。流体力学理论与实验数据没有百分之百相符合。飞机设计归根结底还是靠实验,包括风洞实验、模型实验、局部元件实验、飞机试飞等。若不明白

---

① 钱学森:《我们的研究工作要实验与理论并重》,霍有光编著:《钱学森年谱》,西安交通大学出版社2011年版,第456页。

② 《致余亚纲》(1987年10月4日),《钱学森书信》(4),国防工业出版社2007年版,第48-50页。

③ 《致罗启宇》(1963年7月13日),《钱学森书信补编》(1),国防工业出版社2012年版,第24页。

④ 《航空技术的展望》(1956年5月27日),《钱学森文集》(卷一),国防工业出版社2012年版,第76-77页。

⑤ 《航空技术的展望》(1956年6月),《钱学森文集》(卷一),国防工业出版社2012年版,第76-77页。

这一点，流体力学工作者必然容易盲目作些不必要的、没有价值的理论计算。钱学森又辩证地指出："理论可以使我们更明确地掌握事实，使我们了解实验的结果，使我们能进一步地利用实验结果。也就是说，有了理论我们就可以分析实验结果，因而发现问题的重点，我们就可以集中力量，而快快地解决这个问题。为什么理论能使我们进一步地利用实验结果呢？这是因为从理论我们可以寻找各式各样的相似律。这些相似律在空气动力学和气动力学中是十分重要的。"理论与事实的关系，又何止流体力学，其他学科又何尝不是如此呢？钱学森关于理论与事实相结合的思想具有普遍性。科学研究要"集大成，得智慧"，也应该坚持科学技术理论与事实相结合。

5.2.4 要求科学技术理论与技术相结合

技术依赖于科学，科学也依赖于技术，科学发现、技术发明、理论创新、制度创新都要考虑实际需要。正如恩格斯所说："技术在很大程度上依赖于科学状况……科学则在更大得多的程度上依赖于技术的状况和需要。"①钱学森从工程实践走向理论研究，对理论与技术辩证关系有深刻理解。他告诫科技工作者既要重视理论又要重视技术。"努力钻研航空理论和技术，以结合实际；要做到理论和实践的统一。航空技术的进展是一日千里，非有明确的理论不能赶上先进成就。但如果不能结合实际，理论就落空。不要忘了这一点真理。"②以振动问题为例，"工程实践中存在着大量的振动问题，因此搞振动又能帮助工程师解决问题，有联系实际的机会……具体搞法可以在掌握一般原理及方法后就去解决具体问题。这样才能真正巩固所学，才能深入。然后再从理论上深入一步……然后又回来搞具体应用。就这样学习、实践；再学习、再实践"③。钱学森回忆自己，从高中到十一届十三中全会的半个世纪，在理工方面学习和工作，"主要是自然科学和工程技术的结合"，不是纯科学工作者，也不是工程师，是从科学理论到工程实际，是"冷"与"热"的结合。④ 钱学森在《在中国力学学会第二届理事会扩大会议开幕式上的

---

① 《恩格斯致瓦尔特·博尔吉乌斯》(1894年1月25日)，《马克思恩格斯选集》(第四卷)，人民出版社2012年版，第648页；《马克思恩格斯文集》(第十卷)，人民出版社2009年版，第668页。

② 《致青年团华东航空学院委员会》(1956年5月1日)，《钱学森书信》(1)，国防工业出版社2007年版，第6页。

③ 《致肖宗明》(1961年12月3日)，《钱学森书信》(1)，国防工业出版社2007年版，第70－71页。

④ 参见钱学敏：《钱学森的哲学探索》，《北京大学学报》(哲学社会科学版)，1994年第4期，第62页。

讲话》中指出，应用力学"一个方面为工程技术服务，直接为生产力服务，一个方面为发展自然科学服务……这两部分工作应经常交流，密切配合，它们是相辅相成的，互相促进的"①。钱学森指出："一定要把理论同专家系统的研制结合起来，用实际研制为理论开路，用理论指导实际研制工作；两方面要经常交流看法，集体讨论。我认为这是事关成败的，务请注意。"②"搞一门学问一定要联系实际；搞控制论而不联系自动化系统的实际问题是弄不出好结果的……如果不考虑实际问题的需要而搞理论，也将失去生命力。"③钱学森本人就是将科学技术理论与技术结合在一起的典范。

对科技工作者，特别是工程师而言，理论离不开技术，技术也离不开理论。如果脱离技术，理论作为设想或假说无法得到证实。超导研究是"集理论与技术之大成"的典范案例。若没有低温技术发展，就无法发现低温超导现象；若没有各种现代化探测分析设备，就无法进行超导的深入研究。1984 年诺贝尔物理学奖获得者鲁比亚在青年时代就认为，"技术和实验是理论研究的必要前提"。他选择通过技术手段以证实高深理论作为自己"终生"专业，而不是从事纯理论研究。范德梅尔以工程师头衔获得诺贝尔物理学奖事实本身说明现代技术同理论是不可分离的。理论对技术的指导作用同样不能忽视。若没有理论需求，人们就不会耗费昂贵成本去做超导低温实验，超导现象就不会被发现；若没有量子理论的成熟，BCS 理论就不会产生；没有设计 BCS 理论作参考，人们只能凭经验和直觉去摸索选择超导材料并研究其性能，只能纯粹受偶然机遇摆布，超导研究不可能得到迅速发展。理论不能脱离技术的验证，技术离不开理论的指导。"集大成，得智慧"，科学研究要将科学技术理论与技术密切结合。

5.3 科学技术是第一生产力将科学技术理论与实践密切联系起来

钱学森认为应该认真贯彻科学技术是第一生产力的思想，应该认识到科学技

① 《在中国力学学会第二届理事会扩大会议开幕式上的讲话》(1982 年 5 月 9 日)，《钱学森文集》(卷三)，国防工业出版社 2012 年版，第 110 页。

② 《致李德华》(1986 年 7 月 21 日)，《钱学森书信》(3)，国防工业出版社 2007 年版，第189－190 页。

③ 《致张鸿庆》(1961 年 11 月 13 日)，《钱学森书信》(1)，国防工业出版社 2007 年版，第68－69 页。

术决定生产力决定国家的生存,应该认识到作为第一生产力的科学技术是包括11个科技大部门在内的整个现代科学技术体系,理论联系实际才能更好地认识客观世界和改造客观世界。马克思主义经典作家历来重视科学技术与生产力的关系问题。马克思指出:"生产力中也包括科学"①,"社会的劳动生产力,首先是科学的力量";毛泽东指出:"科学技术这一仗,一定要打,而且必须打好"②;邓小平提出四个现代化关键是科学技术现代化、"科学技术是生产力,这是马克思主义历来的观点""社会生产力有这样巨大的发展,劳动生产率有这样大幅度的提高……最主要的是靠科学的力量、技术的力量"③和"科学技术是第一生产力"④等著名论断;1995年5月,国家启动了"科教兴国战略";这些都说明科技在社会主义现代化建设中的作用与日俱增。钱学森与马克思主义经典作家的思想交相辉映、异曲同工。

5.3.1 科学技术决定生产力决定国家的生存

20世纪80年代,钱学森相继提出"科学技术决定生产力,决定国家的生存""科学技术是我们时代精神"等重要思想。钱学森在关于《科普工作及科普史研究》的谈话中指出:"过去只说科学技术是生产力,这不够,要提高一步,应该说科学技术决定生产力,决定国家的生存。"⑤钱学森在《科学革命、技术革命、社会革命与改革》中指出:"科学技术成为生产力的精华,没有科学技术就谈不上生产力。"⑥钱学森在《建国百年之际,中国必然强盛》中指出:"到21世纪科学技术将是主宰社会发展的一个最核心的力量。"⑦钱学森在《优秀的中国科技记者要考虑

① 马克思:《政治经济学批判(1857-1858年手稿)》,《马克思恩格斯文集》(第八卷),人民出版社2009年版,第188页;《马克思恩格斯全集》(第31卷),人民出版社1998年版,第94页。

② 《不搞科学技术,生产力无法提高》(1963年12月26日),《毛泽东文集》(第八卷),人民出版社1999年版,第351页。

③ 《在全国科学大会开幕式上的讲话》(1978年3月18日),《邓小平文选》(第二卷),人民出版社1994年版,第86-87页。

④ 《科学技术是第一生产力》(1988年9月5日、12日),《邓小平文选》(第三卷),人民出版社1993年版,第274、275页。

⑤ 《科普工作及科普史研究》(1985年7月30日),《钱学森文集》(卷四),国防工业出版社2012年版,第167页。

⑥ 《科学革命、技术革命、社会革命与改革》(1986年12月18日),《钱学森文集》(卷四),国防工业出版社2012年版,第390页。

⑦ 《建国百年之际,中国必然强盛》(1987年3月),《钱学森文集》(卷五),国防工业出版社2012年版,第71页。

的几个问题》中说:“科学技术确实非常重要,是生产力中最最重要的组成部分,因而科学技术是关系到国家命运的大事。”①钱学森在《对我国科技事业的一些思考》中指出:“科学技术是极其重要的力量,以经济建设为中心,不靠科学技术是不行的。”②1988 年,钱学森在中国科协成立 30 周年纪念大会上提出“科技兴国”③的重要论断。在“科学技术是第一生产力”重要论断提出不久,钱学森提出了“科技兴国”的重要思想,一方面是对中华人民共和国成立前“科学救国”思想的进一步阐发和深入思考;同时也是对“科学技术是第一生产力”重要论断的落实和深化。钱学森认为,在深刻认识到科学技术重要作用的同时,要贯彻落实邓小平提出的“科学技术是第一生产力”,实现“科技兴国”,真正做到江泽民提出的优先发展科技,“坚持依靠科技进步来提高经济效益和社会效益”④,就必须重视教育的基础地位,因为科技是第一生产力的重要作用只有依靠教育,内化到劳动者的素质中去。1990 年,钱学森提出:“今后 50 年,教育是第一位的大事。”⑤钱学森认为,“科学技术是第一生产力”是马克思主义的一个重要发展。我们要按这个原理来建设中国社会主义初级阶段。要考虑到建党一百周年,中国生产技术和生产组织水平达到当时世界一流水平这样一个总目标。“科技兴国”! 要达到这个目标,当然要自力更生为主,争取外援为辅,跨大步跃进,决不能一步一步爬。“两弹一星”的研制工作就是成功的范例。⑥ 我国生产力要有一个较大的提高,以大幅度改进经济效益及产品质量,最重要的是引用高技术;而高技术的主力在国防科技工业。中央专委应该考虑如何把这支力量动员起来为国民经济现代化服务。主

① 《优秀的中国科技记者要考虑的一个问题》(1987 年 4 月 17 日),《钱学森文集》(卷五),国防工业出版社 2012 年版,第 79 页。

② 《对我国科技事业的一些思考》(1991 年 3 月 22 日),《钱学森文集》(卷六),国防工业出版社 2012 年版,第 187 页。

③ 钱学森:《为科技兴国而奋力工作——在中国科学技术协会成立三十周年纪念大会上的报告》(1988 年 9 月 23 日),《中国科技史料》,1988 年第 9 卷第 4 期,第 10 页。《为科技兴国而奋斗》(1988 年 9 月 23 日),霍有光编著:《钱学森年谱》(初编),西安交通大学出版社 2011 年版,第 575 页。

④ 江泽民:《推动科技进步是全党全民的历史性任务》(1989 年 12 月 19 日),《新时期科学技术工作重要文献选编》,中央文献出版社 1995 年版,第 306 页;《十三大以来重要文献选编》(中),人民出版社 1991 年版,第 781 页。

⑤ 《致马宾、于景元》(1990 年 1 月 7 日),《钱学森书信》(5),国防工业出版社 2007 年版,第 159 页。

⑥ 《致朱光亚》(1989 年 10 月 3 日),《钱学森书信》(5),国防工业出版社 2007 年版,第 62 - 63 页。

要集中在生产系统的设计(工程系统工程)和自动化、计算机化、信息化两方面。[①]钱学森认为,研究科学技术是第一生产力的重要命题要分析借鉴国外的成功经验和失败教训。日本的做法值得我们深思。十几年来,日本人投入了不少人力物力研究发展航空技术,但最多出样机试飞为止,从来不搞生产;实用飞机总是买别国的,或同别国公司联合生产。日本人为什么这么干?我们应该研究,搞清楚。科学技术是第一生产力,事关重大,我们当参谋的,要善自为之,要对得起党,对得起人民![②] 本文分析认为,日本人之所以"发展技术",但是"不搞生产",原因可能在于日本的资源和能源比较匮乏,进口成本太大,日本国土狭小,劳动力比较缺乏,生产会造成严重污染等因素,致使日本人直接买实用飞机或同别国联合生产。钱学森关于"科技兴国"和"教育是第一位的大事"的思想对党和国家领导人的决策产生了重要影响。党的十四大报告指出"振兴经济首先要振兴科技","必须把教育摆在优先发展的战略地位"[③],这是第一次以党的文件的形式确定了科技和教育优先发展的战略地位。1995年"科教兴国"重要战略的提出是对这一思想进一步整合和制度化,已经作为国家战略贯彻到人民群众生产生活和学习工作的方方面面了。钱学森关于科学技术与生产力关系的思想与马克思主义经典作家交相辉映。

5.3.2 作为第一生产力的科学技术包括全部现代科学技术体系

1977年,钱学森在《现代科学技术》中指出:"要把我国建设成一个现代农业、现代工业、现代国防和现代化科学技术的社会主义强国,科学技术现代化是关键,但要我国科学技术现代化,就得首先对现代科学技术有个明确的概念。"[④]他认为,科学技术是以马克思主义哲学为最高概括的整个知识体系,"现代意义的科学技术……当然包括我们的社会科学及应用技术;也就是我说的十大部门"[⑤]。现代科技体系、人类知识体系是进行社会主义建设、改造客观世界的有力工具,是进

---

① 《致朱光亚》(1990年1月11日),《钱学森书信》(5),国防工业出版社2007年版,第166页。

② 《致朱光亚》(1990年1月25日),《钱学森书信》(5),国防工业出版社2007年版,第179页。

③ 《加快改革开放和现代化建设步伐,夺取有中国特色社会主义事业的更大胜利》(1992年10月12日),《江泽民文选》(第一卷),人民出版社2006年版,第232、233页。

④ 《现代科学技术》(1977年12月9日),《钱学森文集》(卷二),国防工业出版社2012年版,第94页。

⑤ 《致张明坎》(1991年10月3日),《钱学森书信补编》(3),国防工业出版社2012年版,第386页。

行学术研究、理论创新、触类旁通的有效途径。懂得了现代科学技术体系乃至人类知识体系之后就能触类旁通,“集大成,得智慧”。

对有人认为科学技术仅仅指自然科学的观点,钱学森指出这是不正确的。客观世界既包括自然界也包括社会,自然界和社会统一于客观世界之中,自然界和社会不能截然分开,社会科学和自然科学也不能截然分开。钱学森在全国政协科技委员会全体委员会会议上所作《当前中国科学技术工作中的六个问题》报告中指出,科学技术的应用研究和开发要靠国内环境。“科学是生产力”,但是科学技术不是自然而然就会变成生产力,很重要的是靠整个社会经济的运行机制。治理整顿、深化改革的措施,要从长远看,有利于发挥科学技术是第一生产力的作用。这是要真正的实现“科技兴国”。[①] 仅有自然科学和工程技术的知识是不够的,要把科学技术变成第一生产力,还要靠社会科学。中国科协促进自然科学和社会科学联盟工作委员会的工作是很重要的,因为这是大科学技术。邓小平讲科学技术是第一生产力,实际上是讲大科学技术,包括社会科学在内。[②] 用历史唯物主义的观点来看,这就是经济基础和上层建筑的反作用。所谓治理整顿、深化改革就是要求进行经济体制改革和政治体制改革,以有利于社会生产力的发展,有利于“科技兴国”。

钱学森指出,科学技术是第一生产力的研究,在今后似应解决以下两个问题:第一,科学技术要包括社会科学;第二,社会科学不能停留于“理论”即基础科学层次,还有技术理论层次,还应包括应用技术层次。如不解决这两个问题,那这种科学技术也是残缺的,也形不成真正的现代化生产力。[③] 钱学森在1995年全国科技大会召开之前,想到“有两个高层次的问题,不是什么选题问题,也不是什么规划问题,而是更大的问题”。其中之一就是“科学技术包不包括社会科学?”这是不能回避的。他主张“科学技术包括社会科学,社会科学也是生产力”[④]。第一生产力的科学技术,“不但包括自然科学工程技术,也包括社会科学”[⑤]。江泽民在全国

① 《当前中国科学技术工作中的六个问题》(1990年3月17日),《钱学森文集》(卷六),国防工业出版社2012年版,第130页。

② 《当前中国科学技术工作中的六个问题》(1990年3月17日),《钱学森文集》(卷六),国防工业出版社2012年版,第132页。

③ 《致高光》(1992年2月19日),《钱学森书信》(6),国防工业出版社2007年版,第259页。

④ 《致宋健》(1994年10月17日),《钱学森书信》(8),国防工业出版社2007年版,第407－408页。

⑤ 《致朱光亚》(1995年3月22日),《钱学森书信》(9),国防工业出版社2007年版,第148页。

科学技术大会做出了“科学当然包括社会科学”①的论断。这是对钱学森等学者一贯坚持“社会科学也是生产力”思想的呼应。

钱学森指出“管理也是生产力”②。社会生产力问题是当前我国社会主义建设中的大问题。生产力既靠科学技术,也靠生产的组织管理。社会生产力问题更是包括社会科学和自然科学技术,以至行为科学的系统工程、生产力系统工程。③关于“社会生产力”的理解,如果理解为生产过程中的生产能力,那当然是生产者和生产工具二要素;如果理解为社会组织生产的必要组成部分,那就要加上劳动对象,成为三要素。组织管理生产的能力成为其中重要要素。“科学技术是第一生产力”,那是说不论是生产者、生产工具、生产组织管理,还是生产者、生产工具、生产组织管理、劳动对象,其背后都以科学技术为依托。科学技术是基础,而且科学技术包括社会科学。④ 生产力既包括自然科学,也包括社会科学;既包括科学技术,也包括组织管理。科学技术是生产力,组织管理也是生产力。

钱学森进一步指出不但社会科学是第一生产力,而且马克思主义哲学、文艺也是生产力:“科学技术是第一生产力,这科学技术包括社会科学。放开一点看,这科学技术可能包括全部现代科学技术的十大部门,连艺术也包括。”⑤“关于社会科学也是第一生产力的问题,我仍坚信不移;因为我已建立了以马克思主义哲学为最高概括的现代科学技术体系,文艺、哲学都在内了。”⑥搞好生产力,有时要用马克思主义哲学,用辩证法。所以马克思主义哲学也是生产力。还有产品设计要用“工业设计”(Industrial Design),那是把艺术引入到生产。所以文艺也可以是生产力。⑦ 从现代科技体系出发,钱学森认为自然科学、社会科学、文学艺术、马克思主义哲学都是生产力。

---

① 《实施科教兴国战略》(1995年5月26日),《江泽民文选》(第一卷),人民出版社2006年版,第434页。

② 顾吉环、李明编:《钱学森读报批注》,国防工业出版社2012年版,第58页。

③ 《致熊映梧》(1992年2月15日),《钱学森书信》(6),国防工业出版社2007年版,第255页。

④ 《致于景元、钱学敏》(1994年8月10日),《钱学森书信》(8),国防工业出版社2007年版,第322-323页。

⑤ 《致于景元》(1991年8月30日),《钱学森书信》(6),国防工业出版社2007年版,第104页。

⑥ 《致宋健》(1994年11月16日),《钱学森书信》(8),国防工业出版社2007年版,第472页。

⑦ 《致于景元(二)》(1994年11月25日),《钱学森书信》(8),国防工业出版社2007年版,第488页。

5.3.3 理论联系实际才能更好地认识客观世界和改造客观世界

1958年8月1日,钱学森在中国力学学会常务理事会召开的“传达科学规划委员会第五次扩大会议报告会”上作了题为《争取力学工作的大跃进》①的长篇报告。他在“理论联系实际”一节结合力学工作对理论联系实际问题做了比较全面的阐述。怎样联系实际,联系生产?要到生产中去了解问题,要到生产中去补课,要和工程师一道解决生产中的问题。力学工作者绝不能斤斤计较问题内容的学术性,够不够世界水平,配不配来研究,只要是生产中需要力学工作者解决的问题,我们就应该做。力学工作者的任务是参加到实际和生产中去发现力学问题,运用自己的力学理论知识和实践经验来解决它,从而在生产中贡献自己的力量。我们反对不从实践中去找研究对象而不是取消力学工作;我们还要利用力学已有的知识,大胆地提出改进或改造现有的工程技术。力学工作里的大、中、小或高、中、初各个类型的问题在国民经济里都有重要意义,我们决不能只重视一种类型的问题而忽视了其他一种类型的问题。我们的方针应该是大、中、小相结合,高、中、初相结合。

马克思说过,人体解剖是猴体解剖的一把钥匙。作为在科技理论和科技实践两个方面都卓有建树的著名科学家,钱学森对于理解和把握科学技术理论与实际相结合的重要规律具有重要启示。理论联系实际是钱学森一生的工作中心。他之所以取得这么大的成就,赢得了这么多的荣誉,最重要的归结到一点就是,理论联系实际。钱学森做了总结,认为自己“一生的工作中心就是理论联系实际”②。钱学森回忆说,钟兆琳老师“是我在上海交大得教诲最深的几位之一,我一生忘不了他教我把理论与实际结合起来”③。导师王士倬教导钱学森说:“一个有责任感的科学家,必须对社会做出更加实际的贡献;一个出色的科学家,必然是改变社会现象的有利因素。”④加州理工学院博士导师冯·卡门“一再强调理论必须真正解决实际中的关键问题”。冯·卡门建议钱学森立足于当时航空技术需要解决的两个实际问题。后来钱学森又在空气动力学、固体力学、导弹火箭、航空航天、工程控制论、物理力学等领域做出了一系列重要理论创新。钱学森相继参与试射第一

---

① 霍有光编著:《钱学森年谱》(初编),西安交通大学出版社2011年版,第141页。

② 《致钱学敏》(1993年9月12日),《钱学森书信》(7),国防工业出版社2007年版,第357-358页。

③ 《致钟万勰》(1990年4月13日),《钱学森书信补编》(3),国防工业出版社2012年版,第254页。

④ 奚启新:《钱学森传》,人民出版社2011年版,第55页。

枚探空火箭、重新设计"塔科马海峡大桥"、研制"火箭助推器"、硝酸—苯胺燃料液体火箭发动机的第一次飞行试验、研制"列兵A"、研制"女兵下士"探空火箭、研制固体燃料火箭和建造超音速风洞、美国"'庞然大物'两箭结合试验"、研制"下士"火箭等重要工程实践。

归国后,工作就是"理论联系实际"。钱学森把科学技术的理论和实践结合得最好的例子,理所当然是"两弹一星"。在导弹方面,钱学森领导了地地导弹①、地空导弹、岸舰导弹、舰舰导弹的工程实践。在火箭方面,钱学森从1964年领导研制生物火箭到"长征-1号""长征-2号""长征-3号"运载火箭。在人造卫星方面,钱学森还领导了中国人造卫星"三小步""三大步"工程实践。② 钱学森还参与核潜艇与潜地导弹的工程实践,1972—1976年,领导设计制造了中国第一艘核动力潜艇;1982年,参与组织领导了潜艇水下发射导弹任务。钱学森还领导载人航天宇宙飞船"曙光-1号"的工程实践。他对"两弹一星"的杰出贡献,赢得了"国家杰出贡献科学家"和"两弹一星元勋"崇高荣誉,成为共和国大功臣。

---

① 1960年,钱学森主持研制成功中国第一枚近程导弹;1964年,中国第一枚改进后的中近程地地导弹发射成功;1966年,中国首次导弹与原子弹"两弹结合"试验发射成功;1968年,中程地地导弹与氢弹组成的热核导弹试验成功;"八年四弹"规划中的"东风-2号甲""东风-3号""东风-4号""东风-5号"分别于1966年、1967年、1970年、1971年发射成功;1980年,中国洲际导弹第一次全程飞行试验成功。

② 1960年,中国第一枚液体探空火箭"T-7M"发射成功;1970年,中国第一颗人造地球卫星"东方红-1号"成功发射;1971年,科学探测卫星"实践-1号"成功发射;1975年,成功发射了中国第一颗返回式卫星;1984年,成功发射了"东方红-2号"地球静止轨道通信卫星。

第 6 章

钱学森大成智慧学的实践形式

钱学森大成智慧学在当代具有旺盛的生命力,需要进一步研究大成智慧学的内部要素、实践形式和当代价值。大成智慧学是一个理论形态,要把它应用到实践中去,还要研究大成智慧学的实践形式和应用形式。大成智慧学的应用技术和实践技术是大成智慧工程,其工作体系是从定性到定量综合集成研讨厅体系,其应用集体是总体设计部,其教育模式是大成智慧教育。

6.1 大成智慧工程:大成智慧学的实践技术

由于开放复杂巨系统,系统科学升华到了大成智慧学,系统工程升华到了大成智慧工程。大成智慧工程也即复杂系统工程。① 大成智慧工程之于大成智慧学犹如系统工程之于系统科学。

6.1.1 大成智慧工程的内涵

早在《关于大成智慧的谈话》之前,钱学森在书信中就多次提到了"大成智慧工程"的概念及其思想。1992 年 8 月 27 日,钱学森致信王寿云最早提出"大成智慧工程"的概念。他指出,"大成智慧工程"(Meta-synthetic Engineering)②是对"从定性到定量综合集成方法"和"从定性到定量综合集成研讨厅体系"概念的进一步深化。"大成智慧工程"吸取了中国传统文化精华,有中国味。钱学森对七人研究小组进行了分工,明确指出,"大成智慧工程"的领导核心就是"第五次产业革命"

---

① 徐玖平:《钱学森创建系统科学的回顾及展望》,中国科学院艺术工作局编,《钱学森先生诞辰 100 周年纪念文集》,科学出版社 2012 年版,第 363 页。

② 钱学森指出,把人类几千年来的智慧成就集其大成,把计算机科学技术、人工智能技术、作战模拟技术、思维科学、学术交流经验,加上马克思主义哲学,合成为"大成智慧工程"。

的五员大将，王寿云为主帅，于景元抓联系实际问题这一核心，戴汝为负责吸取人工智能的成就，汪成为负责软硬件组织工作，钱学敏负责哲学的概念深化与提高。涂元季为联系人。① 这样以钱学森为主脑的七人学术小组分工明确，责任直接，密切合作，互为补充，是学术民主的典范。10月10日，钱学森致信钱学敏指出，“大成智慧工程”是利用现代科学技术体系的思想，综合古今中外上万亿个人类头脑的智慧。② 19日，钱学森致信戴汝为指出：“我们的事业是伟大的，我们是要把古今中外千亿人的头脑组织成一个伟大的思维体系，复杂超巨型系统。可否称之为‘大成智慧工程’?”③11月8日，钱学森致信钱学敏指出：“智慧的社会表现是人的思想品德”，“智慧又是‘大成智慧工程’的内涵”，大成智慧工程还要扩展，包括文化事业的实践经验所产生的智慧。要“从科学技术体系扩展到智慧体系。1992年11月13日，钱学森在《关于大成智慧的谈话》④中第一次正式提出“大成智慧工程”思想。钱学森把“从定性到定量综合集成技术”称作“大成智慧工程”。大成智慧工程是“系统工程的发展”，为了“解决开放的复杂巨系统问题”，是“把现代系统工程方法和马克思认识论结合起来”，是“方法论上的飞跃，大发展”。1993年11月5日，钱学森致信钱学敏指出，在文物工作中可以运用大成智慧工程，即“用研究文物的各个方面，并引用史学成果，通过从定性到定量综合集成，全面地解决问题。是大成智慧工程在文物考古事业中的运用”。⑤

6.1.2 大成智慧结构体系的构建

1993年10月7日，钱学森指出：“大成智慧工程……是我们这个集体的‘命根子’。”⑥2001年3月20日，钱学森在接受《文汇报》记者采访⑦时说了这么几层意

---

① 《致王寿云》(1992年8月27日)，《钱学森书信》(6)，国防工业出版社2007年版，第392-393页。

② 《致钱学敏》(1992年10月10日)，《钱学森书信》(6)，国防工业出版社2007年版，第491页。

③ 《致戴汝为》(1992年10月19日)，《钱学森书信》(6)，国防工业出版社2007年版，第502页。

④ 《关于大成智慧的谈话》(1992年11月13日)，《钱学森文集》(卷六)，国防工业出版社2012年版，第273-274页。

⑤ 《致钱学敏》(1993年11月5日)，《钱学森书信补编》(4)，国防工业出版社2007年版，第234页。

⑥ 《致钱学敏(一)》(1993年10月7日)，《钱学森书信》(7)，国防工业出版社2007年版，第385页。

⑦ 《以人为主发展大成智慧工程》(2001年3月20日)，《创建系统学》(新世纪版)，上海交通大学出版社2007年版，第216页。

思：第一，钱学森认为大成智慧工程和大成智慧学是从系统工程和系统科学发展而来的，其中一个重要原因是开放复杂巨系统及其方法论——从定性到定量综合集成法的出现；第二，大成智慧工程和大成智慧学都要以马克思主义哲学为指导，并且由于马克思主义哲学指导，"大成智慧工程和大成智慧学在21世纪一定会成功"，钱学森的革命乐观主义精神跃然纸上。"大成智慧学"是由"大成智慧工程"进一步概括提炼而成的。"大成智慧学"就是指导"大成智慧工程"的基础科学层次，即技术科学的理论，是认识世界的知识。"大成智慧工程"实质上就是"大成智慧学"的工程技术层次，是直接改造世界的知识，也是"大成智慧学"的实践技术和应用形式。如果按照钱学森"三个层次一架桥梁"的结构体系框架，"大成智慧"的工程技术层次是大成智慧工程，其技术科学层次是大成智慧理论，其基础科学层次是大成智慧学，其桥梁是大成智慧论。

钱学敏指出"大成智慧工程"是一场技术革命①，这是很正确的。戴汝为等对大成智慧工程进行了深入研究，取得了重要成果。② 戴汝为在《钱学森论大成智慧工程》中认为大成智慧工程的实质是通过网络信息空间的综合集成研讨厅体系，把专家系统、知识系统和计算机系统有机地结合起来，构成人机结合、以人为主的智能系统，对开放复杂巨系统进行分层递进地从定性到定量、从感性到理性、从理论到实践进行分析与综合，逐步深入、不断提高。分散的信息、知识和智慧通过不断的交互反馈，集成涌现出群体智慧，大幅度地提升观察和解决开放复杂巨系统的能力，大大增加了解决方案的科学性和有效性③。钱学森对大成智慧工程也感到"太新奇"，他预测"开放的复杂巨系统学和大成智慧工程要十几年之后才能为人们所接受"④。到今天整整20年过去了，大成智慧工程虽然得到深入研究，但是离"为人们所接受"恐怕还要有很长一段路要走。

---

① 钱学敏：《科技革命与社会革命》，《哲学研究》1993年第12期，第22页。

② 戴汝为在综合集成法方面的论文有：《大成智慧工程》，《冶金自动化》2000年第1期，第1-6页。《钱学森论大成智慧工程》，《中国工程科学》2001年第12期，第14-20页。《系统科学与思维科学交叉发展的硕果——大成智慧工程》，《系统工程理论与实践》2002年第5期，第8-11页。

③ 戴汝为：《钱学森论大成智慧工程》，《中国工程科学》2001年第12期，第14-20页。

④ 《致于景元》（1993年3月12日），《钱学森书信》（7），国防工业出版社2007年版，第154页。

6.2 从定性到定量综合集成研讨厅体系：大成智慧学的工作体系

从定性到定量综合集成研讨厅体系是作为从定性到定量综合集成法的工作体系而提出来的。钱学森指出："从定性到定量综合研讨厅体系……是我们这个集体的'命根子'。"①综合集成研讨厅思想在学术界引起巨大轰动，受到国家的关注和支持，在理论研究和应用研究两方面都得到巨大发展。

6.2.1 综合集成研讨厅体系的内涵

1992年3月2日，钱学森最早提出"从定性到定量综合集成研讨厅体系"②的新概念。6日，钱学森致信汪成为指出，"从定性到定量综合集成研讨厅体系"是专家们同计算机和信息资料情报系统一起工作的"厅"。③ 13日，钱学森致信戴汝为指出，"从定性到定量综合集成研讨厅体系"是21世纪民主集中制工作厅，是辩证思维的体现。④ 民主集中制要用必要的科学技术手段来实现。23日，钱学森致信戴汝为指出，从定性到定量综合集成研讨厅体系可以完成从思维角度找出思维能力发展的途径并付诸实施这一任务。⑤ 6月30日，钱学森致信于景元指出："这个'厅'是专家集体与书本成文的知识、不成文的零星体会、各种信息资料，以及由

---

① 《致钱学敏(一)》(1993年10月7日)，《钱学森书信》(7)，国防工业出版社2007年版，第385页。

② 《致王寿云》(1992年3月2日)，《钱学森书信》(6)，国防工业出版社2007年版，第266页。钱学森认为"从定性到定量综合集成研讨厅体系"是把下列经验汇总了：1. 几十年来世界学术讨论的Seminar；2. C^3/I及作战模拟；3. 从定性到定量综合集成法；4. 情报信息技术；5. "第五次产业革命"；6. 人工智能；7. "灵境"；8. 人机结合智能系统；9. 系统学；10. ……

③ 《致汪成为》(1992年3月6日)，《钱学森书信》(6)，国防工业出版社2007年版，第271页。

④ 钱学森认为，"从定性到定量综合集成研讨厅体系"是把专家们和知识库信息系统、各AI系统、几十亿次/秒的巨型计算机，象(像)作战指挥演示厅那样组织起来，成为巨型人机结合的智能系统。组织二字代表了逻辑、理性，而专家们和各种AI系统代表了以实践经验为基础的非逻辑、非理性智能。所以这个厅是21世纪的民主集中工作厅，是辩证思维的体现！参见《致戴汝为》(1992年3月13日)，《钱学森书信》(6)，国防工业出版社2007年版，第279页。

⑤ 《致戴汝为》(1992年3月23日)，《钱学森书信》(6)，国防工业出版社2007年版，第285－286页。

以上'情报'激活了的专为研究问题的 supporting software,之间的反复相互作用,不是单向箭头,是双向箭头。其中还要用电子计祘(算)机试祘(算),祘(算)出结果又引起专家要查询资料、要新的激活了的'情报'、就连'命题'也要修订,不是从一开始就定死了的。在一轮讨论中,这种交互作用出现可以很快,所以电子计祘(算)机要高速、并联工作。"①10 月 10 日,钱学森说:"从定性到定量综合集成法要建立一个工作体系,从定性到定量综合集成研讨厅体系……这是利用我们的现代科学技术体系的思想,综合古今中外,上万亿个人类头脑的智慧!所以可以称之为'大成智慧工程'!前无古人!"②钱学森认为从定性到定量综合集成研讨厅体系可以称为"大成智慧工程"。钱学森自称"奇想""前无古人",是说提出"从定性到定量综合集成研讨厅体系""大成智慧工程"的思想和命题具有独创性。11 月 4 日,钱学森致信汪成为指出"定性到定量综合集成技术"英译为 Metasynthetic Engineering。"定性到定量综合集成研讨厅"英译为 Hall for Work shop of Metasynthetic Engineering"③,缩写 HWSME。

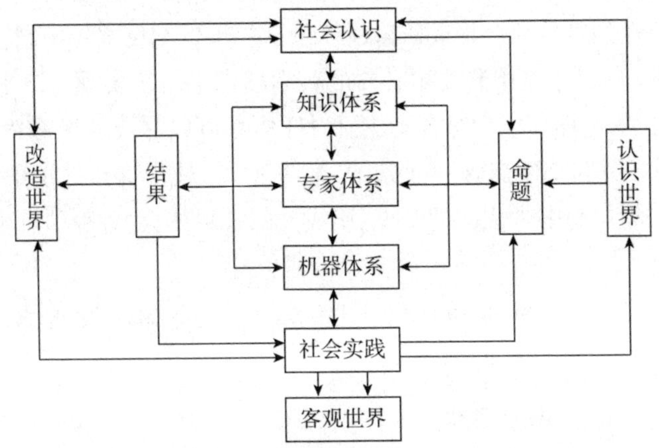

图 6.1　从定性到定量综合集成研讨厅体系结构示意图④

Figure 6.1　System structure diagram of Hall for Work shop of Meta-synthetic Engineering system

---

① 《致于景元》(1992 年 6 月 30 日),《钱学森书信》(6),国防工业出版社 2007 年版,第 325 页。

② 《致钱学敏》(1992 年 10 月 10 日),《钱学森书信》(6),国防工业出版社 2007 年版,第 491 页。

③ 《致汪成为》(1992 年 11 月 4 日),《钱学森书信》(7),国防工业出版社 2007 年版,第 5 页。

④ 本示意图参照王文华"研讨厅体系结构示意图",并略作修改而成。参见王文华:《钱学森学术思想》,四川科学技术出版社 2007 年版,第 140 页。

1992 年 11 月 13 日,钱学森在关于大成智慧的谈话中第一个问题谈的就是“关于建设从定性到定量综合集成研讨厅体系”。1993 年 4 月 10 日,钱学森致信戴汝为指出:“在从定性到定量综合集成研讨厅体系中,核心的还是人,即专家们。”只有处于高度激发状态才能使体系高效运转。[①] 钱学森等在 1995 年 1 月 11 日,递交中央领导审阅的《我们应该研究如何迎接 21 世纪》中认为“从定性到定量综合集成研讨厅体系”也是人机结合精神生产力的一种形式。[②] 这种人机结合、以人为本的综合集成研讨厅体系是把大成智慧学中坚持政治与科学技术相结合、坚持马克思主义哲学与科学技术相结合、坚持科学技术理论与实践相结合、坚持自然科学与社会科学相结合、坚持科学技术与文学艺术相结合等方面有效地结合起来,获得“大成智慧”。决策方案往往能够有操作性,具有战略意义;又切实可行,有所创新。王寿云和汪成为首先对综合集成研讨厅的应用进行了探索。1995 年 5 月 8 日,他们向钱学森汇报了相关探索情况,14 日钱学森在回信中高兴地说:“已有了个能运转的研讨厅体系了……要有一帮肯下功夫在研讨厅‘泡’的同志。‘熟’才能生‘巧’嘛。”2000 年 7 月 23 日钱学森致信汪成为指出:“‘定性到定量综合集成研讨厅体系’有了进展,可喜可庆!”汪成为去国防大学和国防科技大学开讲定性到定量综合集成工作,钱学森认为是“大好事”。

6.2.2　综合集成研讨厅的应用研究与理论研究

从钱学森 1992 年提出综合集成研讨厅以来的短短 20 年时间,理论研究和应用研究都取得了突飞猛进的发展,这与国家的重视与支持密切相关。1993—1996 年,在国家“863 计划”支持下,由于景元、戴汝为、冯珊负责,开展了“综合集成的宏观经济智能决策支持系统(MSMEDSS)”的研究。这是关于综合集成研讨厅应用的重要探索。人机环境系统工程专业委员会于 1993 年 12 月、1995 年 8 月、1997 年 9 月分别召开了首届、第二届、第三届学术年会,并分别出版了《人机环境系统工程研究进展》第 1 卷、第 2 卷、第 3 卷,这是在钱学森综合集成方法论的指导下,结合经济系统所进行的方法体系研究。[③] 经过两年多的筹备,1999 年 7 月 9 日,“支持宏观经济决策的人机结合综合集成体系研究”(79990580)重大课题获得

① 《致戴汝为》(1993 年 4 月 10 日),《钱学森书信》(7),国防工业出版社 2007 年版,第 185 页。

② 《我们应该研究如何迎接 21 世纪》(1995 年 1 月 11 日),《钱学森文集》(卷六),国防工业出版社 2012 年版,第 349 页。

③ 王文华:《钱学森学术思想》,四川科学技术出版社 2007 年版,第 142 页。

国家自然科学基金委员会批准并获得经费资助。从1999年6月开始到2004年7月结束,被国家自然科学基金委评为特优。课题由中国科学院自动化研究所戴汝为院士负责,分为四个子课题发表文章27篇,占国家自然科学基金资助文章的49%。其中,关于综合集成研讨厅总论、第一个子课题"人机结合综合集成体系雏形及其支撑环境的研制"(79990581)发表的文章最多;第三个子课题"支持宏观经济决策的综合集成方法体系与系统学研究"(79990583)次之,但其报告《综合集成方法体系与系统学研究》由科学出版社2007年出版,是该课题中唯一一部著作。中国社会科学院已经接受了钱学森提出的"综合集成研讨厅"和"总体设计部"思想,正投巨资建立"经济社会发展综合实验室"。[①] 这将为国家级"综合集成研讨厅"和"总体设计部"积累经验。

在综合集成研讨厅的理论研究方面也取得了重要成果。钱学敏认为研讨厅体系是坚持大成智慧学形象思维与逻辑思维相结合,坚持科学与经验相结合,坚持性智与量智相结合,坚持直觉与灵感相结合,准确地把握事物的现象与本质、微观与宏观、部分与整体。[②] 受国家自然科学基金重大专项59990580资助的戴汝为团队取得了一系列重要成果。戴汝为在《综合集成研讨厅的研制》[③]中从综合集成研讨厅体系演进与研究现状、综合集成研讨厅体系原理、综合集成研讨厅的关键问题、基于Internet技术群的综合集成研讨厅等方面进行了详细论述。戴汝为等在《基于综合集成的研讨厅体系与系统复杂性》[④]中从综合集成研讨厅的理论框架,综合集成研讨厅与思维科学(认知科学),基于信息技术与网络技术的综合集成研讨厅,综合集成研讨厅的序列有向属性图模型和群体智慧的涌现,群体智慧及研讨组织方法研究,广义专家与信息协作系统,面向Agent的综合集成研讨厅软件系统开发等方面做了详尽的论述。钱学森指出:"从定性到定量综合集成研讨厅体系是件新生事物……理论是极有限的。"[⑤]钱学森心知肚明,综合集成研讨厅体系仅仅是提出了一些基本理念,离成熟的理论相差甚远。学界研究只有首先全面搜集、归纳和梳理钱学森的文章、讲话、书信中相关论述,深刻理解钱学森的

---

① 卢明森:《综合集成研讨厅思想的形成、发展与应用》,中国科学院艺术工作局编,《钱学森先生诞辰100周年纪念文集》,科学出版社2012年版,第263-280页。

② 钱学敏:《钱学森关于现代科学技术体系的构想及其"大成智慧学"》,《中国社会科学院研究生院学报》1994年第5期,第8页。

③ 戴汝为在《综合集成研讨厅的研制》,《管理科学学报》2002年第3期,第10-16页。

④ 戴汝为、李耀东:《基于综合集成的研讨厅体系与系统复杂性》,《复杂系统与复杂性科学》2004年第4期,第1-24页。

⑤ 《致王寿云、汪成为》(1995年5月14日),《钱学森书信》(9),国防工业出版社2007年版,第203页。

原意,才能在此基础上继续前进,“接着说”,开拓新的境界。

6.3 总体设计部:大成智慧学的应用集体

总体设计部是“大成智慧学和大成智慧工程的体现与具体应用”①,是以马克思主义哲学论为方法指导,以现代科学技术体系为科学基础,以从定性到定量综合集成方法为方法论,采用人机结合、以人为主的“从定性到定量综合集成研讨厅体系”进行工作的集体。“复杂巨系统理论的一个重要应用在于国家总体设计部”,钱学森期望,“21世纪总能实现了吧”②? 中央十分重视钱学森关于社会主义建设总体设计部的建议,要求对总体设计部的应用功能、组织形式、工作方式进一步明确,并对组织实施条件进行可行性研究,提出一个总体设计部的设计方案。在社会主义文明建设的整体原则下,可以分别组织分系统的总体设计部。

6.3.1 总体设计部的重要性和迫切性

1991年3月8日,钱学森在《向中央领导同志汇报国家总体设计部问题(提纲)》中说:“1956年2月,我向中央写了一个有关发展航天技术的报告,这是我一生中要记住的一件大事。经过34年半,今天我又在这里向以江泽民同志为首的领导汇报一件我国社会主义建设的重大问题——总体设计部,它又关系到一项重大决策,我的心情是十分激动的。”③我们知道,1956年2月17日,钱学森向中央提交了《建立我国国防航空工业的意见书》,“国防航空工业”实际上指代“火箭导弹”,钱学森的意见书与“两弹一星”重大决策密切相关。而钱学森在这里将“总体设计部”与“两弹一星”工程相提并论,可见“总体设计部”在钱学森眼中的重要性。1993年10月14日,钱学森致信王寿云等六同志指出:“我们提出建立国家级的总体设计部是件了不起的大事,其意义绝不次于50年代初的国防尖端技术! 我们的一切工作都要以此为核心。大成智慧工程、从定性到定量综合集成研讨厅

---

① 钱学敏:《钱学森关于现代科学技术体系的构想及其“大成智慧学”》,《中国社会科学院研究生院学报》1994年第5期,第8页。

② 《致于景元》(1997年12月13日),《钱学森书信》(10),国防工业出版社2007年版,第335页。

③ 王成斌、刘兆世:《钱学森总体设计部思想初探》,中国宇航出版社2011年版,第61页。

体系、大成智慧学等都是为了这项中心任务。"[①]"社会主义建设总体设计部……是我们这个集体的'命根子'……目前最最重大的事就是社会主义建设总体设计部。"[②]钱学森指出:"我国是从封建社会、山沟经济演变过来的,分散经营是根深蒂固的。五十年代搞国防尖端技术,靠的是周恩来同志和聂荣臻同志亲自挂帅,才能调动全国力量,大力协同,在国力有限的情况下,一举成功。这件事说明:要害在大家认识的提高;非不能也,未认识也。系统工程的力量分散也是如此。好在《七五计划建议》中有一段,讲了集中力量搞攻关;要贯彻执行!"[③]钱学森在读了《经济参考报》1991 年 7 月 21 日《关于解决"三角债"问题的一些意见》后批注道:"清理、整顿、深化改革是项社会系统工程,是三个社会主义建设的协调,不用总体设计部怎能行。"[④]他建议要组织社会主义建设总体设计部。王成斌、刘兆世认为,从哲学、总结成功经验和失败教训、理论和实践相结合等角度看,"对钱学森关于总体设计部的论述,不管多么高的评价都不为过,总体设计部的思想不会因时间推移而失去光芒"[⑤]。总体设计部的重要性可见一斑。

6.3.2 总体设计部的演化与发展

钱学森总体设计部思想来源于中国"两弹一星"总体设计部,可以上溯至钱学森在美国提出建立"喷气武器部"设想。20 世纪五六十年代,中国导弹、火箭与航天技术研究院陆续建立起总体设计部,七八十年代钱学森首先把它推广到军队装备建设中,在中国人民解放军总部、海军、陆军、空军和第二炮兵陆续建立起"系统所""综合所""运筹所""论证中心"和"总体论证所"等新型研究机构。钱学森致力于将中国航天系统工程实践提炼成的航天系统工程理论推广应用到整个国家和国民经济建设之中,不遗余力地推广"总体设计部"(department of integrative system design)思想。1979 年,钱学森提出建立国民经济总体设计部的建议。1990 年,钱学森在《一个科学新领域——开放的复杂巨系统及其方法论》中从党和政府宏观决策科学化角度,把总体设计部进一步推广应用到整个国家的社会主义现代

---

① 《致王寿云等六同志》(1993 年 10 月 14 日),《钱学森书信》(7),国防工业出版社 2007 年版,第 402 页。

② 《致钱学敏(一)》(1993 年 10 月 7 日),《钱学森书信》(7),国防工业出版社 2007 年版,第 385 页。

③ 《致郑世芬》(1985 年 9 月 30 日),《钱学森书信补编》(2),国防工业出版社 2012 年版,第 44 页。

④ 顾吉环、李明编:《钱学森读报批注》,国防工业出版社 2012 年版,第 60 页。

⑤ 王成斌、刘兆世:《钱学森总体设计部思想初探》,中国宇航出版社 2011 年版,第 60 页。

化建设上，提出“社会主义建设总体设计部”的建议。社会主义建设的“总体设计部”是从航天系统工程中的“总体设计部”借鉴过来的，也许只有钱学森这种具有崇高威望，极为熟悉航天系统工程“总体设计部”运作理念、运作模式和重要作用，有社会责任感的战略科学家才能担当起大力推广“总体设计部”的重任。这些现代管理科学理论和方法已经成为最具中国特色的管理科学新成就。

钱学森在刊载于《计划经济研究》1980年6月17日第11期《用科学方法绘制国民经济现代化的蓝图》中提出建立“国民经济总体设计部”的建议。文章指出：“在经济建设中运用社会工程……必须成立国民经济总体设计部。”①钱学森在国家经济体制改革委员会所作《关于系统工程与经济管理体制》报告中指出，“为了把系统工程用于国民经济的管理，我国需要建立国民经济和社会发展的总体设计部”。中国需要“一个综合性的总体发展战略”，“需要成立总体设计部，作为一个国务院的实体”②，这个实体要吸收社会科学家、自然科学家、工程师等多方面专家参加。收集资料，调查研究，进行测算，反复论证，使各种单项发展战略协调起来，提出总体设计方案，供领导决策。国民经济和社会发展的总体设计部是党中央、国务院决策的参谋机构，在实施中国计划体制改革中，千万不要少了这一着棋。钱学森在《关于新技术革命的若干基本认识问题》中指出，整个国家的问题，“更需要这样一个‘总体设计部’，需要各方面的专家来参加”③。钱学森在《新技术革命与系统工程——从系统科学看我国今后60年的社会革命》中指出只有系统工程来研究“社会主义国家学”的八个方面还是不够的④，还必须要有“总体设计部”。钱学森在1987年5月15日“吴玉章学术讲座”上所作《社会主义建设的总体设计部——党和国家的咨询服务工作单位》报告、1987年11月2日在中共中央党校所作《研究和创立社会主义现代化建设的科学》的讲演、1995年“七人小组”向中央领导同志建言《我们应该研究如何迎接21世纪》等集中阐明了总体设计部的概念及其内涵、外延，以及建立总体设计部的重要性、迫切性。钱学森建立社会主义建设总体设计部及其体系的思想，是关系到决策科学化、民主化和管理现代化等大问题，是对系统决策支持体制与机制的创新和改革，既具有很强的实

---

① 《用科学方法绘制国民经济现代化的蓝图》（1980年6月17日），《钱学森文集》（卷二），国防工业出版社2012年版，第363－364页。

② 《关于系统工程与经济管理体制》（1983年11月16日），《钱学森文集》（卷三），国防工业出版社2012年版，第244页。

③ 《关于新技术革命的若干基本认识问题》（1984年3月10日），《钱学森文集》（卷三），国防工业出版社2012年版，第282页。

④ 《新技术革命与系统工程——从系统科学看我国今后60年的社会革命》（1985年1月28日），《钱学森文集》（卷四），国防工业出版社2012年版，第59页。

践性和现实性,又有深刻的理论背景以及现代研究方法的科学性,受到中央领导的高度评价和充分肯定。

6.3.3 总体设计部的内涵和外延

总体设计部就是从总体上、从整体上对整个系统进行"顶层设计"的总体方案,是面向整个系统的"技术途径"。总体设计部体现了总体性、整体性,整体思维、宏观思维和战略思维。钱学敏总结了总体设计部有三个本质特征:坚持现代科学技术体系、专家体系和工具体系相结合;坚持定性研究与定量研究相结合;坚持经验判断和科学理论相结合。① 从思维方式上看,是坚持形象思维与逻辑思维相结合,坚持性智和量智相结合,坚持科学与经验相结合,准确地把握事物的现象与本质、微观与宏观、部分与整体,贯彻了唯物辩证法和民主集中制原则。② 王成斌、刘兆世认为总体设计部的运作要具备各行各业的专家、文献资料信息、巨型电子计算机、统计数据信息、系统理论和知识工程五个必要条件。③ 总体设计部要有三个系统:一是专家系统;二是技术系统;三是信息资料系统。总体设计部可以使各行各业进行宏观调控时,有效地发挥集体智慧,获得大成智慧,找到解决问题的科学的正确对策,使整个社会和谐高效持续发展。1989 年,钱学森建议设置党中央直属的社会主义建设总体设计部、全国人民代表大会常务委员会直属的社会主义建设总体设计部、国务院直属的社会主义建设总体设计部、国家社会主义精神文明建设总体设计部、国际关系和策略总体设计部等国家级总体设计部。各部委、各省市区都要设立相应的总体设计部……这样从中央到地方、从行业到部门就形成了社会主义建设总体设计部体系。1992 年,钱学森指出主要研究中央国家级、国家部委级、省(市、自治区)级三个层次的总体设计部体系。④

---

① 钱学敏:《科技革命与社会革命——学习钱学森有关思想的心得》,《哲学研究》1993 年第 12 期,第 28 页。

② 钱学敏:《钱学森的哲学探索》,《北京大学学报》(哲学社会科学版)1994 年第 4 期,第 68 页。

③ 王成斌、刘兆世:《钱学森总体设计部思想初探》,中国宇航出版社 2011 年版,第 24 - 25 页。

④ 《致王寿云》(1992 年 11 月 16 日),《钱学森书信》(7),国防工业出版社 2007 年版,第 20 页。

6.4　大成智慧教育:大成智慧学的教育模式

1993 年 10 月 7 日钱学森致信钱学敏最早提出“大成智慧教育”的概念,他说 18 岁的硕士是“大成智慧教育的硕士”。钱永刚教授指出,钱学森大成智慧教育的核心,就是“在现代科学技术体系下,培养能发明创造的创新型杰出人才”①。1996 年 8 月 11 日,钱学森致信钱学敏、涂元季对运用大成智慧学进行大成智慧教育做出了具体设计,他指出:“我们的设计是人人 4 岁入学,18 岁大学毕业为能运用信息网络、作人机结合的思维的‘硕士’。如果工作 50 年到 68 岁退休,平均活到 85 岁,那工作 50 年的人,要负担 18 + 17 = 35 年别人的生活;平均 1 个工作的人负担 0.7 个别人的生活,这在 21 世纪社会主义中国应该是可以做到的。‘大成智慧’的人工作适应能力很强,完全能乘风破浪……人的工作效率可以几倍、十几倍地增长!”②2006 年 4 月 21 日,中国教育学会“十一五”科研规划重点课题批准了赵泽宗申请的《钱学森大成智慧教育思想研究与实践》,这是国内最早提出的原创性的整体研究“钱学森大成智慧教育思想的课题”。③

6.4.1　坚持大成智慧学“人机结合,以人为主”的理念

教育革命与产业革命密切相关。以英国蒸汽机技术为先导的第三次产业革命唤来了 19 世纪中叶理、工、文、艺分家的专家教育的教育革命;出现了以解决工程技术中实际问题为主要培养目标的工科高等院校。法、美、德、英相继成立高等技术、工程学院。19 世纪末以电力技术为先导的第四次产业革命唤来了 20 世纪中叶以“理工结合加文、艺为教育体制”的教育革命。生产社会化、经济的逐渐繁荣、国际市场的形成都需要各方面的人才,人们开始重视基础理论教育,技术科学的建立使得理工结合相得益彰。以信息革命为先导的第五次产业革命正在唤来新的教育革命,逐渐倾向于把理工与文科教育结合起来。钱学森指出:“大成智慧

---

① 赵泽宗:《简论钱学森大成智慧教育思想与教育实践——解读“钱学森之问”和“钱学森成才之道”》,《汉字文化》2011 年第 3 期,第 8 页。

② 《致钱学敏、涂元季》(1996 年 8 月 11 日),《钱学森书信》(10),国防工业出版社 2007 年版,第 164 – 165 页。

③ 赵泽宗:《简论钱学森大成智慧教育思想与教育实践——解读“钱学森之问”和“钱学森成才之道”》,《汉字文化》2011 年第 3 期,第 7 – 20 页。

教育是21世纪第五次产业革命的结果,把现在只是个别青少年的事变成全民的事。"[①]1994年2月7日,钱学森致信钱学敏指出的:"在一切阶级社会中,由于阶级斗争的影响,教育也有阶级性,所以不可能用大成智慧学来办教育。这是阶级社会的局限性!同时,这又是我们社会主义国家的优越性,我们可以自豪!"[②]钱学森指出,新时代的教育应该是大成智慧教育。大成智慧学不但是一门学问而且是一场伟大的革命。[③] 随着社会主义现代化建设逐步推进,随着信息技术革命扩展到社会各个角落,体力劳动者逐渐减少,脑力劳动者逐渐增加,甚至人既是体力劳动者,又是脑力劳动者。运用大成智慧学的大成智慧教育就成为历史的必然。

大成智慧教育必须采用高科技特别是电子信息技术。从小就培养他们养成人机结合、以人为主的思维学习习惯。充分利用人机结合、以人为主思维方式、教学方式优势互补的长处,使人不断地、及时地获得广泛而新鲜的知识、信息和智慧,迅速提高人的智能,培养创新能力。一方面,计算机、网络、多媒体、灵境技术等向智能化微电子技术迈进;速度如光、数量如海。其速度之快、容量之巨大、精确度之高,与人脑相比,自是不可同日而语。"人机结合"就是应用上述先进技术诸多优势,弥补人脑之不足;人机结合,相得益彰。另一方面,必须借助于人的智慧,必须"以人为主",综合创新。钱学森大成智慧学思想还有待于继续研究与挖掘,大成智慧学对科教兴国战略和人才强国战略、对于创建创新型国家、对于创新人才成长、对于中国改革开放和社会主义现代化建设都具有重要的理论意义和现实意义。本文只是抛砖引玉,更重要的成果还有待于将来。钱学森大成智慧教育是一个需要进一步研究和探讨的重要话题。

6.4.2 坚持大成智慧学的理论基础

科技帅才正式按照大成智慧教育的要求来培养的。钱学森曾经多次强调要培养科技帅才。他在《要从整体上考虑并解决问题》中指出,我们大约应该有200位的科技帅才。[④] 1991年6月17日,钱学森建议理工科的教育在以美国麻省理工学院为代表的培养工程师的第一个时代和以美国加州理工学院培养理工结合

---

① 《致钱学敏》(1996年5月15日),《钱学森书信》(10),国防工业出版社2007年版,第54页。

② 《致钱学敏》(1994年2月7日),《钱学森书信》(8),国防工业出版社2007年版,第60页。

③ 1996年10月30日,钱学森与王寿云等三人的谈话。转引自钱学敏:《论钱学森的大成智慧学》,《中国工程科学》2002年第3期。

④ 《要从整体上考虑并解决问题》(1990年8月14日),《钱学森文集》(卷六),国防工业出版社2012年版,第142页。

的科学家的第二个时代的基础上，国防科学技术大学开辟理工教育的第三个新时代，即培养科技帅才的时代。钱学森还指出，科技帅才不仅要有深厚的数理基础和丰富的工程技术知识，而且要懂得社会科学，把自然科学技术和社会科学结合起来，特别要懂马克思主义哲学。[①] 钱学森在《我们要用现代科学技术建设有中国特色的社会主义》中对培养科技帅才提出了几点建议：一是要真正下功夫学习马克思列宁主义、毛泽东思想，因为马克思主义哲学是人类智慧的结晶。二是要了解现代科学技术体系，掌握世界科学技术发展的新动态。三是学习世界的历史、地理、政治、经济等方面的知识，迎接世界的挑战。四是学习军事科学知识，组织管理方面的知识和才能。五是学习文学艺术，避免"死心眼"和机械唯物论。六是身体要健康。[②] "科技帅才"的要求与大成智慧学的基本理论框架一致。

现代科学技术体系为大成智慧学提供科学基础，大成智慧学为"大成智慧教育"提供理论基础。"'大成智慧'是人机结合的智慧，学生从小就用信息网络：4岁入学，十年一贯制14岁高中毕业，而且可以大到今天大学二年级的水平；再读新大学4年，18岁硕士水平。到那时人人都是脑力劳动者，改行也只需一个星期就行了。这是中国的21世纪下半个世纪？所以关键是科学技术体系及信息网络。"[③]钱学森自信地指出："我们讨论过的教育改革比起美国的'2061计划'在下面两点上比他们好：(1)我们强调了哲学、马克思主义哲学的主导地位；并有性智、量智并重。(2)我们也因此重视在教育中的文艺修养，文、理、工、艺并重。一句话：大成智慧教育要胜过'2061计划'。"[④]这两点正好是大成智慧学的重要内容："坚持马克思主义哲学的主导地位"就要坚持科学技术与马克思主义哲学相结合。"文理并重"就是坚持自然科学与社会科学相结合。"理工并重"就是坚持基础科学、技术科学与工程技术相结合，坚持科学技术理论与实践并重。"性智、量智并重""文、理、工、艺并重"就是坚持科学技术与文学艺术相结合。

钱学森指出，大成智慧教育的具体实施也不是一蹴而就的，而是需要一个长期的过程，这也许要等到现代中国第三次社会革命才会实现。1994年5月10日，钱学森致信钱学敏针对青年们要上大成智慧学的学校指出，这些青年只是热情而

---

① 《关于培养"科技帅才"的问题》(1991年6月17日)，《钱学森文集》(卷六)，国防工业出版社2012年版，第202页。

② 《我们要用现代科学技术建设有中国特色的社会主义》(1991年11月5日)，《钱学森文集》(卷六)，国防工业出版社2012年版，第223－224页。

③ 《致钱学敏等四同志》(1998年3月30日)，《钱学森书信补编》(5)，国防工业出版社2012年版，第364页。

④ 《致戴汝为、汪成为、钱学敏》(1995年2月15日)，《钱学森书信》(9)，国防工业出版社2007年版，第73页。

已，他们应该认识到，"不但他们自己找不到这样的学校，他们的儿女上学时也找不到，可能要到他们的孙子孙女儿才有大成智慧学校！"①1994年5月17日，钱学森致信钱学敏指出，他从系统思想的概念提出的现代科学技术体系先于大成智慧学、大成智慧工程和"大成智慧教育"。"学术思想的发展往往不同于社会实践的发展。社会实践是讲功利作用的。"大学生首先感兴趣的不是现代科学技术体系，而是"大成智慧教育"。钱学森指出，到三五十年后，我国社会主义建设进入现代中国的第三次社会革命时，真正要实现"大成智慧教育"，实现"人机结合"工作体系时，现代科学技术体系才成为一门必修课。只有到那时现代科学技术体系这门学问才会成熟，这是因为有了实践的要求。思想领先，但是"思想要成熟还得靠实践的推动"。"我们是在做未来的事"，所以钱学森多次提到有"悠悠历史感"。②钱学森还指出："对大成智慧教育有个条件，国民经济要达到发达国家水平才行。对人民中国来说，还要半个世纪吧？所以我说，大学生光积极是不够的，要等到他（她）们的孙子辈（辈），才会实现大成智慧教育！"③

运用大成智慧学为理论基础的大成智慧教育，到了现代中国第三次社会革命，社会主体将有飞跃性变化。即通过人皆具有硕士或硕士以上文化水平，信息网络把人都紧密地联在一起了，社会客体也更加一体化了，那就使得社会主体也走向一体化了。每个人一方面能更充分地发挥作用，另一方面又能更好地协同。钱学森自信地认为，社会主体的更加一体化，社会主客体的更加一体化，也是在叩共产主义的大门。④ 在现代中国第三次社会革命，军队再精减，全部到硕士文化水平，用高新技术打仗。到时全国都是硕士文化水平，都用高新技术，人人达到大成智慧。⑤

① 《致钱学敏》（1994年5月10日），《钱学森书信》（8），国防工业出版社2007年版，第146页。

② 《致钱学敏》（1994年5月17日），《钱学森书信》（8），国防工业出版社2007年版，第156－157页。

③ 《致钱学敏》（1995年3月16日），《钱学森书信补编》（5），国防工业出版社2012年版，第22页。

④ 《致钱学敏》（1994年4月25日），《钱学森书信》（8），国防工业出版社2007年版，第131页。

⑤ 《致王寿云》（1994年7月25日），《钱学森书信》（8），国防工业出版社2007年版，第291页。

第 7 章

钱学森大成智慧学的总体评价

钱学森大成智慧学作为一种学说，自从 1992 年提出以来，便得到学术界的回应与研究，学界对钱学森大成智慧学有不同看法。钱学森大成智慧学具有重要地位、产生了广泛影响、具有重要作用和重要理论价值和实践价值。当然它也不可避免地具有时代局限性和操作上的局限性。

7.1 学界对钱学森大成智慧学的看法

学界对于大成智慧学有不同的看法，也有不同的解读。这在学术史梳理部分已做介绍，这里仅对几种典型观点简要分析。

7.1.1 学界对大成智慧学集大成内涵的看法

钱学敏在《试论钱学森的"大成智慧学"》(2001)中从现代科技体系观对"集大成，得智慧"的几点启示：一是"跨度越大，创新程度也越大"；二是"将科学技术三个层次的知识和经验紧密结合起来"；三是将科学技术与哲学结合起来；四是"会通经验—科学—哲学"，这是最重要的启示。① 要"创新程度越大"，就要"跨度越大"。通过对钱学敏几点启示的分析，我们可以看出，钱学敏理解的"跨度"是指跨现代科学技术体系的各个层次，注重于从现代科学技术体系的层次上进行融会贯通，如科学技术内部基础科学、技术科学和工程技术三个层次之间，科学技术与哲学之间，科学技术与前科学之间，哲学、科学与前科学之间，即哲学、科学技术与经验的结合等。人类知识体系作为一个系统，既有层次，又有要素。对其要素之间的关系分析，也必然成为大成智慧学的重要内容。

---

① 钱学敏：《试论钱学森的"大成智慧学"——谨以此文祝贺钱老九十寿辰》，《首都师范大学学报》(社会科学版)2001 年第 3 期，第 11－23 页。

余华东在《集大成,得智慧——试论钱学森的大成智慧学和大成智慧工程思想》(2008)一文中认为大成智慧学主要包括集逻辑思维与形象思维之大成,集人与机器思维之大成,集人与人思维之大成和集各种知识、经验、信息之大成①等方面的内容。这主要是从思维科学的角度分析大成智慧学的内涵。机器思维到目前为止还主要是逻辑思维,人的思维当然既包括逻辑思维,也包括形象思维,还包括灵感思维或者说创新思维。这可以看作是以人为主,人机结合,人网结合,从思维角度看,也还是集逻辑思维与形象思维之大成。思维科学的角度只是认识大成智慧学的一个角度,仅仅从这个角度认识大成智慧学还是不全面的。

苗东升在《什么是大成智慧学》(2010)一文中从大成智慧学与现代科学技术体系的大部门之间关系角度研究大成智慧学,这是从现代科学技术体系的要素方面,如大成智慧学与思维科学、大成智慧学与系统科学、大成智慧学与行为科学、大成智慧学与文学艺术、大成智慧学与人体科学。② 进行研究苗东升认为大成智慧学与现代科学技术体系之间有着重要关系,各个科学技术大部门都与大成智慧学密切相关,这是有道理的。但是这种研究很容易使现代科学技术体系与大成智慧学相混淆。其实大成智慧学是智慧的集成,而现代科学技术体系是知识的集成、知识的体系。大成智慧学包括现代科学技术体系,但是现代科学技术体系包括不了大成智慧学。

7.1.2 学界对大成智慧学价值和意义的看法

黄楠森在《钱学森大成智慧学简论》(2011)一文中根据钱学森指出的大成智慧学是"以马克思主义哲学为指导的知识体系论",是"革命的锐利武器"③,认为大成智慧学既是"一门系统的理论",又是"一种指导实践的方法"④。本文认为说大成智慧学是一门系统的理论,这是正确的;但是将大成智慧学看作"一种指导实践的方法",则是混淆了不同层次之间的关系,模糊了科学技术与哲学之间的界限。大成智慧学属于基础科学层次,"指导实践的方法"是方法或者说方法论,属

---

① 余华东:《集大成,得智慧——试析钱学森的大成智慧学和大成智慧工程思想》,《太原师范学院学报》(社会科学版)2008 年第 2 期,第 1－4 页。

② 苗东升:《什么是大成智慧学》,《西安交通大学学报》(社会科学版)2010 年第 61 期,第 1－7、18 页。

③ 《致钱学敏》(1993 年 6 月 10 日),《钱学森书信》(7),国防工业出版社 2007 年版,第242－243 页。

④ 黄楠森:《钱学森大成智慧学简论》,《上海交通大学学报》(哲学社会科学版)2011 年第 6 期,第 5 页。

于部门哲学或者"桥梁"层次,可以称为"大成智慧论"。"大成智慧学"和"大成智慧论"虽然有相通之处,但是区别也是很明显的。黄楠森还指出:"大成智慧学显然就是他(指钱学森)关于这个现代科学技术体系的系统理论","大成智慧学是科学学的一部分",是"更加深入的一门科学"。① 将大成智慧学看作"现代科学技术体系的系统理论",是"科学学的一部分",这完全是一种误解。现代科学技术体系本身就是科学学的一部分,现代科学技术体系也是人类知识体系的一部分。总之,现代科学技术体系属于知识体系,大成智慧学是获取智慧的学问,大成智慧学离不开以现代科学技术体系为主要内容的知识体系,但是仅有知识体系还是远远不够的。钱学森也明言:"智慧是比知识更高一个层次的东西了。"②现代科学技术体系为大成智慧学提供了科学基础。大成智慧学还需要开放的复杂巨系统作为重要的理论基础,从定性到定量综合集成法作为重要的方法论储备,第五次产业革命提供重要的物质条件。

钱学敏在《钱学森对"大成智慧学"的探索》(2011)一文中认为,"大成智慧学"是马克思主义哲学发展的新阶段。③ 本文认为,钱学森大成智慧学坚持以马克思主义的辩证唯物主义为指导,引入了现代信息网络技术作为技术基础,强调人机结合、以人为主,这些都是在手段上应用了科学技术的新成就,这无疑是有新意的,但据此说大成智慧学是马克思主义哲学发展的"新阶段",恐怕还有待于商榷。"大成智慧学"的新概念是在1992年提出的,这时的钱学森已经进入了耄耋之年,此后钱学森再也没有什么新的理论创新,因此"大成智慧学"可以看作钱学森理论创新的封笔之作。由于"大成智慧学"概念提出的比较晚,此时的钱学森再也没有精力做全面整理和详细阐述,仅仅在书信中讨论过"大成智慧学"的相关内容,并没有给出"大成智慧学"完整的理论框架和方法论。

鲍健强等在《论钱学森"大成智慧学"的理论价值和现实意义》(2013)一文中认为,大成智慧学是基于丰硕思维科学研究成果的理论集成,形成了集逻辑思维、形象思维、灵感思维、人机交互思维、复杂思维、集成思维为一体的独树一帜的理论创新。④ 他们认为,"大成智慧学"拥有三根理论支柱,即基于对现代科学技术

---

① 黄楠森:《钱学森大成智慧学简论》,《上海交通大学学报》(哲学社会科学版)2011年第6期,第5-6页。

② 钱学森:《以人为主发展大成智慧工程》(2001年3月20日),《创建系统学》,上海交通大学出版社2007年版,第216页。

③ 钱学敏:《钱学森对"大成智慧学"的探索——纪念钱学森百年诞辰》,《西安交通大学学报》(社会科学版)2011年第6期,第6页;《科学学研究》2012年第1期,第14页。

④ 鲍健强、张阳、叶设玲:《论钱学森"大成智慧学"的理论价值和现实意义》,《未来与发展》2013年第2期,第26-31页。

知识体系的整体认识,基于对现代科学技术三维立体把握,基于对科技与哲学关系的认识论思考。"大成智慧学"拥有三个思维架构特点,即开放复杂巨系统需要"大成智慧学","大成智慧学"是整体论和系统论的具体体现,从定性到定量综合集成法是"大成智慧学"的方法论路径。他们还指出了"大成智慧学"的三点理论价值,即"总体设计部"是大成智慧工程的有效途径,"大成智慧教育学"是对人才培养问题的延伸思考,"集大成,得智慧"是21世纪的世界潮流、时代要求。鲍健强等人对于"大成智慧学""三三制"的理解,简化了"大成智慧学"的内涵和特点,这些方面的研究还需要进一步深化和完善。

7.2 钱学森大成智慧学的地位和影响

大成智慧学是钱学森的重要理论创新,在钱学森思想中具有重要地位。钱学森大成智慧学是对马克思主义哲学的继承和发展,对于指导社会主义现代化建设具有重要意义,它在马克思主义中国化的推进过程中应该具有重要地位。钱学森大成智慧学深深地扎根于中国传统文化的土壤中,具有鲜明的中国特色、中国风格和中国气派,与中国传统哲学具有密切关系。

7.2.1 在钱学森思想中居于核心地位

大成智慧学是具有总结性的学术概括。系统科学思想贯穿钱学森的一生,按照时间顺序是:1954年钱学森提出技术科学层次的工程控制论。回国之后从事了20多年以"两弹一星"工程为主的系统工程的实践。1978年从理论上总结了属于系统科学工程技术层次的系统工程。1989年提出了开放复杂巨系统及其从定性到定量综合集成法的方法论,成为系统科学的基础科学层次的系统学的核心概念。创立了独树一帜的系统科学和系统工程的中国学派,即钱学森学派。中国学派与欧洲学派和美国学派形成三足鼎立之势,并且在某种程度上对其他两个学派进行扬弃,在处理开放复杂巨系统过程中优于其他两个学派。

钱学森一生的重要科技理论创新依次是:技术科学、工程控制论、系统工程、系统学、开放复杂巨系统、从定性到定量综合集成法、从定性到定量综合集成研讨厅体系、大成智慧工程、大成智慧学、大成智慧教育。按照时间顺序,钱学森后期的科学技术理论创新依次是:现代科学技术体系、开放复杂巨系统(1987年6月1日)、从定性到定量综合集成法(1990年5月16日)、从定性到定量综合集成研讨厅体系(1992年3月2日)、大成智慧工程(1992年8月27日)、大成智慧学(1992

年 11 月 13 日）、大成智慧教育（1993 年 10 月 7 日）。这样看来，"大成智慧学"是钱学森众多科学技术理论创新的"封笔之作"。此后的钱学森年老力衰，体弱多病，已经没有精力再提出新的创新理论了，主要是对前面这些理论的解释和阐发。钱学森并没有给这些创新理论以完整的阐释，当然包括"大成智慧学"在内。他的观点散见于讲演中、论文中、谈话中、书信中。钱学森也很少写专著，即使有专著，那也是早年的成果，在美国期间的《工程控制论》和《物理力学讲义》也许是他少有的专著。回国之后的钱学森，先是致力于"两弹一星"的重任，退居二线之后忙于组建学术组织、参加学术会议、组织学术讨论班、交流学术通信，根本无暇抽出时间来认真地、系统地、清晰地整理出完整的系统理论框架。钱学森智慧的火花和创新的光芒来自于学术讨论班、来自于学术谈话、来自于学术通信、来自于学术会议。

大成智慧学是"封笔之作"，是钱学森科技创新思想的"群峰"之一。大成智慧学与其他科技理论创新具有重要关系（见图 7.1）。大成智慧学的物质条件或者说技术手段是信息技术革命，信息技术革命与钱学森提出的第五次产业革命密切相关。大成智慧学的时代背景是"世界社会形态"，"世界社会形态"是钱学森的重要理论创新，这是对马克思"社会形态理论"的重要继承和发展。大成智慧学的科学基础是现代科学技术体系，现代科学技术体系是钱学森从 1947 年提出"工程科学"思想到 1996 年提出"建筑科学技术大部门"整整半个世纪的理论创新，也是贯穿钱学森思想的重要学术主线之一。大成智慧学的直接理论基础是开放的复杂巨系统，开放的复杂巨系统一经提出就成为"系统学"的核心概念，它将简单巨系统和大系统都作为开放复杂巨系统的特例，而简单巨系统正是欧洲学派和美国学派所研究的对象。开放复杂巨系统之于简单巨系统正如广义相对论之于牛顿力学。前者囊括后者，后者是前者的特例。大成智慧学的方法论储备是从定性到定量综合集成法，从定性到定量综合集成法是处理开放复杂巨系统的唯一有效方法。钱学森称从定性到定量综合集成法是一切新科学的"微积分"，这里的"新科学"是指"复杂性科学"，相应地，"旧科学"就是指"简单性科学"。"从定性到定量综合集成法"之于"复杂性科学"正如"微积分"之于"简单性科学"。总之，第五次产业革命、世界社会形态、现代科学技术体系、开放复杂巨系统、从定性到定量综合集成法是大成智慧学产生的历史条件。

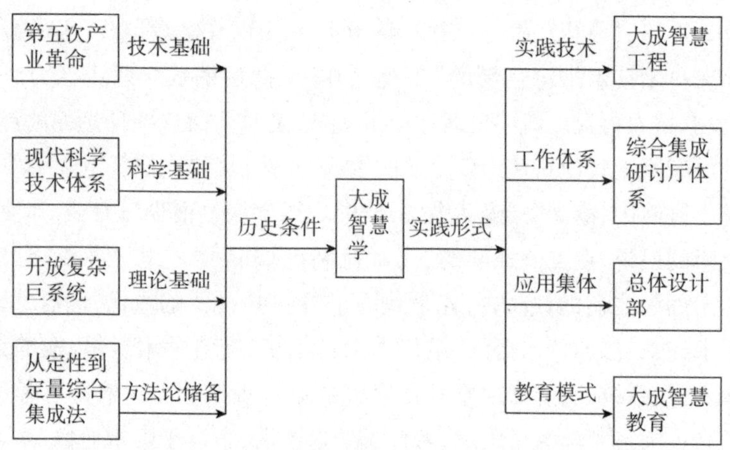

图 7.1 大成智慧学与钱学森其他科技理论创新的关系

Figure 7.1 The relationship ofScience of Wisdom in Cyberspace and Qian Xue-sen's other scientific and technical innovation

大成智慧学作为理论必须与实践相联系、与实践相结合，这就涉及大成智慧学的实践形式。大成智慧学的实践技术是大成智慧工程，大成智慧工程其实是先于大成智慧学而提出来的，强调"实践性"，从实践中总结理论是钱学森思想的重要特点之一。从系统工程到系统科学是如此，从大成智慧工程到大成智慧学也是如此。大成智慧学的理论一旦形成，就必然要求大成智慧工程来具体地实现之。大成智慧学的工作体系是从定性到定量综合集成研讨厅体系，综合集成研讨厅是以人为主、人机结合，集专家系统、机器系统、信息资料系统于一体的智能系统，是有效的工作体系。大成智慧学的应用集体是总体设计部，总体设计部是钱学森从20 世纪 50 年代就在"两弹一星"工程中实际应用的工作集体。钱学森分别提出国民经济总体设计部和社会主义建设总体设计部的建议，钱学森认为总体设计部是"最最重要的事"，一切工作都要以此为"核心"，是我们这个集体的"命根子"。大成智慧学的教育模式是大成智慧教育。钱学森提出的"钱学森之问"至今仍然拷问着我们每一个人的心。如何解答"钱学森之问"？大成智慧教育就是这些答案中很值得研究的一个。基于大成智慧学的大成智慧教育就是"钱学森之答"。如果离开钱学森思想去找答案，只能是缘木求鱼。总之，大成智慧工程、从定性到定量综合集成研讨厅体系、总体设计部、大成智慧教育是大成智慧学的实践形式。

进入耄耋之年的钱学森只是在斗室之中与小讨论班的几位成员探讨学问，与全国各种领域的专家书信交流最新的思想。钱学森的理论创新一开始都是在很小的范围之内展开的，并不是一下子就在社会上，甚至仅仅在知识界广泛传播开来。有这么几个原因:第一,钱学森的创新思想一般是在会议上、讨论班上、谈话中或者书信往来过程中激发出来的,这是一个很小的受众。钱学森理论创新的过程和细节,我们要悉心地搜罗学者的会议文章、钱学森的书信、会议报告和谈话稿才能清楚。第二,钱学森在学术上很谨慎,一般提出的创新思想都要经过多次讨论和总结归纳,成型之后才形成论文予以发表。有学者邀请钱学森去国际会议上谈谈"大成智慧学",但是钱学森回信说:"'大成智慧学'是一个全新的概念,在国内也尚在争议讨论中,所以不宜拿到国际会议上去讲。"①由此可见,钱学森对于新的理论创新是很小心的,"大胆假设,小心求证"的科学精神值得我们后来者学习。第三,即使论文刊载出来,一般也少有人及时关注。因为钱学森的思想属于跨学科的居多,而一般专家大多专注于自己的领域,而无暇旁及其他领域。第四,钱学森的创新思想由于与时贤相左,钱学森思想并没有进入主流舆论的范围,钱学森有时被看作科学界的"异类",后期的研究完全脱离了钱学森"两弹一星"的本职工作,为人所不理解。"大成智慧学"的思想要想被普通大众接受,真可以说是任重而道远。钱学森对大成智慧学寄予很大的期望:"我们的任务就在于宣传大成智慧学……哪天大成智慧学被大家接受了,中国就一日千里了……大成智慧学是根本。"②因此钱学森"我们都相信'大成智慧'的观点和理论是对的,因此还需要多作宣传解释,让大家能理解接受"③;"看来'大成智慧'及'现代科学技术体系'尚待向社会宣传"④;"看来'大成智慧'一时还难为大家所接受"⑤。钱学森有时用"大成智慧"的说法,"大成智慧"是包括"大成智慧学"和"大成智慧工程"在内的"大成智慧体系"。"大成智慧体系"尚未成型,钱学森所说的"大成智慧"主要指"大成智慧学"和"大成智慧工程"两个方面。

7.2.2　在马克思主义中国化研究中具有重要地位

大成智慧学对马克思主义哲学的发展做了重要尝试,从科学角度论证了中国

① 《致葛全胜、张时煜》(1994年5月25日),《钱学森书信》(8),国防工业出版社2007年版,第169页。

② 《致钱学敏》(1993年2月21日),《钱学森书信》(7),国防工业出版社2007年版,第128页。

③ 《致钱学敏》(1996年1月10日),《钱学森书信》(9),国防工业出版社2007年版,第435页。

④ 《致钱学敏》(1998年1月10日),《钱学森书信补编》(5),国防工业出版社2012年版,第359页。

⑤ 《致钱学敏》(1998年9月2日),《钱学森书信》(10),国防工业出版社2007年版,第403页。

特色社会主义理论体系的真理性和科学性,为马克思主义中国化研究提供了科学素材。

（一）为马克思主义哲学的发展做了重要尝试

包括马克思主义哲学体系、现代科学技术体系和前科学技术体系的人类知识体系是大成智慧学的科学基础。钱学森将马克思主义哲学与现代科学技术相结合,即坚持了马克思主义哲学,又发展了马克思主义哲学。学界对马克思主义哲学有三种观点:马克思主义哲学就是历史唯物主义;由辩证唯物主义和历史唯物主义两个组成部分的马克思主义哲学教科书体系;马克思主义哲学包括辩证唯物主义、历史唯物主义、自然辩证法和认识论“四大块”。在这三个观点基础上,钱学森进一步根据科学技术的最新发展提出“辩证唯物主义和部门哲学一起组成马克思主义哲学的大厦”。本文基于钱学森大成智慧学思想,进一步将钱学森构筑的马克思主义哲学新体系概括为:以辩证唯物主义为核心,以部门哲学为第一保护带,以科学哲学、技术哲学、工程哲学为第二保护带,以哲学思维为环境。无论钱学森构筑的马克思主义哲学新体系是否正确,是否确切,都是对构筑马克思主义哲学体系的新尝试。钱学森除了丰富和发展了马克思主义哲学具体理论形态外,还丰富和发展了马克思主义哲学具体研究方法,补充论证了马克思主义哲学基本原理和基本范畴。作为对马克思主义哲学发展的一家之言,钱学森关于马克思主义哲学思想在马克思主义发展史上都具有重要的理论意义和实践意义。

基于现代科学技术体系而提出的马克思主义哲学具体理论形态、具体研究方法、对这一基本原理和基本范畴的补充论证是马克思主义哲学发展的一个重要阶段。而大成智慧学的提出则是马克思主义哲学发展的一个更高阶段。1992 年 11 月 13 日,钱学森在《关于大成智慧的谈话》中说,“大成智慧学”实际上就是“马克思主义哲学的发展与深化”,是“马克思主义哲学发展到一个新的阶段”。“大成智慧学”是以马克思主义的辩证唯物论为指导,利用电子计算机、信息网络和灵境技术,采取以人为主,人机结合、人网结合、人与灵境技术相结合的方式,集古今中外相关经验、信息、知识和智慧之大成。大成智慧学和基于现代科学技术体系的马克思主义哲学新体系一样,都是集古今中外的相关经验、信息、知识和智慧之大成。大成智慧学最突出的特点就是利用了电子计算机、信息网络和灵境技术;采取了以人为主,人与电子计算机相结合,人与信息网络相结合,人与灵境技术相结合的方式;能够充分利用电子计算机和信息网络的强大的信息量和快速的处理能力;能够将一部分人脑的功能解放出来,让人脑进行更加重要的创新思维。将大成智慧学看作马克思主义哲学发展的新的更高阶段是正确的。

大成智慧学以第五次产业革命为技术基础,以现代科学技术体系为科学基础,以开放复杂巨系统为理论基础,以从定性到定量综合集成法为方法论储备,以大成智慧工程为实践技术,以从定性到定量综合集成研讨厅体系为工作体系,以总体设计部为应用集体,以大成智慧教育为教育模式。钱学森构筑的大成智慧学不仅仅是一个单独的理论创新,而是集成了多个理论创新的理论创新群。1994 年 12 月 21 日,钱学森致信国家科委高技术计划联合办公室指出:“我国自己创立的、综合国外系统科学技术成就和我国古代哲学中的整体观——开放的复杂巨系统技术、从定性到定量综合集成技术,我们要开发它作为社会主义市场经济宏观调控的技术。”①以大成智慧学为重要核心的诸多理论创新在改革开放和社会主义现代化建设过程中起着重要作用。

(二)从科学角度论证了中国特色社会主义理论体系的真理性和科学性

恩格斯曾经说过:“社会主义自从成为科学以来,就要求人们把它当作科学看待,就是说,要求人们去研究它。”②大成智慧学的孕育过程可以上溯到 1954 年出版的《工程控制论》,甚至上溯到钱学森 1947 年 7 月回国探亲时在浙江大学、交通大学和清华大学所作的关于工程和工程科学的讲演。大成智慧学思想的形成过程与改革开放和社会主义现代化建设的进程密切相关。钱学森非常重视科学技术的重要作用。1977 年 12 月 9 日钱学森就在《人民日报》撰文指出,“科学技术现代化是关键”,并建议“首先对现代科学技术有个明确的概念”③。1978 年 3 月 18 日,邓小平《在全国科学大会开幕式上的讲话》中也指出,四个现代化的关键是科学技术现代化,“科学技术是生产力”④。1985 年 7 月 30 日,钱学森指出:“过去只说科学技术是生产力,这不够,要提高一步,应该说科学技术决定生产力,决定国家的生存。”⑤此后钱学森多次阐述了这一观点,“科学技术成为生产力的精华,没有科学技术就谈不上生产力”⑥;“到 21 世纪科学技术将是主宰社会发展的一

---

① 《致国家科委高技术计划联合办公室》(1994 年 12 月 21 日),《钱学森书信》(8),国防工业出版社 2007 年版,第 519 页。

② 恩格斯:《〈德国农民战争〉序言 · 1870 年第二版序言的补充》(1874 年 7 月 1 日),《马克思恩格斯选集》(第三卷),人民出版社 2012 年版,第 38 页。

③ 《现代科学技术》(1977 年 12 月 9 日),《钱学森文集》(卷二),国防工业出版社 2012 年版,第 94 页。

④ 《在全国科学大会开幕式上的讲话》(1978 年 3 月 18 日),《邓小平文选》(第二卷),人民出版社 1994 年版,第 86—87 页。

⑤ 《科普工作及科普史研究》(1985 年 7 月 30 日),《钱学森文集》(卷四),国防工业出版社 2012 年版,第 167 页。

⑥ 《科学革命、技术革命、社会革命和改革》(1986 年 12 月 18 日),《钱学森文集》(卷四),国防工业出版社 2012 年版,第 390 页。

个最核心的力量"①;"科学技术确实非常重要,是生产力中最最重要的组成部分,因而科学技术是关系到国家命运的大事"②等。1988 年 9 月,邓小平提出"科学技术是第一生产力"③的光辉论断。钱学森科技思想与邓小平科技思想是一致的。1988 年 9 月 23 日,钱学森在中国科学技术协会成立 30 周年纪念大会上提出"科技兴国"的重要思想,1992 年,党的十四大报告就指出"振兴经济首先要振兴科技";1995 年国家提出"科教兴国"战略。钱学森大成智慧学以科学技术体系为核心,钱学森指出现代科学技术既包括自然科学,也包括社会科学,还包括自然科学和社会科学的交叉学科;社会科学也是生产力、管理也是生产力,甚至整个现代科学技术都是生产力。

大成智慧学提出了关于坚持马克思主义哲学和科学技术相结合的思想,关于坚持自然科学与社会科学相结合的思想,关于科学技术与文学艺术相结合的思想,关于科学技术理论与实际相结合的思想,关于人与计算机、信息网络相结合的思想。大成智慧学从科学角度论证了中国特色社会主义理论体系的真理性和科学性。大成智慧学作为一种理论,既坚持了马克思主义,又立足于中国社会主义现代化建设的实践,还吸收了中国传统文化,尤其是中国哲学的精华。钱学森指出:"我们的思维要结合实践,又要有社会主义的目标——共产主义的世界大同。"

7.2.3 对中国传统哲学的继承与发展

钱学森曾经谦虚地指出:"对如何从中国过去的哲学思想中提取出精华以丰富并深化人类认识客观世界及主观世界的最高概括——马克思主义哲学,对这个问题我还不得其门!这是连学生也够不上了!"④大成智慧学以马克思主义哲学为核心和指导,不但建筑在西方哲学和西方文化基础上,而且建筑在中国哲学和中国文化基础上。西方哲学重逻辑、重分析,中国传统哲学重直觉、重归纳。1994 年 12 月 2 日,钱学森致王寿云等六同志指出:"从中国前代哲学中提取精华,用来发展深化马克思主义哲学。此事我说了多年,我自己做的只一小点,即把整体观

---

① 《建国百年之际,中国必然强盛》(1987 年 3 月),《钱学森文集》(卷五),国防工业出版社 2012 年版,第 71 页。

② 《优秀的中国科技记者要考虑的一个问题》(1987 年 4 月 17 日),《钱学森文集》(卷五),国防工业出版社 2012 年版,第 79 页。

③ 《科学技术是第一生产力》(1988 年 9 月 5 日、12 日),《邓小平文选》(卷三),人民出版社 1993 年版,第 274、275 页。

④ 《致陈炎》(1994 年 12 月 20 日),《钱学森书信》(8),国防工业出版社 2007 年版,第 517 页。

引入开放的复杂巨系统；并提出要把整体论和还原论结合起来的从定性到定量综合集成。”[①]1996 年 5 月 19 日，钱学森致信戴汝为指出，对于“新儒学”要吸取其可用部分来丰富深化马克思主义哲学。我们已经吸取了整体观、量智和性智、人学观点和把“人学”作为行为科学的哲学概括、把中医及民族医学纳入人体科学等。[②] 钱学森提出开放的复杂巨系统及其从定性到定量综合集成法的重要理论创新就是吸取了中国哲学的整体观精华。开放复杂巨系统为大成智慧学提供了理论基础，从定性到定量综合集成法为大成智慧学提供了方法论储备，大成智慧学作为重要的理论创新自然也吸取了中国传统哲学的整体观精华。

大成智慧学具有深厚的文化渊源，建筑在中国传统文化基础之上，尤其是建筑在以儒道释为主体的中国哲学基础上。其思想原点：一在于“易”；二在于“儒”；三在于“道”。“易”的核心思想是“易”，易者变也，变即创新。所谓“太极生两仪，两仪生四象，四象生八卦”。两仪者，阴阳之对立统一。太极图是形象化、符号化的辩证观的表现。钱学森思想的原点在于创新思维和辩证思维，充分运用自己以及别人的创新思想进行综合集成，坚持自主性、力避局限性，集大成，得智慧。“科学精神最重要的就是创新”[③]，“如果不创新，我们将成为无能之辈”[④]，“研究问题是为了解决问题，而解决问题不创新是不行的”[⑤]。钱学森提出系统工程和系统科学基于“两弹一星”的工程实践，吸取了中国古代工程思想，借鉴了美国学派和欧洲学派的优点，形成了独具特色、独树一帜的系统工程和系统科学的中国学派。现代科学技术体系是在毛泽东思想的指导下，基于现代科学技术发展的新趋势而提出的融马克思主义哲学体系、现代科学技术体系与前科学体系于一体的人类知识体系。发端于系统科学和复杂性科学的开放复杂巨系统及其从定性到定量综合集成法、从定性到定量综合研讨厅体系、大成智慧工程和大成智慧学等科技创新思想都是钱学森不断进行科学技术理论创新的重要成果。这些理论创新都与大成智慧学有着千丝万缕的联系，中国传统文化，尤其是传统哲学对

---

① 《致王寿云等六同志》(1994 年 12 月 2 日)，《钱学森书信》(8)，国防工业出版社 2007 年版，第 495 页。

② 《致戴汝为》(1996 年 5 月 19 日)，《钱学森书信》(10)，国防工业出版社 2007 年版，第57 - 58 页。

③ 《最后一次系统谈话——谈科技创新人才的培养问题》(2005 年 3 月 29 日)，《钱学森文集》(卷六)，国防工业出版社 2012 年版，第 421 页。

④ 《致王寿云等六同志》(1995 年 1 月 2 日)，《钱学森书信》(9)，国防工业出版社 2007 年版，第 7 页。

⑤ 《致于景元》(1992 年 8 月 2 日)，《钱学森书信》(6)，国防工业出版社 2007 年版，第 350 页。

大成智慧学具有重要启发意义。钱学森的一生就是不断创新的一生。

儒家讲求仁义礼智信,其思想的核心在于“仁”,仁者爱人,推己及人,由人及物,大爱无疆。早期儒家思想的主旨在于“修己安人”①,“修己”即修身,提高自身道德人文修养;“安人”以自己的道德行为去教化别人。儒家遵循明明德、亲民、止于至善三纲领和格物、致知、诚意、正心、修身、齐家、治国、平天下八条目。② 从内在的德智修养,到外在的事业成功,形成“内圣外王”不断进取的路径。大成智慧学有道德维、事功维、学问维三个维度。三纲领中,“明明德”是“道德维”,“亲(新)民”是“学问维”,“止于至善”是“事功维”。八条目中,“格物、致知”是“学问维”,“诚意、正心、修身”是“道德维”,“齐家、治国、平天下”是“事功维”。大成智慧学的“三维度”与儒家“三纲领、八条目”是一致的。钱学森本人就是符合大成智慧学的“大成智慧者”。钱学森从“格物、致知”开始,研究空气动力学、固体力学、喷气推进、工程控制论、物理力学;在“科学救国”的时代号召下做到了“诚意、正心”,坚决冲破重重障碍回国为社会主义新中国服务,赢得了“红色科学家”的美誉;经过“修身、齐家”以高尚的道德情操维护了作为科学家的钱学森和作为艺术家的蒋英的完美结合,这个完美的家庭组合令人羡慕。回国之后的钱学森在“两弹一星”工程中做出了不朽功勋,为社会主义中国立于世界民族之林立下了汗马功劳,为平衡世界格局打下了坚实的基础,赢得了“国家杰出贡献科学家”和“两弹一星功勋奖章”的崇高荣誉,这可以看作钱学森在“治国”方面的重要成就。退休后的钱学森重新回到学术研究的阵地,在系统工程、系统科学、现代科学技术体系、开放复杂巨系统、从定性到定量综合集成法、从定性到定量综合集成研讨厅体系、大成智慧工程、大成智慧学等一系列新的理论创新。钱学森明言这些理论创新是为了全人类,这可以看作钱学森“平天下”的注脚。

道家信奉“道法自然”,老子云:“人法地,地法天,天法道,道法自然。”道家思想的核心是“道”,道生一,一生二,二生三,三生万物。人生活在一定的地理环境中,首先要对“地”有所认知。“地”居于“天”之下,居于宇宙之中,对“地”的认知必须延续到“天”。“天”即宇宙中的所有事物之间存在一种必然的逻辑关系,这

① 孔德立:《早期儒家》,《光明日报》2009 年 12 月 14 日。

② 大学之道,在明明德,在亲民,在止于至善。知止而后有定;定而后能静;静而后能安;安而后能虑;虑而后能得。物有本末,事有终始。知所先后,则近道矣。古之欲明明德于天下者,先治其国;欲治其国者,先齐其家;欲齐其家者,先修其身;欲修其身者,先正其心;欲正其心者,先诚其意;欲诚其意者,先致其知;致知在格物。物格而后知至;知至而后意诚;意诚而后心正;心正而后身修;身修而后家齐;家齐而后国治;国治而后天下平。自天子以至于庶人,壹是皆以修身为本。其本乱而未治者,否矣。其所厚者薄,而其所薄者厚,未之有也!

种逻辑关系可以称为“道”。代表自然法则的“道”根生于自然之中,顺乎自然,具有真理的绝对性。大成智慧学中无论是道德维、事功维还是学问维都要遵循“道”,都要根于自然,顺其自然;顺应时代潮流,顺应世界潮流,顺应历史潮流。世界潮流,浩浩荡荡,顺之者昌,逆之者亡。大成智慧学就是顺应时代潮流而提出来的。钱学森无论是在科技理论创新还是科技实践创新中都注重顺乎事物本身的必然发展,不断完善,不断调整。钱学森的一生是遵循“道”的一生,也是遵循自然法则的一生。钱学森在交通大学铁道门学习火车头设计,后来对航空工程发生了浓厚的兴趣,在麻省理工学院和加州理工学院学习航空设计和航空理论,在加州理工学院加入火箭小组,开始研究火箭、导弹和喷气推进,进而研究工程控制论和物理力学。回国之后,将火箭导弹航空航天的理论研究付诸实践,在“两弹一星”工程中大显身手,立下了不世之功。退休之后的钱学森,烈士暮年壮心不已,在马克思主义哲学指导下,在系统思想的具体指引下,深入各个领域做出了不朽贡献。大成智慧学是钱学森对自己一生学识和经历的全面概括和最高概括。大成智慧学深刻诠释了“人法地,地法天,天法道,道法自然”的思想。

释家遵守戒定慧。戒定慧指戒律、禅定与智慧。非戒无以生定,非定无以生慧,三法相资,不可缺一。防非止恶为戒,息虑静缘为定,破恶证真为慧。戒者防身之恶,定者静心之散乱,慧者去惑证理。戒学是防止身口之恶之戒律,定学是防止心意散乱以求安静之法,慧学是破除迷惑以证真理之道。戒律即防止行为、语言、思想三方面的过失。禅定即摈除杂念,专心致志,观悟四谛。智慧即有厌、无欲、见真。钱学森严格按照《钱氏家训》中“心术不可得罪于天地,言行皆当无愧于圣贤”,“利在一身勿谋也,利在天下者必谋之”等训条。大成智慧者运用大成智慧学也要坚守戒律,专心致志,寻求智慧。大成智慧学宣传的是以国格为基石,以理想为支柱、以道德为核心、以为人民服务为追求的高尚的道德;是为国为民、学以致用的事功;是博古通今、学贯中西、才华横溢、满腹经纶的学问。

7.3 钱学森大成智慧学的作用与价值

大成智慧学是系统科学发展的新阶段,大成智慧学是大成智慧教育的理论基础,大成智慧学对回答钱学森之问具有重要理论价值和实践价值。

7.3.1 系统科学发展的新阶段

系统科学技术大部门是钱学森一生工作的主线之一。1954 年出版的《工程控制论》已经属于系统科学的技术科学层次,回国之后的钱学森把主要精力投身于“两弹一星”工程的科技实践创新之中,在大规模的科学技术实践过程中逐渐形成了系统工程思想。1978 年随着“第二个科学春天”的到来,钱学森像一个播种机,到处播撒着系统工程的种子,形成了系统科学第二个里程碑的论文,发表在《文汇报》上。此后钱学森从系统工程走向系统科学,进一步研究了系统科学的基础学科——系统学,系统科学的部门哲学——系统论,以及系统科学的技术科学层次的信息论、控制论、运筹学、事理学等。并形成了系统科学的结构体系。

20 世纪 80 年代后期,钱学森团队提出开放复杂巨系统概念以区别于欧洲学派和美国学派的开放简单巨系统。并提出了根本不同于处理开放简单巨系统的方法论,钱学森称之为是目前为止处理开放复杂巨系统唯一有效方法的从定性到定量综合集成法。开放复杂巨系统及其方法论的提出标志着系统科学中国学派的形成,从此形成了独具特色、独树一帜,具有中国作风、中国气派和中国特色的系统科学学派,因为钱学森的独特而重要的地位,也被称作是钱学森学派。大成智慧工程和大成智慧学建立在系统工程和系统科学基础之上,但是又具有新的时代特色。大成智慧工程和大成智慧学是建筑在开放复杂巨系统的理论基础之上,建筑在从定性到定量综合集成法的方法论储备的基础之上,还建立在现代科学技术体系的基础之上,建立在第五次产业革命的物质基础之上。

大成智慧工程和大成智慧学是升级版的系统工程和系统科学。大成智慧工程和大成智慧学是系统工程和系统科学发展到复杂性科学的新阶段。钱学森在《以人为主发展大成智慧工程》的谈话中指出:“将来我们要从系统工程、系统科学发展到大成智慧工程,要集信息和知识之大成,以此来解决现实生活中的复杂问题”;“中国科学家从系统工程、系统科学出发,进而开创(的)大成智慧工程和大成智慧学”。① 大成智慧工程和大成智慧学除了强调信息和知识体系外,更重要的是重视电子计算机和信息网络,甚至灵境技术的应用。明确提出以人为主,人机结合,人网结合;充分发挥人的主体作用和电子计算机和信息网络的重要作用。到目前为止,大成智慧工程和大成智慧学是系统工程和系统科学发展的最高阶段。

7.3.2 大成智慧教育的理论基础

1994 年 2 月 20 日,钱学森致信王寿云等六同志指出:“现在及今后我国社会

① 钱学森:《以人为主发展大成智慧工程》(2001 年 3 月 20 日),《创建系统学》,上海交通大学出版社 2007 年版,第 215、216 页。

主义建设关键在于人的素质,教育应该放在重要位置。”[①]大成智慧学为大成智慧教育提供了重要理论基础。

大成智慧学对促进想象力具有重要作用。大成智慧学坚持科学技术与马克思主义哲学相结合,坚持自然科学与社会科学相结合、坚持科学技术与文学艺术相结合,坚持科学技术的理论与实践相结合。这就使得马克思主义哲学和科学技术、自然科学与社会科学、科学技术与文学艺术和谐交融、辩证统一,有助于拓展想象力。想象力是自然科学与社会科学、科学技术和文学艺术创新的源泉。单纯的专业教育也能够促进想象力的发展,但是自然科学与社会科学、科学技术和文学艺术的交叉教育更能够促进想象力的拓展与深化,起到取长补短、移植增效、触类旁通、举一反三的效果。

大成智慧学对培养观察力具有重要作用。观察力是科学研究和文艺创作不可或缺的重要能力。在科学研究中需要明察秋毫的观察能力,在文艺创作中也需要细致入微的观察能力。大成智慧学将马克思主义哲学与科学技术、自然科学与社会科学、科学技术与文学艺术、科学技术的三个层次、科学技术的理论与实践融为一体。大成智慧学坚持以马克思主义哲学为指导,既在自然科学中,又在社会科学中;既在科学技术中,又在文学艺术中;既在科学技术的三个层次之中,又在科学技术的理论与实践的不同方面进行观察,可以培养观察、鉴别、分析、比较的能力,又可以从不同角度、不同侧面培养观察能力,达到触类旁通、明察秋毫、细致入微、见微知著的能力。

大成智慧学对激发创新思维具有重要作用。创新思维的形成与不同思维方式的综合运用有密切关系。根据大成智慧学的启示,通过科学研究训练抽象思维,通过文艺创作训练形象思维。在科学研究和文艺创作过程的直觉感悟和灵感激发过程中训练灵感思维,在哲学、科学技术和文学艺术交融过程中,激发和启迪创新思维。创新思维就是微观法的逻辑思维与宏观法的形象思维相结合的灵感(顿悟)思维,逻辑思维和形象思维都是手段,创新思维才是智慧的源泉。[②] 创新思维往往表现为善于运用整体思维、综合思维、辩证思维来提出问题、分析问题和解决问题,揭示客观事物的内在规律,从而产生创新的思维成果。

大成智慧学对培养创新人才具有重要作用。大成智慧学坚持马克思主义哲

---

① 《致王寿云等六同志》(1994年2月20日),《钱学森书信补编》(4),国防工业出版社2012年版,第284页。

② 《创新思维——微观与宏观的结合》(2001年),《钱学森文集》(卷六),国防工业出版社2012年版,第416页。

学相结合、坚持自然科学与社会科学相结合、坚持科学技术与文学艺术相结合、坚持科学技术三个层次相结合、坚持科学技术理论与实践相结合、坚持科学技术与前科学相结合、坚持"以人为主,人机结合,人网结合"。大成智慧学根据社会发展的需要,逐渐从培养"工具性"的专业技术人员向培养"全面发展""自由发展"的复合型人才。"整个社会主义建设都是为了'人的全面发展'。"①照钱学森的说法,我们正处在从资本主义社会向共产主义社会过渡的"世界社会形态",共产主义社会什么时候到来,我们尚且不知道,但是共产主义社会的到来,应该不再是遥不可及的事情。在共产主义社会里,"每个人的自由发展是一切人的自由发展的条件"②。大成智慧学也许正是通往共产主义社会过程中,培养创新人才的重要理论创新之一。

7.3.3 对回答钱学森之问具有重要理论意义和现实意义

2005年3月29日,钱学森在《最后一次系统谈话——谈科技创新人才的培养问题》中指出:"科技创新人才的培养问题"是国家长远发展的一个大问题,并尖锐地指出"中国还没有一所大学能够按照培养科学技术发明创造人才的模式去办学"③,"科学精神最重要的就是创新"④。2005年7月30日,钱学森对温家宝总理明确指出:"现在中国没有完全发展起来,一个重要原因是没有一所大学能够按照培养科学技术发明创造人才的模式去办学,没有自己独特的创新的东西。老是'冒'不出杰出人才。"⑤2009年8月4日,钱学森最后一次对温家宝说:"培养杰出人才,不仅是教育遵循的基本原则,也是国家长远发展的根本。"这些就是影响深远的"钱学森之问"。"钱学森之问"的实质是教育体制问题,是创新人才培养问题。根据对大成智慧学的分析和挖掘,基于大成智慧学的大成智慧教育正是这个"培养科学技术发明创造的模式",是"培养科技创新人才的模式"。大成智慧教育与正在运行的教育模式有以下几个不同之处:第一,大成智慧教育模式注重广博的知识面,哲学、理工文艺相结合,坚持马克思主义哲学与科学技术相结合、坚

① 《致钱学敏》(1992年6月22日),《钱学森书信》(6),国防工业出版社2007年版,第316页。

② 《共产党宣言》(1847年12月—1848年1月),《马克思恩格斯选集》(第一卷),人民出版社1995年版,第294页。

③ 《最后一次系统谈话——谈科技创新人才的培养问题》(2005年3月29日),《钱学森文集》(卷六),国防工业出版社2012年版,第418页。

④ 《最后一次系统谈话——谈科技创新人才的培养问题》(2005年3月29日),《钱学森文集》(卷六),国防工业出版社2012年版,第421页。

⑤ 李斌:《亲切的交谈——温家宝看望季羡林、钱学森侧记》,《人民日报》2005年7月31日。

持自然科学与社会科学相结合、坚持科学技术与文学艺术相结合;而当代教育模式则是专业教育,哲学、理学、工学、文科、艺术各学科分科教学,马克思主义哲学与科学技术是分离的,自然科学与社会科学是分离的,科学技术与文学艺术也是分离的。第二,大成智慧教育模式注重理论联系实际,坚持科学技术理论与实践相结合,要求大学和研究所相结合,大学和工矿企业相结合;而当代教育模式一般是理论是理论,实践是实践,理论和实践基本上是分离的。大学和工矿企业是分离的,大学和研究所也是分离的。第三,大成智慧教育模式要求科学技术和前科学相结合,将科学与实践经验相结合,做到宏观与微观相结合,定性认识与定量认识相结合,感性认识与理性认识相结合;而当代教育模式重视科学技术的学习,不重视或者忽视实践经验的作用,将宏观和微观割裂开来,将感性认识和理性认识割裂开来,将定性认识与定量认识割裂开来。第四,大成智慧教育模式要求人与电子计算机相结合,要求人与信息网络相结合,要求人与灵境技术相结合;而当代教育模式则将人与电子计算机、信息网络和灵境技术割裂开来,至少在某种程度上还没有结合好,更谈不上融合了,这主要是技术条件还达不到,或者人为因素的有意限制,或者是成本太高等诸多因素没有达到"人机结合""人网结合"的要求。

大成智慧教育模式致力于培养"科技帅才",要求有广博的知识基础、触类旁通的能力以及集大成的智慧,立足于"博",也着眼于"专",是"专"和"博"的辩证统一。目前的教育模式着重于培养专家,要求"大专特专",这在一定程度上是正确的,但是要在"专"的基础上"博"。周德海在《论大批杰出人才成长和涌现的必要条件——对"钱学森之问"的一种回答》中总结了大批杰出人才涌现的历史条件:一是人类社会早期,小国林立、竞争激烈的社会条件下;二是旧的生产方式和生活方式向新的生产方式和生活方式转变的历史条件下;三是自然科学和社会科学从物质资料的生产活动中独立出来,尤其是自然科学在科学革命过程中。他进而总结出杰出人才的成长需要优厚的经济待遇、充裕的自由时间和自由的社会环境①。第一个条件现在已经不成立了。生产方式的转变在每一个时代都会出现。自然科学的科学革命也会不断出现。大批杰出人才的成长和涌现的条件还是很多的。当前正处于第五次产业革命的浪潮中,不久第六次产业革命和第七次产业革命陆续到来。这正是新的生产方式和生活方式的转变时期,也是自然科学的科学革命的到来,这时候一定还会有一个大的科学技术的蓬勃发展和大批创新型杰出人才的成长和涌现的时期。社会主义中国在大成智慧学的指导之下,必将迎来

① 周德海:《论大批杰出人才成长和涌现的必要条件——对"钱学森之问"的一种回答》,《学位与研究生教育》2012 年第 1 期,第 25 - 28 页。

第二次文艺复兴的新的伟大时代的到来。

7.4 钱学森大成智慧学的局限性

钱学森并没有给出大成智慧学完整的理论框架和方法论构思，钱学森对大成智慧学缺少对道德维、事功维、学问维三个维度全面系统的阐释，钱学森大成智慧学看起来很美好实行起来很困难。

7.4.1 钱学森没有给出完整的理论框架和方法论构想

大成智慧学是从大成智慧工程提炼出来的理论，但是钱学森把"从定性到定量综合集成法"称为"大成智慧工程"，这样说难免会引起概念上的混乱。"从定性到定量综合集成法"是处理开放复杂巨系统的方法论，方法论应该属于部门哲学的层次，而大成智慧工程是系统工程在开放复杂巨系统领域的体现与升华，属于工程技术层次或者说应用技术层次，两者属于不同的层次。按理说，大成智慧学来源于对大成智慧工程的提炼，而"大成智慧工程"即"从定性到定量综合集成法"，这样来说，大成智慧学的方法论就是"从定性到定量综合集成法"，但是从定性到定量综合集成法是处理开放的复杂巨系统的方法论，大成智慧学是一种学说，是一种科学理论；而开放的复杂巨系统是系统的一种形式。大成智慧学与开放的复杂巨系统显然是不等价的，因而用"从定性到定量综合集成法"作为大成智慧学的方法论也是不合适的，至少是不恰当的。

此前钱学森提出了系统科学的体系结构框架的思想，在"桥梁"或曰部门哲学的层次是系统论，处于基础科学层次的"系统学"，处于技术科学层次的控制学、运筹学、信息学、事理学①等"系统技术"，处于工程技术层次的"系统工程"等。按照钱学森提出的科学技术的系统理论框架的思想，以"综合集成体系"或许可以细化为：处于"桥梁"或曰部门哲学层次的"从定性到定量综合集成法"，处于基础科学层次的"从定性到定量综合集成理论"或称之为"从定性到定量综合集成学"，处于技术科学层次的"从定性到定量综合集成技术"，处于工程技术层次的"从定性到定量综合集成工程"。大成智慧学和大成智慧工程为基础可以形成"大成智慧体系"。处于"桥梁"或曰部门哲学层次的"大成智慧论"，处于基础科学层次的

① 《致张锡纯》(1996年3月3日)，《钱学森书信》(9)，国防工业出版社2007年版，第501－503页。

"大成智慧学"或"大成智慧理论",处于技术科学层次的"大成智慧技术",处于工程技术层次的"大成智慧工程"。"大成智慧体系"和"综合集成体系"之间既有区别又有联系。详见表7.2。

表7.2 系统科学体系、综合集成体系与大成智慧体系对比表

Table 7.2 Comparison table of system science, integrated system and Metasynthetic system

层次	系统科学体系	综合集成体系	大成智慧体系
核心	辩证唯物主义		
部门哲学	系统论	从定性到定量综合集成法	大成智慧论
基础科学层次	系统学	从定性到定量综合集成学	大成智慧学
技术科学层次	系统技术	从定性到定量综合集成技术	大成智慧技术
工程技术层次	系统工程	从定性到定量综合集成工程	大成智慧工程

7.4.2 缺少对三个维度的全面论述

立德、立功、立言称作"三立",也称作"三不朽"。语本《左传·襄公二十四年》:"大上有立德,其次有立功,其次有立言。""集大成,得智慧"中的"大成"就是包括道德、事功、学问三个维度。"大成"的三个维度恰好与"三不朽"是一一对应的:"道德"对"立德","事功"对"立功","学问"对"立言"。"三不朽"正好是"大成"的三个维度。(见图7.1,图7.2,图7.3)大成智慧学要做到"集大成,得智慧"就要从道德、事功、学问三个方面入手,仅仅从一个方面,或者只从两个方面讨论大成智慧学都是不够的。只注重一个方面是一维线性图形,从两个方面入手是二维平面图形,只有全面研究三个方面,才是三维立体图形。目前对于大成智慧学的研究,还多数是从学问维,即"立言"方面进行阐述,距离完整的大成智慧学尚有很大距离。

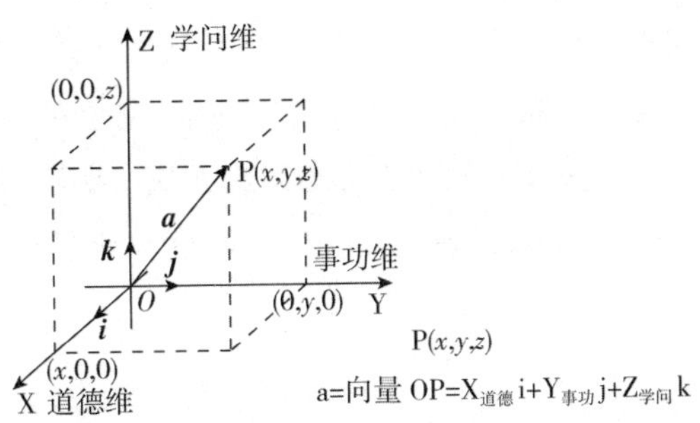

图7.1 大成智慧学三维坐标示意图(道德维、事功维、学问维)

Figure 7.1 3 D coordinate diagram of Science of Wisdom in Cyberspace
(moral dimension, utilitarian dimension, knowledge dimension)

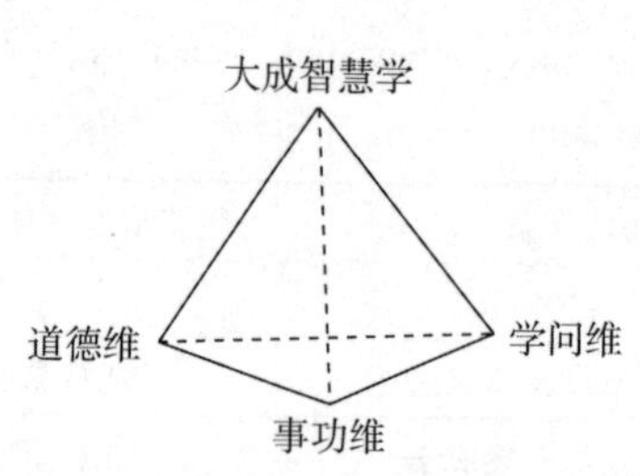

图 7.2 大成智慧学正四面体结构图
Fig. 7.2 Tetrahedron structure diagram Of Science of Wisdom in Cyberspace

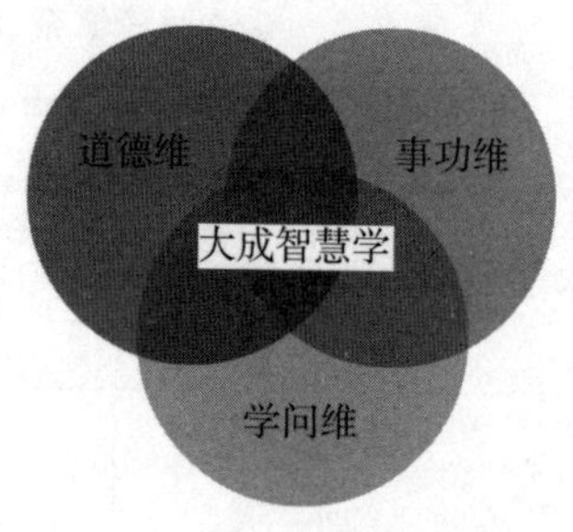

图 7.3 大成智慧学的维恩图
Fig. 7.3 The Venn diagram of Science of Wisdom in Cyberspace

(一)对学问维的论述存在问题

如果把“知、情、意、行”四个方面与大成智慧学的三个维度作对比。“知”对应于“学问维”,“情”和“意”对应于“道德维”,“行”对应于“事功维”。“知”指学问;“情”指情感;“意”指意志;“行”指行为。“知”是基础,“情”是动力,“意”实际保障,“行”是关键。“知”是“情”的基础,“情”影响“知”的提高。“知”是“行”的先导,“行”是“知”的目的,“行”是“知”“情”“意”的外部表现。大成智慧学就要做到知行统一,晓之以理,动之以情,导之以行,持之以恒。提高学问,陶冶情感,锻炼意志,培养行为。对于大成智慧学而言,学问是基础,道德是动力和保障,事功是关键。学问是道德的基础,道德影响学问的提高。学问是事功的先导,事功是学问的目的。事功是学问和道德的外部表现。大成智慧学要做到学问和事功的统一,以学问晓之以理,以道德动之以情,以事功导之以行动,以意志持之以恒。

学问是大成智慧学的智力源泉。“知”是认识、认知、学问,就是要树立正确的世界观、人生观、价值观。认知是情感和行动的基础,有了正确的认识,才会有正确的情感和正确的行为。大成智慧学要集知识之大成。要获得学问就要学习,要学习就要感知。孔子就主张多闻、多见、多问。如“多识于鸟兽草木之名”①、“多

① 《论语·阳货篇第十七》。

闻，择其善者而从之，多见而识之"[①]、"多闻阙疑""多见阙殆"[②]、"敏而好学，不耻下问"[③]和"三人行，必有我师焉"[④]等。钱学森也提出要熟悉马克思主义哲学，熟悉现代科学技术体系，要理、工、文、艺相结合。要熟悉电子计算机和信息网络等。钱学森大成智慧学侧重于从知识的层面，侧重于从现代科学技术体系的角度来解释大成智慧学，认为打破各个学科之间、各个门类之间、各个层次之间的壁垒和隔阂，集知识之大成，就能得大成之智慧。这显然是简单化了。知识和智慧并不属于同一个层次，信息的集成可以得到知识，但是信息并不就是知识；知识的集成可以得到智慧，但是知识并不就是智慧。钱学森侧重于"信息"和"知识"的集成，而很少提及在集大成过程中人的"情、意、行"方面思维规律的揭示。"知识"只是大成智慧学的智力源泉，"情感""意志"和"行为"对于大成智慧学来说，也许是比单纯的"知识"更为重要。

（二）缺少对事功维的论述和阐发

事功是大成智慧学的重要体现。事功即事业与功绩。指为国勤奋努力工作的功勋。语出《周礼·夏官·司勋》："事功曰劳。"郑玄注："以劳定国若禹。"贾公彦疏："据勤劳施国而言。"也指功绩；功业；功劳。如《三国志·魏志·牵招传》："渔阳傅容在雁门有名绩，继招后，在辽东又有事功。"宋·范成大《外舅挽词二首》之一："事功才止此，物理故难量。"清·黄宗羲《〈明儒学案〉序》："有明事功文章，未必能越前代，至于讲学，余妄谓过之。"陈毅《示丹淮，并告昊苏、小鲁、小珊》诗："人民培养汝，报答立事功。"南宋兴起了事功学派，包括叶适为代表的永嘉学派和以陈亮为代表的永康学派，在乾道、淳熙年间形成鼎盛之势。源于北宋王安石"为天下国家之用"的实用理想，倡言功利，主张习百家之学、考订历代典章制度，培养对社会有实际作用的人才。对理学家空谈"性与天命"，主张"静坐""存养"功夫不满。与理学形成抗衡之势。其学说开启了明末清初颜元、黄宗羲、王夫之等启蒙教育思想。

"行为"是大成智慧学从理论到实践的落实。"行"即行为、行动。行为是衡量道德水平高低的主要标志。克雷洛夫有句名言："现实是此岸，理想是彼岸，中间隔着湍急的河流，行动则是架在河上的桥梁。"学以致用，实践是最好的学习方法。要"学而时习之"。孔子认为："诵诗三百，授之以政，不达；使于四方，不能专

① 《论语·述而篇第七》。
② 《论语·为政篇第二》。
③ 《论语·公冶长篇第五》。
④ 《论语·述而篇第七》。

对;虽多,亦奚以为?"[①]"君子耻其言而过其行"[②];"君子欲纳于言而敏于行"[③]。道德决定事功的方向,事功来自学问的培养。钱学森对大成智慧学也提出了实践的途径,如通过大成智慧工程作为大成智慧学的实践技术,以从定性到定量综合集成研讨厅体系作为大成智慧学的工作体系,以总体设计部作为大成智慧学的应用集体,以大成智慧教育作为大成智慧学的教育模式,但是钱学森只是从理论上提出了设想,从理论到实践还有很长的路要走。就是理论方面也不完善、不系统、不成体系,距离真正的实践还差得远。大成智慧学的提出已经20年了,但是在"事功"方面还有待于进一步研究。

(三)缺少对道德维的概括和阐发

"情感"是大成智慧学的精神源泉,"意志"是大成智慧学前进的不竭动力。"情"即情感。情感、兴趣是学习的直接动力,是大成智慧学成败的关键。大成智慧学要以情感人、以情动人、以情育人,涵养性情。还要将情感转化为信念,转化为意志。孔子曰:"知之者不如好之者;好之者不如乐之者。"[④]这是说兴趣的重要性。在当代中国,要坚持爱国主义、集体主义和社会主义情感。"意"即意志。意志是大成智慧学的重要保障。贝多芬说:"卓越的人的一大优点是:在不利与艰难的遭遇里百折不挠。"坚强的意志是大成智慧学的重要条件。孔子曰:"三军可夺帅也,匹夫不可夺志也"[⑤];认为人应该"志于学""志于仁""志于道"。"譬如为山,未成一篑,止,吾止也。譬如平地,虽覆一篑,进,吾往也。"[⑥]只有坚定意志,才能达到大成智慧学的更高境界。

在大成智慧学中道德维的重要性当属第一,德高望重、德艺双馨、德智体美劳全面发展等都是将"德"放在首位。爱因斯坦在悼念居里夫人时说:"第一流人物对于时代和历史进程的意义,在其道德品质方面,也许比单纯的才智成就方面还要大。即使是后者,它们取决于品格的程度,也远超过通常所认为的那样。"[⑦]遵循大成智慧学的大成智慧者在道德品质方面对于历史进程的意义,也要比单纯的才智成就还要大,因此探讨大成智慧学就有必要探讨"情感""意志"等道德品质

① 《论语·子路篇第十三》。

② 《论语·宪问篇第十四》。

③ 《论语·里仁篇第四》。

④ 《论语·雍也篇第六》。

⑤ 《论语·子罕篇第九》。

⑥ 《论语·子罕篇第九》。

⑦ 《悼念玛丽·居里》(1935年11月23日),《爱因斯坦文集(增订本)》(第一卷),商务印书馆2009年版,第475页。

方面的内容,而钱学森则恰恰在这个方面讨论得很少,这不能不说是一个缺憾。智慧的产生既需要信息和知识,也需要情感与道德。

7.4.3 理论研究容易实践操作困难

钱学森提出大成智慧的核心是"打通各行各业各学科的界限"①,他始终认为,我们掌握学科"跨度越大,创新程度也越大","部门分割、分隔、打不通"是进行创新的"障碍"②;一个人要会触类旁通,要有开拓能力,就必须有广阔的知识面③;"'大成智慧'是人机结合的智慧……关键是科学技术体系及信息网络"④。我们就从现代科学技术体系和信息网络两个方面分析大成智慧学"理论探讨容易,实践推进困难"的状况。

(一)从马克思主义哲学角度

钱学森将辩证唯物主义放在了现代科学技术体系的最高层次,有时候还明言"马克思主义哲学就是辩证唯物主义",这种将辩证唯物主义和马克思主义哲学等同起来的说法,马克思主义哲学界和马克思主义理论界的专家学者们是很不赞同的。众所周知,历史唯物主义和剩余价值理论是马克思的"两个伟大发现"。以历史唯物主义为基石发展成为马克思主义哲学,以剩余价值理论为基石发展了政治经济学。历史唯物主义在马克思主义哲学中具有非常重要的位置,而钱学森竟然只是将历史唯物主义作为社会科学技术大部门到辩证唯物主义的桥梁,让人一时很难接受。钱学森构筑的"一个核心,十一架桥梁共同构成马克思主义哲学的大厦"的说法也让学界很多专家学者迷惑不解。辩证唯物主义作为核心能不能成立尚且需要商榷,十一架桥梁有的已经形成理论,有的只是一个概念而已,这样形成的马克思主义哲学体系仅仅是一种构想,距离完善的体系还差得很远。

大成智慧学坚持马克思主义哲学与科学技术相结合,是马克思主义哲学指导科学技术和科学技术的成果用来丰富发展马克思主义哲学的双向互动关系。马克思主义哲学是世界观也是方法论,但马克思主义哲学也是对具体领域、具体问

---

① 《致钱学敏》(1994年4月1日),参见钱学敏:《钱学森关于复杂系统与大成智慧的理论》,《西安交通大学学报》(社会科学版)2004年第4期,第55页。

② 《致钱学敏》(1994年1月13日),《钱学森书信》(8),国防工业出版社2007年版,第30页。

③ 《致朱长乐》(1994年7月27日),《钱学森书信》(8),国防工业出版社2007年版,第295-296页。

④ 《致钱学敏等四同志》(1998年3月30日),《钱学森书信补编》(5),国防工业出版社2012年版,第364页。

题的具体指导,并不是有了马克思主义哲学的指导,其他学科就全部触类旁通了,还是需要具体学科具体学习和研究。这就是说,并不是坚持了马克思主义哲学和科学技术相结合,其他的“集大成”“相结合”,如自然科学与社会科学相结合,科学技术与文学艺术相结合,科学技术理论与实践相结合,科学技术与前科学相结合,人与电子计算机、信息网络、灵境技术相结合等,就自然而言地结合了。“集大成”“相结合”的每一个方面都需要具体地研究,马克思主义哲学只是一个指导方针而已,具体到每一个方面、每一个细节都要具体问题具体分析。

(二)从现代科学技术体系的角度

钱学森大成智慧学从理论研究上是站得住脚的,但是具体操作起来有很大困难。或者说,钱学森大成智慧学是一种“应然”的可能,并非一种“实然”的存在,作为一种理论的探讨是可以的,但是作为一种可以在实践中实行的策略,则又感觉到大而无当。现代科学技术门类众多,一方面越分越细,一方面高度综合。一个人穷其一生的精力,也难以精通一个领域,毋庸说贯通各个层次以及各个大部门了。以自然科学而论,自然科学包括理学和工学两个大门类。理学又包括数学、物理学、化学、生物科学、天文学、地质学、地理科学、地球物理学、大气科学、海洋科学、力学、电子信息科学、材料科学、环境科学、心理学、统计学、系统理论等。仅仅物理学的研究领域有力学、热学、声学、光学、电磁学、凝聚态物理学、固体物理学、等离子体物理学、分子物理学、原子物理学、原子核物理学、粒子物理学等;基础理论有经典力学、连续介质力学、热力学、统计力学、电动力学、相对论、量子力学等;交叉学科有天体物理学、生物物理学、物理化学、材料科学、电子学、非线性物理学、计算物理学等。力学包括理论力学、实验力学、固体力学、弹性力学、塑性力学、流体力学、振动力学、声学等。要想精通其中的一个分支也要花费巨大的精力,要纵览整个物理学、抑或自然科学那就更是难上加难,更不用说整个现代科学技术体系或者是人类知识体系了。

按照钱学森大成智慧学的要求,坚持科学技术与马克思主义相结合,坚持自然科学与社会科学相结合,坚持科学技术与文学艺术相结合,坚持基础科学、技术科学、工程技术三个层次相结合,坚持科学技术理论与实践相结合,坚持科学技术与前科学相结合,坚持人与电子计算机、信息网络和灵境技术相结合。或者说根据现代科学技术体系,要打通各个层次之间的隔阂,即打通马克思主义哲学的核心、部门哲学,科学技术大部门的基础科学、技术科学、工程技术,以及前科学中的实践经验知识库和哲学思维、不成文的实践感受和一般认识,哲学、科学技术理论与实践等各个层次之间的隔阂;以及打通各个科技大部门之间的隔阂,即自然科学与社会科学之间,科学技术与文学艺术之间,系统科学、思维科学、人体科学等科技大部门之间的隔阂；打通人与电子计算机之间、打通人与信息网络之间、打通人与灵境技术之间的隔阂。这些都需要有很大的精力和耐心去学习，去研究。总之，从现代科学技术体系的角度看，大成智慧学的具体实施还是很有难度的。

（三）从电子计算机信息网络的角度

大成智慧学需要高速运转的电子计算机。但是人若过于依赖电子计算机会使人丧失社会活动性。人类是生活在现实的世界中的，人在现实社会中生活、学习和工作，人有七情六欲，有亲情爱情友情。电子计算机只是虚拟的世界，虚拟的世界不能代替真实的世界。人若长时间使用电子计算机，人体会退化，人的器官机能会下降，视力会下降，造成人的身心健康受到影响。长时间久坐，会引起背部血液循环不畅通，引起背部疼痛，加速心脑血管疾病的滋生，容易引起心肌梗塞和猝死。长时间使用电脑，明亮的电脑屏幕会使眼睛变得干涩，诱发头痛症状。严重的电脑辐射会诱发精神的抑郁和焦虑。久坐会引起体重增加、糖尿病、心脏疾病，以至于缩短寿命。不良的坐姿还会导致肌肉非正常收紧松弛，引起背部疼痛，脖子发沉，伴随紧张性头痛。

信息网络固然方便，但信息网络具有两面性：一方面它可以提供强大的技术支持，速度快如光，容量大如海。具有无限潜力和发展前景。现在离开网络寸步难行，没有网络就无法工作。另一方面，信息网络带给我们大量的错误信息、无用数据、不实知识，使我们从大量资料中提取有用信息反而变得艰难。我们需要的数据、资料、信息、知识可能偏偏没有，我们不需要的反而很多。容量大如海的信息反而成为我们查询信息、搜集信息、整理信息的障碍，令我们目不暇接、晕头转向、不知所措、疲惫不堪。速度快如光的处理器会带出无穷无尽、变幻莫测的数据资料和信息知识，我们都要过目，都要审查，都要鉴别，让我们转移视线、分散精力、反主为客、受制于“网”，沦为信息的奴隶。

信息网络拥有无限的信息量。但是这些信息量只有很少是有用的资料、数据、信息、知识，更多的则是无用的资料、数据、信息、知识。“尽信网，则不如无网。”我们要学会在信息的大海中游泳的本领。必须坚持“人网结合”，以人为主，否则我们就会成为“迷失的一代”。培养甄别、鉴别的能力至关重要。要做到心中有数，运用网络要有的放矢，不要漫无目的地在信息网络上漫游，不要沉迷于“网游”和“肥皂剧”。要杜绝信息网络的弊端，发扬信息网络的优势。做到有所为，有所不为；有所不为而后可以有所为。万物以我为主，为我所用；任凭弱水三千尺，我只取其一瓢饮。无论怎么说，信息网络无非是一种工具，一种可以省力的工具。但是必须以人为主，为人所用。

信息网络的弊端也是很明显的。自控能力差的人沉溺网络无法自拔。网络上的内容良莠并存，泥沙俱下，鱼龙混杂。色情暴力等网游、视频充斥网络，青少年会因此而走向犯罪。长时间上网会引起大脑缺氧，造成眼睛近视，精神萎靡，影响身心健康。长时间上网会脱离现实，产生孤独感，会与人产生沟通障碍。长时间上网需要大量金钱，一旦造成经济困难，会走上犯罪道路。网络中的不良信息和网络犯罪会对青少年身心健康和安全构成危害与威胁。由于信息网络技术的不成熟，不完善，网络规范的缺失和网络管理的滞后，信息网络对人的负面影响凸显。巨量的网络信息加大人的心理负担和心理压力，引发“信息污染综合症”等心理障碍。

结　语

孙武曰:“人皆知我所胜之形,而莫知吾所以制胜之形。”①无独有偶,爱因斯坦在《自述》(Autobiographisches)中这样评价自己:“像我这种类型的人,一生中主要的东西,正是在于他所想的是什么和他是怎样想的,而不在于他所做的或者所经受的是什么。”②钱学森的“所胜之形”“所做的”或者“所经受的”是看得见的“国家杰出贡献科学家”“两弹一星”功勋奖章、“中国航天之父”等几十个荣誉。他“所以制胜之形”是什么、“所想的是什么”“是怎样想的”,钱学森在古稀、耄耋之年,“以天下兴亡为己任”,具有高度社会责任感,责无旁贷,继续鞠躬尽瘁,笔耕不辍,让思想驰骋在信息、知识和智慧的海洋里。他前瞻性地提出“科学技术决定生产力,决定国家的生存”,“科技兴国”,“教育是第一位的大事”等重要思想。“科技兴国”是贯穿一生的主题。“科技兴国”是钱学森的所思所想,也是他“所以致胜之形”。如果没有“科技兴国”、为国为民的高度社会责任感、高度的爱国主义精神,钱学森完全可以继续待在美国,像一些华人科学家那样,搞科学研究,获得一系列重要国际奖项。但钱学森并不稀罕这些,“人民的满意,才是最高的奖赏”,这正是钱学森不同于一般科学家之处。行文至此,崇敬之情油然而生。从“科学救国”到“科技兴国”,是钱学森的精神动力。为了国家的富强,为了让中国人民过上有尊严的生活,钱学森的努力已经达到了自己的目的,实现了自己的理想。

随着以信息技术革命为动力的第五次产业革命的深入推进,科学技术的巨大作用得到彰显。科学技术对于生产力的飞速发展、社会主义现代化建设的推进、全面小康社会的实现、综合国力的竞争、国家的繁荣富强、中华民族的伟大复兴、人民的富裕幸福、中国梦的实现都具有特别重要的意义。钱学森革新了科学技术就是自然科学、工程技术的思想,提出科学技术不仅仅指自然科学、工程技术,而

① 中国人民解放军军事科学院战争理论研究部《孙子》注释小组:《孙子兵法新注》,中华书局 2005 年版,第 45 页。

② 《自述》(1946 年),《爱因斯坦文集(增补本)》(第一卷),商务印书馆 2009 年版,第 16 页。

是包括自然科学、社会科学在内由十几个大部门组成的现代科学技术体系。钱学森进一步通过现代科学技术体系指导社会主义现代化建设。钱学森是较早指出并多次宣传科学技术重大作用的科学家。他在古稀之年急流勇退,离开工作第一线。他完全可以向其他老年人一样到处看看风景、参加各种活动,养尊处优,颐养天年。但是退休之后的钱学森"老骥伏枥,志在千里;烈士暮年,壮心不已",重新开赴学术研究的阵地,边学习边研究,边讨论边创作。这也是钱学森不同于一般科学家之处。这怎么不让我们后学者油然而生敬意呢?"科技兴国"仍然是钱学森牵肠挂肚的崇高使命,他积极成立学术组织、参加学术会议、建立学术讨论班,运用演讲、报告、谈话、书信、论文等形式开展学术研究。正是钱学森在古稀、耄耋之年的学术成果,使他在学术上蜚声国内外,产生了世界影响。钱学森在这个时期的科学研究纵横捭阖,开创了博大精深的多门学科的中国学派。但是因为这个时期对钱学森思想的研究尚且局限于比较狭小的圈子,很多成果尚未为人所知,所以很多学者对于给予钱学森的高度评价惊愕不已。以为给予钱学森的评价实在过高,这也是很自然的;如果深入研究钱学森,我们可以给予钱学森更高的评价,实非过誉之词。

毛泽东思想是马克思主义的中国学派,也是中国第一个有世界影响的社会科学的中国学派。毛泽东提出:"在自然科学方面,我们也要……形成中国自己的学派。"①钱学森一直非常欣赏这个社会科学的中国学派,并深刻领会了毛泽东的思想,一直尝试建立自然科学的中国学派。有人称钱学森的思想为"钱学森学术思想"②或者"钱学森科学思想"③或者"钱学森科学技术思想"④等。即使按照钱学森提出的现代科学技术体系而言,钱学森的思想都远远超出了这些提法。本文试

① 《致许国志》(1994 年 11 月 13 日),《钱学森书信》(8),国防工业出版社 2007 年版,第 467 – 468 页。

② 如王文华著《钱学森学术思想》,王英著《钱学森学术思想研究》,《钱学森学术思想研究论文集》等。

③ 林毓锜在 1995 年第 2 期的《西安交大教育研究》最早提出"钱学森科学思想"的专门名称及其含义。此后分别在刊载于《科学中国人》1998 年第 8 期的《指导科学研究的思想库——钱学森的科学思想》、刊载于《西安交通大学学报》(社会科学版)1999 年第 2 期的《钱学森科学思想——指导科技文化建设与人的潜力开发的一个思想库》、刊载于《西安交通大学学报》(社会科学版)2006 年第 2 期的《刍议钱学森科学思想的结构框架和普及应用》中对"钱学森科学思想"的含义做了表述。此外,钱学敏著《钱学森科学思想研究》一书。

④ 科学出版社出版"钱学森科学技术思想研究丛书"。

着将钱学森的思想称作“钱学森思想”①,我是投石问路与学术界讨论。不对之处敬请商榷。钱学森思想已经或即将开创中国自己的学派。系统科学的中国学派②开创了多个新的研究领域,创建系统学、发展系统论、研究事理学、构建系统科学体系、研究开放复杂巨系统、制定综合集成法。在马克思主义哲学领域,钱学森构筑的“核心加部门哲学”的马克思主义哲学新体系或称作是钱学森哲学体系,“极具开拓性”③,极有可能开创马克思主义哲学的中国学派。在科学学领域,钱学森指出科学学由科学技术体系学、政治科学学和科学能力学三大分支组成,反映了复杂性科学的新情况,很有可能产生科学学的中国学派。在思维科学领域,钱学森指出研究宏观思维运动的思维科学有别于国外基于还原论科学的认知科学,很有可能形成思维科学的中国学派。在人体科学领域,被称作现代科学“珠穆朗玛峰”的人体科学由于中医、气功、特异功能的深入研究,会形成具有鲜明中国特色的人体科学的中国学派。关于人体科学的争论,我们现在不去讨论,实践的进步和科学的发展会做出适当的评价,我们翘首以待。

钱学森思想博大精深,纵横捭阖,涉及人类知识体系的不同部门和不同层次。钱学森思想贯穿的一条红线是系统性。钱学森在研究学问时,总是习惯于从系统角度进行思考,构建结构体系,如现代科学技术体系、马克思主义哲学体系、前科学体系、社会主义建设体系、11 个科学技术大部门的体系等。实践性是钱学森思想的重要特点之一。钱学森从航天系统工程中提炼出系统工程的普遍原理,并将之推广到工程、科研、企业、信息、军事、经济、环境、教育、社会、计量、标准、农业、行政、法治等不同的领域,分别形成各个领域的系统工程。钱学森构筑的现代科学技术体系也是将理论与实践结合起来,贯通了三个层次。开放性是钱学森思想的另一个重要特点。钱学森思想并没有将任何一门学问、一个思想、一个观点固态化,而是指出这些体系都会随着实践的发展、理论的发展而不断发展。从现代科学技术体系、社会主义建设体系到各个科技大部门的结构体系,从概念描述到方法论原则,钱学森都是指出了研究路径和研究方向,具体的理论细节,方法论的应用研究,由于精力有限,不可能对所有领域都深入研究。

---

① “钱学森思想”的提法并非本文的首创。高介华在刊载于《西安交通大学学报》(社会科学版)2010 年第 6 期的《钱学森的学术功绩及其思想光辉》一文中就使用了“钱学森思想”及“钱学森思想”体系的说法。

② 莫名(王琳的笔名)最早提出系统科学中国学派的说法。见莫名:《中国学派的系统科学》,《光明日报》1993 年 3 月 5 日,第 3 版。

③ 苗东升:《钱学森系统科学思想研究》,科学出版社 2012 年版,第 59 页。

开放复杂巨系统及其方法论的提出是钱学森思想的重要里程碑,开放复杂巨系统是系统科学与复杂性科学的结合点。从定性到定量综合集成法是处理开放复杂巨系统的唯一有效方法。在综合集成法基础上形成综合集成体系,"开放复杂巨系统理论"是基础科学,"综合集成技术"是技术科学,"综合集成工程"是工程技术层次,"综合集成研讨厅体系"是实践形式。钱学森称从定性到定量综合集成法为大成智慧工程,大成智慧学是大成智慧工程的基础理论。这样就在大成智慧学和大成智慧工程的基础上形成了大成智慧体系。"大成智慧论"是部门哲学,"大成智慧学"是基础科学,"大成智慧技术"是技术科学层次,"大成智慧工程"是工程技术层次,"总体设计部"是实践集体。综合集成体系和大成智慧体系关系密切,其具体关系还有待于进一步研究。"大成智慧学"是承前启后的关键环节之一。

"培育大成智慧"是钱学森晚年关注的中心问题,"建立和应用大成智慧学"是他一生学术研究的最终归宿。1992 年 11 月 13 日,钱学森正式提出"大成智慧学"的概念。大成智慧学的提出是建立在一定的社会历史条件的基础之上的。大成智慧学的社会背景和历史条件主要有:信息技术革命为大成智慧学提供了技术基础,第五次产业革命为大成智慧学提供了物质条件,世界社会形态为大成智慧学提供了社会背景,现代科学技术体系为大成智慧学提供了科学基础,开放的复杂巨系统为大成智慧学提供了理论基础,从定性到定量综合集成法为大成智慧学提供了方法论储备,大成智慧学概念的提出就水到渠成了。对大成智慧学的社会背景和历史条件的梳理与归纳是本文的创新点之一。

大成智慧学的要害是"必集大成,才能得智慧"。大成智慧学的内涵就是对不同方面的信息、知识、智慧进行"集成"或"结合"。本文基于钱学森在不同情况下的阐述对大成智慧学的内涵做了深入归纳。大成智慧学的关键是现代科学技术体系和信息网络。首先,大成智慧学是建筑在现代科学技术体系的基础之上的。大成智慧学坚持科学技术与马克思主义哲学相结合,坚持自然科学与社会科学相结合,坚持科学技术与文学艺术相结合,坚持基础科学、技术科学与工程科学相结合,坚持科学技术理论与实践相结合,坚持科学技术与前科学相结合。其次,人的智慧不只是来源于人脑,还来源于电子计算机、信息网络和灵境技术,大成智慧学是人机结合的智慧。大成智慧学坚持人与电子计算机相结合,坚持人与信息网络相结合,坚持人与灵境技术相结合。从马克思主义哲学的角度、从现代科学技术体系的角度、从大成智慧教育的角度、从人机结合创新思维的角度看,大成智慧学的各要素之间都是辩证地统一在一起的,是一个有机的整体,而不是松散的"拼盘"。从两者之间双向互动的关系角度阐述大成智慧学的内涵,是本论文的创新点之二。

大成智慧学坚持科学技术与马克思主义哲学相结合。因为马克思主义哲学密切联系现代科学技术是时代精神的精华，只有马克思主义哲学才是智慧的源泉，马克思主义哲学是最好的科学方法，科学研究全过程都要用马克思主义哲学作指导；所以要坚持用马克思主义哲学指导科学研究。因为马克思主义哲学本身就是继承和发展的产物，坚持和发展马克思主义哲学要组织科技专家与哲学家相结合，以科研成果上升提炼到丰富深化马克思主义哲学；因此既要坚持马克思主义哲学又要发展马克思主义哲学。要用一切科技文艺实践来发展和深化马克思主义哲学，部门哲学是哲学家们应该抓的关键问题，提取中国传统文化精华来丰富、发展和深化马克思主义哲学，提取西方先进文化精华来发展、深化马克思主义哲学，利用一切可为我用的东西来发展马克思主义哲学。钱学森提出所有桥梁学科和辩证唯物主义一起组成马克思主义的哲学大厦，本文在钱学森哲学体系基础上进一步概括出马克思主义哲学体系新框架：以辩证唯物主义为核心，以部门哲学为第一保护带，以科学哲学、技术哲学和工程哲学为第二保护带，以哲学思维和一般认识为哲学环境。对钱学森所提出的马克思主义哲学体系新框架做进一步的概括是本论文的创新点之三。

大成智慧学坚持社会科学与自然科学相结合。社会科学同自然科学、工程技术都是科学技术的重要组成部分，科技工作者既要学习自然科学也要学习社会科学，社会科学工作者和自然科学工作者要结合起来开展大协作；因此要促进自然科学与社会科学联盟。为了使社会科学精确化，向社会科学研究领域推广数学方法；为了使社会科学系统化，向社会科学研究领域推广系统工程方法；为了使社会科学求实化，为社会科学研究构筑“微积分”；自然科学方法论和社会科学方法论逐渐趋向了统一。开放复杂巨系统在复杂性问题上贯通自然科学与社会科学，从定性到定量综合集成法是解决自然科学与社会科学复杂性的方法论，从定性到定量综合集成法是定性认识与定量认识相结合的辩证思维方法，到目前为止，从定性到定量综合集成法是处理开放复杂巨系统的唯一有效方法。

大成智慧学坚持科学技术与文学艺术相结合。从马克思主义哲学角度进行分析，科学技术与文学艺术相结合具体体现为感性认识与理性认识相结合，质变与量变相结合，性智与量智相结合；坚持科学技术与文学艺术相结合可以避免走向唯心主义或机械唯物主义的极端。从思维科学的角度进行分析，科学技术与文学艺术相结合体现为逻辑思维与形象思维相结合，理性思维与非理性思维相结合，整体思维与还原思维相结合。一个人的科学技术成就与他的文学艺术修养有重要关系，一个人的文学艺术成就与他的科学技术修养有重要关系，科学技术与文学艺术在客观世界也是彼此相互作用的,因此科技工作者和文艺工作者都要坚持科学技术与文学艺术相结合。

大成智慧学坚持科学技术理论与实际相结合。从马克思主义哲学的角度对科学技术理论与实际相结合进行分析,科学技术理论与实际相结合是辩证统一的关系,坚持科学技术理论与实际相结合要重视实践的重要作用,坚持科学技术理论与实践相结合同样要重视理论的重要作用。从科学技术理论与实际相结合的不同侧面进行分析,坚持科学技术理论与实验相结合,坚持科学技术理论与事实相结合,坚持科学技术理论与技术相结合,坚持科学技术理论与实践相结合。科学技术决定生产力决定国家的生存,作为第一生产力的科学技术包括全部现代科学技术体系,理论联系实际才能更好地认识客观世界和改造客观世界;因此科学技术是第一生产力将科学技术理论与实践密切联系起来。

大成智慧学坚持人与电子计算机、信息网络、灵境技术相结合。只有将人与电子计算机相结合,将人与信息网络相结合,对一切相关信息、知识和智慧进行综合集成,才能做到"集大成,得智慧"。而灵境技术更是进一步了,可以将人与机器系统从目前的"结合"阶段进一步提升到"融合"的阶段,人与机器系统结合得更加紧密了。坚持"人机结合""人网结合"也就是坚持逻辑思维与形象思维相结合,开拓创新思维的过程。"人机结合"、"人网结合"必须以人为主,机器是协助人,而不是代替人。未来将出现人机结合的"新人类","新人类"将出现"新社会"。

本文对钱学森大成智慧学的实践形式和实现形式进行了归纳和总结。大成智慧工程是大成智慧学的实践技术,从定性到定量综合集成研讨厅体系是大成智慧学的工作体系,总体设计部是大成智慧学的应用集体,大成智慧教育是大成智慧学的教育模式。对钱学森大成智慧学的实践形式和实现形式进行归纳和总结是本文的创新点之四。钱学森大成智慧学的内涵、历史条件、实践形式总体框架图见图 8.1。

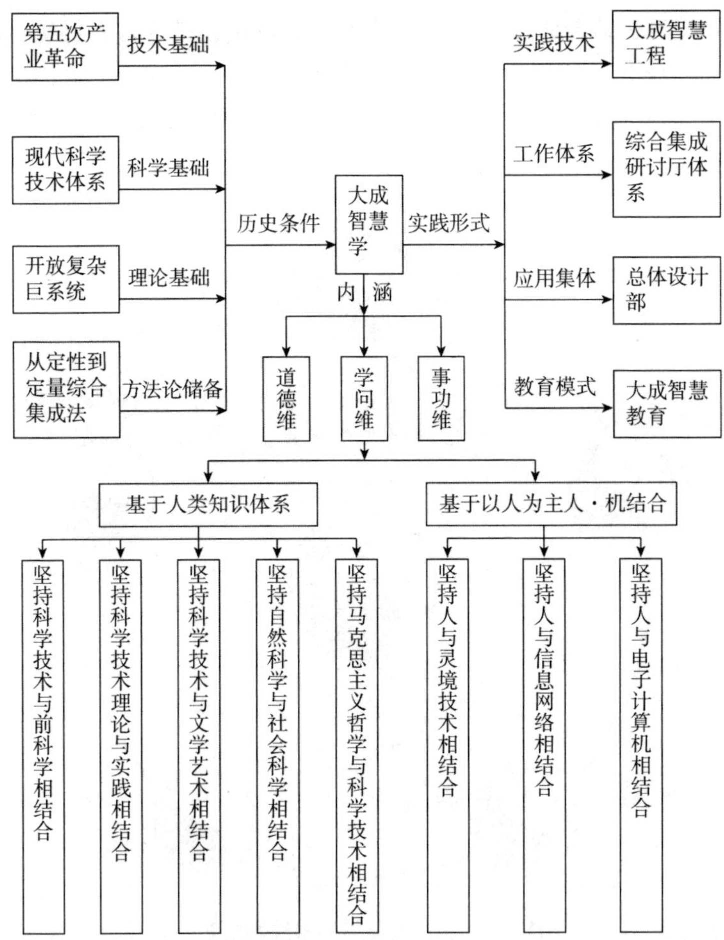

图 8.1 钱学森大成智慧学的内涵、历史条件、实践形式总体框架图

Figure 8.1 The framework of the connotation, history condition, practice form of Qian Xue-sen's Science of Wisdom in Cyberspace

本文认为,大成智慧学"集大成,得智慧",所集成的几对关系和要素之间,既相互独立,又相互融合,相互补充。他们是有机统一的关系,可以看作一个整体。钱学森认为大成智慧学主要是由现代科学技术体系和计算机信息网络两个重要部分组成的。从现代科学技术体系的角度来看,它们有五对有机统一的关系:马克思主义哲学和科学技术是有机统一的,科学技术理论和科学技术实践是有机统一的,科学技术与前科学是有机统一的,科学技术与文学艺术是有机统一的,自然科学与社会科学是有机统一的。这五个有机统一的关系都来源于对现代科学技术体系的解读。从电子计算机信息网络角度,本文找到了三对有机统一的关系,人与电子计算机相结合是有机统一的,人与信息网络相结合是有机统一的,人与灵境技术相结合也是有机统一的,这可以看作依次递进的三个阶段,其实三者说的是同一个问题,就是第五次产业革命的物质支持和技术基础。这样就形成了大成智慧学的系统构成图(见图8.2)。

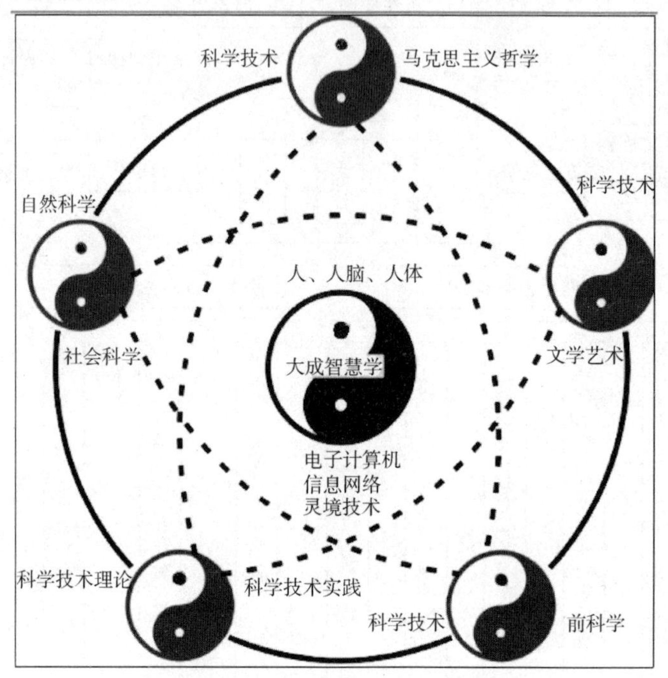

图8.2 大成智慧学的系统构成图

Fig. 8.2 system composition diagram of Science of Wisdom in Cyberspace

大成智慧学具有重要地位:大成智慧学在钱学森思想中居于核心地位,大成智慧学在马克思主义中国化研究中具有重要地位,大成智慧学是对中国传统文化和中国传统哲学的继承与发展。大成智慧学具有重要作用:大成智慧学是系统科学发展的新阶段,是大成智慧教育的基础理论,对回答"钱学森之问"具有重要理论意义和现实意义。大成智慧学不可避免地具有局限性:钱学森没有给出大成智慧学完整的理论框架和方法论构想。大成智慧学缺少对三个维度的全面阐述:对学问维的论述存在问题,缺少对事功维的论述和阐发,缺少对道德维的概括和阐发;从马克思主义哲学的角度看、从现代科学技术体系的角度看、从电子计算机和信息网络的角度看,大成智慧学的理论研究相对比较容易,具体操作比较困难。

论文的创新主要体现在三个方面:其一,从哲学,尤其是科技哲学视角出发,比较系统深入地研究了钱学森的大成智慧学及其方法论意义,揭示了大成智慧学的主要理论观点及在科学方法论上的创新。其二,在马克思主义中国化研究的学术背景下,分析大成智慧学与马克思主义哲学的关系,揭示出大成智慧学对马克思主义科学方法论中国化方面的理论贡献。其三,以实践形式为延伸,分析了大成智慧学的实践技术、工作体系、应用集体和教育模式,揭示了大成智慧学在科学实践层面上的意义。

马克思主义活的灵魂是具体问题具体分析。毛泽东思想活的灵魂为实事求是、群众路线、独立自主。钱学森思想活的灵魂与马克思主义、毛泽东思想活的灵魂是一致的。本文认为钱学森思想的重要特点有科技创新、科技兴国、综合集成、大成智慧、总体设计、民主集中等。科技兴国是钱学森一贯坚持的理想。科技创新是钱学森一生都在努力实践的事业。钱学森在科技理论创新、科技实践创新和科技制度创新方面都做出了重大贡献。综合集成、大成智慧和总体设计是钱学森面对开放复杂巨系统而提出的理论、技术、方法论和实践形式。民主集中是钱学森贯彻民主集中制,开展学术讨论,进行学术通信的研究方法。钱学森思想对"科教兴国"战略①、"人才强国"战略、"创新型国家"②的构建、"创新驱动发展战略"都有很好的启发作用。从"科学技术是生产力"到"科学技术是第一生产力",从科教兴国战略到人才强国战略,从创新型国家的构建到实施创新驱动发展战略,党和国家高度重视科学技术在中国社会主义现代化建设中所起的重要作用。这些都是国家发展战略的核心战略,是提高综合国力的关键所在。科学技术的重要作用,以制度的形式逐步得到巩固。我们要坚持走中国特色自主创新道路。

钱学森思想坚持了马克思主义、毛泽东思想具体问题具体分析和实事求是活的灵魂,它基于中国社会主义现代化建设的实际,既坚持了马克思主义基本原理,又具有鲜明的中国特色、中国作风和中国气派。钱学森思想是马克思主义中国化理论的重要组成部分。与马克思主义中国化一样,钱学森思想也是将马克思主义的基本原理同中国具体实际相结合。第一,钱学森思想也是运用马克思主义解决中国的建设和改革的实际问题。钱学森将在"两弹一星"工程中总结出来的系统

---

① 1995年5月6日,中共中央、国务院第一次正式提出全国实施科教兴国战略。5月25日,江泽民在《实施科教兴国战略》报告中对科教兴国战略的内容、意义和问题做了全面阐述。9月29日,党的十四届五中全会将科教兴国战略作为九条重要方针之一。党的十五大报告"把加速科技进步放在经济社会发展的关键地位"。党的十六大报告指出大力实施科教兴国战略和可持续发展战略。

② 党的十七大报告强调要提高自主创新能力,建设创新型国家。

工程和总体设计部思想,运用到社会主义现代化建设中,提出各个领域的系统工程和国民经济总体设计部、社会主义建设总体设计部等。第二,钱学森思想也是将中国建设和改革的实践经验与历史经验上升为理论。钱学森受到毛泽东思想"矛盾论"和"实践论"的启发,提出现代科学技术的思想体系;钱学森根据中国社会主义建设复杂的形式,提出开放复杂巨系统理论及其方法论,进而提出大成智慧体系和综合集成体系等。第三,钱学森思想也是把马克思主义根植于中国的优秀文化之中。钱学森自称现代科学技术体系来源于毛泽东思想,系统工程和系统科学具有鲜明的中国特色,思维科学是基于中国传统文化的整体思维,有别于国外的认知科学,总体设计部是为社会主义制度设计的,大成智慧教育也是只有社会主义国家才能实现。

大成智慧学是钱学森思想的重要组成部分,大成智慧学也是马克思主义中国化的重要组成部分。大成智慧学的目的也是为了做到一切从实际出发,具体问题具体分析,实事求是。钱学森大成智慧学坚持了马克思主义、毛泽东思想具体问题具体分析和实事求是活的灵魂,它基于中国改革开放和社会主义现代化建设的实际,既坚持了马克思主义基本原理,又具有鲜明的中国特色、中国作风和中国气派。大成智慧学是马克思主义中国化理论体系的补充和重要组成部分之一。与马克思主义中国化一样,大成智慧学也是将马克思主义基本原理同中国具体实际相结合。第一,大成智慧学是运用马克思主义解决中国改革开放和社会主义现代化建设的实际问题而提出来的,大成智慧学的目标是很明确的,就是当作科学的方法论来指导中国的改革开放和社会主义现代化建设。第二,大成智慧学是从中国改革开放和社会主义现代化建设的实践经验和历史经验经过提炼上升到理论的高度。大成智慧学是对大成智慧工程理论上的提炼,而大成智慧工程正是应用于改革开放和社会主义现代化建设的实际中所提出的创新理论。第三,大成智慧学根植于中国的传统文化和传统哲学之中。大成智慧学与易学、儒家、道家、佛教等中国的优秀文化有着深厚的思想渊源。大成智慧学的三个维度与儒家的"三不朽""三立"是一致的。大成智慧学是马克思主义中国化的有益补充和重要组成部分是明显的。

钱学森的名字意味着科学、权威、神秘。他高高在上,高山仰止,景行行止。他的学术,体系博大,理论宏深;他的境界,风光霁月,超逸绝尘。钱学森思想是一个海洋,又是中国当代学术界的顶峰之一。钱学森思想包括技术科学思想、系统科学及系统工程思想、现代科学技术体系思想、开放复杂巨系统思想及其方法论、综合集成体系思想、大成智慧学及大成智慧工程思想、从定性到定量综合集成研讨厅体系及总体设计部思想、大成智慧教育思想、科学技术创新思想和社会主义现代化建设思想等。钱学森思想与创新型国家创建、科技创新人才成长、中国社会主义现代化建设、综合国力的提升、中华民族的伟大复兴、中国梦的实现、中国文化的发展密切相关。我们期待"钱学"繁荣景象的到来,期待学术界对"钱学"的理性研究。在21世纪应该会掀起钱学森思想研究的几轮高峰,这应该是时代发展的需要和科技发展的必然趋势。

虽然有人指出钱学森提出的新概念"大而无当"①,如果从还原论的角度看,这是有道理的。但是放在复杂性科学的背景下,站在战略科学家的角度,"钱学森做出无人可以替代的贡献"②。苗东升指出,相对于欧洲的文艺复兴,中国的文艺复兴是第二次文艺复兴,第二次文艺复兴第一波、第二波、第三波的主将分别是鲁迅、毛泽东和钱学森。尽管钱学森晚年的一系列思想文化是"创世纪"的,却没有进入第三波的主流意识形态,许多领域的学术带头人对钱学森敬而远之,不接受他的新观点,他的一些基本主张未被采纳。钱学森生前洞悉这种情形,公开表示自己的新思想"要在50年之后才能被接受"③。尽管钱学森思想还有很多不令人满意的地方,尽管钱学森生前也做过不令人满意的事情。但是,学习钱学森思想的可取之处,对钱学森思想进行扬弃,后学者"接着说"是责无旁贷的。著名画家吴冠中在中央电视台《大家》上说:"艺术只有两条路:小路,娱人娱己;大路,震撼人心。100个齐白石抵不了一个鲁迅。"我们欣赏齐白石,更崇敬鲁迅。我认为,在科学上也是如此;"科学只有两条路:小路,为人为己;大路,震撼人心。"钱学森之于科学技术正如鲁迅之于文学艺术。钱学森与鲁迅、毛泽东等杰出人物一样,因为"民族文化主体性"④而成为中国民族的"民族英雄"而永载史册,这是毫无疑问的。就像郁达夫在《怀鲁迅》中所说的:"没有伟大人物出现的民族,是世界上最可怜的生物之群;虽有伟大人物,而不知拥护、爱戴、崇拜的国家,是没有希望的奴隶之邦。"中华民族从古至今每个时代都出现了一大批"伟大人物",我们要珍惜、热爱、尊崇这些"伟大人物",学习、研究、批判地继承他们的思想,后来者责无旁贷。包括大成智慧学等诸多成果在内的钱学森思想震撼人心,越走越宽,值得后来者深入学习和研究。本文的研究只是初步的、尝试性的,抛砖引玉而已。错误之处在所难免,敬请大方之家批评指正。

---

① 郝柏林:《复杂性的刻画与"复杂性科学学"》,《科学》1999年第3期。
② 苗东升:《钱学森系统科学思想研究》,科学出版社2012年版,第209页。
③ 苗东升:《钱学森系统科学思想研究》,科学出版社2012年版,第246-262页。
④ 苗东升:《钱学森系统科学思想研究》,科学出版社2012年版,第255-260页。

附录

钱学森著作系年

摘　要:钱学森(1911—2009年)是中国当代著名的战略家、科学家、思想家、系统工程师。他在应用力学、喷气推进与航天技术、工程控制论、物理力学、系统工程、系统科学、思维科学和人体科学等领域做出了开创性的和不可磨灭的贡献。他在领导中国人们进行“两弹一星”的科学实践中,在运用现代科学技术体系进行社会主义现代化建设的探索中,都立下了不朽的功勋。钱学森著作丰富多彩,涉及领域广泛,高瞻远瞩,思想深刻。对钱学森的著作进行整理,是进一步研究钱学森战略思想的前提和基础,是非常有必要和很有意义的一件事。

关键词:钱学森;著作系年;科学技术史;战略思想

Annalistic Investigation intoQian Xuesen's Works

Abstract: Qian Xuesen (1911 - 2009) is a renowned strategist, scientist, thinker and system engineer in contemporary Chinese. He made groundbreaking and indelible contribution in domains of applied mechanics, jet propulsion and space technology, engineering cybernetics, physical mechanics, systems engineering, systems science, thought science and human science and so on. Besides, in developing the A-bomb, H-bomb and artifical satellite of China and using modern science technology system to guide the construction of socialist modernization, he also made immoral deeds. Qian Xuesen's works is richly colorful, involving widespread domain with long - range sight and profound thought. To reorganize Qian Xuesen's works is basic for further study of his strategic concept.

Key Words: Qian Xue-sen; writing time of works; hisroy of science and technology; Strategic thought

凡例：

第一，著作系年的编年原则上是按照发表的时间来排列的，在没有明确的发表时间时，按照写作的时间、作报告的时间或者交流的时间为准。本著作系年的发表时间参照"中国知网"的时间。

第二，凡是涉及传主的文章，在正文中不出现传主的姓名。在几个人合写的论文中，其他人的名字一同列出，对作者的劳动予以尊重。

第三，在没有明确的日期的著作，列出月份；没有明确的月份，就排列在本年的最后。

第四，对有些著作有多家期刊予以发表，有明确的出版日期，则分别列出；没有明确的出版日期，一般在第一次出现的时候统一列出。

第五，由于本系年是著作系年，所以以著作的写作和发表为线索，对于传主的其他事迹基本上没有体现，那是《钱学森年谱》的工作，特此说明。

1911 年　出生

12 月 11 日生于上海。

1931 年　20 岁

11 月，《对于浙省立六中〈抗日救国中心教材〉一文之商榷》一文发表于《浙江教育行政周刊》第 3 卷第 15 期。①

1932 年　21 岁

是年，《这是几句忍不住要说的话》发表于浙江省教育厅师资进修通讯研究部主编《进修半月刊》1932 年第 2 卷第 12 期。刊载于上海交通大学出版社 2011 年版马德秀主编《钱学森和他的母校上海交通大学》第 272 – 274 页。

1933 年　22 岁

4 月 23 日，《美国大飞船失事及美国建筑飞船的原因》一文发表于《空军》周刊 1933 年 4 月 23 日第 24 期第 29 – 34 页。刊载于国防工业出版社 2012 年版《钱学森文集》（卷一）第 1 – 9 页。

7 月 2 日，《航空用蒸汽发动机》一文发表于中央航空学校主办《空军》周刊 1933 年 7 月 2 日第 34 期第 16 – 19 页。刊载于上海交通大学出版社 2011 年版马德秀主编《钱学森和他的母校上海交通大学》第 275 – 280 页；国防工业出版社 2012 年版《钱学森文集》（卷一）第 10 – 15 页。

---

① 参见马德秀主编：《钱学森和他的母校上海交通大学》，上海交通大学出版社 2011 年版，第 35 – 36、266 页。

1934 年 23 岁

3 月 5 日,《最近飞机炮之发展》一文发表于《空军》周刊 1934 年 3 月 5 日第 67 期第 6 - 9 页。刊载于国防工业出版社 2012 年版《钱学森文集》(卷一)第 19 - 23 页。

12 月 16 日,《飞行的印刷所——世界最大陆上飞机“马克辛·高尔基”号》一文发表于《世界知识》半月刊 1934 年 12 月 16 日第 1 卷第 7 号第 314 - 315 页。刊载于国防工业出版社 2012 年版《钱学森文集》(卷一)第 16 - 18 页。

1935 年 24 岁

1 月,《气船与飞机之比较及气船将来发展之途径》一文发表于《航空杂志》1935 年 1 月第 5 卷第 1 期第 81 - 105 页。刊载于国防工业出版社 2012 年版《钱学森文集》(卷一)第 24 - 42 页。

2 月,《音乐和音乐的内容》一文发表于浙江省教育厅编印《浙江青年》1935 年 2 月第 1 卷第 4 期第 91 - 98 页。刊载于上海交通大学出版社 2011 年版马德秀主编《钱学森和他的母校上海交通大学》第 281 - 286 页;国防工业出版社 2012 年版《钱学森文集》(卷一)第 43 - 48 页。

7 月,《火箭》一文发表于《浙江青年》1935 年第 1 卷第 9 期第 140 - 153 页。刊载于国防工业出版社 2012 年版《钱学森文集》(卷一)第 49 - 58 页。

是年,《机械音乐》一文发表于《音乐教育》1935 年第 8 期。

1937 年 26 岁

4 月,完成《火箭发动机喷嘴扩散角对推力影响的计算》一文,公开发表于《富兰克林学会会刊》1940 年。

5 月 29 日,写出《喷嘴发散角度变化对火箭发动机推进力的影响;理想的火箭发动机运转周期;理想的效率及理想的推进力;使用离散法计算燃烧室温度》(The Effect of Angle of Divergence of Nozzle on the Thrust of a Rocket Motor; Ideal Cycle of a Rocket Motor; Ideal Efficiency and Ideal Thrust; Calculation of Chamber Temperature with Disassociation)一文。

1938 年 27 岁

1 月 16 日,与冯·卡门合作《可压缩流体的边界层》(Boundary Layer in Compressible Fluids)一文在美国航空科学院第 6 届国际航空协会年会空气动力学分会上宣读。发表于《航空科学杂志》(*Journal of the Aeronautical Sciences*)1938 年第 5 卷第 227 - 232 页。收入《冯·卡门文集》第 3 卷。本文是钱学森在导师指导下完成的博士论文第 1 部分的主要素材。刊载于山西教育出版社 2000 年版《钱学森手稿》第 1 - 38 页。

7 月,与 Malina 合作《以连续脉冲方式推进的探空火箭的飞行分析》(Flight Analysis of a Sounding Rocket with Special Reference to Propulsion by Successive Impulses)一文完成,发表于《航空科学杂志》1939 年第 6 卷第 50 – 58 页。本文主要是博士学位论文的第 4 部分内容。

10 月,《有攻角旋转体的超声速绕流》(Supersonic Flow Over an Inclined Body of Revolution)发表在《航空科学杂志》1938 年第 5 卷第 480 – 483 页。

《亚音速流旋转非圆柱体》一文发表于《航空科学杂志》1938 年第 5 卷第 480 – 483 页。本文是钱学森博士论文第 2 部分的主要内容。

《可压缩流体的流动以及反作用力推进》(Problems in Motion of Compressible Fluids and Reaction Propulsion)系在 1938 年完成加州理工大学博士学位论文。

1939 年　28 岁

6 月,完成《高速气动力学的问题的研究》等四篇博士论文,获美国加州理工学院航空、数学博士学位。论文分四个部分:第 1 部分是《可压缩流边界层》;第 2 部分是《有攻角旋转体的超声速绕流》;第 3 部分是《将 Tschapligin 变换应用于二维亚声速流动》;第 4 部分是《以连续脉冲方式推进的探空火箭的飞行分析》。

《可压缩流体的二维亚声速流动》(Two – Dimensional Subsonic Flow of Compressible Fluids)一文发表于《航空科学杂志》1939 年第 6 期第 399 – 407 页。本文阐明压力修正公式,后被学界称为"卡门—钱学森近似公式"。刊载于山西教育出版社 2000 年版《钱学森手稿》第 39 – 57 页。

6 月之后,完成《壳体屈曲的文献总结》,共 18 页,未发表。刊载于山西教育出版社 2000 年版《钱学森手稿》第 132 – 150 页。

10 月,冯 · 卡门、钱学森合作完成《球壳在外压下的曲屈》(The Buckling of Spherical Shells by External Pressure)一文。发表于《航空科学杂志》1940 年第 7 卷第 2 期第 43 – 50 页。刊载于山西教育出版社 2000 年版《钱学森手稿》第 151 – 177 页。共有原始手稿 26 页。

1940 年　29 岁

1 月,冯 · 卡门、Louis G. Dunn、钱学森合作完成《曲率对结构屈曲特性的影响》(The Influence of Curvature on the Buckling Characteristics of Structures)一文,于 1940 年 1 月在航空科学研究所第 8 次年会的结构分会上宣读,发表于《航空科学杂志》1940 年第 7 卷第 276 – 289 页。

2 月,在美国航空学会年会上,宣读了《薄壳稳定性》和《高速气流突变的测定》两篇论文。

6 月,完成《关于弹道试验用超声速风洞的备忘录》(Memorandum on Superson-

ic Wind Tunnel for Ballistic Purposes)。部分内容刊载于山西教育出版社2000年版《钱学森手稿》第113－120页。

12月7日,完成《高速气流突变之测定》(A Method for Predicting the Compressibility Burble)一文。

1941年 30岁

《高速气流突变之测定》(A Method for Predicting the Compressibility Burble)一文发表于成都航空研究所技术报告1941年第2期第1－28页。刊载于山西教育出版社2000年版《钱学森手稿》第58－71页。

与冯·卡门合作完成《圆柱壳在轴压下的屈曲》(The Buckling of Thin Cylindrical Shells under Axial Compression)一文发表于《航空科学杂志》1941年第8卷第8期第303－312页。原稿800多页,部分内容刊载于山西教育出版社2000年版《钱学森手稿》第178－207页。

与冯·卡门合作发表了《关于空气动力学中压缩效应的研究成果》一文,全面系统地阐述了"卡门—钱学森近似公式"。"卡门—钱学森近似公式"是冯·卡门在1941年引用了在他指导下,钱学森于1939年发表的工作而提出来的。①

1942年 31岁

1月28日,《薄壳屈曲理论》(A Theory for the Buckling of Thin Shells)一文发表于在纽约举行的第10次国际航空科学(I. Ae. S.)年会结构组。

《风洞的汇聚风斗之设计》一文发表于《航空科学杂志》。

《带非线性横向支撑下的柱的曲屈》(Buckling of a Column with Non－Linear Lateral Supports)一文发表于《航空科学杂志》1942年第9卷第119－132页。

《薄壳屈曲理论》(A Theory for the Buckling of Thin Shells)一文发表于《航空科学杂志》1942年第9卷第373－384页。

《通过部分绝缘固壁的热传导》(Heat Conduction across a Partially Insulated Wall)一文发表于《中国自然科学协会美国西海岸分会文集》1942年第1卷第7－11页。

1943年 32岁

7月,与火箭专家马林纳合作完成《远程火箭的评论与初步分析》的研究报告。

与冯·卡门一起撰写《关于远程火箭抛射体可能性的综述》一文,并发表于

① 《致黄明恪》(1984年11月5日),《钱学森书信补编》(1),国防工业出版社2012年版,第238页。

《喷气推进实验室报告》。

与康荣特合作《利用喷气的引射作用作为驱动推进剂泵的动力源可能性的研究》一文发表于《喷气推进实验室报告》。

《关于风洞收缩锥的设计》(On the Design of the Contraction Cone for a Wind Tunnel)一文发表于《航空科学杂志》1943 年第 10 卷第 68 – 70 页。

《剪切流中的茹科夫斯基对称翼型》(Symmetrical Joukowsky Airfoils in Shear Flow)一文发表于《应用数学季刊》1943 年第 1 卷第 2 期第 130 – 148 页。

1944 年　33 岁

冯·卡门、钱学森、马林纳和索姆兹尔德共同撰写的《关于喷气推进系统应用于导弹和跨声速飞机的比较研究的综述》一文发表在同年的《喷气推进实验室报告》上。

编写《喷气推动》一书,全面论述了喷气推进的基本原理和喷气推进飞行器的性能。

11 月,《可压缩流体亚声速和超声速混合流动中的“极限线”》(The“Limiting Line”in Mixed Subsonic and Supersonic Flow of Compressible Fluids)一文发表于《NACA 技术报告》1944 年第 961 号。

《压气机或涡旋机的扭曲叶片引起的损失》(Loss in Compressor or Turbine due to Twisted Blades)一文发表于《中国工程师协会美国分会杂志》1944 年第 2 卷第 1 期第 40 – 53 页。

1945 年　34 岁

冯·卡门、钱学森合作完成《非均匀流中机翼的升力线理论》(Lifting – Line Theory for a Wing in Non – uniform Flow)一文发表于《应用数学季刊》1945 年第 3 卷第 1 期第 306 – 316 页(1 – 11 页)。

《德国瑞士在航空几个领域的近期进展》一文系《迈向新高度》第 3 卷《技术方面的情报材料》第 1 部分的内容。

《高速空气动力学》一文系《迈向新高度》第 4 卷《空气动力学和飞机设计》第 1 部分的内容。

《脉动式空气喷气发动机的实验性能与理论机能》一文系《迈向新高度》第 6 卷《飞机发动机》第 2 部分的内容。

《冲压式喷气发动机性能及设计问题》一文系《迈向新高度》第 6 卷《飞行发动机》第 3 部分的内容。

《固、液体火箭的设计及发展趋势》一文系《迈向新高度》第 6 卷《飞行发动机》第 4 部分的内容。

《原子能燃料作为飞机动力的可行性》一文系《迈向新高度》第7卷《飞机燃料和推进剂》第5部分的内容。

《超音速飞行有翼导弹的发射》一文系《迈向新高度》第8卷《导弹和无人机》第6部分的内容。

在冯·卡门的领导下,参与撰写《通向新地平线》的重要报告。

1946年　35岁

主编《喷气推进的新天地》论文集。

5月,钱学森、郭永怀合作,完成重要论文《可压缩流体二维无旋亚声速和超声速混合型流动和上临界马赫数》(Two - Dimensional Irrotational Mixed Subsonic and Supersonic Flow of a Compressible Fluid and the Upper Critical Mach Number),发表于《NACA技术报告》1946年第995号。最早在跨声速流动问题中引入上下临界马赫数的概念。本文也收入《郭永怀文集》科学出版社1982年版第22 - 99页。

《原子能》(Atomic Energy)一文发表于美国《航空科学杂志》1946年第13卷第4期第171 - 180页。

《超级空气动力学——稀薄气体力学》(Superaerodynamics, Mechanics of Rarefied Gases)一文发表于《航空科学杂志》1946年第13卷第653 - 664页。刊载于山西教育出版社2000年版《钱学森手稿》第72 - 87页。

钱学森与Richard Schamberg合作完成的《稀薄气体中平面声波的传播》(Propagation of Plane Sound Waves in Rarefied Gases)一文发表于《美国声学学会杂志》1946年第18卷第334 - 341页(第13卷第477 - 484页《文集》)。

《高超音速流动的相似律》(Similarity Laws of Hypersonic Flows)一文发表于《数学物理杂志》1946年第25卷第247 - 251页。刊载于山西教育出版社2000年版《钱学森手稿》第88 - 100页。

《非定常二维跨声速和高超声速流动的相似律》(Similarity Laws of Non - steady Two - Dimensional Transonic Hypersonic Flows)完成但未发表。刊载于山西教育出版社2000年版《钱学森手稿》第102 - 112页。

是年,主编"Jet Propulsion——A Reference Text", Air Technical Service Command。撰写了其中几章。①

1947年　36岁

2月,在麻省理工学院刚刚升任终身教授的钱学森在学院为他举行的学术报

① 《致王寿云》(1990年4月6日),《钱学森书信补编》(3),国防工业出版社2012年版,第252页。

告会上,作了题为《飞向太空》的报告。

3 – 5 月,和 J. R. Markham, M. Witunski 联名向 MIT 航空工程系领导送交一份题为《关于在麻省理工学院建造中间规模的高超声速风洞的建议和研究报告》(Proposal and Study for the Construction of a Pilot Hypersonic Wind Tunnel at the Massachusetts Institute of Technology)。部分内容刊载于山西教育出版社 2000 年版《钱学森手稿》第 121 – 131 页。

5 月 13 日,15 日,在加州理工学院 JPL 举行的第 54 – 55 次研讨会暨核反应堆材料应用研讨会上做了《利用核能的火箭及其他热力喷气发动机——关于多空反应堆材料利用的一般讨论》(Rockets and Other Thermal Jets Using Nuclear Energy)的报告。正式发表于 The Science and Engineering of Nucler Power VolumeII, Chapter 11, pp. 177 – 195, 1949, Addison – Wesley。

夏,在国立浙江大学、国立交通大学和国立清华大学给工科学生作了关于《工程与工程科学》(Engineering and Engineering Sciences)的讲演,后发表于 Journal of the Chinese Institution of Engineers, 1948, 6, 1 – 14。发表于《中国工程师协会杂志》1948 年第 6 卷第 1 – 14 页。参阅山西教育出版社 2000 年版《钱学森手稿》第 410 – 435 页。后由中国科学院力学研究所谈庆明译,中国科学院力学研究所盛宏至校,刊登于《力学进展》2009 年 11 月 25 日第 39 卷第 6 期第 643 – 649 页;《工程研究——跨学科视野中的工程》2010 年 12 月 25 日第 2 卷第 4 期第 282 – 289 页转载。

《由 van der Waals 状态方程表征的气体的一维流动》(One – Dimensional Flows of a Gas Characterized by van der Waals Equation of State)一文发表于《数学物理杂志》1947 年第 25 卷第 301 – 324 页。

《关于论文"由 van der Waals 状态方程表征的气体的一维流动"的修正》一文发表于《钱学森文集(1938—1956 年海外学术文献)》(中文版)上海交通大学出版社 2011 年 10 月版第 362 – 364 页。

《激波与固体边界交点附近的流动情况》(Flow Conditions near the Intersection of a Shock Wave with Solid Boundary)一文发表于《数学物理杂志》1947 年第 26 卷第 69 – 75 页。

《薄壳非线性屈曲理论中的下屈曲载荷》(Lower Buckling Load in the Non – Linear Buckling Theory for Thin Shells)一文发表于《应用数学季刊》1947 年第 5 卷第 236 – 237 页。

1948 年 37 岁

《工程与工程科学》一文发表于《中国工程师协会杂志》1948 年第 6 卷第 1 –

14 页。参阅山西教育出版社 2000 年版《钱学森手稿》第 410 - 435 页。

林家翘,Reissner,钱学森合写《可压缩流中细长体的二维非定常运动》(On Two - Dimensional Non - steady Motion of a Slender Body in a Compressible Fluid)一文发表于《数学物理杂志》1948 年第 27 卷第 220 - 231 页。

《超级气体动力学的风洞试验问题》(Wind - Tunnel Testing Problems in Superaerodynamics)一文发表于《航空科学杂志》1948 年第 15 卷第 10 期第 573 - 580 页(第 576 - 583 页《文集》)。

是年,完成《关于火箭核能发动机》的论文,首次将核能技术引入火箭发动机。

1949 年　38 岁

钱学森与 Judson R. Baron 合作的《弱超声速流中的翼型》(Airfoils in Slightly Supersonic Flow)一文发表于《航空科学杂志》1949 年第 16 卷第 55 - 61 页。

钱学森与 M. Finston 合作完成的《亚音速和超音速平行气流之间的相互作用》(Interaction between Parallel Streams of Subsonic and Supersonic Velocities)一文发表于《航空科学杂志》1949 年第 16 卷第 515 - 528 页。

12 月 1 日,在纽约召开的美国火箭学会和美国机械工程师学会的联合年会上发表了《火箭和喷气推进的研究》的论文。

12 月 1 日,《喷气推进中心的教学和研究工作》一文在纽约市美国火箭学会年会上宣读。

1950 年　39 岁

《火箭和喷气推进研究》(Research in Rocket and Jet Propulsion)一文发表于《航空摘报》1950 年第 60 卷第 120 - 125 页。

《黏弹性性介质 Alfrey 定理的推广》(A Generalization of Alfrey's Theorem for Visco - elastic Media)一文发表于《应用数学季刊》1950 年第 8 卷第 104 - 106 页。

《在 Daniel 和 Florence 哥根汉姆喷气推进中心的教学和研究工作》(Instruction and Research at the Daniel and Florence Guggenheim Jet propulsion Center)一文发表于《美国火箭协会杂志》1950 年第 20 卷第 51 - 64 页。

6 月 28 - 30 日,《火焰阵面对流场的影响》(Influence of Flame Front on the Flow Field)一文在加州洛杉矶召开的 Heat Transfer and Fluid Mechanics Institute(传热和流体力学研究所)1950 年年会上宣读。

12 月 1 日,钱学森与 Robert C. Evans 合作的《探空火箭最优推力规划》(Optimum Thrust Programming for a Sounding Rocket)一文在纽约市举行的美国火箭协会 1950 年年会上宣读。

1951 年 40 岁

《火焰阵面对流场的影响》(Influence of Flame Front on the Flow Field)一文发表于美国机械工程师学会《应用数学杂志》1951 年第 18 卷第 2 期第 188 - 194 页。

钱学森与 Robert C. Evans 合作的《探空火箭最优推力规划》(Optimum Thrust Programming for a Sounding Rocket)一文发表于《美国火箭协会杂志》1951 年第 21 卷第 5 期第 99 - 107 页。参阅山西教育出版社 2000 年版《钱学森手稿》第 275 - 287 页。

1952 年 41 岁

发表《远程火箭飞行器的自动导航》(Automatic Navigation of a Long Range Rocket Vehicle)一文。

S. S. Penneer, M. H. Ostrander,钱学森合作的《双原子气体辐射的发射率:Ⅲ. 在 300°K、大气压及低光学密度条件下一氧化碳发射率的数值计算》(The Emission of Radiation from Diatomic Gases. Ⅲ. Numerical Emissivity Calculations for Carbon Monoxide for Low Optical Densities at 300K and Atmospheric Pressure)一文发表于《应用物理杂志》1952 年第 22 第 2 期 256 - 263 页。

《火箭喷管的传递函数》(The Transfer Functions of Rocket Nozzles)一文发表于《美国火箭协会杂志》1952 年第 22 卷第 139 - 143 页。参阅山西教育出版社 2000 年版《钱学森手稿》第 288 - 303 页。

钱学森、郑哲敏合作的《快速加热的薄壁圆柱壳的载荷相似律》(A Similarity Law for Stressing Rapidly Heated Thin - Walled Cylinders)一文发表于《美国火箭协会杂志》1952 年第 22 卷第 144 - 150 页。

S. S. Penner 与钱学森合作的《确定双原子分子转动谱线半宽度》(On the Determination of Rotational Line Half - Widths of Diatomic Molecules)一文发表于《化学物理杂志》1952 年第 20 卷第 5 期第 827 - 828 页。

钱学森与 T. C. Adamson, E. L. Knuth 合作的《远程火箭飞行器的自动导航》(Automatic Navigation of a Long Range Rocket Vehicle)一文发表于《美国火箭协会杂志》1952 年第 22 卷第 192 - 199 页。

《一种用于比较垂直飞行的动力装置的性能的方法》(A Method for Comparing the Performance of Power Plants for Vertical Flight)一文发表于《美国火箭协会杂志》1952 年第 22 卷第 200 - 203 页。

《火箭发动机燃烧的伺服稳定》(Servo - Stabilization of Combustion in Rocket Motors)一文发表于《美国火箭协会杂志》1952 年第 22 卷第 256 - 262 页。参阅山西教育出版社 2000 年版《钱学森手稿》第 304 - 322 页。

与 S. Serdengecti 合作的《峰值保持最优控制分析》(Analysis of Peak - Holding Optimalizing Control)一文发表于《美国火箭协会杂志》1952 年第 22 卷第 561 - 570 页。

1953 年 42 岁

《物理力学,一个工程科学新领域》(Physical Mechanics, A New Field in Engineering Science)一文发表于《美国火箭协会杂志》1953 年第 23 卷第 1 期第 14 - 17 页。

《纯净液体的特性》(The Properties of Pure Liquids)一文发表于《美国火箭协会杂志》1953 年第 23 卷第 1 期第 17 - 25 页。该文内容收入专著《物理力学讲义》。参阅山西教育出版社 2000 年版《钱学森手稿》第 358 - 373 页。

《薄壁机翼受热载荷相似律》(Similarity Laws for Stressing Heated Wings)一文发表于《航空科学杂志》1953 年第 20 卷第 1 - 10 页。

《从卫星轨道上起飞》(Take - Off from Satellite Orbit)一文发表于《美国火箭协会杂志》1953 年第 23 卷第 233 - 236 页。

1954 年 43 岁

1954 年,《工程控制论》(*Engineering Cybernetics*)一书英文版由美国麦克劳—希尔图书公司(McGraw - Hill publishing Company Ltd. New York, London, Toronto)出版,全书 30 余万字。该书俄文版、德文版、中文版分别于 1956 年、1957 年、1958 年由苏联、民主德国和中国出版。1980 年出版《工程控制论》(修订版)。

《〈工程控制论〉序》一文系《工程控制论》英文版(1954 年)序言。刊载于上海交通大学出版社 2005 年版《智慧的钥匙——钱学森论系统科学》第 1 - 3 页;国防工业出版社 2012 年版《钱学森文集》(卷一)第 59 - 61 页。

是年,完成讲授力学工作介质物理性质的理论专著《物理力学讲义》,这本讲义 1962 年由科学出版社正式出版。

1955 年 44 岁

钱学森与 S. Serdengectl 合作的《峰值保持最优控制分析》(Analysis of Peak - Holding Optimalizing Control)一文发表于《航空科学杂志》1955 年第 22 卷第 561 - 570 页。参阅山西教育出版社 2000 年版《钱学森手稿》第 337 - 349 页。

4 月,《Poincare - Lighthill - Kuo 方法》(The Poincaré - Lighthill - Kuo Method)一文发表于《应用力学进展》1955 年第 4 卷第 281 - 349 页。

《高温高压下的气体热力学性质》(Thermodynamic Properties of Gas at High Temperatures and Pressures)一文发表于《喷气推进》1955 年第 25 卷第 471 - 473 页。收入《物理力学讲义》(1962)。参阅山西教育出版社 2000 年版《钱学森手

稿》第374－387页。

11月9日,《回国的感受》一文在中央人民广播电台1955年11月9日播出。刊载于国防工业出版社2012年版《钱学森文集》(卷一)第62－64页。

1956年　45岁

1月6日,《我在美国的遭遇》一文发表于《人民日报》1956年1月6日。刊载于国防工业出版社2012年版《钱学森文集》(卷一)第65－67页。

1月6日,在中国科学院力学研究所筹备组召开的全体人员大会上作了题为《关于力学研究方法》的讲话。

2月3日,《钱学森的发言》一文发表于《人民日报》1956年2月3日。本文系在中国人民政治协商会议第二届全国委员会第二次全国会议上的发言。

2月17日,遵照周恩来总理的指示起草了《建立我国国防航空工业的意见书》。

春,周恩来总理亲自制定新中国第一个远大的科学发展规划——《1956年至1967年科学技术发展远景规划纲要》。钱学森主持与王弼、沈元、任新民等合作完成了其中的《喷气和火箭技术的建立》规划。

5月10日,协助聂荣臻元帅向中央提出了《建立我国导弹研究工作的初步意见》。

5月16日,钱学森、王弼、沈元、任新民、杨劲夫、黄志千、张世英、王玉京等研究拟定《关于开展航空科学研究中心问题的说明书》。

5月,在第一次全国先进生产者和积极分子大会上作了讲话。以《在第一次全国先进生产者和积极分子大会上的发言》为题发表于国防工业出版社2012年版《钱学森文集》(卷一)第68－70页。

5月27－31日,在北京航空学院作了《航空技术的展望》的学术报告。发表于《科学通报》1956年6月号第5－19页。刊载于国防工业出版社2012年版《钱学森文集》(卷一)第75－96页。

6月11日,《一门古老而又年青的学科》一文发表于《人民日报》1956年6月11日第3版。刊载于国防工业出版社2012年版《钱学森文集》(卷一)第71－74页。

7月,《热核电站》(Thermonuclear Power Plants)一文发表于《喷气推进》1956年第26卷第7期第559－564页。

9月29日,与蒋英合写的《对发展音乐事业的一些意见》一文发表于《光明日报》1956年9月29日。刊载于国防工业出版社2012年版《钱学森文集》(卷一)第97－100页。

10 月 8 日,《从飞机、导弹谈到控制它们的电子计算机》一文发表于《光明日报》1956 年 10 月 8 日。刊载于国防工业出版社 2012 年版《钱学森文集》(卷一)第 101 - 105 页。

10 月,《从自己的业务中学习科学》一文发表于《科学大众》(中学版)1956 年 10 月号第 438 - 439 页。刊载于国防工业出版社 2012 年版《钱学森文集》(卷一)第 106 - 107 页。

10 月,《从飞机、导弹说到生产过程的自动化》一书收入科学普及出版社出版的《科普活页资料》。本书是 20 世纪 50 年代介绍世界科学技术新成就丛书中的一种,通俗易懂,文图并茂,1 万多字的篇幅,竟有 30 余副照片和插图。刊载于国防工业出版社 2012 年版《钱学森文集》(卷一)第 108 - 124 页。

11 月 4 日,《星际航行与科普工作》一文发表于《工人日报》1956 年 11 月 4 日。刊载于国防工业出版社 2012 年版《钱学森文集》(卷一)第 125 - 134 页。

11 月 19 日,《星际航行的现实性》一文发表于《光明日报》1956 年 11 月 19 日第 3 版;《新华半月刊》1957 年第 3 期第 117 页。①

11 月,完成《关于大型风力发电站》一文。发表于《科学记录》新辑 1957 年第 1 卷第 1 期第 55 - 60 页②;以"On Large Windpower Electric Station"为题载"Science Record", Vol. No. 1, pp. 67 - 72(1957)。③ 刊载于国防工业出版社 2012 年版《钱学森文集》(卷一)第 185 - 191 页。

是年,作了《关于现代火箭和导弹问题》的专题报告。刊载于国防工业出版社 2012 年版《钱学森文集》(卷一)第 135 - 180 页。

是年,《工程控制论》俄文版在苏联出版。

1957 年　46 岁

1 月 25 日,《激动地接受科学奖金》一文发表于《人民日报》1957 年 1 月 25 日。刊载于国防工业出版社 2012 年版《钱学森文集》(卷一)第 181 - 182 页。

2 月 5 日,在北京举行的全国第一次力学学术报告会开幕式上作了题为《论技术科学》的报告。大会同时提交了钱学森和学生罗时钧合写的《在不连续面分开的平行气流中振动的翼剖面》一文。

---

① 参见《钱学森自制文集目录选》,《钱学森文集》(卷六),国防工业出版社 2012 年版,第 424 页。

② 参见《致贺德馨》(1982 年 2 月 8 日),《钱学森书信》(1),国防工业出版社 2007 年版,第 167 页注文。

③ 参见《钱学森自制文集目录选》,《钱学森文集》(卷六),国防工业出版社 2012 年版,第 424 页。

2 月 10 日,《钱学森谈参加力学学术报告会的感想　有些力学论文达到国际水平》一文发表于《人民日报》1957 年 2 月 10 日。

2 月 17 日,在中国物理学会北京分会年会上作了关于《物理力学介绍》的长篇报告。发表于《物理通报》1957 年 4 月号第 193 – 200 页。① 刊载于国防工业出版社 2012 年版《钱学森文集》(卷一)第 192 – 205 页。

3 月 2 日,《技术科学中的方法论问题》一文发表于《自然辩证法研究通讯》1957 年第 1 期第 34 页。② 刊载于国防工业出版社 2012 年版《钱学森文集》(卷一)第 183 – 184 页。

5 月 6 日,完成《〈制导——导弹设计原理之一〉序》。发表于国防部航空工业委员会科学技术资料编译室翻译 1957 年 5 月内部版《制导——导弹设计原理之一》。1959 年 4 月改由国防工业出版社公开出版发行,但公开出版的版本没有刊出钱学森序。刊载于国防工业出版社 2012 年版《钱学森文集》(卷一)第 225 – 226 页。

5 月 27 日,在北京举行的中国科学院学部委员会第二次全体会议上作了《论技术科学》的报告。发表于《科学通报》1957 年第 4 期第 97 – 104 页。③ 刊载于中国科学技术大学出版社 2008 年版侯建国主编《钱学森与中国科学技术大学》第 62 – 76 页;《工程研究——跨学科视野中的工程》2010 年 12 月 25 日第 2 卷第 4 期第 290 – 300 页;国防工业出版社 2012 年版《钱学森文集》(卷一)第 206 – 224 页。

5 月,《工程控制论》一文作为《我国科学研究的新成就——中国科学院 1956 年度科学奖金得奖论著介绍》头条发表于《科学大众》(中学版)1957 年 5 月号第 219 – 221 页。④ 刊载于上海交通大学出版社 2007 年版《工程控制论》第 293 – 295 页;国防工业出版社 2012 年版《钱学森文集》(卷一)第 227 – 230 页。

6 月 11 日,《一门古老而又年轻的科学》一文发表于《人民日报》1957 年 6 月 11 日。

6 月 13 – 15 日,在科学规划委员会第 9 次扩大会议上作了《关于调动研究力

---

① 参见《钱学森自制文集目录选》,《钱学森文集》(卷六),国防工业出版社 2012 年版,第 424 页。

② 参见《钱学森自制文集目录选》,《钱学森文集》(卷六),国防工业出版社 2012 年版,第 424 页。

③ 《致陈信》(1982 年 2 月 11 日),《钱学森书信》(1),国防工业出版社 2007 年版,第 168 页;参见《钱学森自制文集目录选》,《钱学森文集》(卷六),国防工业出版社 2012 年版,第 424 页。

④ 参见《钱学森自制文集目录选》,《钱学森文集》(卷六),国防工业出版社 2012 年版,第 424 页。

量问题》的发言。刊载于国防工业出版社 2012 年版《钱学森文集》(卷一)第 231 - 232 页。

6 月 14 日,《谈对“先专后红”问题的看法》一文发表于《文汇报》1957 年 6 月 14 日。刊载于国防工业出版社 2012 年版《钱学森文集》(卷一)第 233 - 135 页。

6 月 22 日,《科学家们痛斥右派　钱学森说我在美国钻了 20 年　结论是只能选择社会主义道路》一文发表于《人民日报》1957 年 6 月 22 日。

6 月,在中国科学院学部第二次全体会议上作了《关于新学术部门研究和发展问题》的讲话。刊载于国防工业出版社 2012 年版《钱学森文集》(卷一)第 236 - 238 页。

6 月,《我国农用动力问题》一文发表于《政协会刊》1957 年第 6 期第 11 - 12 页。① 刊载于国防工业出版社 2012 年版《钱学森文集》(卷一)第 239 - 241 页。

7 月 1 日,《校友钱学森同志希望我们接受党的决议,钱学森同志的来信(1957 - 6 - 26)》一文发表于交通大学校刊编辑室编辑的《交大》增刊第 22 期。

8 月 19 日,《知识分子需要不断地改造》一文发表于《人民日报》1957 年 8 月 19 日。

10 月 31 日,在中国科学院、中华全国自然科学专门学会联合会和全国科学技术普及协会在北京联合举行的庆祝苏联十月社会主义革命 40 周年大会上作了《喷气技术与人造卫星》的报告。以《苏联发射人造地球卫星在科学技术上的意义——在首都科学界庆祝十月革命 40 周年大会上的报告》为题发表于《光明日报》1957 年 11 月 3 日第 3 版;《文汇报》1957 年 11 月 3 日。以《苏联发射人造地球卫星在科学技术上的意义》为题发表于《科学普及工作》1957 年 11 月 5 日第 11 期第 8 - 11 页②;国防工业出版社 2012 年版《钱学森文集》(卷一)第 242 - 249 页。

10 月,《我在美国的时候》一文发表于中国青年出版社 1957 年 10 月版《青年共产主义者丛刊》(第一集)《民主与自由》。刊载于国防工业出版社 2012 年版《钱学森文集》(卷一)第 250 - 256 页。

11 月,《远程星际航行》一文发表于《力学学报》1957 年 11 月第 1 卷第 4 期第 351 - 359 页。③ 刊载于国防工业出版社 2012 年版《钱学森文集》(卷一)第 257 -

① 参见《钱学森自制文集目录选》,《钱学森文集》(卷六),国防工业出版社 2012 年版,第 425 页。

② 参见《钱学森自制文集目录选》,《钱学森文集》(卷六),国防工业出版社 2012 年版,第 425 页。

③ 参见《钱学森自制文集目录选》,《钱学森文集》(卷六),国防工业出版社 2012 年版,第 425 页。

268 页。

11 月,《强电技术的弱电化》一文发表于《人民电业》1957 年第 22 期第 9 - 10 页。[①] 刊载于国防工业出版社 2012 年版《钱学森文集》(卷一)第 269 - 272 页。

12 月 20 日,《怎样对待国家的紧急任务》一文作为《科学工作者的大字报》之一发表于《人民日报》1957 年 12 月 20 日。

1957 年,《工程控制论》德文版在德意志民主共和国出版。

1958 年　47 岁

2 月,主持国防部五院制定《喷气与火箭技术十年(1958—1967 年)发展规划纲要》。

3 月 1 日,《"不到园林,怎知春色如许?"——介绍园林学》一文发表于《人民日报》1958 年 3 月 1 日;《旅游》1983 年第 1 期;《中国园林》2010 年 2 月 15 日第 2 期第 9 页。刊载于人民文学出版社 1994 年版《科学的艺术与艺术的科学》第 265 - 267 页;杭州出版社 2001 年版《论宏观建筑与微观建筑》第 9 - 11 页;国防工业出版社 2012 年版《钱学森文集》(卷一)第 284 - 286 页。

3 月 7 日,《在国务院科学规划委员会第五次会议上的发言摘录》一文发表于《人民日报》1958 年 3 月 7 日。

4 月 29 日,《发挥集体智慧是唯一好办法》一文发表于《人民日报》1958 年 4 月 29 日。刊载于国防工业出版社 2012 年版《钱学森文集》(卷一)第 287 - 290 页。

5 月 1 日,《答岳宗五、胡昌国、高伯龙三同志》一文发表于《自然辩证法研究通讯》1958 年第 2 期第 10 页。

5 月 17 日,《估计苏联立即可以发射月球卫星　钱学森等谈苏联第三个卫星发射成功的意义》一文发表于《人民日报》1958 年 5 月 17 日。

6 月 16 日,《粮食亩产量会有多少?》一文发表于《中国青年报》1958 年 6 月 16 日第 4 版。

6 月 27 日,完成《物理力学》一文。刊载于国防工业出版社 2012 年版《钱学森文集》(卷一)第 291 - 293 页。

6 月,《可以实现的理想》(原标题《什么是单产量的极限?》)一文发表于《农

---

① 参见《钱学森自制文集目录选》,《钱学森文集》(卷六),国防工业出版社 2012 年版,第 424 页。

业技术》1958 年第 12 期第 28 - 29 页。①

6 月,《自然科学和技术发展的主要方向》一文发表于中国青年出版社 1958 年 6 月版《青年共产主义者丛刊》第 7 集:《人类征服自然界的新纪元》第 26 - 38 页。② 刊载于国防工业出版社 2012 年版《钱学森文集》(卷一)第 294 - 306 页。

6 月,《展望十年——农业发展纲要实现以后》一文发表于《科学大众》1958 年第 6 期第 228 - 230 页。③ 刊载于国防工业出版社 2012 年版《钱学森文集》(卷一)第 307 - 313 页。

7 月,《祝贺苏联第一颗人造卫星发射一周年》一文发表于《中国妇女》1958 年第 14 期。刊载于国防工业出版社 2012 年版《钱学森文集》(卷一)第 314 - 316 页。

7 月 18 日,《干涉者注定要失败　文教界代表、著名科学家钱学森的讲话》一文发表于《人民日报》1958 年 7 月 18 日。

8 月 1 日,在力学学会常务理事会召开的传达科学规划委员会第五次扩大会议报告会上,作了题为《争取力学工作大跃进》的长篇报告。

8 月,《工程控制论》一书中文版由科学出版社出版,全书共 33 余万字。本书由何善堉、戴汝为译成中文。并获 1958 年中国科学院自然科学一等奖。该书从技术科学的观点对各种工程技术系统的自动控制理论做了全面研究,奠定了工程控制论的基础。

10 月 4 日,《突破太阳系　飞进大宇宙》一文发表于《人民日报》1958 年 10 月 4 日第 7 版。④ 刊载于国防工业出版社 2012 年版《钱学森文集》(卷一)第 317 - 321 页。

是年,为中国科学技术大学力学和力学工程系作《力学和力学工程系介绍》一文。刊载于中国科学技术大学出版社 2008 年版侯建国主编《钱学森与中国科学技术大学》第 6 - 7 页。

是年,"The Equations of Gas Dynamics"(《气体动力学诸方程》英文版)发表于美国由 Princeton University Press 正式出版。本书原为英文,是钱学森在美国时为

① 参见《钱学森自制文集目录选》,《钱学森文集》(卷六),国防工业出版社 2012 年版,第 425 页。

② 参见《钱学森自制文集目录选》,《钱学森文集》(卷六),国防工业出版社 2012 年版,第 425 页。

③ 参见《钱学森自制文集目录选》,《钱学森文集》(卷六),国防工业出版社 2012 年版,第 425 页。

④ 参见《钱学森自制文集目录选》,《钱学森文集》(卷六),国防工业出版社 2012 年版,第 425 页。

H. W. Emmons 主编的“*Fundamentals of Gas Dynamics*, *Volume* Ⅲ:*High Speed Aerodynamics and Jet Propulsion*”一书所写的“The Equations of Gas Dynamics”一章第3－63 页。中文刊载于科学出版社 1966 年版徐华舫译《气体动力学诸方程》第 1－66 页。①

是年,《从飞机、导弹说到生产过程的自动化》一文发表于 1958 年版《从飞机、导弹说到生产过程的自动化》(修订版)。

1959 年　48 岁

1 月 6 日,《党是前进的指路明灯》一文发表于《中国青年报》1959 年 1 月 6 日。刊载于国防工业出版社 2012 年版《钱学森文集》(卷一)第 322－324 页。

1 月 8 日,在中国科学技术协会全国委员会、北京科学技术协会筹委会、中苏友好协会总会、北京市中苏友好协会联合举办的报告会上就苏联宇宙火箭问题作了《谈宇宙火箭和星际飞行》的报告。发表于《人民日报》1959 年 1 月 10 日。以《关于宇宙火箭的报告》为题发表于《光明日报》1959 年 1 月 10 日。刊载于 1959 年版《宇宙火箭和星际航行》第 59－74 页;国防工业出版社 2012 年版《钱学森文集》(卷一)第 273－283 页。

2 月,《宇宙火箭》一文发表于《红旗》1959 年第 2 期第 26－29 页。刊载于国防工业出版社 2012 年版《钱学森文集》(卷一)第 325－329 页。

3 月,《科学技术的研究工作和外文》一文发表于《俄语教学与研究》1959 年第 3 期。刊载于国防工业出版社 2012 年版《钱学森文集》(卷一)第 330－332 页。

3 月,《谈宇宙航行的远景和从化学角度考虑农业工业化》一文发表于《科学通报》1959 年第 3 期第 86 页。刊载于国防工业出版社 2012 年版《钱学森文集》(卷一)第 333－334 页。

4 月 23 日,为中国科学技术大学力学和力学工程系招生介绍撰写的《力学的现状及其发展方向》一文由学校招生工作委员会编印。② 刊载于 1959 年《科大系与专业介绍》小册子上。刊载于中国科学技术大学出版社 2008 年版侯建国主编《钱学森与中国科学技术大学》第 8－10 页;国防工业出版社 2012 年版《钱学森文集》(卷一)第 343－346 页。

5 月 26 日,《中国科学技术大学里的基础课》一文发表于《人民日报》1959 年

① 《致王寿云》(1990 年 4 月 6 日),《钱学森书信补编》(3),国防工业出版社 2012 年版,第 252 页;参见《钱学森自制文集目录选》,《钱学森文集》(卷六),国防工业出版社 2012 年版,第 425 页。

② 《1958—1964 年钱学森在中国科学技术大学的活动大事记》,侯建国主编:《钱学森与中国科学技术大学》,中国科学技术大学出版社 2008 年版,第 2 页。

5月26日第6版。[①]刊载于中国科学技术大学出版社2008年版侯建国主编《钱学森与中国科学技术大学》第11－13页；国防工业出版社2012年版《钱学森文集》(卷一)第335－338页。

6月14日，完成《关于中国科学院配合国防需要开展火箭技术探索性研究的意见》一文。刊载于国防工业出版社2012年版《钱学森文集》(卷一)第339－342页。

8月，钱学森主编的《现代科学技术新成就》一书作为“自然科学基础丛书”的一种由科学普及出版社出版。

9月，《农业中的力学问题——亩产万斤不是问题》一文发表于《知识就是力量》1959年8－9期合刊。

10月6日，《揭开天文科学新的一章　我国科学界人士谈苏联发射宇宙火箭的成就》一文发表于《人民日报》1959年10月6日。

11月，撰写《火箭技术与星际航行中力学问题的研究》的报告。

12月3日，《科学研究工作与外文》一文发表于《科大校刊》12月3日。认为，外文是今天需要，明天也需要，将来还需要的科学技术研究的重要工具。[②]原载《俄语教学与研究》第2期。刊载于中国科学技术大学出版社2008年版侯建国主编《钱学森与中国科学技术大学》第14－15页。

是年，《庆祝伟大的十月革命42周年》一文发表于《科学新闻》1959年第35期。刊载于国防工业出版社2012年版《钱学森文集》(卷一)第347－348页。

1960年　49岁

1月19日，《苏联征服宇宙空间的新阶段》一文发表于《人民日报》1960年1月19日；《科大校刊》1960年1月21日。[③]刊载于国防工业出版社2012年版《钱学森文集》(卷一)第349－350页。

1月22日，采访稿《苏联火箭射到太平洋预定地区　时速两万六千多公里飞行一万二千五百公里》一文发表于《人民日报》1960年1月22日。

2月14日，《磐石般的团结》一文发表于《人民日报》1960年2月14日。刊载于国防工业出版社2012年版《钱学森文集》(卷一)第351－352页。

---

① 《1958—1964年钱学森在中国科学技术大学的活动大事记》，侯建国主编：《钱学森与中国科学技术大学》，中国科学技术大学出版社2008年版，第2页。

② 《1958—1964年钱学森在中国科学技术大学的活动大事记》，侯建国主编：《钱学森与中国科学技术大学》，中国科学技术大学出版社2008年版，第2页。

③ 《1958—1964年钱学森在中国科学技术大学的活动大事记》，侯建国主编：《钱学森与中国科学技术大学》，中国科学技术大学出版社2008年版，第3页。

2 月 26 日,《苏联火箭技术的跃进和宇宙航行的前景》一文发表于北京市科学技术协会筹委会编《科学小报》1960 年 2 月 26 日第 253 期。刊载于国防工业出版社 2012 年版《钱学森文集》(卷一)第 353 – 367 页。

2 月,应邀在中苏友好协会、中国科学技术协会等联合举办的庆祝中苏友好同盟互助条约签订 10 周年报告会上,就苏联胜利完成太平洋地区火箭试验问题发表了演讲。这次演讲的内容发表在《科学大众》3 月号、《航空知识》4 月号和《北京科学小报》等刊物上。

《划时代的火箭试验》一文发表于《科学大众》1960 年 3 月号第 89 – 94 页。

《苏联火箭技术的跃进和宇宙航行的前景》一文发表于《航空知识》1960 年 4 月号。

3 月 30 日至 4 月 10 日,在第二届全国人民代表大会第二次会议上,钱学森和竺可桢等 15 位代表作了《科学工作者联合起来　以大协作的精神争取在短期内登上世界科学的高峰》的联合发言。

4 月 16 日,竺可桢、钱学森、朱洗等 15 名代表的联合发言《科学工作者联合起来　以大协作的精神争取在短期内登上世界科学的高峰》一文发表于《人民日报》1960 年 4 月 16 日。

5 月 17 日,采访稿《社会主义国家舆论欢呼苏联宇宙飞船发射成功　红色飞船使人类征服宇宙进入新阶段　我国著名科学家钱学森等盛赞苏联火箭和星际航行技术突飞猛进》一文发表于《人民日报》1960 年 5 月 17 日。

5 月 29 日,《让朝阳照遍亚洲》一文发表于《人民日报》1960 年 5 月 29 日。刊载于国防工业出版社 2012 年版《钱学森文集》(卷一)第 368 – 369 页。

1961 年　50 岁

4 月 16 日,《宇宙飞行的新纪元》一文发表于《人民日报》1961 年 4 月 16 日。

4 月 20 日,《大发现大创造的时代》一文发表于《科学报》1961 年 4 月 20 日。刊载于国防工业出版社 2012 年版《钱学森文集》(卷一)第 370 – 371 页。

4 月,《人类渴望的宇宙航行的时代真正开始了——大发现大创造的时代》一文发表于《科学通报》1961 年 4 月号第 1 页。系“人类渴望的宇宙航行的时代真正开始了”专栏的第一篇。载于科学出版社 1965 年版《星际航行科技资料汇编》(第一集)第 1 – 13 页。

5 月 2 日,在中国科学技术大学作《关于苏联载人宇宙飞船》的报告。① 其手

① 《1958—1964 年钱学森在中国科学技术大学的活动大事记》,侯建国主编:《钱学森与中国科学技术大学》,中国科学技术大学出版社 2008 年版,第 3 页。

稿以《1961年在中国科学技术大学报告的提纲》为题刊载于中国科学技术大学出版社2008年版侯建国主编《钱学森与中国科学技术大学》第16－24页。

6月3日，在他倡导下中国科学院举行了第一次星际航行座谈会，在会上作了《今天苏联及美国星际航行火箭动力及其展望》的中心发言。

6月10日，《科学技术工作的基本训练》一文发表于《光明日报》1961年6月10日第2版。① 刊载于国防工业出版社2012年版《钱学森文集》（卷一）第372－375页。

6月，《苏联载人卫星式宇宙飞船所提示的力学问题》一文发表于中国科协1961年6月编印的《人类进入宇宙的新纪元》一书。刊载于国防工业出版社2012年版《钱学森文集》（卷一）第376－383页。

6月，《今天苏联及美国星际航行中的火箭动力及其展望》一文发表于科学出版社1961年6月版《星际航行科技资料汇编（第一集）》一书。刊载于国防工业出版社2012年版《钱学森文集》（卷一）第384－398页。

7月21日，《也谈谈“群体概念”》一文发表于《科学报》1961年7月21日。刊载于国防工业出版社2012年版《钱学森文集》（卷一）第399－400页。

9月18日，完成《科学技术的研究工作和外文》一文。发表于《光明日报》1961年10月21日；《人民教育》1961年10月28日第10期第5－6页。

10月28日，在中国科学技术大学师生大会上作了《谈谈工作与学习》的报告。② 刊载于中国科学技术大学出版社2008年6月版侯建国主编《钱学森与中国科学技术大学》第25－31页；国防工业出版社2012年版《钱学森文集》（卷一）第401－409页。

11月10日，《近代力学的内容和任务》一文发表于《人民日报》1961年11月10日第5版。刊载于中国科学技术大学出版社2008年版侯建国主编《钱学森与中国科学技术大学》第32－38页；国防工业出版社2012年版《钱学森文集》（卷一）第410－418页。

1962年　51岁

1月，在北京力学学会举办的一次学术报告会上作了关于《打好基础　艰苦劳动　发展祖国科学技术——关于青年科学工作者的学习和工作方法》的报告。

1月，《什么是近代力学》一文发表于《科学大众》1962年1月号。

---

① 《致严昭》（1986年1月8日），《钱学森书信》（3），国防工业出版社2007年版，第44页。

② 《1958—1964年钱学森在中国科学技术大学的活动大事记》，侯建国主编：《钱学森与中国科学技术大学》，中国科学技术大学出版社2008年版，第3页。

2 月,《物理力学讲义》一书中文版由科学出版社出版。全书 44 万字,获“国家优秀科教书刊一等奖”。

10 月 10 日,致信武汝扬。刊载于中国科学技术大学出版社 2008 年版侯建国主编《钱学森与中国科学技术大学》第 78 页。

10 月,《科学技术支援农业的光辉前景》一文发表于《红旗》1962 年第 19 期。刊载于国防工业出版社 2012 年版《钱学森文集》(卷二)第 1 – 4 页。

1963 年　52 岁

《祝〈航空知识〉复刊》一文发表于《航空知识》1964 年第 1 期第 1 页。

2 月,《星际航行概论》一书由科学出版社出版。全书 34 万余字。

3 月 30 日,作为中国科技大学近代力学系主任就毕业论文问题给 1958 级学生作了《如何做好“毕业论文”》的报告。刊载于中国科学技术大学出版社 2008 年版侯建国主编《钱学森与中国科学技术大学》第 39 – 41 页;国防工业出版社 2012 年版《钱学森文集》(卷二)第 5 – 8 页。

6 月,在中国科学技术大学近代力学系毕业论文导师会上作了《如何指导学生论文》的报告。① 以《在近代力学系毕业论文导师会上的发言》为题刊载于中国科学技术大学出版社 2008 年 6 月版侯建国主编《钱学森与中国科学技术大学》第 42 – 45 页;国防工业出版社 2012 年版《钱学森文集》(卷二)第 9 – 13 页。

10 月 26 – 30 日,在中国科学院哲学社会科学部委员会在北京举行的第四次扩大会议作了《关于现代自然科学和工程技术发展》的报告。②

11 月,《科学技术的组织管理工作》一文发表于《红旗》1963 年第 22 期第19 – 27 页。刊载于上海交通大学出版社 1998 年版《论人体科学与现代科技》第359 – 365 页;国防工业出版社 2012 年版《钱学森文集》(卷二)第 14 – 25 页。

12 月 4 日,应邀为即将复刊的《航空知识》写了一篇通俗易懂、热情洋溢的复刊词——《祝〈航空知识〉复刊》。发表于《航空知识》1964 年第 1 期。刊载于国防工业出版社 2012 年版《钱学森文集》(卷二)第 26 – 27 页。

是年,与崔季平合写,钱学森作为报告人在中国物理学会 1963 年学术会议上宣读了《力学中的几个物理学问题》一文。刊载于科学出版社 1964 年版《中国物理学会 1963 年学术会议综述性报告文集》一书;国防工业出版社 2012 年版《钱学森文集》(卷二)第 28 – 34 页。

---

① 《1958—1964 年钱学森在中国科学技术大学的活动大事记》,侯建国主编:《钱学森与中国科学技术大学》,中国科学技术大学出版社 2008 年版,第 4 页。

② 参见霍有光编著:《钱学森年谱》(初编),西安交通大学出版社 2011 年版,第 207 页。

1964 年 53 岁

2 月,指导朱毅麟等几位年轻科技工作者写了《星际航行的基础和代价》《人类能上月球吗?》《星际航行的下一步》3 篇介绍星际航行的现状和发展的文章,用"钱星五"这个笔名发表在《航空知识》1964 年第 2、3、4 期上。"钱星五"这个笔名隐含着"在钱学森指导下 5 人合作撰写星际航行科普作品"之意。

3 月 10 日,在"燃烧与烧蚀会议"上作了《燃烧、烧蚀和化学流体力学》的讲话。刊载于中国科学技术出版社 2008 年版侯建国主编《钱学森与中国科学技术大学》第 46 - 61 页;国防工业出版社 2012 年版《钱学森文集》(卷二)第 35 - 54 页。

8 月 30 日,《大规模的科学实验工作》一文发表于《人民日报》1964 年 8 月 30 日第 6 版;《科学大众》(中学版)1964 年第 8 期第 281 - 283 页。刊载于国防工业出版社 2012 年版《钱学森文集》(卷二)第 55 - 62 页。

9 月 26 日,《革命的决心》一文发表于《人民日报》1964 年 9 月 26 日。刊载于国防工业出版社 2012 年版《钱学森文集》(卷二)第 63 - 65 页。

9 月 29 日,致信刘达。刊载于中国科学技术大学出版社 2008 年版侯建国主编《钱学森与中国科学技术大学》第 79 页。

1965 年 54 岁

1 月,《星际航行座谈会资料汇编》一书由新技术局编成,并由科学出版社出版。本书是分别由裴丽生、钱学森、赵九章主持的 12 次星际航行座谈会的文集。

2 月,主持制定《火箭技术八年(1965 年至 1972 年)发展规划》。

6 月 3 日,《又红又专,为革命利益而攀登高峰——和青年同志谈谈红专问题》一文发表于《中国青年报》1965 年 6 月 3 日;《人民日报》1965 年 6 月 4 日。刊载于国防工业出版社 2012 年版《钱学森文集》(卷二)第 66 - 72 页。

6 月 30 日,《对所谓"人类旅行的极限"的意见》一文发表于《自然辩证法研究通讯》1965 年第 3 期第 38 页。刊载于国防工业出版社 2012 年版《钱学森文集》(卷二)第 79 - 80 页。

7 月 23 日,《"永动机"能不能搞成功? ——答〈工人日报〉读者问》一文发表于《工人日报》1965 年 7 月 23 日。刊载于国防工业出版社 2012 年版《钱学森文集》(卷二)第 73 - 75 页。

8 月 29 日,《什么是湍流的基础理论?》一文发表于《自然辩证法研究通讯》1965 年第 4 期第 59 - 60 页。

8 月 29 日,《生命是不是总是要像在地球上那样的?》一文发表于《自然辩证法研究通讯》1965 年第 4 期第 62 页。

9 月 15 日,《革命干劲和科学态度相结合才能发挥巨大作用——再答“永动机能不能搞成功”的问题》一文发表于《工人日报》1965 年 9 月 15 日。刊载于国防工业出版社 2012 年版《钱学森文集》(卷二)第 76 - 78 页。

1966 年　55 岁

1 月,《气体动力学诸方程:气体动力学基本原理 A 编》一书中文版由科学出版社出版,大 32 开,66 页。本书由我国气体动力学专家徐华航教授译自钱学森英文原著。

2 月 6 日晚 7 点,在北京科学会堂召开的首届“原子分子物理与物理力学学术座谈会”上作了《如何从原子分子物理出发搞发明创造》的重要报告。由吉林大学超硬材料国家重点实验室邹广田院士记录整理,后以《从原子分子物理出发,经由物理力学的思路和方法搞发明创造》为题发表于《原子与分子物理学报》2007 年 4 月第 24 卷第 2 期第 203 - 205 页。

1973 年　62 岁

夏,钱学森组织朱毅麟等几位在国防科委情报所工作的中青年科技工作者,合写了一篇题目为《航空 · 航天 · 航宇》的长篇文章,发表在《航空知识》1974 年 1 月号上。这篇文章发表时用了一个笔名:郭放晴,隐含“国防科委情报所几位同志合写”之意。

1976 年　65 岁

9 月 16 日,《终身不忘毛主席的亲切教诲》一文发表于《人民日报》1976 年 9 月 16 日。刊载于国防工业出版社 2012 年版《钱学森文集》(卷二)第 81 - 82 页。

9 月 29 日,Chien Hsuen - sen. I Will Remember Chairman Mao's Kind Teachings All My Life\[J\]. Scientia Sinica, 1976,Vol. 16. No. 6. P732 - 733.

1977 年　66 岁

1 月,《怀念周总理,努力实现科学技术现代化》一文发表于《航空知识》1977 年第 1 期。刊载于国防工业出版社 2012 年版《钱学森文集》(卷二)第 83 - 86 页。

7 月,《科学技术一定要在本世纪内赶超世界先进水平》一文发表于《红旗》1977 年第 7 期;《广东医药资料》1977 年 9 月 28 日第 9 期第 1 - 4 页。刊载于国防工业出版社 2012 年版《钱学森文集》(卷二)第 87 - 93 页。

10 月,连续两天在中央党校作了《关于现代科学技术发展》的报告。以《现代科学技术》为题发表于《人民日报》1977 年 12 月 9 日。刊载于国防工业出版社 2012 年版《钱学森文集》(卷二)第 94 - 102 页。

1978 年　67 岁

1 月,《现代科学技术是社会化的科学技术》一文发表于《科学实验》1978 年 1

月号。刊载于国防工业出版社2012年版《钱学森文集》(卷二)第103－107页。

2月5日,《给北京市青少年科技参观团全体同学的信》一文发表于《光明日报》1978年2月5日。刊载于国防工业出版社2012年版《钱学森文集》(卷二)第108－109页。

3月15日,《作为尖端科学技术的高能物理》一文发表于《光明日报》1978年3月15日。刊载于上海交通大学出版社1998年版《论人体科学与现代科技》第374－377页;国防工业出版社2012年版《钱学森文集》(卷二)第110－114页。

春,在1978年全国力学规划会议上作了《现代力学》的长篇学术报告。发表于《力学学报》1979年第1卷第1期。以《现代力学——在一九七八年全国力学规划会议上的发言》为题发表于《力学与实践》1979年创刊号第1卷第1期①第4－9、3页。刊载于上海交通大学出版社1998年版《论人体科学与现代科技》第377－383页;国防工业出版社2012年版《钱学森文集》(卷二)第186－196页。

5月5日,在国防科委科学技术知识讲座的第一讲上作了《系统工程》的学术讲座。

5月5日晚,受四川省委邀请在成都作了《运筹学和系统工程》的学术报告。

5月下旬,在成都作了《现代科学技术的组织管理》的报告。发表于《沈阳科教资料》1980年3月10日第2期。刊载于国防工业出版社2012年版《钱学森文集》(卷二)第119－137页。

6月1日,《抓科学技术要重点抓技术革命》一文发表于《西安交通大学学报》(内部参考资料)第11期(总第19期)及其增刊。

6月20日,在云南省、昆明军区地师以上干部大会上作了报告。以《在云南省、昆明军区地师以上干部大会上的报告》为题发表于国防工业出版社2012年版《钱学森文集》(卷二)第138－154页。

6月,应湖南省委邀请在长沙作了《运筹学和系统工程》的学术报告。

8月15日,在全国青少年航空夏令营上发表了讲话。其摘要以《同学们要学好科学基础知识——在全国青少年航空夏令营的讲话》为题发表于《航空知识》1978年10月号第5页。刊载于国防工业出版社2012年版《钱学森文集》(卷二)第155－156页。

9月27日,钱学森、许国志、王寿云合写的《组织管理的技术——系统工程》一文发表于《文汇报》1978年9月27日第1版。刊载于中共中央党校出版社1987

① 参见《钱学森自制文集目录选》,《钱学森文集》(卷六),国防工业出版社2012年版,第426页。

年版《社会主义现代化建设的科学和系统工程》第 219－225 页；湖南科学技术出版社 1988 年版《论系统工程》（增订本）第 7－27 页；上海交通大学出版社 2005 年版《智慧的钥匙——钱学森论系统科学》第 23－37 页；上海交通大学出版社 2007 年版《论系统工程》（新世纪版）第 1－12 页；国防工业出版社 2012 年版《钱学森文集》（卷二）第 157－171 页。

11 月 1 日，《钱学森同志谈力学发展的形势和方向》一文发表于《西安交通大学学报》（内部参考资料）第 21 期（总第 29 期）。

11 月，就激光科学技术问题同中科院上海光学精密机械研究所邓锡铭、卢仁祥进行了探讨，并撰写《光子学、光子技术、光子工业》一文，发表于《激光》1979 年第 1 期。

12 月 24 日，写作《现代化、技术革命与控制论》一文；修改于 1979 年 11 月 29 日。作为序言发表于科学出版社 1980 年 10 月版《工程控制论》（修订版）。刊载于上海交通大学出版社 2005 年版《智慧的钥匙——钱学森论系统科学》第 4－22 页；上海交通大学出版社 2007 年版《工程控制论》（新世纪版）第 296－309 页；国防工业出版社 2012 年版《钱学森文集》（卷三）第 1－17 页。

12 月 26 日，在全国计量工作会议上作了《计量系统工程》的讲话。发表于 1979 年 3 月国防科委司令部航测部印《在全国计量工作会议上的讲话》。① 刊载于湖南科学技术出版社 1988 年版《论系统工程》（增订本）第 145－153 页；上海交通大学出版社 2007 年版《论系统工程》（新世纪版）第 77－81 页。以《对计量工作的认识》为题发表于国防工业出版社 2012 年版《钱学森文集》（卷二）第 172－185 页。

1979 年　68 岁

1 月，在中国科协第一届全国委员会第二次（扩大）会议上作了《科普工作也要现代化》的发言。1979 年 1 月由全国科协、北京市科协编印。② 刊载于国防工业出版社 2012 年版《钱学森文集》（卷二）第 197－209 页。

1 月 31 日，《科学学、科学技术体系学、马克思主义哲学》一文发表于《哲学研究》1979 年第 1 期第 20－27 页。刊载于湖南科学技术出版社 1988 年版《论系统工程》（增订本）第 203－219 页；上海交通大学出版社 1998 年版《论人体科学与现

① 参见《钱学森自制文集目录选》，《钱学森文集》（卷六），国防工业出版社 2012 年版，第 426 页。

② 参见《钱学森自制文集目录选》，《钱学森文集》（卷六），国防工业出版社 2012 年版，第 426 页。

代科技》第 278－283 页；上海交通大学出版社 2005 年 4 月版《智慧的钥匙：钱学森论系统科学》第 121－132 页；上海交通大学出版社 2007 年版《论系统工程》(新世纪版)第 109－117 页；国防工业出版社 2012 年版《钱学森文集》(卷二)第210－220 页。

1 月 31 日，《光子学、光子技术、光子工业》一文发表于《激光》1979 年第 1 期第 1－3 页。刊载于国防工业出版社 2012 年版《钱学森文集》(卷二)第 221－225 页。

1 月 31 日，钱学森、乌家培合写的《组织管理社会主义建设的技术——社会工程》一文发表于《经济管理》1979 年第 1 期第 5－9 页。刊载于湖南科学技术出版社 1982 年版《论系统工程》第 28－37 页；中共中央党校出版社 1987 年版《社会主义现代化建设的科学和系统工程》第 226－233 页；湖南科学技术出版社 1988 年版《论系统工程》(增订本)第 28－39 页；上海交通大学出版社 2005 年版《智慧的钥匙——钱学森论系统科学》第 184－192 页；上海交通大学出版社 2007 年版《论系统工程》(新世纪版)第 13－19 页；国防工业出版社 2012 年版《钱学森文集》(卷二)第 226－233 页。

4 月，在中共中央党校作了《现代科学技术的发展》的讲话。8 月定稿。发表于中共中央党校《现代科学技术的发展》第 1－44 页。① 刊载于中共中央党校出版社 1987 年版《社会主义现代化建设的科学和系统工程》第 89－123 页。

5 月 1 日，《情报资料、图书、文献和档案工作的现代化及其影响》一文发表于《图书馆工作》1979 年第 3 期；科学技术文献出版社《科技情报工作》1979 年第 7 期第 1－5 页②；《图书馆》1979 年第 3 期第 18－23 页；《档案学通讯》1979 年 10 月 28 日第 5 期第 6－10 页；《档案工作简报》(后改名为《浙江档案》)1980 年 1 月 31 日第 1 期第 18－27 页。以《情报资料工作的现代化》为题刊载于《语文现代化》1980 年第 3 期第 20－29 页。③ 刊载于湖南科学技术出版社 1988 年版《论系统工程》(增订本)第 87－98 页；上海交通大学出版社 2007 年版《论系统工程》(新世纪版)第 45－50 页；国防工业出版社 2012 年版《钱学森文集》(卷二)第 270－277 页。

---

① 参见《钱学森自制文集目录选》，《钱学森文集》(卷六)，国防工业出版社 2012 年版，第 426 页。

② 参见《钱学森自制文集目录选》，《钱学森文集》(卷六)，国防工业出版社 2012 年版，第 426 页。

③ 参见《钱学森自制文集目录选》，《钱学森文集》(卷六)，国防工业出版社 2012 年版，第 426 页。

5月12日，报道稿《普及科学知识．努力宣传四化——钱学森同志谈如何办好科技展览》一文发表于《光明日报》1979年5月12日。

5月23日，与国防科工委专业画家牧歌就美术创作问题进行了90分钟的谈话。以《关于美术创作的问题》为题发表于国防工业出版社2012年版《钱学森文集》（卷二）第246－248页。

6月13日，采访稿《办沼气有广阔的发展前景——访我国著名科学家钱学森》一文发表于《人民日报》1979年6月13日第2版。

7月，在北京举办的全国第一次科学学学术讨论会上作了《关于建立和发展马克思主义的科学学的问题》的学术报告。发表在中国科学院图书馆《科学管理》内部试刊第3、4期合刊上。经过增补，以《关于建立和发展马克思主义科学学的问题——为〈科研管理〉创刊而作》为题发表于《科研管理》1980年3月1日第1期创刊号第1－6页。刊载于湖南科学技术出版社1988年版《论系统工程》（增订本）第189－202页；上海交通大学出版社1998年版《论人体科学与现代科技》第284－288页；上海交通大学出版社2005年4月版《智慧的钥匙——钱学森论系统科学》第111－120页；上海交通大学出版社2007年版《论系统工程》（新世纪版）第101－108页；国防工业出版社2012年版《钱学森文集》（卷二）第237－245页。

7月24日，在中国人民解放军总部机关领导同志学习会上作了《军事系统工程》的长篇报告。由钱学森、王寿云和柴本良共同撰写，得到许国志大力协助，8月9日定稿。该书是我国第一本论述军事系统工程学的专著，对军事系统工程学的概念、研究方法和内容与范围做了全面论述。提出把系统工程用于军事系统，形成了"军事系统工程"思想。发表于总部机关领导同志学习办公室印《军事系统工程》第1－29页。[①] 1979年9月，《军事系统工程》一书由战士出版社出版。后刊载于湖南科学技术出版社1982年版《论系统工程》第40－72页；湖南科学技术出版社1988年版《论系统工程》（增订本）第40－72页；上海交通大学出版社2007年版《论系统工程》（新世纪版）第20－35页；国防工业出版社2012年版《钱学森文集》（卷二）第249－269页。

9月，《钱学森同志谈标准化和标准学研究》一文发表于《标准化通讯》1979年第3期第12－13页。[②] 以《标准化和标准学研究》为题刊载于湖南科学技术出

① 参见《钱学森自制文集目录选》，《钱学森文集》（卷六），国防工业出版社2012年版，第426页。

② 参见《钱学森自制文集目录选》，《钱学森文集》（卷六），国防工业出版社2012年版，第426页。

版社1988年版《论系统工程》（增订本）第154－157页；上海交通大学出版社1998年版《论人体科学与现代科技》第446－447页；上海交通大学出版社2007年版《论系统工程》（新世纪版）第82－83页；刊载于国防工业出版社2012年版《钱学森文集》（卷二）第234－236页。

9月，钱学森和王寿云合著的《军事系统工程》一书由战士出版社出版。系我国第一本论述军事系统工程的专著。

10月，《现代化和未来学》一文发表于《现代化》1979年10月第1卷第6期第1－3页。① 刊载于国防工业出版社2012年版《钱学森文集》（卷二）第278－281页。

10月11－17日，在北京系统工程学术讨论会上作了题为《大力发展系统工程，尽早建立系统科学的体系》的报告，提出了“工程系统工程”②的概念。发表于《光明日报》1979年11月10日第2版；科学出版社1981年版《系统工程论文集》第1－7页。③ 刊载于湖南科学技术出版社1988年版《论系统工程》（增订本）第173－188页；上海交通大学出版社1998年版《论人体科学与现代科技》第272－277页；上海交通大学出版社2005年4月版《智慧的钥匙——钱学森论系统科学》第78－89页；上海交通大学出版社2007年版《论系统工程》（新世纪版）第92－100页；国防工业出版社2012年版《钱学森文集》（卷二）第282－291页。

11月30日，在上海机械学院系统工程研究所（现上海理工大学系统科学与系统工程研究所）成立大会上作了讲话。以《在上海机械学院系统工程研究所成立大会上的讲话》为题发表于湖南科学技术出版社1982年版《论系统工程》一书；上海交通大学出版社2007年版《论系统工程》（新世纪版）第351－356页；国防工业出版社2012年版《钱学森文集》（卷二）第292－299页。

12月4日，《著名科学家、老校友钱学森11月9日在我校座谈会上的讲话》一文发表于《上海交大》1979年12月4日。

1980年　69岁

1月16日，完成《写在〈郭永怀文集〉的后面》的纪念文章。发表于《中国科技史料》1984年第5卷第1期第63－64页。刊载于科学出版社1982年版中国力学

① 参见《钱学森自制文集目录选》，《钱学森文集》（卷六），国防工业出版社2012年版，第426页。

② 《致王光远》（1993年5月30日），《钱学森书信补编》（4），国防工业出版社2012年版，第175页。

③ 参见《钱学森自制文集目录选》，《钱学森文集》（卷六），国防工业出版社2012年版，第426页。

学会、中国科学院力学研究所编《郭永怀文集》一书;国防工业出版社 2012 年版《钱学森文集》(卷二)第 300 - 302 页。

1 月 20 日,《谈园林艺术》一文发表。

1 月,《论科学技术的组织管理与科研系统工程》一文发表于《系统工程与科学管理》1980 年第 1 期。刊载于湖南科学技术出版社 1980 年版《论系统工程》第 99 - 120 页;1988 年版《论系统工程》(增订本)第 99 - 120 页;上海交通大学出版社 1998 年版《论人体科学与现代科技》第 365 - 373 页;上海交通大学出版社 2007 年版《论系统工程》(新世纪版)第 51 - 62 页;国防工业出版社 2012 年版《钱学森文集》(卷二)第 305 - 318 页。

3 月 16 - 23 日,在中国科学技术协会第二次全国代表大会上作了《科学技术现代化一定要带动文学艺术现代化》的发言。发表于《科学文艺》1980 年第 2 期 3 - 7 页。载人民文学出版社 1994 年版《科学的艺术与艺术的科学》第 180 - 191 页;国防工业出版社 2012 年版《钱学森文集》(卷二)第 319 - 327 页。

3 月 18 日,在国务院机械工业委员会和国务院国防工办组织的系统工程专题报告会上作了《用系统工程的方法规划、组织经济建设》的报告。刊载于国防工业出版社 2012 年版《钱学森文集》(卷二)第 328 - 345 页。

3 月,《把科普工作当作一项伟大的战略任务来抓》一文发表于《科普创作》1980 年第 3 期第 1 - 3 页。载人民文学出版社 1994 年版《科学的艺术与艺术的科学》第 224 - 229 页。

4 月 1 日,《〈宇航学报〉发刊祝词》发表于《宇航学报》1980 年第 1 期。刊载于国防工业出版社 2012 年版《钱学森文集》(卷二)第 303 - 304 页。

4 月 2 日,《在"国民经济现代化的标志座谈会"上的发言》一文发表于国家计委经济研究所《计划经济研究》1980 年 4 月 2 日第 5 期第 11 - 23 页。刊载于国防工业出版社 2012 年版《钱学森文集》(卷二)第 350 - 356 页。

4 月 30 日,《自然辩证法、思维科学和人的潜力》一文发表于《哲学研究》1980 年第 4 期第 7 - 13、31 页。刊载于湖南科学技术出版社 1988 年版《论系统工程》(增订本)第 220 - 237 页;第 5 部分载人民军医出版社 1988 年版《论人体科学》第 12 - 14 页;四川教育出版社 1989 年版《论人体科学》第 1 - 14 页;上海交通大学出版社 1998 年版《论人体科学与现代科技》第 12 - 17 页;上海交通大学出版社 2007 年版《论系统工程》(新世纪版)第 118 - 127 页。

5 月 23 日,《钱学森谈怎样拍好科教片》一文发表于《中国新闻》1980 年 5 月 23 日。载人民文学出版社 1994 年版《科学的艺术与艺术的科学》第 245 - 246 页。

6 月初,在国务院机械工业委员会和国防工办组织的全国决策的科学方法论学术讨论会上作了题为《用科学方法绘制国民经济现代化的蓝图》的报告，由薛吉涛、齐琦整理。发表于国家计委经济研究所《计划经济研究》1980 年 6 月 17 日第 11 期第 1 - 11 页；《未来与发展》1981 年第 3 期第 5 - 7、20 页。刊载于湖南科学技术出版社 1988 年版《论系统工程》（增订本）第 137 - 144 页；上海交通大学出版社 2005 年版《智慧的钥匙——钱学森论系统科学》第 193 - 198 页；上海交通大学出版社 2007 年版《论系统工程》（新世纪版）第 72 - 76 页；国防工业出版社 2012 年版《钱学森文集》（卷二）第 359 - 364 页。

6 月 7 日，致信祝贺空气动力学研究会成立。以《钱学森同志给空气动力学研究会的贺信》为题发表于《空气动力学学报》1980 年第 1 期第 Ⅱ - Ⅲ 页。刊载于国防工业出版社 2012 年版《钱学森文集》（卷二）第 357 - 358 页。

6 月 23 日，应中国出版工作者协会的邀请，在首都剧场给出版工作者作报告，讲了现代科学技术体系和它的历史演化，并对出版工作讲了一些意见。以《钱学森同志谈出版工作》为题发表于《中国出版》1980 年第 10 期第 1 - 5 页；以《关于出版工作》为题发表于《出版工作》1980 年第 10 期。载人民文学出版社 1994 年版《科学的艺术与艺术的科学》第 260 - 264 页。

6 月，在北京科学学研究会成立大会上作了题为《科技管理与科学学》的学术报告。

6 月，《把科普工作当做一项伟大的战略任务来抓》一文发表于《科普创作》1980 年第 3 期。本文系在中国科协"二大"期间读了周孟璞、曾启智的《科普学初探》一文后，与中国科协有关同志的谈话整理而成。刊载于国防工业出版社 2012 年版《钱学森文集》（卷二）第 346 - 349 页。

7 月 1 日，完成《关于形象思维问题的一封信》。发表在《中国社会科学》1980 年第 6 期。刊载于国防工业出版社 2012 年版《钱学森文集》（卷二）第 365 - 366 页。

7 月 18 日，《人类要对人体本身进行深入研究——记钱学森同志关于建立人体科学体系的一次谈话》发表于《北京科技报》1980 年 7 月 18 日。刊载于人民军医出版社 1988 年版《论人体科学》一书第 15 - 17 页；上海交通大学出版社 1998 年版《论人体科学与现代科技》第 17 - 18 页。

7 月 18 日，《研究人体特异功能很有意义》一文发表于《北京科技报》1980 年 7 月 18 日。刊载于人民军医出版社 1988 年版《论人体科学》第 197 - 198 页；上海交通大学出版社 1998 年版《论人体科学与现代科技》第 132 页。

7 月 19 日，《钱学森同志谈出版工作》一文发表于《出版工作》1980 年第 10 期。

9 月 29 日,《从社会科学到社会技术》一文发表于《文汇报》1980 年 9 月 29 日。刊载于湖南科学技术出版社 1982 年版《论系统工程》第 158 – 172 页①;1988 年版《论系统工程》(增订本)第 158 – 172 页;上海交通大学出版社 2005 年版《智慧的钥匙——钱学森论系统科学》第 199 – 209 页;上海交通大学出版社 2007 年版《论系统工程》(新世纪版)第 84 – 91 页;国防工业出版社 2012 年版《钱学森文集》(卷二)第 367 – 376 页。

9 月,钱学森、王寿云合写的《系统思想和系统工程》一文发表于中国科学技术出版社 1980 年 9 月版中国科协普及部《系统工程普及讲座汇编》(上)一书。本文系钱学森 1980 年 10 月在中国科学技术协会和中央电视台联合举办的系统工程电视讲座上第一讲的讲稿。刊载于中共中央党校出版社 1987 年版《社会主义现代化建设的科学和系统工程》第 209 – 218 页;湖南科学技术出版社 1988 年版《论系统工程》(增订本)第 73 – 86 页;上海交通大学出版社 1998 年版《论人体科学与现代科技》第 289 – 293 页;上海交通大学出版社 2005 年版《智慧的钥匙——钱学森论系统科学》第 38 – 47 页;上海交通大学出版社 2007 年版《论系统工程》(新世纪版)第 37 – 44 页;国防工业出版社 2012 年版《钱学森文集》(卷二)第 377 – 386 页。

9 月,张沁文、钱学森合写的《农业系统工程》一文发表于中国科学技术出版社 1980 年 9 月版中国科协普及部《系统工程普及讲座汇编》(上)一书。本文是张沁文 1980 年 10 月 5 日在中央电视台系统工程讲座的讲稿。刊载于湖南科学技术出版社 1988 年版《论系统工程》(增订本)第 121 – 136 页;上海交通大学出版社 1998 年版《论人体科学与现代科技》第 408 – 414 页;上海交通大学出版社 2007 年版《论系统工程》(新世纪版)第 63 – 71 页;国防工业出版社 2012 年版《钱学森文集》(卷二)第 387 – 397 页。

10 月,钱学森、宋健合著的《工程控制论》(修订版)上册由科学出版社出版。上册 65.4 万字。在钱学森指导下,宋健和于景元等专家学者经过十几年艰苦的工作,书稿由原来的 30 余万字增加到近 130 万字,并保留了原书基本内容。新增部分反映了原书出版后 20 多年来工程控制论这门学科在各方面的主要进展。它使我国在工程控制论研究领域保持了国际领先地位。《工程控制论》(修订版)获得 1982 年全国首届优秀科技图书奖,1995 年获“国家图书奖”,1997 年获“国家科学技术奖(科技著作类)”二等奖。

---

① 《致海军政治学院〈政工学刊〉编辑部》(1987 年 2 月 2 日),《钱学森书信》(3),国防工业出版社 2007 年版,第 387 页。

11 月 18 日,在北京召开的中国系统工程学会成立大会上作了《再谈系统科学的体系》的学术报告。发表于《系统工程理论与实践》1981 年第 1 期第 2 - 4 页。刊载于湖南科学技术出版社 1988 年版《论系统工程》(增订本)第 263 - 268 页;上海交通大学出版社 1998 年版《论人体科学与现代科技》第 294 - 296 页;上海交通大学出版社 2005 年版《智慧的钥匙——钱学森论系统科学》第 90 - 94 页;上海交通大学出版社 2007 年版《论系统工程》(新世纪版)第 141 - 144 页;国防工业出版社 2012 年版《钱学森文集》(卷三)第 21 - 24 页。

11 月 22 日,在中国系统工程学会成立大会闭幕式上作了《进一步开展系统工程工作问题》的讲话。

11 月,《写在前面》一文作为前言发表于冶金工业出版社 1980 年 11 月版全国土岩爆破经验交流会议论文集《土岩爆破文集》一书。刊载于国防工业出版社 2012 年版《钱学森文集》(卷三)第 18 - 20 页。

12 月[①],完成《系统科学、思维科学与人体科学》一文。发表于《自然杂志》1981 年第 4 卷第 1 期第 3 - 9 页。第 4、第 5 部分刊载于人民军医出版社 1988 年版《论人体科学》第 3 - 11 页。刊载于湖南科学技术出版社 1988 年版钱学森等著《论系统工程》(增订本)第 238 - 262 页;四川教育出版社 1989 年版《论人体科学》第 15 - 33 页;人民文学出版社 1994 年版《科学的艺术与艺术的科学》第 1 - 22 页;《福建体育科技》1996 年 9 月 30 日第 15 卷第 3 期第 57 - 63 页;上海交通大学出版社 1998 年版《论人体科学与现代科技》第 18 - 27 页;上海交通大学出版社 2007 年版《论系统工程》(新世纪版)第 128 - 140 页;国防工业出版社 2012 年版《钱学森文集》(卷三)第 25 - 39 页。

1981 年　70 岁

1 月 13 日,《钱学森同志给本刊编辑部的信》一文发表于《哲学研究》1981 年第 3 期第 15 页。刊载于四川教育出版社 1989 年版《论人体科学》第 15 - 33 页;《福建体育科技》1996 年第 15 卷第 3 期第 57 - 63 页。

1 月 31 日,《希望》一文发表于《科学学与科学技术管理》1981 年第 1 期第 7 页。文后注释:据会议简报第 9 期摘发。

1 月,《钱学森教授谈人体特异功能》一文发表于《人体特异功能通讯》第 7 期。

3 月 26 日,《钱学森谈科教片创作》一文发表于《人民日报》1981 年 3 月

---

① 钱学森:《系统科学、思维科学与人体科学》(1980 年 12 月),《论人体科学与现代科技》,上海交通大学出版社 1998 年版,第 27 页。

26日。

4月1日,以时任国防科委副主任身份与《湖南日报》记者和《国防科技大学校刊》记者举行了近两个小时的座谈,在座谈会上发表了《你为什么目的而学习?》的讲话。发表于《湖南日报》1981年4月8日第1版;《国防科技大学校刊》于1981年4月9日第30期。国防工业出版社2012年版《钱学森文集》(卷三)第40－42页。

4月24日,在受中国科协委托,中国未来研究会、中国系统工程学会、中国科研管理研究会在北京联合召开的"决策的科学方法论学术讨论会"开幕式上提交了题为《用科学方法绘制国民经济现代化蓝图》的学术论文。

4月25日,致信马华孝。以《钱学森同志对复杂系统可靠性分析的两点意见》为题发表于《成都科技大学学报》1981年第2期第1－2页。①

5月11－18日,在四川省重庆市举行的全国第二届人体特异功能科学讨论会上提交了《关于开展人体科学基础研究》的论文。

5月11－20日,在中国科学院第四次学部委员大会上作了《做好管理科学研究》的发言。发表于《航空知识》1981年第7期第2－3页。② 刊载于国防工业出版社2012年版《钱学森文集》(卷三)第47－49页。

5月,为中央人民广播电台科学广播栏目撰写的广播稿《什么叫系统工程》,发表于科学普及出版社1981年5月版中央人民广播电台科技组、科学普及出版社编辑部共编《科学家谈系统工程》第1－4页。③ 刊载于上海交通大学出版社2007年版《论系统工程》(新世纪版)第357－359页;国防工业出版社2012年版《钱学森文集》(卷三)第43－46页。

5月④,完成《开展人体科学的基础研究》一文。发表于《自然杂志》1981年第4卷第7期第483－488页。⑤ 载人民军医出版社1988年版《论人体科学》第18－32页;四川教育出版社1989年版《论人体科学》第34－48页;上海交通大学出版

① 参见《钱学森自制文集目录选》,《钱学森文集》(卷六),国防工业出版社2012年版,第427页。

② 参见《钱学森自制文集目录选》,《钱学森文集》(卷六),国防工业出版社2012年版,第427页。

③ 参见《钱学森自制文集目录选》,《钱学森文集》(卷六),国防工业出版社2012年版,第427页。

④ 钱学森:《开展人体科学的基础研究》(1981年5月),《论人体科学与现代科技》,上海交通大学出版社1998年版,第33页。

⑤ 参见《钱学森自制文集目录选》,《钱学森文集》(卷六),国防工业出版社2012年版,第427页。

社1998年版《论人体科学与现代科技》第27-33页。

6月1日,在第二期科技管理研究班上作了《马克思主义哲学与科学技术》的讲话。刊载于《第二期科技管理研究班资料》(二十二);国防工业出版社2012年版《钱学森文集》(卷三)第50-73页。

6月17日,《人民日报》编辑部邀请中国科学院在京部分学部委员举行座谈会时所作《重视科学文化,发展“第四产业”》的讲话发表于《人民日报》1981年6月17日第3版。① 刊载于国防工业出版社2012年版《钱学森文集》(卷三)第74-75页。

8月29日,《钱学森同志论法治系统工程与方法》一文发表于《科技管理研究》1981年第4期第35页。本文系1981年8月21日致吴世宦的信。

8月,《早日建立马克思主义德育学》一文发表于山西人民出版社1981年8月版《光明日报》理论部编《论思想政治工作科学化》一书。

9月,《讨论系统学内容的三封信》一文发表于《系统工程理论与实践》1981年第3期第1-2页。② 本文系1981年4月25日给成都六五厂马华孝的信、1985年5月25日给北京师范大学物理系方福康的信以及方福康1981年8月22日给钱学森的信三封信组成。以《讨论系统学内容的三封信》为题刊载于湖南科学技术出版社1988年版《论系统工程》(增订本)第269-273页;上海交通大学出版社1998年版《论人体科学与现代科技》第296-298页。以《关于系统学的通信》为题刊载于上海交通大学出版社2007年版《论系统工程》(新世纪版)第145-147页。

10月,钱学森、宋健合著《工程控制论》(修订版)一书下册由科学出版社出版。下册64.4万字。《工程控制论》(修订版)1995年获“国家图书奖”;1997年获“国家科学技术奖(科技著作类)”二等奖。

11月2日,在北京师大附中80周年校庆会上作了讲话。

12月29日,向国务院学位委员会办公室负责同志提出的《钱学森提出搞好我国学位制的建议》发表于《光明日报》1981年12月29日第2版。③ 刊载于国防工业出版社2012年版《钱学森文集》(卷三)第76-77页。

---

① 参见《钱学森自制文集目录选》,《钱学森文集》(卷六),国防工业出版社2012年版,第427页。

② 参见《钱学森自制文集目录选》,《钱学森文集》(卷六),国防工业出版社2012年版,第427页。

③ 参见《钱学森自制文集目录选》,《钱学森文集》(卷六),国防工业出版社2012年版,第427页。

12 月,《钱学森同志论法制系统工程与方法》(致广东省广州市中山大学法律系吴世宦同志的信)一文发表于《科技管理研究》1981 年第 4 期。

是年,《略谈系统科学》作为条目发表于中国大百科出版社 1981 年版《中国百科年鉴》第 326 - 328 页。① 刊载于上海交通大学出版社 2007 年版《论系统工程》(新世纪版)第 360 - 363 页;国防工业出版社 2012 年版《钱学森文集》(卷三)第 78 - 82 页。

1982 年　71 岁

2 月,《社会主义的人才系统工程》一文发表于《红旗》1982 年第 2 期。刊载于湖南科学技术出版社 1982 年版《论系统工程》第 285 - 295 页;1988 年版《论系统工程》(增订本)第 285 - 295 页;上海交通大学出版社 2007 年版《论系统工程》(新世纪版)第 154 - 159 页;国防工业出版社 2012 年版《钱学森文集》(卷三)第 83 - 89 页。

3 月 2 日,《关于思维科学研究问题的通信》一文发表于《安徽师范大学学报(人文社会科学版)》1982 年第 1 期第 1 - 2 页。本文系 1981 年 4 月 22 日和 1981 年 11 月 23 日致杨春鼎的两封信。

3 月 16 日,在国防科委大百科全书编辑工作会议上就《中国大百科全书》的释文应当如何撰写的问题作了《有关撰写释文的几个问题》的讲话。发表于中国大百科全书出版社总编室《探讨》1983 年第 1 期(总第 7 期)。刊载于国防工业出版社 2012 年版《钱学森文集》(卷三)第 90 - 95 页。以《关于撰写中国大百科全书的释文》为题发表于《辞书研究》1984 年第 1 期第 1 - 7 页。

3 月,完成《现代科学的结构——再谈科学技术体系学》一文。发表于《哲学研究》1982 年第 3 期第 19 - 22 页。刊载于湖南科学技术出版社 1988 年版《论系统工程》(增订本)第 296 - 304 页;上海交通大学出版社 1998 年版《论人体科学与现代科技》第 298 - 300 页;上海交通大学出版社 2007 年版《论系统工程》(新世纪版)第 160 - 164 页;国防工业出版社 2012 年版《钱学森文集》(卷三)第 96 - 101 页。

5 月 9 日,在中国力学学会第二届理事会暨庆祝中国力学学会成立二十五周年大会开幕式上作了《力学科学在我国的发展及今后的任务》的讲话。以《在中国力学学会第二届理事会扩大会议开幕式上的讲话》为题发表于《力学与生产建设》1983 年 9 月第 9 期;国防工业出版社 2012 年版《钱学森文集》(卷三)第 102 -

① 参见《钱学森自制文集目录选》,《钱学森文集》(卷六),国防工业出版社 2012 年版,第 427 页。

110 页。

5 月 18 日,在中国人民解放军海军首次军事科学学术报告会上作了题为《关于运用现代科学的新发展,建设强大的人民海军》的专题报告。

5 月 18 日,《科学革命、技术革命与社会进步》一文发表于《世界经济调研》1982 年 5 月 18 日(总第 246 期)第 1 – 11 页。

《我看文艺学》一文发表于《艺术世界》1982 年第 5 期第 2 页。刊载于人民文学出版社 1994 年版《科学的艺术与艺术的科学》第 129 – 134 页;国防工业出版社 2012 年版《钱学森文集》(卷三)第 111 – 115 页。

5 月,在中共中央党校自然辩证法研究班作了题为《现代科学技术的体系结构》的报告。

5 月,《力学与生产建设》一文发表于北京大学出版社 1982 年 5 月版《中国力学学会第二届理事会扩大会议论文汇编》一书。

《现代科学技术的六大部门》一文发表于《中国社会科学》1982 年第 6 期。

6 月 30 日,卢嘉锡、谢希德、钱学森、方毅、汪道涵、陈伟达、周惠、戴松恩、房维中、刘冰、苏步青、茅以升等《百花吐艳春光好——著名人士谈十二大战斗任务》一文发表于《科学学与科学技术管理》1982 年第 6 期。

6 月,《研究社会主义精神财富创造事业的学问——文化学》一文发表于《中国社会科学》1982 年第 6 期第 89 – 96 页;《中国图书馆学报》(《图书馆学通讯》)1983 年 1 月 31 日第 1 期第 11 – 15 页。刊载于中共中央党校出版社 1987 年版《社会主义现代化建设的科学和系统工程》第 234 – 243 页;人民文学出版社 1994 年版《科学的艺术与艺术的科学》第 85 – 98 页;国防工业出版社 2012 年版《钱学森文集》(卷三)第 116 – 125 页。

7 月 10 日,在北京召开的全国第一次系统论、信息论、控制论中的科学方法与哲学问题学术讨论会开幕式上作了《系统思想、系统科学和系统论》的长篇报告。根据录音整理,报告人删补并加注释。刊载于清华大学出版社 1984 年版《系统理论中的科学方法与哲学问题》一书①;上海交通大学出版社 2007 年版《论系统工程》(新世纪版)第 364 – 379 页;国防工业出版社 2012 年版《钱学森文集》(卷三)第 126 – 145 页。

7 月 19 日,《评“第三次浪潮”》一文发表于《世界经济导报》1982 年 7 月 19 日。刊载于国防工业出版社 2012 年版《钱学森文集》(卷三)第 146 – 148 页。

---

① 《致〈哲学研究〉编辑部》(1985 年 6 月 12 日),《钱学森书信补编》(1),国防工业出版社 2012 年版,第 373 页。

《我国的国家功能结构体系——再谈社会工程》一文发表于红旗出版社《红旗杂志内部文稿》1982 年第 14 期(总第 92 期)第 1 - 17 页。刊载于国防工业出版社 2012 年版《钱学森文集》(卷三)第 149 - 161 页。

9 月 3 日,在中国共产党第十二次全国代表大会小组讨论会上作了题为《我国科技事业必将迅速发展》的发言。

9 月,《国际经济研究与数学方法》一文发表于北京大学出版社 1982 年 9 月版《经济理论与经济史论文集》。刊载于国防工业出版社 2012 年版《钱学森文集》(卷三)第 162 - 166 页。

10 月 16 - 20 日,在中国人体科学研究会筹备委员会第三次全体委员\[扩大\]会议上发表了《这孕育着新的科学革命吗?》的讲话。经何庆年整理。发表于《人体特异功能研究》1983 年第 1 卷第 1 期。载人民军医出版社 1988 年版《论人体科学》第 202 - 212 页;四川教育出版社 1989 年版《论人体科学》第 57 - 67 页;上海交通大学出版社 1998 年版《论人体科学与现代科技》第 232 - 236 页。

11 月 2 日,在中共中央党校作了《研究和创立社会主义现代化建设的科学》的讲话,有印本。中共中央党校出版社 1987 年版《社会主义现代化建设的科学和系统工程》第 28 - 46 页。讲话的部分内容以《环境管理是国家的一个重要功能》刊载于浙江教育出版社 1994 年版《论地理科学》第 14 - 15 页;杭州出版社 2001 年版《论宏观建筑与微观建筑》第 45 - 46 页;国防工业出版社 2012 年版《钱学森文集》(卷六)第 330 - 331 页。

11 月 23 日,《在关肇直同志纪念会上的讲话》发表于中国科学院出版的《关肇直同志纪念会专辑》一书。以《钱学森同志的讲话》为题发表于《系统工程理论与实践》1986 年第 6 期。① 刊载于上海交通大学出版社 2007 年版《论系统工程》(新世纪版)第 380 - 383 页;国防工业出版社 2012 年版《钱学森文集》(卷四)第 220 - 224 页。

11 月,钱学森等著的《论系统工程》一书由湖南科学技术出版社出版。收入钱学森论文 13 篇,他和他的合作者共同撰写的论文 6 篇,还有运筹学专家徐国志和顾基发同志合写的论文 1 篇。其中 3 篇系第一次公开发表。20 篇论文形成了一个有机结构,主要论述系统工程。

12 月 7 日,在全国人大五届五次会议人民解放军代表团分组会上,就知识分子问题作了《要关心中年知识分子的世纪问题》的发言。

---

① 参见《致浦汉昕》(1983 年 11 月 23 日),《钱学森书信》(1),国防工业出版社 2007 年版,第 257 页注文。

12月25日,在文化部和《光明日报》社举办的“文化发展战略讨论会”上作了《我们要展望21世纪》的讲话。发表于《光明日报》1983年1月13日。刊载于国防工业出版社2012年版《钱学森文集》(卷三)第167-169页。①

12月,《研究文艺活动的学问——文艺学》一文后收入人民文学出版社1994年12月版钱学森著《科学的艺术与艺术的科学》一书。

是年,钱学森的长篇论文《国际经济研究与数学方法》一文收入北京大学出版社出版的《经济理论与经济史论文集》一书中。

1983年　72岁

《科学革命、技术革命和社会发展》一文发表于《人才》1983年第1期。

1月13日,形成《中医现代化研究》一文。刊载于上海交通大学出版社1998年版《论人体科学与现代科技》第163-164页。

1月21日②,形成《用马列主义哲学阐述中医理论》一文。刊载于上海交通大学出版社1998年版《论人体科学与现代科技》第164-167页。

1月23日,在中华全国中医学会迎春座谈会上作了题为《用马克思主义哲学阐述中医理论》的讲话。

《钱学森同志给编辑部的信》一文发表于《未来与发展》1983年第2期第2页。本文系钱学森1983年1月5日致《未来与发展》编辑部的信。

是年,与军事科学院同志作了《谈军事科学技术》的谈话。发表于《系统工程理论与实践》1983年第3期。刊载于上海交通大学出版社1998年版《论人体科学与现代科技》第421页;国防工业出版社2012年版《钱学森文集》(卷三)第170-171页。

3月2日,《科学革命、技术革命和社会发展》一文发表于《科学·经济·生活》1983年第1期第62-63页。

3月7日,在航天医学工程研究所(507所,后改为“中国航天员训练中心”)作了《关于科学道德》的学术报告。3月14日,21日,28日,又来作了三场学术报告。自此至1987年10月5日,扎起该所一共作了100多次报告或者发言,这些报告和发言涉及人体科学、系统科学、气功、中医、特异功能等,这些讲话后来整理成《人体科学和现代科学纵横谈》一书。

---

① 本条存疑。国防工业出版社2012年版《钱学森文集》(卷三)认为是1982年12月25日的讲话,1983年1月13日刊载于《光明日报》。而西安交通大学出版社2011年版《钱学森年谱》(488页)则认为是1986年1月13日刊载于《光明日报》。暂且列于两处。

② 钱学森:《用马列主义哲学阐述中医理论》(1983年1月21日),《论人体科学与现代科技》,上海交通大学出版社1998年版,第167页。

3 月 8 日,在中国系统工程学会新春学术座谈会上作了《对当前中国系统工程学会工作的两点建议》的发言。发表于《系统工程理论与实践》1983 年 6 月 30 日第 3 期第 1 – 3 页。刊载于湖南科学技术出版社 1988 年版《论系统工程》(增订本)第 349 – 355 页;上海交通大学出版社 2007 年版《论系统工程》(新世纪版)第 189 – 192 页。以《对当前学会工作的两点意见》为题刊载于国防工业出版社 2012 年版《钱学森文集》(卷三)第 172 – 176 页。

3 月 14 日,在航天医学工程研究所(五〇七研究所)学术报告会上作了《关于科学道德》的长篇报告。刊载于上海交通大学出版社 1998 年版《论人体科学与现代科技》第 516 – 527 页。

3 月 21 日①,在航天医学工程研究所(五〇七研究所)学术报告会上作了《现代科学技术的结构(Ⅰ)》的报告。刊载于上海交通大学出版社 1998 年版《论人体科学与现代科技》第 301 – 311 页。

3 月 28 日,在航天医学工程研究所(五〇七研究所)学术报告会上作了《现代科学技术的结构(Ⅱ)》的报告。刊载于上海交通大学出版社 1998 年版《论人体科学与现代科技》第 311 – 322 页。

4 月 4 日,在航天医学工程研究所(五〇七研究所)学术报告会上作了《论人体科学》的长篇报告。刊载于人民军医出版社 1988 年版《论人体科学》第 47 – 65 页;上海交通大学出版社 1998 年版《论人体科学与现代科技》第 34 – 45 页。

4 月 11 日,在航天医学工程研究所(五〇七研究所)学术报告会上作了《"特异"向"非特异"的转化》的发言。刊载于上海交通大学出版社 1998 年版《论人体科学与现代科技》第 133 页。

4 月 18 日,在航天医学工程研究所(五〇七研究所)学术报告会上作了《用系统观研究人体特异功能大有前途》的发言。刊载于上海交通大学出版社 1998 年版《论人体科学与现代科技》第 133 – 134 页。

5 月 1 日,钱学森、邹俊伟、王建平《关于讨论中医现代化的三封信》发表于《上海中医药杂志》1983 年第 4 期第 41 – 42 页。

5 月 1 日,《钱学森同志给编辑部的信》发表于《未来与发展》1983 年第 2 期。

5 月 15 日,在上海举行的《自然杂志》创刊 5 周年科学报告会上作了题为《关于思维科学》的书面报告。发表于《自然杂志》1983 年 8 月 29 日第 6 卷第 8 期第 563 – 567、572、640 页。刊载于上海人民出版社 1986 年版《关于思维科学》一书;

① 存疑:《论人体科学与现代科技》第 311 页说是 1983 年 3 月 3 日;《钱学森年谱》第 400 页说是 3 月 28 日。

人民文学出版社 1994 年版《科学的艺术与艺术的科学》第 23－38 页；上海交通大学出版社 1998 年版《论人体科学与现代科技》第 383－389 页；国防工业出版社 2012 年版《钱学森文集》（卷三）第 214－224 页。

5 月 16 日，在航天医学工程研究所（五〇七研究所）学术报告会上作了《对“功能态”问题的认识》的发言。

5 月 23 日，在航天医学工程研究所（五〇七研究所）学术报告会上作了《人体功能态不同于人体功能状态》的发言。刊载于上海交通大学出版社 1998 年版《论人体科学与现代科技》第 114 页。

5 月 30 日，在航天医学工程研究所（五〇七研究所）学术报告会上作了《数学在科学研究中的意义》的发言。刊载于上海交通大学出版社 1998 年版《论人体科学与现代科技》第 373 页。

5 月①，完成《人天观、人体科学与人体学》一文。发表于《大自然探索》1983 年第 4 期第 15－22 页。刊载于中共中央党校出版社 1987 年版《社会主义现代化建设的科学和系统工程》第 175－185 页；人民军医出版社 1988 年版《论人体科学》第 33－46 页；四川教育出版社 1989 年版《论人体科学》第 81－94 页；上海交通大学出版社 1998 年版《论人体科学与现代科技》第 45－51 页。

5 月②，完成《马克思主义哲学的结构和中医理论的现代阐述》一文。发表于《大自然探索》1983 年 9 月第 3 期（总第 5 期）第 1－6、186 页。刊载于人民军医出版社 1988 年版《论人体科学》第 267－276 页；上海交通大学出版社 1998 年版《论人体科学与现代科技》第 167－171 页；国防工业出版社 2012 年版《钱学森文集》（卷三）第 177－185 页。

6 月 6 日，《钱学森等著名科学家倡议创立我国的海洋工程》一文发表于《世界经济导报》1983 年 6 月 6 日。

6 月 6 日，在航天医学工程研究所（五〇七研究所）学术报告会上作了《关于系统科学的认识》的发言。刊载于上海交通大学出版社 1998 年版《论人体科学与现代科技》第 323－325 页。

6 月 12 日，在航天医学工程研究所（五〇七研究所）学术报告会上作了《现代科学是一个完整的系统》的发言。

---

① 钱学森：《人天观、人体科学与人体学》（1983 年 5 月），《论人体科学与现代科技》，上海交通大学出版社 1998 年版，第 51 页。

② 钱学森：《马克思主义哲学的结构和中医理论的现代阐述》（1983 年 5 月），《论人体科学与现代科技》，上海交通大学出版社 1998 年版，第 171 页。

6 月 27 日，在航天医学工程研究所（五〇七研究所）学术报告会上作了《从实践中吸收营养，发展人体科学》的发言。

6 月 30 日，为《环境保护》创刊 10 周年所作《保护环境的工程技术——环境系统工程》一文发表于《环境保护》1983 年第 6 期第 2 - 4 页。转载于《新华文摘》1983 年第 9 期①第 214 - 215 页。刊载于中共中央党校出版社 1987 年版《社会主义现代化建设的科学和系统工程》第 244 - 248 页；湖南科学技术出版社 1988 年版《论系统工程》（增订本）第 356 - 364 页；上海交通大学出版社 2007 年版《论系统工程》（新世纪版）第 193 - 197 页；国防工业出版社 2012 年版《钱学森文集》（卷三）第 189 - 194 页。

6 月，《再谈园林学》一文发表于《园林与花卉》1983 年 6 月第 1 期；《中国园林》2010 年 2 月 15 日第 2 期第 10 页。刊载于杭州出版社 2001 年版《论宏观建筑与微观建筑》第 17 - 19 页；国防工业出版社 2012 年版《钱学森文集》（卷三）第 186 - 188 页。

6 月，《钱学森同志给编辑部的信》（1 月 5 日）发表于《未来与发展》1983 年第 2 期。

7 月 2 日，在国防科工委召开的国防科技情报工作会议开幕式上作了《科技情报工作的科学技术》的长篇报告。发表于《国防科技情报工作》1983 年"特刊号"②和第 5 期；《陕西情报工作》1983 年 8 月 29 日第 4 期；《情报学刊》1983 年 8 月 29 日第 4 期；《技术与市场》1983 年第 4 期第 4 - 13 页；《图书馆学通讯》1983 年第 4 期；《中国图书馆学报》1983 年 12 月第 4 期第 44 - 51 页；《兵工情报工作》1983 年 12 月 27 日第 6 期；《情报杂志》1983 年第 4 期第 5 - 15 页；《北京情报学会通讯》1983 年第 4 期第 1 - 10 页；《情报理论与实践》1983 年第 6 期第 3 - 10 页；《医学情报工作》1984 年 4 月 30 日第 2 期；《医学信息学杂志》1984 年 6 月第 2 期第 1 - 9 页。刊载于国防工业出版社 2012 年版《钱学森文集》（卷三）第 195 - 209 页。

《谈系统工程与经济管理技术体制问题》一文发表于《计划体制改革问题简报》1983 年第 7 期。

7 月 16 日，在听取徐炽、王建新、韦锡新关于中国未来研究会即将召开"公元

① 《致乐天宇》（1984 年 2 月 16 日），《钱学森书信补编》（1），国防工业出版社 2012 年版，第 119 页。

② 参见《致吴健》（1984 年 9 月 7 日），《钱学森书信》（2），国防工业出版社 2007 年版，第 5 页注文。

2000年的中国”学术谈论会筹备情况的汇报作了《未来研究要有中国特色，联系中国的实际》的谈话。发表于《未来与发展》1983年第4期。刊载于国防工业出版社2012年版《钱学森文集》（卷三）第210－213页。

8月29日，《不能好心办错事》一文发表于《陕西情报工作》（情报杂志）1983年第4期。

8月29日，《钱学森同志谈“公元2000年的中国”的研究》一文发表于《未来与发展》1983年第4期第3－5页。

9月5日，在航天医学工程研究所（五〇七研究所）学术报告会上作了《对统计物理学发展中的几点看法》的发言。刊载于上海交通大学出版社1998年版《论人体科学与现代科技》第374页。

9月19日，在航天医学工程研究所（五〇七研究所）学术报告会上作了《中医理论要现代化》的发言。

10月4日，在国防工业出版社编辑部作了《对科技出版编辑工作的几点认识》的讲话。发表于《科技出版通讯》1984年第1期。① 刊载于国防工业出版社2012年版《钱学森文集》（卷三）第225－231页。

10月10日，《评“第四次世界工业革命”》一文发表于《世界经济导报》1983年10月10日第156期第2版；《科学学与科学技术管理》1984年5月30日第5期第8－9页；《上海会计》1984年4月30日第4期第46－48页；《减速顶与调速技术》1984年6月15日第00期。刊载于国防工业出版社2012年版《钱学森文集》（卷三）第232－236页。

10月17日，在航天医学工程研究所（五〇七研究所）学术报告会上作了《对外国科学家的意见要有分析》的发言。

10月21日至26日，在国务院技术经济研究中心召开的经济、社会、科技总体发展战略研讨会上作了《要加强“大战略”的研究》的发言。发表于《世界科学》1984年第1期第53页。

10月24日，在航天医学工程研究所（五〇七研究所）学术报告会上作了《关于科学技术革命》的发言。

10月29日，在中共中央组织部和建设部联合举办第一期“全国市长研究班”开班式上作了《园林艺术是我国创立的独特艺术部门》的报告，经合肥市副市长、园林专家吴翼从录音整理成文字稿。发表于《城市规划》1984年第1期第23－25

---

① 《致赵文华》（1987年1月24日），《钱学森书信补编》（2），国防工业出版社2012年版，第305页。

页；《广东园林》1984 年第 2 期第 48 – 50 页；《中国园林》2010 年 2 月 15 日第 2 期第 11 – 12 页。刊载于人民文学出版社 1994 年版《科学的艺术与艺术的科学》第 268 – 273 页；杭州出版社 2001 年《论宏观建筑与微观建筑》第 3 – 8 页；国防工业出版社 2012 年版《钱学森文集》（卷三）第 237 – 240 页。

10 月 31 日，在航天医学工程研究所（五〇七研究所）学术报告会上作了《我们要宣传系统科学的学术观点》的发言。

11 月 7 日，在航天医学工程研究所（五〇七研究所）学术报告会上作了《脑功能的研究非常重要》的发言。

11 月 14 日，在航天医学工程研究所学术报告会上作了《气功是打开人体科学大门的钥匙》的发言。刊载于上海交通大学出版社 1998 年版《论人体科学与现代科技》第 147 页。

11 月 16 日，应国家经济体制改革委员会邀请作了题为《关于系统工程与经济管理体制》的学术报告。以《系统工程与经济管理体制问题》为题发表于《计划体制改革问题简报》1983 年 11 月 25 日第 7 期第 2 版。刊载于湖南科学技术出版社 1988 年版《论系统工程》（增订本）第 365 – 370；上海交通大学出版社 2007 年版《论系统工程》（新世纪版）第 198 – 200 页；国防工业出版社 2012 年版《钱学森文集》（卷三）第 241 – 244 页。

11 月 21 日，在航天医学工程研究所（五〇七研究所）学术报告会上作了《发展电磁生物学》的发言。

11 月 28 日，在航天医学工程研究所（五〇七研究所）学术报告会上作了《研究人体科学要有哲学的指导》的发言。刊载于上海交通大学出版社 1998 年版《论人体科学与现代科技》第 171 – 172 页。

12 月 5 日，在航天医学工程研究所（五〇七研究所）学术报告会上作了《用广义信息研究人体》的发言。

12 月 31 日，《航天与经济》一文发表于《经济日报》1983 年 12 月 31 日。刊载于国防工业出版社 2012 年版《钱学森文集》（卷三）第 245 – 246 页。

12 月，为纪念毛泽东同志 90 周年诞辰所作《难忘的教诲——向国防现代化宏伟目标迈进》一文发表于《解放军画报》1983 年第 12 期。刊载于国防工业出版社 2012 年版《钱学森文集》（卷三）第 247 – 248 页。

12 月，《不能好心办错事》一文发表于《情报杂志》1983 年第 4 期。

12 月，《钱学森同志谈“公元 2000 年的中国”研究》一文发表于《未来与发展》1983 年第 4 期。

是年，在中央党校讲课的《研究和创立社会主义建设的科学》一书于 1983 年印成单印本。

是年,《人体特异功能与社会》一文发表于《人体特异功能研究》1983 年第 1 卷第 3 期。刊载于人民军医出版社 1988 年版《论人体科学》第 213 - 225 页;刊载于上海交通大学出版社 1998 年版《论人体科学与现代科技》第 236 - 241 页。

1984 年　73 岁

1 月 15 日,在航天医学工程研究所(五〇七研究所)第十三届学术年会上作了题为《要建立人体科学》的讲话。

1 月 16 日,在《中国大百科全书》(军事卷)编辑部召开的领导座谈会上作了《关于军事科学结构》的讲话。以《关于军事科学的结构问题——在领导座谈会上的讲话》为题发表于《军事卷通讯》1984 年第 27 期。刊载于湖南科学技术出版社 1988 年版《论系统工程》(增订本)第 399 - 410 页;上海交通大学出版社 1998 年版《论人体科学与现代科技》第 418 - 421 页;上海交通大学出版社 2007 年版《论系统工程》(新世纪版)第 216 - 221 页;国防工业出版社 2012 年版《钱学森文集》(卷三)第 249 - 256 页。

1 月 31 日,《要加强"大战略"的研究》一文发表于《世界科学》1984 年第 1 期。

《马克思列宁主义教学怎样面向现代化、面向世界、面向未来》一文发表于湖南省高等院校马列主义教学研究会创办的《马列主义教学研究》1984 年创刊号第 1 - 3 页。刊载于上海交通大学出版社 1998 年版《论人体科学与现代科技》第 330 - 331 页;国防工业出版社 2012 年版《钱学森文集》(卷四)第 26 - 29 页。

2 月,《对技术美学和美学的一点认识》一文发表于《技术美学丛刊》1984 年第 1 卷第 5 - 9 页①;《江苏美学通讯》1984 年第 1 期 1 - 4 页。② 刊载于人民文学出版社 1994 年版《科学的艺术与艺术的科学》第 192 - 196 页;上海交通大学出版社 1998 年版《论人体科学与现代科技》第 442 - 444 页;国防工业出版社 2012 年版《钱学森文集》(卷三)第 257 - 260 页。

2 月 7 日,在贺春座谈会上作了《系统科学、系统工程、运筹学——新的技术革命》的发言。刊载于上海交通大学出版社 1998 年版《论人体科学与现代科技》第 325 - 329 页。

---

① 参见《致张帆》(1984 年 9 月 14 日),《钱学森书信》(2),国防工业出版社 2007 年版,第 10 页注文。

② 《钱学森论文艺与文艺理论著述目录》(1980—1994 年),《钱学森书信》(8),国防工业出版社 2007 年版,第 252 页。

2 月 10 日，在清华大学气功学术讨论会上作了《一个人体科学的幽灵在我们当中徘徊》的报告。发表于《东方气功》1986 年第 2 期。刊载于人民军医出版社 1988 年版《论人体科学》第 66 –68 页；国防工业出版社 2012 年版《钱学森文集》（卷三）第 261 –263 页。以《认识客观世界的一次飞跃》为题刊载于上海交通大学出版社 1998 年版《论人体科学与现代科技》第 51 –52 页。

2 月 12 日，在航天医学工程研究所（五〇七研究所）学术报告会上作了《从脑科学研究到思维科学》的发言。刊载于上海交通大学出版社 1998 年版《论人体科学与现代科技》第 407 –408 页。

2 月 14 日，在全国生态经济科学讨论会暨中国生态经济学研究会成立大会开幕式上作了《生态经济学必须关心长远的环境问题和资源永续》的讲话。发表于《中国环境报》1984 年 2 月 21 日；《新疆农业科技》1984 年第 2 期第 42、18 页。以《生态经济学和社会主义现代化建设　全国生态经济科学讨论会发言摘要》为题发表于《人民日报》1984 年 3 月 19 日。刊载于杭州出版社 2001 年版《论宏观建筑与微观建筑》第 47 –49 页；国防工业出版社 2012 年版《钱学森文集》（卷三）第 264 –266 页。

2 月，《关于撰写中国大百科全书的释文》一文发表于《辞书研究》1984 年第 1 期第 1 –7 页。本文系 1982 年 3 月 16 日在国防科委大百科全书编辑工作会议上，就《中国大百科全书》的释文应当如何撰写的问题所做的发言。

3 月 3 日，在航天医学工程研究所（五〇七研究所）学术报告会上作了《工业革命的挑战和我们的对策》的长篇报告。刊载于上海交通大学出版社 1998 年版《论人体科学与现代科技》第 494 –502 页。

3 月 10 日，在中共中央和国家机关六个部门联合举办司局级以上干部“新技术革命知识讲座”（国家计委科学技术讲座）开学典礼上作了第一讲《关于新技术革命的若干基本认识问题》的长篇报告。发表于《世界经济导报》1984 年 4 月 29 日；《计划经济研究》1984 年 8 月 30 日第 24 期；《百科知识》1984 年第 6 期；《编辑之友》1984 年第 3 期第 20 –32 页；《宏观经济研究》1984 年第 24 期第 2 –12 页。《宏观经济研究》编者按：这是钱学森在国家计委《科学技术讲座》的演讲，原题为《系统工程在计划工作中的应用》。刊载于湖南科学技术出版社 1984 年 9 月版《迎接新的技术革命——新技术革命知识讲座》（上册）第 1 –26 页；国防工业出版社 2012 年版《钱学森文集》（卷三）第 267 –283 页。

3 月 11 日，发表了《发展人体科学，捍卫辩证唯物主义》的讲话。刊载于上海交通大学出版社 1998 年版《论人体科学与现代科技》第 52 –53 页。

3 月 19 日，在航天医学工程研究所（五〇七研究所）学术报告会上作了《协同起来进行人体科学研究》的讲话。刊载于上海交通大学出版社1998年版《论人体科学与现代科技》第53-55页。

3月26日,在航天医学工程研究所(五〇七研究所)学术报告会上作了《我们要的是东方和西方科学思想的结合》的发言。

3月28日,《迎接新的科学革命时代挑战——钱学森谈"四种革命"的含义及其相互关系》一文发表于《经济日报》1984年3月28日。

3月,钱学森、吴世宦合写的《社会主义法制和法治与现代科学技术》一文发表于《法制建设》1984年第3期。刊载于中共中央党校出版社1987年版《社会主义现代化建设的科学和系统工程》第258-271页;湖南科学技术出版社1988年版《论系统工程》(增订本)第381-398页;上海交通大学出版社2007年版《论系统工程》(新世纪版)第206-215页;国防工业出版社2012年版《钱学森文集》(卷三)第284-295页。

4月2日,在航天医学工程研究所(五〇七研究所)学术报告会上作了《系统科学与人体功能态》的发言。刊载于上海交通大学出版社1998年版《论人体科学与现代科技》第115页。

4月9日,在航天医学工程研究所(五〇七研究所)学术报告会上作了《中国传统医学要与现代科学相结合》的发言。刊载于上海交通大学出版社1998年版《论人体科学与现代科技》第172-174页。

4月23日,在航天医学工程研究所(五〇七研究所)学术报告会上作了《思想解放,突破科学前沿》的发言。刊载于上海交通大学出版社1998年版《论人体科学与现代科技》第55-56页。

4月,《经济学周报》第14期发表钱学森关于我国技术成果推广应用问题的两项建议:(1)加强技术成果的总体配套工作;(2)运用"仿真模拟"技术,减少中间试验的工作量。

5月7日,在航天医学工程研究所(五〇七研究所)学术报告会上作了《科学研究要由浅入深》的发言。

5月14日,在航天医学工程研究所(五〇七研究所)学术报告会上作了《科学总是要不断发展》的发言。

5月14日,完成《复读孙冶方的来信》一文。与《孙冶方给钱学森的一封信》同时发表于《人民日报》1984年7月30日第4版①;《经济学动态》1984年第7期。

① 参见《致罗丽》(1984年5月14日),《钱学森书信》(1),国防工业出版社2007年版,第425页注文。

刊载于国防工业出版社2007年版《钱学森书信》(1)第426－427页。

5月16日,形成《科学总是要不断发展》一文。刊载于上海交通大学出版社1998年版《论人体科学与现代科技》第188－191页。

5月21日,在航天医学工程研究所(五〇七研究所)学术报告会上作了《科学研究要关注科技发展动向》的发言。刊载于上海交通大学出版社1998年版《论人体科学与现代科技》第191页。

6月4日,在航天医学工程研究所(五〇七研究所)学术报告会上作了《用现代科学语言写人体学、写中医学》的发言。刊载于上海交通大学出版社1998年版《论人体科学与现代科技》第192－196页。

6月6日,《信息是新技术革命的核心内容》一文发表于《工人日报》1984年6月6日。

6月12日,在航天医学工程研究所(五〇七研究所)学术报告会上作了《我对祖国医学的认识过程》的发言。刊载于上海交通大学出版社1998年版《论人体科学与现代科技》第174－176页。

6月18日,在航天医学工程研究所(五〇七研究所)学术报告会上作了《怎样认识中医现代化》的讲话。刊载于上海交通大学出版社1998年版《论人体科学与现代科技》第177－179页。

6月25日,在航天医学工程研究所(五〇七研究所)学术报告会上作了《人体科学研究与现代科学相结合》的发言。刊载于上海交通大学出版社1998年版《论人体科学与现代科技》第196－199页。

6月28日,《草原、草业和新技术革命》一文发表于《内蒙古日报》1984年6月28日第3版。转发于《人民日报》1985年3月7日;《人民日报》1985年4月11日;《中国环境报》1985年10月1日第3版①;《草业科学》1986年第1期;《中国草原与牧草》1986年第3卷第1期第1－2页。刊载于国防工业出版社2012年版《钱学森文集》(卷三)第305－307页;西安交通大学出版社2011年版《钱学森 宋平论沙草产业》第1－3页。

6月,《美国提出改革中学教育的意见》一文发表于《中学教研(数学)》1984年第3期。

7月2日,在航天医学工程研究所(五〇七研究所)学术报告会上作了《人体科学研究的几个侧面》的发言。刊载于上海交通大学出版社1998年版《论人体科

---

① 见《致郝诚之》(1984年6月8日),《钱学森书信补编》(1),国防工业出版社2012年版,第171页。

学与现代科技》第 56 - 58 页。

7 月 4 日[①],完成《创建农业型的知识密集产业——农业、林业、草业、海业和沙业》一文。8 月 20 日,中科院农业研究委员会以文件方式印发此文。发表于《农业现代化研究》1984 年 10 月 27 日第 5 期第 1 - 6 页;内蒙古党委政策研究室主办《调研信息》1984 年第 24 期[②];山西省农业区划办公室《农村发展探索》1984 年第 6 期(总第 24 期);《农业系统科学与综合研究》1985 年 4 月 2 日第 1 期第1 - 7 页。刊载于中共中央党校出版社 1987 年版《社会主义现代化建设的科学和系统工程》第 249 - 257 页;西安交通大学出版社 2011 年版《钱学森 宋平论沙草产业》第 4 - 12 页。

7 月 23 日,《钱学森谈充分利用太阳能,太阳能与综合性农业体系》一文发表于《经济参考》1984 年 7 月 23 日。

7 月 30 日,《孙冶方给钱学森的一封信》和钱学森写的《复读孙冶方的来信》一文同时发表于《人民日报》1984 年 7 月 30 日第 4 版;《经济学动态》1984 年第 7 期。

8 月 3 日,在"国防科工委第五代计算机专家讨论会"作了《关于"第五代计算机"的问题》的报告。发表于《自然杂志》1985 年第 8 卷第 1 期第 3 - 9 页。刊载于上海交通大学出版社 1998 年版《论人体科学与现代科技》第 424 - 432 页;国防工业出版社 2012 年版《钱学森文集》(卷四)第 63 - 78 页。

8 月 7 日,在北京国防科工委远望楼报告厅全国第一届思维科学学术讨论会上作了关于《开展思维科学的研究》的长篇报告。发表于《大自然探索》(季刊)1985 年 6 月第 4 卷第 2 期第 31 - 52 页。载上海人民出版社 1986 年版《关于思维科学》一书;中共中央党校出版社 1987 年版《社会主义现代化建设的科学和系统工程》第 143 - 167 页;人民文学出版社 1994 年版《科学的艺术与艺术的科学》第 39 - 84 页;上海交通大学出版社 1998 年版《论人体科学与现代科技》第 389 - 407 页;国防工业出版社 2012 年版《钱学森文集》(卷三)第 308 - 338 页。

8 月 15 - 20 日,在《潜科学》杂志社、山西省思维科学研究会、山西省晋光人才开发公司和山西省社会科学院思维科学研究所联合在太原举办的"全国思维科学学术讨论会"上作了题为《社会思维学及其研究》的讲话。

---

① 1984 年 7 月 4 日,致信张沁文说,已将写好的文稿寄给《农业系统科学与综合研究》杨挺秀,算是为创刊投稿;同时寄出一份给张沁文。见《致张沁文》(1984 年 7 月 4 日),《钱学森书信补编》(1),国防工业出版社 2012 年版,第 178 页。

② 参见《致山东省荣成县县委办公室》(1984 年 10 月 10 日),《钱学森书信》(2),国防工业出版社 2007 年版,第 44 页注文。

8 月 24 日,《钱学森论我国的大战略》一文发表于《团结报》1984 年 8 月 24 日。本文系在中直机关和中央国家机关一次干部会上的报告。

8 月 31 日,在庆祝中央人民广播电台科普节目开办 35 周年茶话会上作了《对科普的一些看法》的讲话。发表于《现代化》1984 年第 10 期第 2 页;《新华文摘》1984 年第 12 期第 184 页。刊载于人民文学出版社 1994 年版《科学的艺术与艺术的科学》第 247 - 249 页;国防工业出版社 2012 年版《钱学森文集》(卷三)第339 - 341 页。

9 月 1 日,钱学森、周培源、钱令希、郑哲敏、何广乾、陈宗基等《论工程力学》一文发表于《工程力学》1984 年第 1 卷第 1 期第 3 - 6 页。

9 月 3 日,在航天医学工程研究所(五〇七研究所)学术报告会上作了《多做实验,少谈理论》的发言。刊载于上海交通大学出版社 1998 年版《论人体科学与现代科技》第 199 - 201 页。

9 月 18 日,在航天医学工程研究所(五〇七研究所)学术报告会上作了《注重人体内组织结构的研究》的发言。刊载于上海交通大学出版社 1998 年版《论人体科学与现代科技》第 201 - 203 页。

9 月 21 日,参加国防科工委情报研究所举办的第 39 次学术报告会,并针对"信息建设问题"发了言。

9 月,钱学森、马洪、宋健等 20 位专家、学者主讲的"新技术革命知识讲座"讲稿汇编成《迎接新的技术革命》一书由湖南科学技术出版社出版,分上下两册出版,印行 142 万套,反映热烈,成为 1984 年十大畅销书之一。

9 月,《论工程力学》一文发表于《工程力学》创刊号 1984 年第 1 期。

10 月 5 日,在学术报告会上作了《科学研究在于综合思考,抓住要害》的发言。刊载于上海交通大学出版社 1998 年版《论人体科学与现代科技》第 204 - 206 页。

10 月 13 日①,完成《关于教育科学的基础理论》一文。发表于《华东师范大学学报(教育科学版)》1984 年第 4 期;《中国高等教育》1985 年 1 月 31 日第 1 期第 24 - 26 页。刊载于国防工业出版社 2012 年版《钱学森文集》(卷三)第 296 - 304 页。

① 经考证,最迟到 1984 年 10 月 13 日,已完成《关于教育科学的基础理论》一文。见《致黄仕琦》(1984 年 10 月 13 日),《钱学森书信补编》(1),国防工业出版社 2012 年版,第 219 页;《致张光斗》(1984 年 10 月 13 日),《钱学森书信补编》(1),国防工业出版社 2012 年版,第 220 页;《致〈华东师范大学学报(教育科学版)〉编委会》(1984 年 10 月 21 日),《钱学森书信补编》(1),国防工业出版社 2012 年版,第 221 页。

10 月 22 日,在航天医学工程研究所(五〇七研究所)学术报告会上作了《正确认识基础科学与技术科学、工程技术的关系》的发言。刊载于上海交通大学出版社 1998 年版《论人体科学与现代科技》第 332 - 334 页。

10 月 29 日,在航天医学工程研究所(五〇七研究所)学术报告会上作了《从宇观到渺观》的发言。刊载于上海交通大学出版社 1998 年版《论人体科学与现代科技》第 206 - 208 页。

11 月 1 日上午,与《文学研究》编辑部就科学、思维与文艺问题进行座谈。以《钱学森同志与本刊编辑部座谈科学、思维与文艺问题》为题发表于《文艺研究》1985 年第 1 期[①]第 4 - 8 页,篇名与小标题是《文艺研究》编辑部所加。以《与〈文艺研究〉编辑部座谈科学、思维与文艺问题时的讲话》为题刊载于人民文学出版社 1994 年版《科学的艺术与艺术的科学》第 99 - 110 页;国防工业出版社 2012 年版《钱学森文集》(卷三)第 349 - 356 页。

11 月 5 日,在航天医学工程研究所(五〇七研究所)学术报告会上作了《物含妙理总堪寻——对科学要深研》的发言。刊载于上海交通大学出版社 1998 年版《论人体科学与现代科技》第 209 - 211 页。

11 月 19 日,在航天医学工程研究所(五〇七研究所)学术报告会上作了《对生命信息的认识》的发言。刊载于上海交通大学出版社 1998 年版《论人体科学与现代科技》第 147 - 149 页。

11 月 21 日,就《为了 2000 年,我想到的两件事》致信《新建筑》编辑部。发表于《新建筑》1985 年第 1 期第 3 - 4 页。刊载于杭州出版社 2001 年版《论宏观建筑与微观建筑》第 299 - 303 页。

11 月 26 日,在航天医学工程研究所(五〇七研究所)学术报告会上作了《"物理生物学"新释》的讲话。刊载于上海交通大学出版社 1998 年版《论人体科学与现代科技》第 416 - 418 页。

12 月 5 日,在中国科协第二届全国委员会第三次会议上作闭幕词。以《钱学森同志在中国科协第二届全国委员会第三次会议上的闭幕词》为题发表于《管理现代化》1985 年第 1 期第 5 - 7 页。

12 月 6 日,在军事学院作了《现代信息科学技术与新技术革命的对策》的报告。摘要发表于军事学院研究部的《军事信息》1985 年试刊第 1 期。刊载于国防工业出版社 2012 年版《钱学森文集》(卷三)第 357 - 361 页。

---

① 见《致汤学智》(1985 年 3 月 20 日),《钱学森书信补编》(1),国防工业出版社 2012 年版,第 325 页。

12 月 10 日，在航天医学工程研究所（五〇七研究所）学术报告会上作了《人体巨系统与中医学研究》的发言。刊载于上海交通大学出版社 1998 年版《论人体科学与现代科技》第 179 – 181 页。

12 月 17 日，在航天医学工程研究所（五〇七研究所）学术报告会上作了《谈生物控制论》的发言。刊载于上海交通大学出版社 1998 年版《论人体科学与现代科技》第 414 – 415 页。

12 月 23 日，在"中国农业科学院第二届学术委员会"会议上作了《迎接第六次产业革命，建立农业型知识密集产业——农业、林业、草业、海业和沙业》的学术报告。发表于《农业经济问题》1985 年第 3 期①；《农村工作通讯》1985 年第 1 期；《当代生态农业》创刊号 1992 年第 1、2 期。以《钱学森在中国农科院第二届学术委员会上提出，建立我国农业型的高度知识密集的产业》为题发表于《光明日报》1985 年 1 月 11 日第 2 版。以《马克思主义自然力农业学——论人人得以全面发展的基本法则总序》为题刊载于《当代生态农业》2009 年 Z2 期第 12 – 14 页；《科技进步与对策》1985 年第 1 期第 4 – 8 页；《农业技术经济》1985 年第 5 期第 1 – 7 页。刊载于上海交通大学出版社 2005 年版《智慧的钥匙——钱学森论系统科学》第 259 – 270 页；西安交通大学出版社 2011 年版《钱学森 宋平论沙草产业》第 13 – 22 页。以《第六次产业革命和农业科学技术》为题刊载于国防工业出版社 2012 年版《钱学森文集》（卷四）第 1 – 23 页。

12 月 24 日，在航天医学工程研究所（五〇七研究所）学术报告会上作了《对血液流变学的认识》的讲话。

12 月 30 日，在国防科工委情报研究所学习辅导报告会上作了题为《信息情报是第五次产业革命的核心》的发言。

是年，在人体特异功能研究重点和研究方法讨论会上作了《我们的研究工作要实验与理论并重》的讲话，经北京市中医研究所何庆年整理。发表于《人体特异功能研究》1985 年第 3 卷第 1、2 期。刊载于人民军医出版社 1988 年版《论人体科学》第 226 – 232 页；四川教育出版社 1989 年版《论人体科学》第 105 – 111 页；上海交通大学出版社 1998 年版《论人体科学与现代科技》第 135 – 138 页；西安交通大学出版社 2011 年版霍有光编著《钱学森年谱》（初编）第 455 – 458 页。

是年，《聂荣臻同志开创了中国大规模科学技术研制工作的现代化组织管理》一文发表于光明日报出版社 1984 年版《聂荣臻同志和科技工作》论文集第

① 参见《致严宏谟》（1986 年 7 月 28 日），《钱学森书信》（3），国防工业出版社 2007 年版，第 211 页注文。

130－137页。刊载于湖南科学技术出版社1988年版《论系统工程》(增订本)第371－380页;上海交通大学出版社2007年版《论系统工程》(新世纪版)第201－205页;国防工业出版社2012年版《钱学森文集》(卷三)第342－348页。聂荣臻同志1992年5月14日逝世后,进过修改,以《聂帅,我国高科技现代化管理的开拓者》为题发表于《光明日报》1992年5月25日。

是年,《在〈中国大百科全书〉第3卷编委会上的发言》一文发表于中国大百科全书《军事卷通讯》1984年第25期。刊载于国防工业出版社2012年版《钱学森文集》(卷四)第24－25页。

是年,《关于中医现代化研究的三封信》刊载于1984年版《中医多学科研究》第179页;人民军医出版社1988年版《论人体科学》第277－281页。本文系1980年8月3日致吕炳奎的信、1983年1月13日和1983年11月29日致邹伟俊的三封信。

1985年　74岁

1月22日,在航天医学工程研究所第14届学术年会上发表了讲话。以《人体科学研究的展望》为题刊载于人民军医出版社1988年版《论人体科学》第73－79页;上海交通大学出版社1998年版《论人体科学与现代科技》第58－61页。以《人体科学的展望》为题刊载于四川教育出版社1989年版《论人体科学》一书第95－104页。以《在航天医学工程研究所第14届学术年会上的讲话》为题刊载于国防工业出版社2012年版《钱学森文集》(卷四)第30－36页。

1月23日,在我国第一次国防经济学讨论会上作了《我国国防经济学所面临的任务》的专题报告。刊载于解放军出版社1986年3月版《国防经济学论文集》一书;国防工业出版社2012年版《钱学森文集》(卷四)第37－47页。

1月28日,在中国经济学团体联合会在京举办的“新技术革命与系统工程讲习班”上作了《新技术革命与系统工程——从系统科学看我国今后60年的社会革命》的讲座;2月24日定稿。发表于《世界经济》1985年第4期第1－9页。刊载于湖南科学技术出版社1988年版《论系统工程》(增订本)第411－432页;上海交通大学出版社2005年版《智慧的钥匙——钱学森论系统科学》第48－63页;上海交通大学出版社2007年版《论系统工程》(新世纪版)第222－233页;国防工业出版社2012年版《钱学森文集》(卷四)第48－62页。

2月10日,《钱学森谈三种思维形式》一文发表于《人民日报》1985年2月10日。

2月14日,在北京科学会堂召开的“《未来与发展》杂志1985年春节座谈会”

上作了《面向未来 研究未来》的讲话。发表于《未来与发展》1985 年第 2 期。[①] 刊载于国防工业出版社 2012 年版《钱学森文集》(卷四)第 91 –94 页。

2 月 26 日,在北京科技发展战略讨论会上就“城市学”、“城市科学的体系”和“关于北京市的发展规划”等问题作了讲话。以《关于建立城市学的设想》为题发表于《城市规划》1985 年 8 月 29 日第 4 期第 26 – 28 页;刊载于杭州出版社 2001 年版《论宏观建筑与微观建筑》第 39 – 44 页。以《在北京科技发展战略讨论会上的讲话》为题发表于国防工业出版社 2012 年版《钱学森文集》(卷四)第 79 – 87 页。

2 月 28 日,《钱学森谈建立国防经济学问题》一文发表于《经济日报》1985 年 2 月 28 日。

《就自然科学与社会科学的结合——薛暮桥和钱学森的对话》由克秾整理,发表于《瞭望》周刊 1985 年第 2 期。[②] 以《倡导自然科学与社会科学相结合——薛暮桥和钱学森的对话》为题刊载于上海交通大学出版社 2007 年版《论系统工程》(新世纪版)第 384 –385 页。以《自然科学与社会科学的结合》为题刊载于国防工业出版社 2012 年版《钱学森文集》(卷四)第 88 –90 页。

3 月 1 日,在社会科学院召开的产业长远规划编制方法讨论会上作了《关于长远规划编制方法和方法理论的几个问题》的报告。发表于《数量经济、技术经济研究》1985 年第 8 期第 16 –18、25 页,文末注释时间为 1985 年 3 月 21 日。刊载于国防工业出版社 2012 年版《钱学森文集》(卷四)第 95 –100 页。

3 月 4 日,在军事科学院召开的全军首次作战模拟经验交流会上作了《作战模拟是一门重要科学技术》的讲话;4 月 30 日定稿。刊载于军事科学出版社 1987 年版军事科学院军事运筹分析研究所编《作战模拟研究与应用》一书。刊载于国防工业出版社 2012 年版《钱学森文集》(卷四)第 101 –108 页。

3 月 8 日,在航天医学工程研究所(五〇七研究所)学术报告会上作了《松果体、沙蟹等功能探讨》的发言。刊载于上海交通大学出版社 1998 年版《论人体科学与现代科技》第 134 页。

3 月 20 日,在中国人民解放军总参谋部举办的领导科学研究班第一课上作了《关于现代领导科学与艺术的几个问题》的报告。发表于军事译文出版社 1985 年

① 见《致中国未来研究会》(1992 年 9 月 9 日),《钱学森书信》(6),国防工业出版社 2007 年版,第 426 页。

② 参见《致邓述慧》(1985 年 1 月 21 日),《钱学森书信》(2),国防工业出版社 2007 年版,第 144 页注文。

8 月版总参谋部政治部宣传部编《现代领导科学与艺术》一书。刊载于国防工业出版社 2012 年版《钱学森文集》(卷四)第 109 – 120 页。

3 月 21 日,应时任对外经贸部部长郑拓彬同志邀请,在对外经贸部中国国际贸易学会举办的关于国际贸易系统工程学术讨论会作了《把系统工程运用到我国对外贸易领域》的讲话。发表于对外经济贸易部政策研究室《对外经贸研究》1985 年第 10 期①第 2 – 7 页。刊载于湖南科学技术出版社 1988 年版《论系统工程(增订本)》第 463 – 470 页;上海交通大学出版社 2007 年版《论系统工程》(新世纪版)第 251 – 254 页;国防工业出版社 2012 年版《钱学森文集》(卷四)第 121 – 126 页。

3 月 25 日,在航天医学工程研究所(五〇七研究所)学术报告会上作了《"流变学"与系统观》的发言。

4 月 1 日,在航天医学工程研究所(五〇七研究所)学术报告会王志清作了《从能力的形成看能力和潜在能力》报告②之后作了《大脑与心理学研究》的讲话。

4 月 2 日,《钱学森关于思维科学研究的六封信》一文发表于《枣庄师专学报》1985 年第 1 期第 1 – 4 页。本文系钱学森 1982 年 3 月 10 日、1982 年 5 月 31 日、1983 年 5 月 23 日、1983 年 5 月 24 日、1983 年 6 月 18 日、1983 年 5 月 17 日致杨春鼎同志的六封信。

4 月 2 日,致信熊映梧。③ 以《钱学森谈生产力经济学》为题发表于《生产力研究》1987 年第 1 期第 6 页。刊载于国防工业出版社 2007 年版《钱学森书信》(2)第 221 – 224 页。

4 月 7 日,《钱学森谈经济学种种》一文发表于《文摘报》1985 年 4 月 7 日。

4 月 11 日,在中国航天医学研究所学术报告会上作了《大脑与心理学研究》的发言。刊载于上海交通大学出版社 1998 年版《论人体科学与现代科技》第 150 页。

4 月 11 日,为内蒙古人民出版社出版的《科学家论方法》一书作了《谈谈科学研究的方法》的序。发表于《人民日报》1985 年 4 月 11 日。刊载于上海交通大学出版社 1998 年版《论人体科学与现代科技》第 527 – 528 页;国防工业出版社 2012 年版《钱学森文集》(卷四)第 127 – 128 页。

---

① 参见《致张秋娟》(1985 年 7 月 19 日),《钱学森书信》(2),国防工业出版社 2007 年版,第 376 页注文。

② 参见《致王志清》(1985 年 4 月 4 日),《钱学森书信》(2),国防工业出版社 2007 年版,第 226 页注文。

③ 《致熊映梧》(1985 年 4 月 2 日),《钱学森书信》(2),国防工业出版社 2007 年版,第 221 – 224 页。

4 月 15 日,在航天医学工程研究所(五〇七研究所)学术报告会上作了《经络是一个功能系统》的发言。刊载于上海交通大学出版社 1998 年版《论人体科学与现代科技》第 151 页。

4 月 17 日,中国未来研究会、中国科学学与科技政策研究会、中国系统工程学会等 17 个全国性学会(研究会)在北京联合召开了首届全国交叉科学学术讨论会上作了《交叉科学:理论和研究的展望》的发言。发表于《光明日报》1985 年 5 月 17 日;《中国机械工程》1985 年第 3 期第 46 页。刊载于上海交通大学出版社 1998 年版《论人体科学与现代科技》第 422 – 423 页;国防工业出版社 2012 年版《钱学森文集》(卷四)第 146 – 148 页。

4 月 18 日,与国家统计局张塞局长进行了《统计工作的作用、地位和现代化》的谈话。发表于《统计》1985 年第 7 期。刊载于国防工业出版社 2012 年版《钱学森文集》(卷四)第 129 – 131 页。

4 月 26 日,在中国政法大学举行的首次"全国法制系统科学讨论会"开幕式上作了《现代科学技术与法学研究和法制建设》的专题报告。[①] 发表于《政法论坛》1985 年第 3 期第 1 – 6 页。刊载于群众出版社 1986 年 6 月版《论法治系统工程》论文集;中国政法大学出版社 1987 年版《法制系统科学研究——全国首次法制系统科学讨论会文选》;国防工业出版社 2012 年版《钱学森文集》(卷四)第 132 – 142 页。

4 月 29 日,在航天医学工程研究所(五〇七研究所)学术报告会上作了《营养学与人体巨系统》的讲话。

5 月 2 日,在全国首次法制系统科学讨论会期间同与吴世宦、王者香、熊继宁三同志进行了《关于法学现代化的谈话》的谈话。发表于西南政法学院科研处《科研信息》1985 年 9 月 21 日第 10 期(总第 16 期)。刊载于国防工业出版社 2012 年版《钱学森文集》(卷四)第 143 – 145 页。

5 月 13 日,在航天医学工程研究所(五〇七研究所)学术报告会上作了《立足本行、放眼未来》的发言。

5 月 26 日,在"全国第五代计算机学术研讨会"开幕式上作了《我国智能机的发展战略问题》的讲话。[②] 刊载于国防工业出版社 2012 年版《钱学森文集》(卷

---

① 《致吴世宦》(1989 年 5 月 18 日),《钱学森书信补编》(3),国防工业出版社 2012 年版,第 182 页。

② 参见《致傅学顺》(1985 年 10 月 10 日),《钱学森书信》(2),国防工业出版社 2007 年版,第 460 页注文;《致李德华》(1985 年 12 月 31 日),《钱学森书信》(3),国防工业出版社 2007 年版,第 28 页注文。

四)第149－157页。

5月27日,在航天医学工程研究所(五〇七研究所)学术报告会上作了《谈科研工作的指导思想》的发言。

5月,与王志清合著《科学的人道主义》一文发表于黑龙江大学主办《求是学刊》1985年第5期。刊载于国防工业出版社2012年版《钱学森文集》(卷四)第158－162页。

6月2日,完成《他是我所敬重的一位同志》一文。刊载于科学普及出版社和江苏科学技术出版社1987年版《刘述周文选》一书。①

6月8日,形成《谈作战模拟》一文。刊载于上海交通大学出版社1998年版《论人体科学与现代科技》第422页。

6月10日,在航天医学工程研究所学术报告会上作了《综合客观材料研究人体》的发言。刊载于上海交通大学出版社1998年版《论人体科学与现代科技》第211－212页。

6月15日,《产业革命和中国面临的产业革命》一文发表于《农村金融研究》1985年第9期第43－44页。

6月17日,在航天医学工程研究所(五〇七研究所)学术报告会上作了《当代科学前沿——人体科学》的讲话。以《用整体观对"人"进行研究》为题刊载于人民军医出版社1988年版《论人体科学》一书第80－87页。以《人体科学是当代科学前沿》为题刊载于上海交通大学出版社1998年版《论人体科学与现代科技》第61－64页。

6月24日,在中国草原学会、中国经济学术团体联合会共同举办的"建立中国草业问题"研讨会上作了题为《中国的草业产业》的报告。收入"中国草业科学讨论会"论文选编。② 发表于《草业科学》1992年8月号。刊载于西安交通大学出版社2011年版《钱学森 宋平论沙草产业》第23－25页;国防工业出版社2012年版《钱学森文集》(卷四)第163－165页。

7月1日,在航天医学工程研究所(五〇七研究所)学术报告会上作了《人体科学研究的系统观》的讲话。刊载于上海交通大学出版社1998年版《论人体科学与现代科技》第116－119页。

---

① 参见《致许以倩》(1985年6月2日),《钱学森书信》(2),国防工业出版社2007年版,第312页注文。

② 参见《致田纪云》(1989年1月24日),《钱学森书信》(4),国防工业出版社2007年版,第381页注文。

7月7日,《钱学森提出"渺观""涨观"新概念》一文发表于《人民日报》1985年7月7日。

7月30日,与中国科普创作研究所和上海科普研究所部分研究人员座谈了《谈科普工作及科普史研究》问题。发表于中国科普创作研究所少儿智力开发研究室编的《评论与研究》1985年第7期第1－4页。载人民文学出版社1994年版《科学的艺术与艺术的科学》第250－257页;国防工业出版社2012年版《钱学森文集》(卷四)第166－171页。

7月,完成《谈行为科学的体系》一文。发表于《哲学研究》1985年8月29日第8期第11－15页。以《行为科学》为题刊载于中共中央党校出版社1987年版《社会主义现代化建设的科学和系统工程》第169－174页。刊载于湖南科学技术出版社1988年版《论系统工程》(修订版)第453－462页;上海交通大学出版社1998年版《论人体科学与现代科技》第437－441页;上海交通大学出版社2007年版《论系统工程》(新世纪版)第245－250页;国防工业出版社2012年版《钱学森文集》(卷四)第172－178页。

7月,由钱学森、吴世宦、张仲绛等著的《论法治系统工程》一书由群众出版社出版。

《谈统计工作》一文发表于《统计》1985年第7期第1－2页。

8月8日,《我们正面临一次新的科学革命》一文发表于《文汇报》1985年8月8日。

8月20日,在北京钢铁学院首届"系统科学与优化技术"学术讨论会上作了题为《大系统理论要创新》的发言。发表于《系统工程理论与实践》1986年第1期。刊载于湖南科学技术出版社1988年10月版《论系统工程》(增订版)第554－555页;上海交通大学出版社2007年版《论系统工程》(新世纪版)第300页;国防工业出版社2012年版《钱学森文集》(卷四)第218－219页。

8月29日,《关于建立城市学的设想》一文发表于《城市规划》1985年第4期第26－28页。刊载于杭州出版社2001年版《论宏观建筑与微观建筑》第39－44页。

8月,钱学森的《关于现代领导科学与艺术的几个问题》一文收入军事译文出版社出版的《现代领导科学与艺术》一书。该书29万字,是在1985年中央军委总参谋部为总参领导和机关直属部队、军事院校、科研单位师以上领导干部举办的领导科学研究班担任主讲的13位专家学者讲稿基础上,整理编辑而成。

9月23日,致信祝世讷。以《钱学森同志谈中医学的科学水平及其发展》为题发表于《山东中医学院学报》1986年第10卷第1期第1－3页。

9 月 28 日,《创立知识密集型草业产业》一文发表于《中国民族》1985 年第 9 期第 27 页。

9 月,《产业革命和中国面临的产业革命》一文发表于《农村金融研究》1985 年第 9 期。摘自《世界经济》1985 年第 4 期。

10 月 12 日,在北京召开的中国人体科学筹委会全体会议上作了《人体科学研究大有前途》的讲话。刊载于上海交通大学出版社 1998 年版《论人体科学与现代科技》第 64 - 67 页。

10 月 14 日,在航天医学工程研究所(五〇七研究所)学术报告会上作了《语言、思维与人体科学研究》的发言。刊载于上海交通大学出版社 1998 年版《论人体科学与现代科技》第 68 - 69 页。

10 月 18 日,在航天医学工程研究所(五〇七研究所)学术报告会上作了《系统科学与其他科学相结合》的讲话。刊载于上海交通大学出版社 1998 年版《论人体科学与现代科技》第 334 - 335 页。

10 月 21 日,在航天医学工程研究所(五〇七研究所)学术报告会上作了《人脑研究与人机 - 环境系统工程》的讲话。

10 月 28 日,参加航天医学工程研究所学术报告会,强调人机 - 环境系统工程研究确实非常重要。

10 月 28 日,与王志清合著《科学的人道主义》一文发表于黑龙江大学主办《求是学刊》1985 年第 5 期第 1 - 4 页。① 刊载于国防工业出版社 2012 年版《钱学森文集》(卷四)第 158 - 162 页。

11 月 1 日,在中央党校全国组织工作干部业务进修班上作了《社会主义现代化建设和领导决策的科学化》的报告。发表于中共中央党校主办《理论月刊》1986 年 1 月 31 日第 1 期第 16 - 22 页。② 刊载于中共中央党校出版社 1987 年版《社会主义现代化建设的科学和系统工程》第 3 - 27 页;国防工业出版社 2012 年版《钱学森文集》(卷四)第 192 - 202 页。

11 月 4 日,在五〇七研究所学术报告会上作了《我们的科研事业要与世界同步》的讲话。刊载于上海交通大学出版社 1998 年版《论人体科学与现代科技》第 502 - 503 页。

---

① 参见《致陈恂清》(1985 年 12 月 31 日),《钱学森书信》(3),国防工业出版社 2007 年版,第 26 页注文。

② 参见《致唐代望》(1986 年 12 月 22 日),《钱学森书信》(3),国防工业出版社 2007 年版,第 349 页注文。

11 月 7 日，与《未来与发展》编辑部王建新、韦锡新等编辑进行了《放眼 21 世纪》的谈话。发表于《未来与发展》1986 年第 1 期。刊载于国防工业出版社 2012 年版《钱学森文集》（卷四）第 203－204 页。

11 月 8 日，在讨论会上作了《系统科学与中医唯象理论》的发言。刊载于上海交通大学出版社 1998 年版《论人体科学与现代科技》第 436－437 页。

11 月 11 日，在航天医学工程研究所（五〇七研究所）学术报告会上作了《系统观——科学研究的最佳指导思想》的讲话。刊载于上海交通大学出版社 1998 年版《论人体科学与现代科技》第 338－342 页。

11 月 18 日，在航天医学工程研究所（五〇七研究所）学术报告会上作了《系统科学与唯象中医学》的讲话。

11 月 25 日，在航天医学工程研究所（五〇七研究所）学术报告会上作了《实践、唯象中医学到现代科学》的发言。刊载于上海交通大学出版社 1998 年版《论人体科学与现代科技》第 335－338 页。

12 月 25 日上午，在文化部和光明日报社联合举办的“社会主义文化发展战略问题座谈会”上作了发言，指出：一切科学理论研究的价值不在于短期的实用，而在于文化建设。科学理论是社会主义文化！没有科学理论就谈不上二十一世纪的社会主义文明。[①] 其摘要以《我们要展望 21 世纪》为题发表于《光明日报》1986 年 1 月 13 日第 2 版。[②] 刊载于人民文学出版社 1994 年版《科学的艺术与艺术的科学》第 138－144 页；上海交通大学出版社 1998 年版《论人体科学与现代科技》第 503－505 页。

12 月 25 日，经国家经济体制改革委员会批准，中国气功科学研究会正式成立。

12 月 30 日，就办《文化副刊》一事致信《中国科技报》。载人民文学出版社 1994 年版《科学的艺术与艺术的科学》第 197－199 页。

12 月 31 日，《用系统科学来促进法学研究现代化》一文发表于《北京轻工业学院学报》1985 年第 2 期；《北京工商大学学报（自然科学版）》1985 年第 2 期。

12 月，钱学森等著、彭放编的国内第一本研究灵感思维的论著《灵感之谜》由人民日报出版社出版。

---

① 《致谭暑生》（1985 年 12 月 31 日），《钱学森书信》（3），国防工业出版社 2007 年版，第 29－30 页。

② 参见《致陶世龙》（1986 年 1 月 8 日），《钱学森书信》（3），国防工业出版社 2007 年版，第 42 页注文；《钱学森论文艺与文艺理论著述目录》（1980—1994 年），《钱学森书信》（8），国防工业出版社 2007 年版，第 252 页。

12 月，钱学森主编、吴义生副主编《现代科学技术的知识和我国科技政策讲座》一书由中共中央党校函授学院 1985 年 12 月出版。

12 月，《研究社会主义建设的大战略，创立社会主义现代化建设的科学》一文发表于钱学森、吴义生合编的中共中央党校附设函授学院 1985 年版教材《现代科学技术的知识和我国科技政策讲座》。刊载于湖南科学技术出版社 1988 年版《论系统工程》（增订本）第 471 – 512 页；上海交通大学出版社 2005 年版《智慧的钥匙——钱学森论系统科学》第 210 – 239 页；上海交通大学出版社 2007 年版《论系统工程》（新世纪版）第 255 – 277 页；国防工业出版社 2012 年版《钱学森文集》（卷五）第 305 – 331 页。

12 月，《现代科学技术的特点和体系结构》一文发表于钱学森、吴义生合编的中共中央党校附设函授学院 1985 年版教材《现代科学技术的知识和我国科技政策讲座》（1985 年讲）。刊载于湖南科学技术出版社 1988 年版《论系统工程》（增订本）第 513 – 531 页；上海交通大学出版社 2005 年 4 月版《智慧的钥匙——钱学森论系统科学》第 133 – 145 页；上海交通大学出版社 2007 年版《论系统工程》（新世纪版）第 278 – 287 页；国防工业出版社 2012 年版《钱学森文集》（卷五）第 332 – 343 页。

12 月，《系统工程与系统科学的体系》一文发表于钱学森、吴义生合编中共中央党校附设函授学院 1985 年版教材《现代科学技术的知识和我国科技政策讲座》一书。部分内容以《系统科学的基础理论及体系结构》为题刊载于中共中央党校出版社 1987 年版《社会主义现代化建设的科学和系统工程》第 191 – 199 页。刊载于湖南科学技术出版社 1988 年版《论系统工程》（增订本）第 532 – 553 页；上海交通大学出版社 2005 年版《智慧的钥匙——钱学森论系统科学》第 95 – 110 页；上海交通大学出版社 2007 年版《论系统工程》（新世纪版）第 288 – 299 页；国防工业出版社 2012 年版《钱学森文集》（卷五）第 291 – 304 页。

是年，同《马克思主义文艺理论研究》编辑部同志就《关于马克思主义哲学和文艺学美学方法论的几个问题》进行了谈话。发表于《中国当代文学学会第五届年会简报》1985 年第 3 期；《文艺研究》（双月刊）1986 年第 1 期第 4 – 11 页①。载人民文学出版社 1994 年版《科学的艺术与艺术的科学》第 111 – 127 页；国防工业出版社 2012 年版《钱学森文集》（卷四）第 179 – 191 页。

1986 年　75 岁

---

① 《钱学森论文艺与文艺理论著述目录》（1980 – 1994 年），《钱学森书信》（8），国防工业出版社 2007 年版，第 253 页。

1 月 7 日，在航天部 710 所举行的由 710 所、国防科工委系统工程研究所、中国科学院自动化所、北京师范大学等单位联合举办的"系统学讨论班"第一次会议上作了《为什么要创立和研究系统学》的学术报告。以《我对系统学认识的历程》为题刊载于山西科学技术出版社 2001 年版《创建系统学》第 2 – 17 页；上海交通大学出版社 2005 年版《智慧的钥匙——钱学森论系统科学》第 64 – 77 页；上海交通大学出版社 2007 年版《创建系统学》（新世纪版）第 3 – 12 页；国防工业出版社 2012 年版《钱学森文集》（卷四）第 205 – 217 页。以《我对系统学认识的历程——1986 年 1 月 7 日在系统学讨论班上的讲话》为题刊载于科学出版社 2011 年版姜璐编《钱学森论系统科学（讲话篇）》第 1 – 10 页。

1 月 22 日，《有必要办文化副刊》一文发表于《中国科技报》1986 年 1 月 22 日第 4 版。①

1 月 29 日，在北京科学会堂召开的系统工程学会春节座谈会上发表了讲话。

1 月②，完成《气功可使人体达到最优功能态》一文。发表于《东方气功》1986 年第 1 期；《中国气功科学》1997 年第 5 期。刊载于人民军医出版社 1988 年版《论人体科学》第 319 – 322 页。刊载于上海交通大学出版社 1998 年版《论人体科学与现代科技》第 151 – 153 页。

2 月 23 日，在中国气功科学研究会召开的座谈会上作了《建立唯象气功学——当前气功科学研究的一项任务》的发言。经何庆年整理，发表于《自然杂志》1986 年第 9 卷第 5 期第 323 – 326、362、400 页。以《从气功想到的新的科学革命》为题发表于《体育科学》1986 年 6 月 30 日第 3 期第 3 – 6 页。1996 年，为了纪念钱学森 1986 年 2 月 23 日发表"建立唯象气功学"讲话 10 周年，刊登于《中国气功科学》1996 年 2 月 1 日第 2 期第 20 – 23 页。刊载于人民军医出版社 1988 年版《论人体科学》第 282 – 290 页；四川教育出版社 1989 年版《论人体科学》第 123 – 132 页。以《建立唯象气功学》为题刊载于上海交通大学出版社 1998 年版《论人体科学与现代科技》第 153 – 156 页。

2 月 28 日，在航天医学工程研究所（五〇七研究所）第 15 届学术年会上作了题为《深入开展人机 – 环境系统工程研究》的讲话。

---

① 《钱学森论文艺与文艺理论著述目录》（1980—1994 年），《钱学森书信》（8），国防工业出版社 2007 年版，第 253 页。

② 钱学森：《气功可使人体达到最优功能态》（1986 年 1 月），《论人体科学与现代科技》，上海交通大学出版社 1998 年版，第 153 页。

2月[①],完成《要用系统科学的方法来研究人体科学》一文。发表于《东方气功》1986年6月第3期。刊载于人民军医出版社1988年版《论人体科学》第69－72页;四川教育出版社1989年版《论人体科学》第144－147页;上海交通大学出版社1998年版《论人体科学与现代科技》第119－121页;国防工业出版社2012年版《钱学森文集》(卷四)第250－253页。

3月3日,在航天医学工程研究所(五〇七研究所)学术报告会上作了《学术讨论要结合科研任务》的讲话。刊载于上海交通大学出版社1998年版《论人体科学与现代科技》第157－158页。

3月10日,在航天医学工程研究所(五〇七研究所)学术报告会上作了《对混沌理论要正确理解》的讲话。刊载于上海交通大学出版社1998年版《论人体科学与现代科技》第158－160页。

3月10－12日,在中国科协召开的学会工作座谈会上发表了讲话。

3月12日,在中共中央党校作了《现代科学技术的体系与知识》的报告。发表于中央党校自然辩证法现代科学技术教研室所编1986年《中共中央党校报告》第24页。[②] 刊载于中共中央党校出版社1987年版《社会主义现代化建设的科学和系统工程》第124－142页;国防工业出版社2012年版《钱学森文集》(卷四)第225－242页。

3月15日,《要把握世界经济与科技发展的总趋势》一文发表于《世界经济科技》周刊1988年第11期,系钱学森与该刊编辑部负责人的谈话内容。后以《钱学森纵论世界经济科技发展大趋势——对新华社〈世界经济科技〉周刊负责人的谈话》一文发表于1986年第6期《半月谈》。见西安交通大学出版社2011年12月版霍有光编著《钱学森年谱》(初编)第493－494页。

3月18日,在航天医学工程研究所(五〇七研究所)召开的中医现代化科学讨论会上作了《中医发展的战略》的精彩学术报告。以《关于中医现代化的战略》为题发表于《中国气功》1986年第4期。刊载于人民军医出版社1988年版《论人体科学》第297－306页;上海交通大学出版社1998年版《论人体科学与现代科技》第181－186页;国防工业出版社2012年版《钱学森文集》(卷四)第243－247页。

---

① 钱学森:《要用系统科学的方法来研究人体科学》(1986年2月),《论人体科学与现代科技》,上海交通大学出版社1998年版,第121页。

② 参见《致唐代望》(1986年12月22日),《钱学森书信》(3),国防工业出版社2007年版,第349页注文。

3 月 20 日,在听取北方月季花公司负责人汇报时作了《养花是民族文化的一部分,发展花卉生产要走改革联合之路》的讲话。发表于《花卉报》1986 年 6 月 13 日第 63 期。刊载于国防工业出版社 2012 年版《钱学森文集》(卷四)第 248 - 249 页。

3 月 24 日,在航天医学工程研究所(五〇七研究所)学术报告会上作了《量子力学与人体科学》的发言。刊载于上海交通大学出版社 1998 年版《论人体科学与现代科技》第 212 - 213 页。

3 月,《钱学森同志谈中医学的科学水平及其发展》一文发表于《山东中医药大学学报》1986 年第 1 期。

4 月 2 日,《重返政协的思考——访著名科学家钱学森》一文发表于《人民日报》1986 年 4 月 2 日。

4 月 5 日,在全国政协礼堂与香港文汇报记者就国防科技工作、体制改革和知识分子等问题进行了谈话。以《钱学森答香港记者问》为题发表于香港《文汇报》1986 年 4 月 6 日;以《钱学森的治国科学》为题发表于香港《大公报》1986 年 4 月 12 日第 2 版;①以《特异功能与科学新领域》为题发表于《人民政协报》1986 年 5 月 23 日;以《钱学森答香港记者问》为题发表于《光明日报》1986 年 5 月 25 日。刊载于人民军医出版社 1988 年版《论人体科学》第 248 页;国防工业出版社 2012 年版《钱学森文集》(卷四)第 254 - 260 页。

4 月 5 日,谈话的部分内容以《纵论气功、中医与特异功能》为题发表于《气功与科学》1986 年第 5 期。刊载于人民军医出版社 1988 年版《论人体科学》第 307 - 308 页。

4 月 14 日,在航天医学工程研究所(五〇七研究所)学术报告会上作了《用马克思主义哲学指导心理学研究》的讲话。刊载于上海交通大学出版社 1998 年版《论人体科学与现代科技》第 450 - 452 页。

4 月 18 日,在《文艺研究》编辑部举办的报告会上作了《美学、社会主义文艺学和社会主义文化建设》的学术报告。发表于《文艺研究》1986 年 8 月 29 日第 4 期第 4 - 11 页。载人民文学出版社 1994 年版《科学的艺术与艺术的科学》第 142 - 158 页;国防工业出版社 2012 年版《钱学森文集》(卷四)第 261 - 272 页。

4 月 21 日,在航天医学工程研究所(五〇七研究所)学术报告会上作了《谈决策科学》的讲话。刊载于上海交通大学出版社 1998 年版《论人体科学与现代科

---

① 《致杨士明》(1986 年 4 月 25 日),《钱学森书信补编》(2),国防工业出版社 2012 年版,第 138 页。

技》第444－446页。

4月28日，在航天医学工程研究所（五〇七研究所）学术报告会上作了《谈"数学"科学》的讲话。刊载于上海交通大学出版社1998年版《论人体科学与现代科技》第448－450页。

4月30日，在庆祝中国气功科学研究会成立大会上作了《团结一致，迎接新的科学革命》的发言。刊载于人民军医出版社1988年版《论人体科学》一书第323－324页；上海交通大学出版社1998年版《论人体科学与现代科技》第161页。

4月，钱学森、刘再复等著，《当代文艺》杂志社编的《文艺学、美学与现代科学》一书由中国社会科学出版社出版。该书是一本结集20世纪70年代末到80年代前期关于文艺理论与现代科学技术相互关系的论文集。钱学森著的《关于新技术革命的若干基本认识问题》一文首篇入册。

4月，钱学森、沈大德、吴廷嘉合作的《用系统科学方法使历史科学定量化》一文发表于《历史研究》1986年第4期。本文由钱学森在1985年12月提出本文的基本思想，并写成部分文稿；沈大德、吴廷嘉参加讨论并续完；最后由钱学森审定全稿。刊载于湖南科学技术出版社1988年10月版《论系统工程》（增订本）第556－570页；上海交通大学出版社2007年版《论系统工程》（新世纪版）第301－308页；国防工业出版社2012年版《钱学森文集》（卷四）第273－282页。

《从气功想到新的科学革命》一文发表于《新体育》1986年第4期。

5月5日，在航天医学工程研究所（五〇七研究所）学术报告会上作了《再谈系统论》的讲话。刊载于上海交通大学出版社1998年版《论人体科学与现代科技》第342－344页。

5月19日，在航天医学工程研究所（五〇七研究所）学术报告会上作了《电磁场与生命现象》的讲话。刊载于上海交通大学出版社1998年版《论人体科学与现代科技》第138－139页。

5月21日，与中央文献研究室周恩来研究组作了《"稳妥可靠，万无一失"——周恩来总理关怀和领导"两弹"研究、制造和试验的情况》的谈话，经钱学森审阅定稿。发表于《文献和研究》1987年第1期第38－41页。刊载于国防工业出版社2012年版《钱学森文集》（卷四）第283－289页。

5月26日①，在中国人体科学研究会成立代表大会上作了《人体科学研究的战略》的发言。刊载于人民军医出版社1988年版《论人体科学》第88－97页；上海交通大学出版社1998年版《论人体科学与现代科技》第69－73页。以《人体科

① 《钱学森年谱》认为是6月8日，见第537－538页。

学的幽灵在徘徊》为题刊载于四川教育出版社1989年版《论人体科学》第133－143页。

5月28日，《科学技术是现代文化的重要组成部分》一文发表于《中国科技报》1986年5月28日。刊载于上海交通大学出版社1998年版《论人体科学与现代科技》第441－442页；国防工业出版社2012年版《钱学森文集》（卷四）第290－291页。

6月2日，在航天医学工程研究所（五〇七研究所）学术报告会上作了《注意研究学术报告的技巧》的讲话。

6月3日，《要创造最优环境》一文发表于《中国环境报》1986年6月3日。刊载于国防工业出版社2012年版《钱学森文集》（卷四）第292－294页。

6月13日，《养花是民族文化的一部分，发展花卉生产要走改革联合之路》一文发表于《花卉报》1986年6月13日第63期。以《养花是民族文化的一部分》为题刊载于杭州出版社2001年版《论宏观建筑与微观建筑》第25－26页。

6月16日，在航天医学工程研究所（五〇七研究所）学术报告会上作了《谈人－智能机－机－环境系统》的讲话。

6月19日，在中国科协第三次代表大会前的部分代表座谈会上作了题为《科协要改革，要开展宏观学术交流》的发言。发表于《人民日报》1986年6月23日。刊载于国防工业出版社2012年版《钱学森文集》（卷四）第295－296页。

6月30日，在航天医学工程研究所（五〇七研究所）学术报告会上作了《结合客观实际发展科学技术》的讲话。

6月，钱学森等《论发展系统工程》一书由群众出版社出版。

7月7－8日，《答外国记者问》一文发表于《参考消息》1986年7月7日和8日。本文系应中国记者协会之邀会见外国驻京记者，就中国国防现代化的国防科技、武器装备等问题，回答外国记者的提问。刊载于国防工业出版社2012年版《钱学森文集》（卷四）第297－301页。

7月13日，《发展我国的软科学》发表于《经济日报》1986年7月13日；《商场现代化》1986年第10期第4页。

7月27－31日，在全国软科学研究工作座谈会上谈了软科学研究要以马克思主义为指导及软科学研究所涉及的范围等问题。以《软科学与软科学研究》为题发表于《科学学与科学技术管理》1986年第10期第2－3页。以《软科学是新兴的科学技术》为题发表于《红旗》杂志1986年第17期第20－24页；刊载于中共中央党校出版社1987年版《社会主义现代化建设的科学和系统工程》第200－206页；上海交通大学出版社1998年版《论人体科学与现代科技》第433－436页；上海交通大学出版社 2007 年版《论系统工程》(新世纪版)第 386 - 391 页;国防工业出版社 2012 年版《钱学森文集》(卷四)第 342 - 348 页。

7 月,钱学森主编《关于思维科学》一书由上海人民出版社出版。系"新学科丛书"之一。该论文集由钱学森收集并亲自编排次序的 25 篇论述思维科学的论文汇编而成,其中属于钱学森撰写的论文 6 篇。文集还收入高士奇、李泽厚、胡寄南、戴汝为等著名科学家有关思维科学的论文和讲话,全书 31 万字,首版后,半年内连续印刷三次,印数超过 10 万册。

7 月,《〈关于思维科学〉后记》一文发表于上海人民出版社 1986 年版钱学森主编《关于思维科学》一书。刊载于国防工业出版社 2012 年版《钱学森文集》(卷四)第 302 - 303 页。

7 月,《决定论与非决定论以及物质世界的层次(五观)问题》一文发表于《学习月刊》1986 年第 7 期。

8 月 5 日,《对科普工作的一点思考》一文发表于《成都晚报》1986 年 8 月 5 日第 3 版。本文系写给中国科普记协负责同志的一封信。载人民文学出版社 1994 年版《科学的艺术与艺术的科学》第 258 - 259 页;国防工业出版社 2012 年版《钱学森文集》(卷四)第 304 - 305 页。

8 月 5 日,《电子计算机软件与新时期语言文字工作》一文发表于《光明日报》1986 年 8 月 5 日第 4 版。刊载于国防工业出版社 2012 年版《钱学森文集》(卷四)第 306 - 308 页。

8 月 15 日,在航天医学工程研究所(五〇七研究所)"脑科学研讨会"上作了题为《发展实用性脑科学研究》的讲话。刊载于人民出版社 1996 年版《人体科学与现代科技发展纵横观》第 377 - 382 页;科学出版社 2012 年版陆明森编《钱学森思维科学思想》第 110 - 113 页。

8 月,在地球表层学学术讨论会上发表了讲话。

9 月 2 日,在中国科协第三届全国委员会第二次常委会上发言说要倡导研究"中国科协学"。以《在中国科协三届二次常委会上的讲话》为题发表于《科协通讯》1986 年第 2 期。刊载于国防工业出版社 2012 年版《钱学森文集》(卷四)第 309 - 318 页。以《在中国科协第三届第二次常委会上的讲话》为题刊载于上海交通大学出版社 1998 年版《论人体科学与现代科技》第 558 - 563 页。

9 月 6 日,《钱学森建议:设立国家再生资源委员会》一文发表于《健康报》1986 年 9 月 6 日。

9 月 9 日,在总参谋部组织的首届全军战役理论学术讨论会上作了《我国今后二三十年战役理论要考虑的几个宏观问题》的报告。发表于解放军出版社 1986

年版《通向胜利的探索——全军首届战役理论学术讨论会优秀论文汇编》(上)第74－76页。刊载于上海交通大学出版社1998年版《论人体科学与现代科技》第505－511页;国防工业出版社2012年版《钱学森文集》(卷四)第319－341页。

9月12日,在航天医学工程研究所(五〇七研究所)学术报告会上作了《视觉与模拟技术》的讲话。刊载于上海交通大学出版社1998年版《论人体科学与现代科技》第452－453页。

9月15日,在航天医学工程研究所(五〇七研究所)学术报告会上作了《关于分子生物学研究》的讲话。

9月,《从中国气功想到新的科学革命》一文发表于《体育科学》1986年第3期。

10月6日,在航天医学工程研究所(五〇七研究所)学术报告会上作了《正确认识客观事物,发展科学技术》的发言。刊载于上海交通大学出版社1998年版《论人体科学与现代科技》第345－347页。

10月6日,关于UFO的新见解发表于《中国科技报》1986年10月6日。

10月10日,在中央党校作了《关于当前我国的改革》的讲座。摘编成《从世界经济发展的总特点看当前我国的改革》发表于中共中央党校主办的《理论动态》1986年第684期①。刊载于中共中央党校出版社1987年版《社会主义现代化建设的科学和系统工程》第47－62页;国防工业出版社2012年版《钱学森文集》(卷四)第349－360页。

10月20日,在航天医学工程研究所(五〇七研究所)学术报告会上作了《人工智能与思维科学》的讲话。刊载于上海交通大学出版社1998年版《论人体科学与现代科技》第454－457页。

10月28日,在《文艺研究》编辑部举办的报告会上作了《社会主义精神文明建设与文艺工作——在〈文艺研究〉编辑部举办的报告会上的讲话》的报告。发表于《文艺研究》1987年3月2日第1期第4－9页。② 载人民文学出版社1994年版《科学的艺术与艺术的科学》第159－170页;国防工业出版社2012年版《钱学森文集》(卷五)第9－17页。

10月30日,《致田禾同志信》一文发表于《湖南日报》1986年10月30日。以

① 参见《致吴健》(1986年12月10日),《钱学森书信》(3),国防工业出版社2007年版,第341页注文。

② 参见《致林元》(1986年10月6日),《钱学森书信》(3),国防工业出版社2007年版,第283页注文。

《钱学森谈行政管理学》为题发表于《中国行政管理》1987 年第 1 期。①

10 月，与上海教育发展战略课题组就《谈教育改革》问题进行了谈话，根据录音整理成稿。刊载于国防工业出版社 2012 年版《钱学森文集》（卷四）第 361－366 页。

11 月 4 日，在全国哲学社会科学“七五”规划会议总结会上作了《自然科学工程技术能为哲学社会科学发展提供的一点信息》的发言。发表于《北京研究》1986 年第 11 期。② 刊载于国防工业出版社 2012 年版《钱学森文集》（卷四）第 367－374 页。

11 月 11 日，在“第二届全国天地生相互关系学术讨论会”开幕式上作了《发展地理科学的建议》的报告。以《发展地理科学的建议——在第二届全国天地生相互关系学术讨论会上的发言》为题发表于《大自然探索》1987 年第 6 卷第 1 期（总第 19 期）第 1－5 页。刊载于上海交通大学出版社 1998 年版《论人体科学与现代科技》第 466－471 页；山西科学技术出版社 2001 年版《创建系统学》第 102－111 页；上海交通大学出版社 2007 年版《创建系统学》（新世纪版）第 13－18 页；刊载于国防工业出版社 2012 年版《钱学森文集》（卷五）第 1－8 页。

11 月 14 日，在航天医学工程研究所（五〇七研究所）学术报告会上作了《再谈人体特异功能与电磁场》的发言。刊载于上海交通大学出版社 1998 年版《论人体科学与现代科技》第 140 页。

《军事技术装备与战役理论的关系》一文发表于《军事学术》1986 年第 11 期。刊载于国防工业出版社 2012 年版《钱学森文集》（卷四）第 375－378 页。

12 月 1－5 日，在成都举行的全国中医药学术发展战略研讨会上发言，后发表言稿以《21 世纪的医学是运用人体科学的医学》为题刊载于上海交通大学出版社 1998 年版《论人体科学与现代科技》第 102－103 页。

12 月 7 日，《钱学森：中医现代化是地道的尖端科学》一文发表于《中国中医药报》1986 年 12 月 7 日。本文系 1986 年 11 月同原国家科委医药卫生处处长、国家中医药管理局原中药质量司司长丛众就“中医药发展和研究”问题进行了两个多小时的谈话的内容。

12 月 8 日，在航天医学工程研究所（五〇七研究所）学术报告会上作了《再谈

---

① 参见《致唐代望》（1986 年 12 月 22 日），《钱学森书信》（3），国防工业出版社 2007 年版，第 349 页注文。

② 参见《致孔卫平》（1986 年 11 月 20 日），《钱学森书信》（3），国防工业出版社 2007 年版，第 322 页注文。

人体特异功能研究》的发言。刊载于上海交通大学出版社 1998 年版《论人体科学与现代科技》第 140－141 页。

12 月 15 日，在人体科学研究会上作了《关于人体特异功能工作的意见》的发言。刊载于上海交通大学出版社 1998 年版《论人体科学与现代科技》第 142－144 页。发表于西安交通大学出版社 2011 年版霍有光编著《钱学森年谱》（初编）第 517－518 页。

12 月 18 日，在全国政协学委会报告会上作了《科学革命、技术革命、社会革命与改革》的长篇专题报告。发表于《人民政协报》1987 年 1 月 2 日。刊载于国防工业出版社 2012 年版《钱学森文集》（卷四）第 379－394 页。

12 月 22 日，在航天医学工程研究所（五〇七研究所）学术报告会上，作了《专家系统与思维科学》的讲话。刊载于上海交通大学出版社 1998 年版《论人体科学与现代科技》第 457－458 页。

12 月 29 日，在程虎作《智能接口及有关问题》的报告后作了《论人的潜力》的讲话。经于喜海、胥珂整理，刊载于人民军医出版社 1988 年版《论人体科学》第 98－103 页。以《迎接第二次文艺复兴的到来》为题刊载于四川教育出版社 1989 年版《论人体科学》第 148－154 页；上海交通大学出版社 1998 年版《论人体科学与现代科技》第 74－77 页。以《在航天医学工程研究所学术活动上的讲话》为题发表于国防工业出版社 2012 年版《钱学森文集》（卷四）第 395－400 页。

12 月 30 日，《从世界经济发展的总特点看当前我国的改革》一文发表于《理论动态》1986 年 12 月 30 日。

12 月，《电子计算机发展与新时期语言文字工作》一文发表于国家语委办公室编《语文工作简报》1986 年第 12 期。

是年，在中国气功科学研究会庆祝成立大会上作了《团结一致，迎接新的科学革命》的发言。发表于《中国气功科学》1994 年第 1 期第 1 页。本文摘要发表于《中国气功科学》1995 年第 11 期第 5 页。

是年，《现代科学技术的知识和我国科技政策讲座》由钱学森为主编，吴义生为副主编，为中共中央党校函授学院编写的教材，由中共中央党校出版社出版。

1987 年　76 岁

1 月 2 日，《科学革命、技术革命、社会革命与改革》一文发表于《人民政协报》1987 年 1 月 2 日，系 1986 年 12 月 18 日在全国政协学委会报告会上的讲话。刊载于国防工业出版社 2012 年版《钱学森文集》（卷四）第 379－394 页。

1 月 5 日，在航天高技术讨论会上发表了重要讲话。以《在航天高技术讨论会上的讲话》为题发表于国防工业出版社 2012 年版《钱学森文集》（卷四）

第401－403。

1月18日,《钱学森谈鲁迅两句诗》一文发表于《人民日报》1987年1月18日。

1月31日,《建立金融经济学》一文发表于《金融研究》1987年第1期第2－6页。

1月,完成《技术科学中的方法论问题》。刊载于上海交通大学出版社1998年版《论人体科学与现代科技》第344页。

2月3日,在系统学讨论班上发表了讲话。以《在系统学讨论班上的讲话》为题发表于国防工业出版社2012年版《钱学森文集》(卷五)第18－22页。

2月7日,在军事科学院举行的中国系统工程学会新春茶话会上发表了讲话。

2月11日,在航天医学工程研究所(五〇七研究所)第16届学术年会上作了题为《论人的潜力与教育革命》的长篇报告。刊载于人民军医出版社1988年版《论人体科学》第110－117页;上海交通大学出版社1998年版《论人体科学与现代科技》第77－80页。

2月16日,在中国科教电影电视协会召开的"科教电影的传统与创新问题座谈会"开幕式上发表《社会主义的两个文明建设需要科教电影电视》的讲话。以《在中国科教电影电视协会举办的科教电视创作座谈会开幕式上的发言》为题发表于中国科教电影电视协会编内部刊物《通讯》1987年4月10日第2期第1－6页。[①] 以《钱学森、夏衍等在一次座谈会上提出 科教电影要为现实服务》为题发表于《人民日报》1987年2月24日。载人民文学出版社1994年版《科学的艺术与艺术的科学》第230－244页;国防工业出版社2012年版《钱学森文集》(卷五)第50－60页。

2月27日,在北京召开的中国科协第三届全国委员会第二次会议开幕式上作了题为《坚持四项基本原则、在两个文明建设中把科协工作推向前进》的工作报告。以《坚持四项基本原则,在两个文明建设中把科协工作推向前进——在中国科协第三届第二次全委会上的工作报告》为题刊载于上海交通大学出版社1998年版《论人体科学与现代科技》第563－568页。

2月28日,在北京大学召开的北京地区思维科学研讨会第一次会议上作了发言。以《在北京思维科学研讨会第一次会议上的发言》为题发表于中国思维科学学会(筹备组)内部刊物《思维科学通讯》1987年6月第3期。刊载于国防工业出

---

① 《钱学森论文艺与文艺理论著述目录》(1980—1994年),《钱学森书信》(8),国防工业出版社2007年版,第253页。

版社 2012 年版《钱学森文集》(卷五)第 23 - 29 页。

是年,在中国科协机关和直属单位职工大会上作了《谈谈中国科协的工作》的讲话,发表于《科协通讯(增刊)》1987 年第 2 期。刊载于国防工业出版社 2012 年版《钱学森文集》(卷五)第 36 - 49 页。

3 月 2 日,《钱学森谈生产力经济学》一文发表于《生产力研究》1987 年第 1 期。本文系 1985 年 4 月 2 日致熊映梧的信。

3 月 2 日,《智慧与马克思主义哲学》一文发表于《哲学研究》1987 年第 2 期第 3 - 5 页。刊载于上海交通大学出版社 1998 年版《论人体科学与现代科技》第 464 - 466 页;国防工业出版社 2012 年版《钱学森文集》(卷五)第 30 - 35 页。

3 月 2 日,在中国科协第三届第二次全委会闭幕式上作了重要讲话。以《在中国科协第三届第二次全委会闭幕式上的讲话》为题发表于《现代化》1987 年第 3 期。刊载于上海交通大学出版社 1998 年版《论人体科学与现代科技》第 568 - 570 页;国防工业出版社 2012 年版《钱学森文集》(卷五)第 61 - 64 页。

3 月 6 日,在全国农村科普工作会议和科技致富能手经验交流会上发表了讲话。以《在全国农村科普工作会议和致富能手经验交流会上的讲话》为题刊载于上海交通大学出版社 1998 年版钱学森著《论人体科学与现代科技》第 528 - 530 页;国防工业出版社 2012 年版《钱学森文集》(卷五)第 65 - 68 页。

3 月 9 日,在航天医学工程研究所学术报告会(五〇七研究所)上作了《再论人的潜力》的讲话。刊载于人民军医出版社 1988 年版《论人体科学》第 104 - 109 页。以《努力研究,解开人体奥秘》为题刊载于上海交通大学出版社 1998 年版《论人体科学与现代科技》第 81 - 84 页。

3 月 22 日,率中国科协代表团访问英国期间在伦敦为部分中国留学生发表了题为《建国百年之际,中国必然强盛》的报告。其摘要发表于《神州学人》1987 年第 2 期。以《建国百年之际,中国必然强盛——1987 年 3 月 22 日在伦敦对部分中国留学生的讲话摘要》为题刊载于清华大学出版社 2011 年 9 月版黄宗煊主编《钱学森——中国爱国知识分子的杰出典范》第 222 - 225 页;国防工业出版社 2012 年版《钱学森文集》(卷五)第 69 - 72 页。

3 月下旬,率中国科协代表团访问原联邦德国期间,在中国驻联邦德国大使馆驻使馆工作人员和部分留学生会作了题为《正确对待祖国历史文化传统,认真学习马克思主义哲学》的演讲。以《学点历史　学点哲学》为题发表于《科协通讯》1987 年第 9 期;《自然辩证法报》1988 年第 2 期;《思维科学》1988 年第 1 期。刊载于上海交通大学出版社 1998 年版《论人体科学与现代科技》第 471 - 473 页;国防工业出版社 2012 年版《钱学森文集》(卷五)第 143 - 153 页。

4月2日,《关于发展应用原子与分子物理的建议》一文发表于《原子与分子物理学报》1987年第4卷第1期。本文系1984年11月17日看到《原子与分子物理学报》创刊号之后,致本学报主编荀清泉的信。

4月16日,在"地球表层学学术讨论会"上发表了题为《要区别"地球科学"和地球表层学》的发言。以《要区别"地球科学"和地球表层学——在地球表层学学术研讨会上的发言》为题发表于《灾害学》1987年第3期第1-5页。刊载于国防工业出版社2012年版《钱学森文集》(卷五)第73-78页。

4月17日,在全国科技新闻研修班上作了《优秀的中国科技记者要考虑的几个问题》的讲话。以《科技新闻工作怎么做》为题发表于《科技日报》1990年1月5日;《新闻记者》1990年7月30日第7期第11-13页。刊载于上海交通大学出版社1998年版《论人体科学与现代科技》第530-535页;国防工业出版社2012年版《钱学森文集》(卷五)第79-86页。

4月20日,在航天医学工程研究所(五〇七研究所)学术报告会上作了《系统分析与随机性问题》的发言。刊载于上海交通大学出版社1998年版《论人体科学与现代科技》第347-351页。

4月27日,在航天医学工程研究所(五〇七研究所)学术报告会上作了《营养学可以作为人体科学的分支》的讲话。

5月3日,在北京农科院举行的中国民办科技实业家协会成立大会暨第一届理事会上发表了讲话。

5月4日,在航天医学工程研究所(五〇七研究所)学术报告会上作了《注意模糊数学的发展》的讲话。

5月11日,在航天医学工程研究所(五〇七研究所)学术报告会上作了《语言、思维与智能机》的讲话。刊载于上海交通大学出版社1998年版《论人体科学与现代科技》第458-460页。

5月13日,发表了《关于草业问题的谈话》。

5月15日,在中国人民大学举行的"吴玉章学术讲座"第一讲上作了《社会主义建设的总体设计部——党和国家的咨询服务工作单位》的学术讲座。发表于《中国人民大学学报》1988年4月30日第2期第10-22页。刊载于山西科学技术出版社2001年版《创建系统学》第115-136页;上海交通大学出版社2005年版《智慧的钥匙——钱学森论系统科学》第240-258页;上海交通大学出版社2007年版《创建系统学》(新世纪版)第19-32页;国防工业出版社2012年版《钱学森文集》(卷五)第87-104页。

5月16日,在北京大学思维科学第四次研讨会上作了重要讲话。发表于《现代化》1987年第5期第4-5、7页。以《在北京思维科学第四次研讨会上的讲话》为题发表于国防工业出版社2012年版《钱学森文集》（卷五）第105-108页。

5月18日，在航天医学工程研究所（五〇七研究所）学术报告会上作了《失重与人体功能态》的讲话。刊载于上海交通大学出版社1998年版《论人体科学与现代科技》第84-85页。

5月25日，在航天医学工程研究所（五〇七研究所）学术报告会上作了《模拟技术、人体科学研究》的讲话。载上海交通大学出版社1998年版《论人体科学与现代科技》第86-91页。其中部分内容以《正确认识人体科学研究》为题刊载于人民军医出版社1988年版《论人体科学》第120-126页；上海交通大学出版社1998年版《论人体科学与现代科技》第213-216页。

5月26日，在系统学讨论班上作了《从实际的巨系统研究中找线索》的发言。发表于上海交通大学出版社2007年版《创建系统学》（新世纪版）第33-36页。

6月1日，在航天医学工程研究所（五〇七研究所）学术报告会（人体科学讨论班）上作了《建立第四医学》的讲话。刊载于上海交通大学出版社1998年版《论人体科学与现代科技》第91页。

6月3日，在"中共中央党校自然辩证法教学座谈会"（也有说"中共中央办公厅党校系统自然辩证法教学座谈会"）上作了《现代社会与自然辩证法的发展》的讲话①。以《自然辩证法要与科学技术同步发展》为题发表于《理论月刊》1988年1月15日第1期第1-5页；《人民日报》1988年2月14日。刊载于国防工业出版社2012年版《钱学森文集》（卷五）第109-116页。

6月8日，在中国人体科学学会成立大会上作了《人体科学研究的战略》的讲话。

6月15日，在航天医学工程研究所（五〇七研究所）学术报告会上作了《谈人体科学研究范围问题》的讲话。刊载于人民军医出版社1988年版《论人体科学》第127-131页。以《时间医学与人体科学》为题刊载于上海交通大学出版社1998年版《论人体科学与现代科技》第92-94页。

6月29日，在航天医学工程研究所（五〇七研究所）学术报告会上作了《巨系统与人体科学研究》的讲话。刊载于上海交通大学出版社1998年版《论人体科学与现代科技》第121-124页。以《巨系统观点是研究人体科学的基本点》为题刊

① 参见《致傅正阳》（1988年2月10日），《钱学森书信》（4），国防工业出版社2007年版，第145页注文；《致黄顺基》（1989年10月12日），《钱学森书信》（5），国防工业出版社2007年版，第71页。

载于人民军医出版社 1988 年版《论人体科学》第 132 - 137 页。

6 月 30 日,《坚持四项基本原则,在两个文明建设中,把科协工作推向前进!》一文发表于《管理现代化》1987 年第 3 期第 1 - 6 页。本文系在中国科协三届二次全委会上的工作报告。

6 月①,与陈信合作完成《人体科学是现代科学技术体系中的一个大部门》一文。发表于《自然杂志》1988 年 5 月 30 日第 11 卷第 5 期第 331 - 338 页;《中国气功》(双月刊)1989 年第 4 期;《医学与哲学》1989 年 10 月 28 日第 10 期。刊载于人民军医出版社 1988 年版《论人体科学》第 147 - 163 页;上海交通大学出版社 1998 年版《论人体科学与现代科技》第 95 - 102 页。

6 月②,与孙凯飞合作完成《建立意识的社会形态的科学体系》一文。1988 年 9 月 24 日和 10 月 22 日③,在中共中央党校作了《建立意识的社会形态的科学体系》的报告,收入《中共中央党校报告选》第 3 期。④ 发表于《求是》杂志 1988 年第 9 期第 2 - 9 页。刊载于上海交通大学出版社 1998 年版《论人体科学与现代科技》第 351 - 357 页;杭州出版社 2001 年版《论宏观建筑与微观建筑》第 52 - 67 页;山西科学技术出版社 2001 年版《创建系统学》第 137 - 152 页;上海交通大学出版社 2005 年版《智慧的钥匙——钱学森论系统科学》第 271 - 284 页;上海交通大学出版社 2007 年版《创建系统学》(新世纪版)第 49 - 59 页。

6 月,与《经济预测与信息》记者作了《信息科学研究与应用》的谈话。发表于《经济预测与信息》1987 年第 6 期。刊载于国防工业出版社 2012 年版《钱学森文集》(卷五)第 117 - 120 页。

7 月 9 日,在中国科协学研讨会开幕式上作了《探讨中国科协学》的讲话。作为序,发表于中国科学技术出版社 1992 年 9 月版《中国科协学》一书。以《探讨中国科协学》为题发表于《科技导报》2009 年第 27 卷第 21 期第 1 页。刊载于国防工业出版社 2012 年版《钱学森文集》(卷五)第 121 - 132 页。

7 月 10 - 12 日,在中国科学院地学部第二次学部委员大会上作了《关于地学的发展问题》的报告。发表于科学出版社 1988 年 12 月版《中国科学院地学部第

---

① 钱学森、陈信:《人体科学是现代科学技术体系中的一个大部门》(1987 年 6 月),《论人体科学与现代科技》,上海交通大学出版社 1998 年版,第 102 页。

② 钱学森:《建立意识的社会形态的科学体系》(1987 年 6 月),《论人体科学与现代科技》,上海交通大学出版社 1998 年版,第 357 页。

③ 《致李向民》(1992 年 3 月 16 日),《钱学森书信补编》(4),国防工业出版社 2012 年版,第 47 页。

④ 参见《致钱学敏》(1990 年 10 月 8 日),《钱学森书信》(5),国防工业出版社 2007 年版,第 365 页注文。

二次学部委员大会文集》;《地理学报》1989年第44卷第3期第257－261页。刊载于国防工业出版社2012年版《钱学森文集》(卷五)第133－139页。

8月7日,在航天医学工程研究所(五〇七研究所)学术报告会上作了《展望21世纪人机－环境系统工程的发展》的讲话。

8月11日,在中央、国家机关和北京市委联合举办的司、局级以上领导干部科学决策知识讲座开课仪式上作了《关于科学决策问题》的讲话。以《进行科学决策需要各方面专家的密切配合》为题发表于《统计》1987年第12期第2－3页。刊载于人民出版社1987年版《科学决策知识讲座》;山西科学技术出版社2001年版《创建系统学》第112－114页;上海交通大学出版社2007年版《创建系统学》(新世纪版)第37－38页。以《在科学决策讲座开学式上的讲话》为题刊载于国防工业出版社2012年版《钱学森文集》(卷五)第140－142页。

9月1日,在纪念人类自然科学的奠基性巨著——牛顿《自然哲学的数学原理》出版300周年纪念大会上发表了《科学革命、技术革命、产业革命和社会革命》的讲话。以《科学革命、技术革命、产业革命和社会革命——纪念牛顿〈自然哲学的数学原理〉出版300周年》为题发表于《科技日报》1987年11月11日第4版。[①]刊载于国防工业出版社2012年版《钱学森文集》(卷五)第159－160页。

9月5日,在中国空气动力学研究会和北京航空学院等单位联合举办的"纪念陆士嘉教授学术报告会"上作了《纪念陆士嘉教授》的发言。

9月25日,在中国人体科学学会常务理事会上作了《用马克思主义哲学指导人体科学研究》的讲话。刊载于人民军医出版社1988年版《论人体科学》第138－146页;上海交通大学出版社1998年版《论人体科学与现代科技》第216－220页。

10月5日,在航天医学工程研究所(五〇七研究所)学术报告会上作了《研究生物力学应注意的问题》的讲话。

10月9日,在人体科学专家组成立大会上作了《关于人体特异功能研究》的讲话。刊载于人民军医出版社1988年版《论人体科学》第249－250页。以《在人体科学专家组成立会上的讲话》为题刊载于上海交通大学出版社1998年版《论人体科学与现代科技》第242－246页。

10月14日,在中国工业设计协会成立大会上作了《发展工业设计的几点意见》的讲话。发表于《工艺美术参考》1988年第1期。刊载于国防工业出版社2012年版《钱学森文集》(卷五)第154－158页。部分内容以《谈谈工业设计》为

---

① 参见《致陈天崙》(1987年2月13日),《钱学森书信》(3),国防工业出版社2007年版,第396页注文。

题发表于《经济日报》1989 年 1 月 3 日。刊载于国防工业出版社 2012 年版《钱学森文集》(卷五)第 353 - 354 页。

11 月,《在航天高技术讨论会上的讲话》一文发表于 1987 年 11 月《航天系统工程(一)》第 1 - 2 页。后收入科学出版社 2011 年 3 月版《钱学森论火箭导弹和航空航天》第 205 - 251 页。

11 月 14 日①,在北京图书馆新馆落成开馆纪念会上作了《软科学是定性与定量相结合的系统科学》的讲话。发表于上海交通大学出版社 2007 年版《论系统工程》(新世纪版)第 392 - 396 页;国防工业出版社 2012 年版《钱学森文集》(卷五)第 161 - 166 页。

11 月,在航天医学工程研究所(五〇七研究所)学术报告会上作了《当好学术带头人》的讲话。

12 月 15 日,在清华大学甲所"国家科委 863 计划智能计算机(人工智能)专家组会"作了《智能机技术是当今我国的尖端技术》的重要讲话。② 刊载于国防工业出版社 2012 年版《钱学森文集》(卷五)第 167 - 173 页。

12 月 18 日,在会见 18 个企业科协参加的厂矿科协工作座谈会与会同志时,发表了《要使全社会都了解尊重工程技术人员》的讲话。刊载于上海交通大学出版社 1998 年版《论人体科学与现代科技》第 535 页。

12 月 22 日,致信邬沧萍。以《就老年学问题给邬沧萍的信》发表于《中国人民大学学报》1988 年 6 月 29 日第 3 期第 67 页。

12 月 27 日,《与李准、丁观海关于〈文艺理论〉与〈文艺学〉的通信》一文发表于《光明日报》1987 年 12 月 27 日第 3 版。③

12 月 29 日,在系统学讨论班上作了《关于观念和方法问题》的发言。刊载于山西科学技术出版社 2001 年版《创建系统学》第 42 - 46 页;上海交通大学出版社 2007 年版《创建系统学》(新世纪版)第 39 - 41 页;国防工业出版社 2012 年版《钱学森文集》(卷五)第 174 - 177 页。

12 月 29 日,《关于"文艺理论"与"文艺学"的通信》一文发表于《光明日报》

---

① 时间存疑。《致吴健》(1988 年 1 月 1 日),《钱学森书信》(4),国防工业出版社 2007 年版,第 113 页注文认为是 1987 年 10 月 21 日在"北京图书馆(现为国家图书馆)新馆落成开馆系列纪念活动"中所作的报告。而《论系统工程》(新世纪版)第 396 页和《钱学森文集》(卷五)第 161 页皆认为是 1987 年 11 月 14 日。

② 参见《致胡世华》(1988 年 11 月 28 日),《钱学森书信》(4),国防工业出版社 2007 年版,第 334 页注文。

③ 《钱学森论文艺与文艺理论著述目录》(1980 - 1994 年),《钱学森书信》(8),国防工业出版社 2007 年版,第 253 页。

1987年12月29日。刊载于人民文学出版社1994年版《科学的艺术与艺术的科学》第171－176页。系1987年11月16日、1987年12月7日致李准、丁振海的信，1983年2月3日致《中国社会科学》杂志编辑部的信和1987年12月1日李准、丁振海回复钱学森的信。

12月，钱学森讲，吴义生编《社会主义现代化建设的科学和系统工程》一书由中共中央党校出版社出版。全书约23万字。本书是根据钱学森在中共中央党校讲课的内容，经吴义生教授整理编辑的。本书汇编了钱学森20世纪80年代前期多次在中央党校所作的报告、演讲的讲稿和部分相关文章。全书由研究社会主义现代化建设的科学、现代科学技术、社会主义现代化建设的系统工程三编组成，共19章。

12月，《核导弹和系统工程》一文发表于中共中央党校出版社1987年版《社会主义现代化建设的科学和系统工程》第89－92页。

12月，《航天技术引起的技术革命》一文发表于中共中央党校出版社1987年版《社会主义现代化建设的科学和系统工程》一书第80－82页。

12月，钱学森任主编、吴义生任副主编的《现代科学技术的知识和我国科技政策讲座》一书由中共中央党校出版社出版。

是年，《开篇的话》一文发表于中国广播电视出版社1987年版《现代思维与改革》一书。刊载于国防工业出版社2012年版《钱学森文集》（卷五）第178－183页。

1988年　77岁

1月12日，在第三次人体科学专家组会上作了讲话。以《在第三次人体科学专家组会上的讲话》为题刊载于上海交通大学出版社1998年版《论人体科学与现代科技》第247－249页。

1月22日，在系统学讨论班上作了《社会是一个特殊复杂巨系统》的发言。刊载于山西科学技术出版社2001年版《创建系统学》第51－53页；上海交通大学出版社2007年版《创建系统学》（新世纪版）第42－43页；国防工业出版社2012年版《钱学森文集》（卷五）第184－185页。

1月27日，在中国行为科学学会行为法学专业委员会成立大会上发表了讲话。以《在中国行为科学学会行为法学专业委员会成立大会上的讲话》为题发表于《行为科学研究通讯》1988年1月28日第7期。刊载于国防工业出版社2012年版《钱学森文集》（卷五）第186－189页。

2月5日，在中国科学技术协会第三届全委会第三次会议上作了《科技进步与科协改革》的工作报告。发表于《科协通讯》1988年第3期。刊载于上海交通大学出版社 1998 年版《论人体科学与现代科技》第 585 - 592 页;国防工业出版社 2012 年版《钱学森文集》(卷五)第 193 - 206 页。

2 月,《正确对待祖国历史文化传统　认真学习马克思主义哲学》一文发表于《自然辩证法》1988 年第 2 期。

2 月,完成《思维的系统观——思维系统》一文,此文为公开发表。刊载于国防工业出版社 2012 年版《钱学森文集》(卷五)第 190 - 192 页。

2 月,《要使全社会都了解尊重工程技术人员》一文发表于《科协通讯》1988 年第 2 期。刊载于国防工业出版社 2012 年版《钱学森文集》(卷五)第 207 - 208 页。

2 月,《论系统工程》(增订本)一书由湖南科学技术出版社 1988 年 2 月出版。增订版在首版基础上增加了 25 篇论文,其中属于钱学森或与他人合著的论文 12 篇,属于钱学森的学生宋健和于景元等同志的论文 13 篇。全书由 47 篇论文汇编而成,近 40 万字,显示出系统工程与系统科学博大精深的内涵。它是目前国内论述系统工程与系统科学最权威的著作之一。"系统科学与系统工程丛书"之一。

3 月 2 日,在北京举行的全国厂矿企业工程技术人员"讲理想、比贡献"竞赛活动总结表彰大会上作了题为《要充分重视和发挥厂矿工程技术人员的作用》的讲话。以《在全国"讲理想、比贡献"竞赛表彰大会上的讲话》为题发表于《科协通讯》1988 年 5 月第 5 期。以《要充分重视和发挥厂矿工程技术人员的作用》为题发表于《中国科技论坛》1989 年第 1 期第 26 页。刊载于上海交通大学出版社 1998 年版《论人体科学与现代科技》第 535 - 538 页;国防工业出版社 2012 年版《钱学森文集》(卷五)第 226 - 229 页。

3 月 4 日,在看过《政府工作报告》(讨论稿)后,向全国人大提出了《政府工作报告要体现国务院和人大的关系》与《必须加强信息工作和规划工作》两份书面建议。发表于西安交通大学出版社 2011 年 12 月版《钱学森年谱》(初编)第 558 - 559 页。

3 月 6 日,在全国妇联、国家科委和中国科协为庆祝"三八"国际妇女节而联合召开的女科技工作者座谈会上发表了《中国妇女是有才华、有理想的》讲话。发表于《现代化》1989 年第 4 期。刊载于国防工业出版社 2012 年版《钱学森文集》(卷五)第 209 - 210 页。

3 月 9 日,《促进社会科学与自然科学联盟 钱学森谈用"定量定性相结合系统方法"研究社会主义初级阶段理论》一文发表于《人民日报》1988 年 3 月 9 日。

3 月 15 日,与《世界经济科技》周刊编辑部负责人所作的《要把握世界经济与科技发展的总趋势》的谈话发表于《世界经济科技》1988 年 3 月 15 日。刊载于国防工业出版社 2012 年版《钱学森文集》(卷五)第 211 - 214 页。

3 月 24 日 - 4 月 10 日,召开全国政协七届一次会议。受政协六届全国委员会常务委员会的委托,向政协第七届全国委员会第一次会议作了工作报告。

4 月 25 日,在航天医学工程研究所(五〇七研究所)学术报告会上作了《人体是个复杂的巨系统》的讲话。刊载于人民军医出版社 1988 年版《论人体科学》第 164 - 168 页;上海交通大学出版社 1998 年版《论人体科学与现代科技》第 124 - 126 页。以《用定量到定性相结合的方法研究开放的复杂巨系统》为题刊载于上海交通大学出版社 1998 年版《论人体科学与现代科技》第 220 - 224 页。以《在航天医学工程研究所学术报告会上的讲话》为题刊载于国防工业出版社 2012 年版《钱学森文集》(卷五)第 215 - 222 页。

4 月 30 日,与中国社会科学院研究生院第一副院长谢韬在国防科工委钱学森办公室就中国教育尤其是高等教育领域存在的问题提出了坦率的批评与建议。刊载于西安交通大学出版社 2011 年 12 月版《钱学森年谱》第 562 - 566 页。

5 月 8 日,在中国科协第三届常委会第八次会议闭会时发表了讲话。以《在中国科协第三届常委会第八次会议闭会时的讲话》为题刊载于国防工业出版社 2012 年版《钱学森文集》(卷五)第 223 - 225 页。

5 月 25 日,在中国科协促进自然科学与社会科学联盟委员会在北京举行的"科学与文化论坛"第一次会议上作了发言。

6 月 15 日,《着眼 21 世纪,加强文化建设》一文发表于《科技日报》1988 年 6 月 15 日第 4 版(文化副刊)。① 载人民文学出版社 1994 年版《科学的艺术与艺术的科学》第 177 - 179 页;国防工业出版社 2012 年版《钱学森文集》(卷五)第 230 - 232 页。

6 月 21 日,在中国科协召开的发挥退休、离休科技人员作用座谈会上发表了讲话。以《在中国科协召开的发挥退休、离休科技人员作用座谈会上的讲话》为题发表于中国科学技术协会《简讯》1988 年 7 月 31 日第 3 期。刊载于上海交通大学出版社 1998 年版《论人体科学与现代科技》第 538 - 541 页;国防工业出版社 2012 年版《钱学森文集》(卷五)第 233 - 248 页。

7 月 8 日,在国防科工委科技委兼职委员首次会议上发表了讲话。以《在国防科工委科技委兼职委员首次会议上的讲话》为题刊载于国防工业出版社 2012 年版《钱学森文集》(卷五)第 240 - 248 页。

---

① 《钱学森论文艺与文艺理论著述目录》(1980—1994 年),《钱学森书信》(8),国防工业出版社 2007 年版,第 253 页。

7 月 11 日，在中国人体科学学会一届二次理事会上作了题为《人体科学与现实社会》的讲话。刊载于人民军医出版社 1988 年版《论人体科学》一书第 186 - 194 页；上海交通大学出版社 1998 年版《论人体科学与现代科技》第 249 - 254 页。

7 月下旬，在中国科协促进自然科学与社会科学联盟委员会在北京举行的"科学与文化论坛"第二次会议上作了发言。

8 月 8 日，《科学与文化的反思与前瞻——我国一些著名科学家的新思考》一文发表于《人民日报》1988 年 8 月 8 日。

8 月 18 日，在全国直辖市、计划单列市科协协作网会议上发表了《关于科协性质和科协改革》的讲话。以《关于科协的改革——钱学森同志在全国直辖市、计划单列市科协协作网会议上的讲话》为题发表于《学会》1988 年 12 月 26 日第 6 期第 7 - 9 页。刊载于上海交通大学出版社 1998 年版《论人体科学与现代科技》第 592 - 595 页；国防工业出版社 2012 年版《钱学森文集》（卷五）第 249 - 254 页。

8 月 29 日，就《国民经济核算体系》问题致信国务院发展研究中心主任马洪。发表于国家统计局编《统计工作简报》1988 年第 40 期。刊载于山西科学技术出版社 2001 年版《创建系统学》第 153 - 154 页；上海交通大学出版社 2007 年版《创建系统学》（新世纪版）第 44 - 45 页；国防工业出版社 2012 年版《钱学森文集》（卷五）第 255 - 256 页。

8 月，在中国科协邀请的著名自然科学家和社会活动家专门讨论"科学与文化"问题的讨论会上发表了讲话。

9 月 11 - 17 日，目前世界上最大的非政府性国际学术团体——国际科学联合会理事会（简称"国科联"）第 22 届全体大会在北京召开。以时任中国科协主席身份代表中国的科学团体致欢迎词。

9 月 11 日，接受了专程来北京采访国际科学联合会第 22 届大会的台湾《中国时报》记者杨维敏等台湾新闻记者的采访。

9 月 23 日，在纪念中国科学技术协会成立 30 周年集会上作了《为科技兴国而奋力工作》的报告。发表于《人民日报》1988 年 9 月 23 日。以《为科技兴国而奋力工作——在中国科学技术协会成立三十周年纪念大会上的报告》为题发表于《中国科技史料》1988 年第 9 卷第 4 期第 3 - 10 页。刊载于上海交通大学出版社 1998 年版《论人体科学与现代科技》第 511 - 513 页、595 - 601 页。

9 月 24 日，在中共中央党校做《建立意识的社会形态的科学体系》的报告。刊载于国防工业出版社 2012 年版《钱学森文集》（卷五）第 257 - 278 页

9 月 30 日，《钱学森撰文说一定要研究文化学》一文发表于《人民日报》1988 年 9 月 30 日。

10月4日，在系统学讨论班上作了《关于分子生物学问题》的发言。刊载于山西科学技术出版社2001年版《创建系统学》第18－21页；上海交通大学出版社2007年版《创建系统学》(新世纪版)第46－48页；国防工业出版社2012年版《钱学森文集》(卷五)第279－282页。以《西医著名的临床医生可不是机械唯物论——1988年10月4日在关于分子生物学问题报告后的发言》为题发表于科学出版社2011年版姜璐编《钱学森论系统科学(讲话篇)》第11－13页。

10月12日，致信乔培新。以《钱学森同志精释金融经济学——钱学森同志致乔培新同志的一封信》为题发表于《金融与经济》1989年第2期第4页。

10月18日，在纪念国防科委成立30周年专家座谈会上作了发言。以《在纪念国防科委成立30周年专家座谈会上的发言》为题刊载于国防工业出版社2012年版《钱学森文集》(卷五)第283－290页。

10月27日，《面临世纪之交的思考》一文发表于《学会》1988年第5期第4－5、53页。

10月，钱学森等著《论系统工程》(增订本)一书由湖南科学技术出版社1988年10月出版。

11月1日，在系统学讨论班上作了《中医理论对创建系统学的启发》的发言。刊载于山西科学技术出版社2001年版《创建系统学》第22－24页；上海交通大学出版社2007年版《创建系统学》(新世纪版)第60－61页；国防工业出版社2012年版《钱学森文集》(卷五)第344－346页。以《中医是整体地、辩证地看问题，避免了机械唯物论——1988年11月1日在李广钧关于中医问题报告后的发言》为题发表于科学出版社2011年版姜璐编《钱学森论系统科学(讲话篇)》第14－17页。

11月29日，在系统学讨论班上作了《研究人口问题要从实际出发》的发言。刊载于山西科学技术出版社2001年版《创建系统学》第54－56页；上海交通大学出版社2007年版《创建系统学》(新世纪版)第62－63页；国防工业出版社2012年版《钱学森文集》(卷五)第347－349页。以《研究问题要从实际出发——1988年11月29日在关于人口问题报告后的发言》为题发表于科学出版社2011年版姜璐编《钱学森论系统科学(讲话篇)》第18－21页。

12月27日，在系统学讨论班上作了《从定性设想到科学推理》的发言。刊载于山西科学技术出版社2001年版《创建系统学》第25－27页；上海交通大学出版社2007年版《创建系统学》(新世纪版)第64－65页；国防工业出版社2012年版《钱学森文集》(卷五)第350－352页。以《定性定量相结合的方法，实际上是人类认识客观世界一个普遍的方法——1988年12月27日在系统学讨论班上的发言》为题发表于科学出版社2011年版姜璐编《钱学森论系统科学(讲话篇)》第22－24页。

12月,钱学森等著《论人体科学》(北京版)由人民军医出版社出版,全书近27万字。

《人体科学与现实社会》一文发表于人民军医出版社1988年版《论人体科学》第186页。

是年,《周总理让我搞导弹》一文发表于中央文献出版社1988年版《不尽的思念》一书。载于清华大学出版社2011年9月版黄宗煊主编《钱学森——中国爱国知识分子的杰出典范》第134－139页。

1989年　78岁

1月4日上午,与第二炮兵张健志、闫怀东就《新的历史时期我国的国防建设》进行了座谈。刊载于国防工业出版社2012年版《钱学森文集》(卷五)第355－359页。

1月30日,致信定忠言。① 以《钱学森同志给本刊编辑部的一封信》为题发表于《科协论坛》1989年第3期。②

1月31日,在系统学讨论班上于景元报告社会系统研究的方法论问题后作了《我们要建设社会主义政治文明》的发言。以《我们要建设社会主义政治文明——1989年1月31日在于景元报告社会系统研究的方法论问题后的发言》为题发表于科学出版社2011年版姜璐编《钱学森论系统科学(讲话篇)》第25－28页。

2月2日,撰写《国家要统一管理资源的再生利用》一文。发表于《中国资源综合利用》2002年第1期第1－2页。

2月10日,书面回答《文艺理论与批评》刊物编者的提问。以《钱学森答本刊编者问》为题发表于《文艺理论与批评》1989年第3期。③ 以《答〈文艺理论与批评〉编者问》为题刊载于国防工业出版社2012年版《钱学森文集》(卷五)第360－363页。

2月13－15日,在北京召开的全国基础研究和应用基础研究工作会议上作了题为《也谈基础研究》的报告。

---

① 《致丁忠言》(1989年1月30日),《钱学森书信》(4),国防工业出版社2007年版,第388－392页。

② 参见《致丁忠言》(1989年1月30日),《钱学森书信》(4),国防工业出版社2007年版,第392页注文。

③ 《致王波云》(1989年4月18日),《钱学森书信补编》(3),国防工业出版社2012年版,第174页。

2 月 15 日，完成《回顾与展望》①一文。刊载于国防工业出版社 2007 年版《钱学森书信》第 4 卷第 415 – 419 页；西安交通大学出版社 2011 年版霍有光编著《钱学森年谱》(初编)第 588 – 589 页。

2 月下旬，在中国科协促进自然科学与社会科学联盟委员会第四次“科学与文化论坛”上作了题为《我们要看到 21 世纪》的发言。

2 月 25 日，在中华医学会第二十届全国会员代表大会上发表了讲话，主要讲了 21 世纪的医学将是人体科学的医学②。以《在中华医学会第二十届全国会员代表大会上的讲话》为题发表于《中华医学会第二十届全国会员代表大会文件汇编》一书。刊载于国防工业出版社 2012 年版《钱学森文集》(卷五)第 364 – 366 页。

2 月 28 日，在系统学讨论班上马宾报告经济问题后作了《把系统学与金融经济学的研究结合起来》的发言。刊载于山西科学技术出版社 2001 年版《创建系统学》第 57 – 59 页；上海交通大学出版社 2007 年版《创建系统学》(新世纪版)第 66 – 67 页；国防工业出版社 2012 年版《钱学森文集》(卷五)第 367 – 369 页。以《利用系统学的思想研究社会系统，建立社会系统学——1989 年 2 月 28 日在马宾报告经济问题后的发言》为题发表于科学出版社 2011 年版姜璐编《钱学森论系统科学(讲话篇)》第 29 – 30 页。

2 月，《国家要统一管理资源的再生利用》一文发表于《再生资源研究》1989 年 2 月第 1 期。刊载于国防工业出版社 2012 年版《钱学森文集》(卷五)第 370 – 372 页。

3 月 6 日，在中国科协三届四次全委会闭幕式上发表了《中华儿女雄今古》的讲话。发表于《科协通讯》1989 年第 4 期。刊载于国防工业出版社 2012 年版《钱学森文集》(卷五)第 373 – 375 页。以《中国儿女雄今古——在中国科协第三届全委会第四次会议闭幕式上的讲话》为题刊载于上海交通大学出版社 1998 年版《论人体科学与现代科技》第 541 – 542 页。

3 月 8 日，在中国科协举行的“三・八”纪念大会上作了题为《中国妇女是有才华、有理想的》的讲话。

3 月 14 日，为国防科工委情报研究所建所 30 周年纪念日撰写了《21 世纪的国防科技情报研究》一文。刊载于国防工业出版社 2012 年版《钱学森文集》(卷

---

① 《回顾与展望》(1989 年 2 月 15 日)，《钱学森书信》(4)，国防工业出版社 2007 年版，第 415 – 419 页。

② 参见《致陈信》(1989 年 2 月 27 日)，《钱学森书信》(4)，国防工业出版社 2007 年版，第 435 页。

五)第378－379页。

3月24日,在会见中国草原学会代理事长、中国系统工程学会草叶组负责人李毓堂等同志时作了《谈草业管理机构建设》的谈话。发表于《中国草地》1989年第4期。刊载于国防工业出版社2012年版《钱学森文集》(卷五)第376－377页。

3月28日,在李长春报告"利用系统科学方法研究国务院改革方案"后作了《社会是一个特殊复杂巨系统》的发言。以《社会是一个特殊复杂巨系统——1989年3月28日在李长春报告"利用系统科学方法研究国务院改革方案"后的发言》为题发表于科学出版社2011年版姜璐编《钱学森论系统科学(讲话篇)》第31－33页。

3月,为国防科工委情报研究所建所30周年撰写了题为《21世纪的国防科技情报研究》的纪念文章。发表于国防工业出版社2012年版《钱学森文集》(卷五)第378－379页。

4月2日,系郭永怀诞辰80周年的纪念日,完成纪念文章《冷与热、科学态度与献身精神的结合》。刊载于《郭永怀纪念文集》。①

4月6日,形成《从"性命双修"说到第四医学》一文。刊载于上海交通大学出版社1998年版《论人体科学与现代科技》第103－105页。

4月11日,在系统学讨论班上作了《处理开放的复杂巨系统不能简单化》的发言。刊载于山西科学技术出版社2001年版《创建系统学》第28－31页;上海交通大学出版社2007年版《创建系统学》(新世纪版)第68－70页;国防工业出版社2012年版《钱学森文集》(卷五)第380－382页。

4月20日,在中国科协举行的纪念"五四运动"70周年专家座谈会暨第五次"科学与文化论坛"上作了题为《面向21世纪建设中国的社会主义新文化》的发言。

4月25日,在系统学讨论班上作了《关于Meta－Analysis方法问题》的发言。刊载于山西科学技术出版社2001年版《创建系统学》第32－33页;上海交通大学出版社2007年版《创建系统学》(新世纪版)第71－72页;国防工业出版社2012年版《钱学森文集》(卷五)第383－384页。

5月1日,钱学森、刘佑成、黄克剑等《关于〈实践与文化——"哲学与文化"研

---

① 参见《致中国科学院力学研究所》(1999年3月7日),《钱学森书信》(10),国防工业出版社2007年版,第443页。钱学森说写于"80年代末",据推测,应该为1989年。1989年4月2日系郭永怀诞辰80周年纪念。

究提纲〉的通信（三则）》一文发表于《哲学研究》1989 年第 4 期[①]第 54 - 55 页。刊载于上海交通大学出版社 1998 年版《论人体科学与现代科技》第 477 - 478 页。

5 月 31 日，《复函物资部科教司科技处负责人　中国科协主席钱学森同志就再生资源发表重要见解》刊载于《金属再生》1989 年第 5 期第 1 - 2 页。

5 月，《也谈基础性研究》一文发表于《求是》1989 年第 5 期。刊载于上海交通大学出版社 1998 年版《论人体科学与现代科技》第 473 - 477 页；国防工业出版社 2012 年版《钱学森文集》（卷五）第 385 - 390 页。

5 月，《我们要看到 21 世纪》一文发表于《自然辩证法报》1989 年第 5 期。刊载于国防工业出版社 2012 年版《钱学森文集》（卷六）第 1 - 2 页。

5 月，《面向 21 世纪，建设中国的社会主义新文化》一文发表于《现代化》1989 年第 5 期。刊载于国防工业出版社 2012 年版《钱学森文集》（卷六）第 3 - 5 页。

5 月，《论人体科学》（四川版）一书由四川教育出版社出版，全书 20 万字。"现代体育科学丛书"之一。

5 月，钱学森等著《创建人体科学》（四川版）一书由四川教育出版社出版，全书 63.5 万字。"人体科学丛书"之一。

6 月 20 日，与于景元等作了谈话。以《研究社会系统要分析经济的社会形态、政治的社会形态、意识的社会形态三个方面——1989 年 6 月 20 日与于景元等的谈话》为题发表于科学出版社 2011 年版姜璐编《钱学森论系统科学（讲话篇）》第 34 - 38 页。

6 月 28 日，《人民的共同心愿——6 月 16 日在学习邓小平同志讲话座谈会上的发言摘要》一文发表于《人民日报》1989 年 6 月 28 日。

7 月 11 日，与中国科协书记处书记刘恕就地理科学问题进行了谈话。以《和中国科协书记处书记刘恕同志的谈话》为题发表于浙江教育出版社 1994 年版钱学森著《论地理科学》；刊载于国防工业出版社 2012 年版《钱学森文集》（卷六）第 22 - 23 页。

7 月，《要为 21 世纪社会主义中国设计我们的教育事业》一文发表于《教育研究》1989 年第 7 期第 3 - 6、44 页。刊载于国防工业出版社 2012 年版《钱学森文集》（卷六）第 24 - 31 页。

8 月 4 日，在国防科工委和中国科协祝贺他获得"W. F. 小罗克韦尔奖章"和

① 见《致刘元亮》（1989 年 9 月 5 日），《钱学森书信》（5），国防工业出版社 2007 年版，第 39 页；《致刘元亮》（1991 年 10 月 24 日），《钱学森书信》（6），国防工业出版社 2007 年版，第 134 页。

“世界级科学与工程名人”称号时作了《一切成就归于党，归于集体》的讲话。发表于《光明日报》1989年8月6日第2版；《人民日报》1989年8月8日；《党建研究》1989年第7期第32－33、45页。以《一切成就归功于党，归功于集体》为题刊载于上海交通大学出版社1998年版《论人体科学与现代科技》第4－5页；刊载于国防工业出版社2012年版《钱学森文集》（卷六）第32－35页。

8月7日，在江泽民总书记、李鹏总理祝贺他获得“W. F. 小罗克韦尔奖章”和“世界级科学与工程名人”称号时作了《我活着的目的就是为人民服务》的讲话。刊载于国防工业出版社2012年版《钱学森文集》（卷五）第36－38页。

8月18日，在“中国数学会数学教育与科研座谈会”上作了《发展我国的数学科学》的讲话。发表于《中国数学会通讯》1989年第4期（总第32期）第1－4页。以《发展我国的数学科学——在中国数学会数学教育与科研座谈会上的讲话》为题发表于《数学进展》1990年第19卷第2期第129－135页①；《数学通报》1990年第6期；《数学通讯》1996年第6期第1－4页。以《在中国数学会数学教育与科研座谈会上的讲话》为题刊载于国防工业出版社2012年版《钱学森文集》（卷六）第39－47页。

9月8日，与中国科协“中国交通运输发展战略与政策研究”课题组同志进行了《高层次咨询论证要用有中国特色的系统工程方法》的谈话。发表于《中国科协报》1993年1月7日创刊号。刊载于山西科学技术出版社2001年版《创建系统学》第277－279页；上海交通大学出版社2007年版《创建系统学》（新世纪版）第87－88页；国防工业出版社2012年版《钱学森文集》（卷六）第48－50页。

9月11日，在航天医学工程研究所学术报告会上作了《要用新的科学理论指导人体科学研究》的讲话。刊载于上海交通大学出版社1998年版《论人体科学与现代科技》第105－107页；国防工业出版社2012年版《钱学森文集》（卷六）第51－54页。

9月12日，在系统学讨论班上于景元报告社会系统的方法问题后作了《处理开放的复杂巨系统不能简单化》的讲话。以《处理开放的复杂巨系统不能简单化——1989年9月12日在于景元报告社会系统的方法问题后的讲话》为题发表于科学出版社2011年版姜璐编《钱学森论系统科学（讲话篇）》第39－43页。

9月21日，在中国科协庆祝中国人民共和国成立40周年召开“发扬科学精神、献身科技兴国”座谈会上作了《建立社会主义科学技术工作体系》的发言。发

---

① 《致白中英》（1990年12月3日），《钱学森书信补编》（3），国防工业出版社2012年版，第311页。

表于《科技日报》1989 年 9 月 29 日。刊载于山西科学技术出版社 2001 年版《创建系统学》第 176－178 页；上海交通大学出版社 2007 年版《创建系统学》（新世纪版）第 89－90 页；国防工业出版社 2012 年版《钱学森文集》（卷六）第 55－57 页。

9 月，《总结“两弹一星”工作的经验是有现实意义的》一文刊载于国防工业出版社 1989 年 9 月版《回顾与展望——新中国的国防科技工业》第 82－84 页；刊载于国防工业出版社 2012 年版《钱学森文集》（卷六）第 58－63 页。

9 月，《钱学森关于在国民经济中运用“社会工程”方法的设想和建议》一文发表于《经济学动态》1989 年第 9 期。

10 月 4 日，致信《技术经济》编辑部。[①] 以《致本刊编辑部的信》为题发表于《技术经济》1990 年第 1 期第 1 页。[②]

10 月 10 日，在系统学讨论班上郭俊义作“广义量化方法论” 报告后作了《定性定量是一个辩证过程》的讲话。发表于山西科学技术出版社 2001 年版《创建系统学》第 34－37 页；上海交通大学出版社 2007 年版《创建系统学》（新世纪版）第 99－101 页；国防工业出版社 2012 年版《钱学森文集》（卷六）第 64－66 页。以《我们叫定性和定量相结合的综合集成法，简称综合集成——1989 年 10 月 10 日在郭俊义报告“广义量化方法论”后的讲话》为题发表于科学出版社 2011 年版姜璐编《钱学森论系统科学（讲话篇）》第 44－47 页。

10 月 15 日，钱学森、孙凯飞、于景元合写的《社会主义文明的协调发展需要社会主义政治文明建设》一文发表于《政治学研究》1989 年第 5 期第 1－10 页。刊载于山西科学技术出版社 2001 年版《创建系统学》第 155－175 页；上海交通大学出版社 2005 年版《智慧的钥匙——钱学森论系统科学》第 285－302 页；上海交通大学出版社 2007 年版《创建系统学》（新世纪版）第 73－86 页；国防工业出版社 2012 年版《钱学森文集》（卷六）第 6－21 页。

10 月 23 日，致信《灾害学》编辑部。[③] 以《钱学森给本刊的一封信》为题发表于《灾害学》1989 年第 4 期第 1 页。

10 月 26 日，在北京举行的“李四光诞辰 100 周年纪念会”上作了题为《光辉的旗帜》的报告。发表于《人民日报》1989 年 10 月 29 日；《科协通讯》1989 年第

---

① 《致〈技术经济〉编辑部》（1989 年 10 月 4 日），《钱学森书信》（5），国防工业出版社 2007 年版，第 64－66 页。

② 见《致全国政协科学委员会》（1989 年 11 月 21 日），《钱学森书信》（5），国防工业出版社 2007 年版，第 99 页注文。

③ 《致〈灾害学〉编辑部》（1989 年 10 月 23 日），《钱学森书信》（5），国防工业出版社 2007 年版，第 78 页。

24 期[①]。以《光辉的旗帜——在李四光诞辰100周年纪念大会上的讲话》为题刊载于上海交通大学出版社1998年版《论人体科学与现代科技》第542－547页。

10月28日,《基础科学研究应该接受马克思主义哲学的指导》一文发表于《哲学研究》1989年第10期第3－8页。刊载于上海交通大学出版社1998年版《论人体科学与现代科技》第478－483页;山西科学技术出版社2001年版《创建系统学》第185－195页;上海交通大学出版社2005年版《智慧的钥匙——钱学森论系统科学》第168－177页;上海交通大学出版社2007年版《创建系统学》(新世纪版)第91－98页;国防工业出版社2012年版《钱学森文集》(卷六)第67－75页。

10月,《复函物资部科教司科技处负责人,中国科协主席钱学森同志就再生资源发表重要见解》一文发表于《云南地理环境研究》1989年第5期。

11月7日,在系统学讨论班上戴汝为作了"开放的复杂巨系统和知识工程"报告后作了《关于将知识工程引入系统学的问题》的发言。发表于山西科学技术出版社2001年版《创建系统学》第38－41页;上海交通大学出版社2007年版《创建系统学》(新世纪版)第102－104页;国防工业出版社2012年版《钱学森文集》(卷六)第76－78页。以《关于将知识工程引入系统学的问题——1989年11月7日在戴汝为报告"开放的复杂巨系统和知识工程"后的讲话》为题发表于科学出版社2011年版姜璐编《钱学森论系统科学(讲话篇)》第48－50页。

12月5日,在系统学讨论班王翎作了"meta－analysis"报告后作了《深化对开放的复杂巨系统的认识》的发言。以《一个科学的新领域》为题发表于山西科学技术出版社2001年版《创建系统学》第47－48页;国防工业出版社2012年版《钱学森文集》(卷六)第79－80页。以《深化对开放的复杂巨系统的认识》为题刊载于上海交通大学出版社2007年版《创建系统学》(新世纪版)第105页。以《要认识到meta－analysis方法的不足——1989年12月5日在王翎报告"meta－analysis"后的发言》为题发表于科学出版社2011年版姜璐编《钱学森论系统科学(讲话篇)》第55－58页。

12月12日,在"第三届全国天地生相互关系学术讨论会"上作了《天地生相互关系研究属地球科学、人体科学与地理科学范畴》的讲话。[②] 发表于《云南地理

---

① 参见《致全国政协科技委员会》(1989年11月21日),《钱学森书信》(5),国防工业出版社2007年版,第99页注文。

② 参见《致刘恕》(1990年1月13日),《钱学森书信》(5),国防工业出版社2007年版,第168页注文。

环境研究》1989 年 12 月第 1 卷第 2 期第 1 - 6 页;《现代化》杂志 1990 年第 1 期。以《现代地理科学系统建设问题》为题刊载于浙江教育出版社 1994 年 9 月版《论地理科学》一书;国防工业出版社 2012 年版《钱学森文集》(卷六)第 81 - 88 页。

12 月 29 日,在系统学讨论班上作了发言。以《定性定量相结合的综合集成法是马克思主义的方法,也是我们中国人发明的方法——1989 年 12 月 29 日在系统学讨论班上的发言》为题发表于科学出版社 2011 年版姜璐编《钱学森论系统科学(讲话篇)》第 59 - 63 页。

下半年,与马宾、于景元等作了关于《总体设计部是国家的决策咨询机构》的谈话。以《总体设计部是国家的决策咨询机构——1989 年下半年与马宾、于景元等的谈话》为题发表于科学出版社 2011 年版姜璐编《钱学森论系统科学(讲话篇)》第 51 - 54 页。

下半年,在系统讨论班上于景元的一次报告上作了插话。以《于景元在系统学讨论班上的报告——1989 年下半年》为题发表于科学出版社 2011 年版姜璐编《钱学森论系统科学(讲话篇)》第 147 - 155 页。

是年,《回顾与展望》一文发表于《上海交通大学 1934 级通信特刊毕业 55 周年纪念专辑》。

是年,为《中国大百科全书(军事卷)》撰写《导弹》条目。刊载于中国大百科全书出版社 1989 年版《中国大百科全书(军事卷)》第 1 册第 126 - 129 页;国防工业出版社 2012 年版《钱学森文集》(卷六)第 89 - 96 页。

1990 年　79 岁

1 月 23 - 24 日,对分别于 1990 年 1 月 23 日和 24 日到 301 医院看望他的中国科协的高镇宁、高潮、刘恕、李宝恒、曹令中、鲍奕珊等同志和国防科工委朱光亚、叶大力、聂力、陈能宽、屠善澄、王寿云等同志,就《关于科学技术及方法论问题》谈了他在住院期间的一些思考。刊载于国防工业出版社 2012 年版《钱学森文集》(卷六)第 97 - 99 页。

1 月 27 日,致信李毓堂。以《钱学森同志谈草业草产业经营体制深化改革和国务院设立草原管理局问题》为题发表于《草业科学》1990 年第 7 卷第 3 期第 1 - 2 页。

1 月 31 日,钱学森、于景元、戴汝为合写的《一个科学新领域——开放的复杂巨系统及其方法论》一文发表于《自然杂志》1990 年第 13 卷第 1 期第 3 - 10 页。载 1990 年 8 月 1 日《科学决策与系统工程——中国系统工程学会第六次年会论文集》。刊载于杭州出版社 2001 年版《论宏观建筑与微观建筑》第 78 - 93 页;山西科学技术出版社 2001 年版《创建系统学》第 196 - 212 页;上海交通大学出版社

2005 年版《智慧的钥匙——钱学森论系统科学》第 146 – 160 页;上海交通大学出版社 2007 年版《创建系统学》(新世纪版)第 108 – 118 页;国防工业出版社 2012 年版《钱学森文集》(卷六)第 100 – 113 页。以《开放的复杂巨系统及其方法论》为题刊载于上海交通大学出版社 1998 年版《论人体科学与现代科技》第 483 – 492 页。为了纪念 1955 年 10 月返回祖国 50 周年,《城市发展研究》2005 年 9 月 23 日第 12 卷第 5 期第 1 – 8 页予以转载。

1 月,《就"地理科学"答〈地理知识〉记者问》一文发表于《地理知识》1990 年第 1 期。刊载于国防工业出版社 2012 年版《钱学森文集》(卷六)第 114 – 116 页。

1 月,《谈社会主义美食文明与社会主义美食文化》一文发表于《美食》1990 年第 1 期。[①] 刊载于国防工业出版社 2012 年版《钱学森文集》(卷六)第 117 – 120 页。

2 月 2 日,形成《关于开放的复杂巨系统的方法论问题》一文。刊载于上海交通大学出版社 1998 年版《论人体科学与现代科技》第 126 – 127 页。

2 月 7 日,与于景元、马宾等就建立总体设计部问题作了谈话。以《建立总体设计部是我们社会主义的优越性——1990 年 2 月 7 日与于景元、马宾等谈话》为题发表于科学出版社 2011 年版姜璐编《钱学森论系统科学(讲话篇)》第 64 – 69 页。

2 月 21 至 23 日,在中国科协三届五次全委会上作了题为《奋发努力,为促进科技进步贡献力量》的工作报告。

2 月,《弘扬民族优秀文化也要全面建设我国社会主义美食事业》一文发表于《美食》1990 年第 2 期。刊载于国防工业出版社 2012 年版《钱学森文集》(卷六)第 122 – 126 页。

3 月 2 日,《钱学森主席致本刊编辑部的信》一文发表于《技术经济学》1990 年第 1 期第 1 页。

3 月 7 日,在竺可桢诞辰 100 周年纪念大会上作了题为《一代楷模,风范永存》的讲话。以《一代楷模,风范永存——在竺可桢同志诞辰 100 周年纪念大会上的讲话》为题刊载于上海交通大学出版社 1998 年版《论人体科学与现代科技》第 547 – 551 页。

3 月 17 日,在"全国政协科技委员会全体会议"上作了《当前我国科学技术工作中的六个问题》的讲话。发表于《真理的追求》1990 年 7 月 15 日创刊号第 1 期。

---

① 参见《致陶文台》(1989 年 11 月 25 日),《钱学森书信》(5),国防工业出版社 2007 年版,第 107 页注文。

刊载于山西科学技术出版社2001年版《创建系统学》第213－221页；上海交通大学出版社2007年版《创建系统学》（新世纪版）第119－124页；国防工业出版社2012年版《钱学森文集》（卷六）第127－134页。

3月，《对我国科技进步的两点估计》一文发表于《中国妇女报》1990年3月。

4月14日，《以科学优势促进科技进步》一文发表于《人民日报》1990年4月14日。

是年，与《求是》杂志记者就《学习理论与干部应具备的素质》进行了谈话。发表于中央文献研究室《学习、研究、参考》1990年第4期。刊载于国防工业出版社2012年版《钱学森文集》（卷六）第135－136页。

6月28日，在中国人体科学学会首届理事会第四次会议上作了《对人体科学研究的几点认识》的讲话。发表于《中国人体科学学会通讯》（增刊）1990年8月25日第2期；《自然杂志》1991年第14卷第1期第3－8页。以《如何研究人体这个开放的复杂巨系统——有关人体科学方法论的若干问题》为题刊载于上海交通大学出版社1998年版《论人体科学与现代科技》第224－230页；于国防工业出版社2012年版《钱学森文集》（卷六）第147－157页。

6月29日，在中国科协举行十位优秀共产党科技工作者"纪念'七一'为社会主义奉献汇报会"上作了题为《祖国的骄傲，民族的脊梁》的讲话。发表于《现代化》1990年第7期。刊载于国防工业出版社2012年版《钱学森文集》（卷六）第137－138页。

6月，《卷首语》发表于《艺术科技》1990年第2期。① 以《应该研究科学技术和文学艺术之间相互作用的规律》为题刊载于人民文学出版社1994年版《科学的艺术与艺术的科学》第200页；国防工业出版社2012年版《钱学森文集》（卷六）第121页。

7月10日，在全国政协科技委员会第七次主任会议上作了《要从长远发展看科技在提高劳动生产率中的作用》的发言。发表于《理论动态》1991年4月25日第955期。以《靠科技来提高生产率》为题发表于《中国工商》1991年第8期第2－3页。刊载于国防工业出版社2012年版《钱学森文集》（卷六）第139－141页。

8月14日，在中国科协科学家座谈会上作了《要从整体上考虑并解决问题》的发言。发表于《人民日报》1990年12月31日第3版。刊载于山西科学技术出

① 《钱学森论文艺与文艺理论著述目录》（1980－1994年），《钱学森书信》（8），国防工业出版社2007年版，第253页。

版社 2001 年版《创建系统学》第 179 – 184 页；上海交通大学出版社 2005 年版《智慧的钥匙——钱学森论系统科学》第 178 – 183 页；上海交通大学出版社 2007 年版《创建系统学》（新世纪版）第 130 – 133 页；国防工业出版社 2012 年版《钱学森文集》（卷六）第 142 – 146 页。

8 月，《关于科学技术工作的几点看法》一文发表于《科技进步与对策》1990 年第 4 期第 6 – 7 页。

9 月 19 日，完成《医学的前途在于中医现代化》一文。刊载于上海交通大学出版社 1998 年版《论人体科学与现代科技》第 163 页。

10 月 16 日，在系统学讨论班上戴汝为报告之后作了《再谈开放的复杂巨系统》的讲话。发表于《模式识别与人工智能》1991 年第 4 卷第 1 期。以《研究开放的复杂巨系统，努力攻克难关》为题刊载于上海交通大学出版社 1998 年版《论人体科学与现代科技》第 127 – 130 页；杭州出版社 2001 年版《论宏观建筑与微观建筑》第 74 – 75 页；山西科学技术出版社 2001 年版《创建系统学》第 222 – 228 页；上海交通大学出版社 2005 年版《智慧的钥匙——钱学森论系统科学》第 161 – 167 页；上海交通大学出版社 2007 年版《创建系统学》（新世纪版）第 125 – 129 页。以《我们的方法还是叫"从定性到定量的综合集成"好——1990 年 10 月 16 日在戴汝为报告后的讲话》为题发表于科学出版社 2011 年版姜璐编《钱学森论系统科学（讲话篇）》第 77 – 80 页。

是年，在系统学讨论班上作了《以科技的发展促进工业的发展》的发言。刊载于山西科学技术出版社 2001 年版《创建系统学》第 91 – 92 页；上海交通大学出版社 2007 年版《创建系统学》（新世纪版）第 106 – 107 页；国防工业出版社 2012 年版《钱学森文集》（卷六）第 158 – 159 页。

是年，向宋平同志汇报时作了发言。以《社会主义要胜利，就要用综合集成的方法来实现——1990 年向宋平同志汇报时的发言》为题发表于科学出版社 2011 年版姜璐编《钱学森论系统科学（讲话篇）》第 70 – 72 页。

下半年，与马宾、于景元、王寿云等讨论时作了发言。以《社会科学要与自然科学结合——1990 年下半年与马宾、于景元、王寿云等讨论的发言》为题发表于科学出版社 2011 年版姜璐编《钱学森论系统科学（讲话篇）》第 73 – 76 页。

1991 年　80 岁

1 月 21、23 日，于景元、王寿云、汪成为合写的《社会主义建设的系统理论和系统工程》连载于《科技日报》1991 年 1 月 21 日第 3 版和 1991 年 1 月 23 日第 3 版。① 刊载于上海交通大学出版社 2007 年版《创建系统学》(新世纪版)第 395 - 409 页。

1 月,钱学森、吴义生主编的《现代科学技术和科技政策》一书由中共中央党校出版社出版。

3 月 8 日,向政治局常委作《关于建立国家总体设计部体系》的汇报,设立“国家总体设计部体系”的目的是作为领导的咨询机构。

3 月 11 日,在北京香山召开的全国沙产业研讨会上作了《谈沙产业》的讲话。发表于《现代化》1991 年第 8 期。刊载于国防工业出版社 2012 年版《钱学森文集》(卷六)第 178 - 181 页。以《发展沙产业大有可为——在沙产业研讨会上的讲话》为题刊载于西安交通大学出版社 2011 年版《钱学森 宋平论沙草产业》第 26 - 29 页。

3 月 22 日,在全国政协科技委员会第二次全体扩大会议上作了《对我国科技事业的一些思考》的讲话。发表于《真理的追求》1991 年 5 月 11 日第 5 期;《人民日报》1991 年 5 月 21 日;《中国钨业》1991 年 6 月 30 日第 6 期第 1 - 3、38 页。刊载于山西科学技术出版社 2001 年版《创建系统学》第 229 - 234 页;上海交通大学出版社 2007 年版《创建系统学》(新世纪版)第 134 - 137 页;国防工业出版社 2012 年版《钱学森文集》(卷六)第 182 - 187 页。

3 月,与马宾、于景元等就金融经济学的问题进行了谈话。以《要研究金融经济学——1991 年 3 月于马宾、于景元等谈话》为题发表于科学出版社 2011 年版姜璐编《钱学森论系统科学(讲话篇)》第 81 页。

4 月 5 日,在中国地理学会主持召开的“地理科学”讨论会开幕式上作了《关于“地理科学”》的长篇报告。

4 月 6 日,在中国地理学会“地理科学讨论会”上作了《谈地理科学的内容及研究方法》的专题报告。以《谈地理科学的内容及研究方法——在 1991 年 4 月 6 日中国地理学会“地理科学”研讨会上的发言》为题发表于《地理学报》1991 年 9 月第 46 卷第 3 期第 257 - 265 页。刊载于山西科学技术出版社 2001 年版《创建系统学》第 235 - 249 页;上海交通大学出版社 2007 年版《创建系统学》(新世纪版)第 138 - 147 页;国防工业出版社 2012 年版《钱学森文集》(卷六)第 188 - 200 页。

4 月 15 日,致信刘文英。以《钱学森同志的一封信》为题发表于《哲学研究》

① 《致陈鑫苏》(1992 年 1 月 31 日),《钱学森书信》(6),国防工业出版社 2007 年版,第 238 页。

1991年第6期第36页。

5月23日,在中国科学技术协会第4次全国代表大会上作了题为《90年代中国科技工作者的历史责任》的工作报告。以《中国科技工作者的历史责任——1991年5月23日在中国科学技术协会第四次全国代表大会上的工作报告(摘要)》为题发表于《人民日报》1991年7月8日第3版。以《九十年代中国科技工作者的历史责任——在中国科学技术协会第四次全国代表大会上的工作报告》为题发表于《档案学研究》1991年10月1日第3期19-27页。以《中国科技工作者的历史责任》为题刊载于中央文献出版社1995年版中共中央文献研究室《新时期科学技术工作重要文献选编》第384-391页;上海交通大学出版社1998年版《论人体科学与现代科技》第551-556页。

6月9日,《钱学森倡导建立精神文明学》一文发表于《人民日报》1991年6月9日。

6月17日,和国防科技大学原副校长周鸣鸿教授就《关于培养"科技帅才"的问题》进行了谈话。载于国防工业出版社2012年版《钱学森文集》(卷六)第201-202页。

7月4日,在全国政协科技委员会第九次主任会议上作了《谈科技工作和政协科技委工作》的发言。发表于《全国政协专门委员会简报》1991年7月17日第50期(科技第6期)。刊载于国防工业出版社2012年版《钱学森文集》(卷六)第160-161页。

8月26日,和国防科技工业管理与政策研究指导委员会《形势与对策》研究小组同志进行了《关于形势与对策的谈话》。发表于《管理与政策研究通讯》1991年第2期。刊载于国防工业出版社2012年版《钱学森文集》(卷六)第203-207页。

8月29日,《钱学森同志给郁文同志的两封信》发表于《哲学研究》1991年第8期第7-9页。这两封信分别是钱学森于1990年1月9日和1990年4月11日致郁文的信。

9月,王寿云编的《钱学森文集》(*H. S. Tsien. Collected Works of H. S. Tsien*,1938-1956, *Beijing*:*science press* 1991.)一书英文版由科学出版社1991年9月出版。文集收入了除以专著形式出版外在应用力学、喷气推进与航天技术、工程控制论、物理力学、系统工程与系统科学,以及自然科学与社会科学相结合的领域学术贡献的精华。

10月12日,与王寿云、于景元、戴汝为、汪成为、钱学敏、涂元季六人进行了《关于科学技术是第一生产力的问题》的谈话。刊载于山西科学技术出版社2001

年版《创建系统学》第 62 - 65 页;上海交通大学出版社 2007 年版《创建系统学》(新世纪版)第 148 - 150 页;国防工业出版社 2012 年版《钱学森文集》(卷六)第 162 - 164 页。以《关于科学技术是第一生产力的问题——1991 年 10 月 12 日与于景元等的谈话》为题刊载于科学出版社 2011 年版姜璐编《钱学森论系统科学(讲话篇)》第 82 - 94 页。

10 月 16 日,在国务院、中央军委授予"国家杰出贡献科学家"荣誉称号仪式上作了《感恩、怀念和心愿》的讲话。发表于《人民日报》1991 年 10 月 19 日。以《在授奖仪式上的讲话》为题刊载于上海交通大学出版社 1998 年版《论人体科学与现代科技》第 6 - 8 页;山西科学技术出版社 2001 年版《创建系统学》第 250 - 255 页;国防工业出版社 2012 年版《钱学森文集》(卷六)第 208 - 212 页。

10 月 16 日,在系统学讨论班上作了《再谈开放的复杂巨系统》的发言。发表于《模式识别与人工智能》1991 年第 4 卷第 1 期。刊载于国防工业出版社 2012 年版《钱学森文集》(卷六)第 165 - 170 页。

10 月 30 日,致信《文艺理论与批评》编委会。① 以《钱学森同志给本刊编委会的信》为题发表于《文艺理论与批评》1992 年第 1 期第 4 页。

11 月 5 日,在中共中央组织部、中共中央宣传部、中国科协、中直机关工委、中央国家机关工委联合举办的"九十年代科技发展与中国现代化"系列讲座上作了关于《我们要用现代科学技术建设有中国特色的社会主义》的讲话。此讲座系列报告收入湖南科学技术出版社 1991 年 12 月版《90 年代科技发展与中国现代化》一书。刊载于山西科学技术出版社 2001 年版《创建系统学》第 256 - 270 页;上海交通大学出版社 2005 年版《智慧的钥匙——钱学森论系统科学》第 309 - 321 页;上海交通大学出版社 2007 年版《创建系统学》(新世纪版)第 151 - 160 页;国防工业出版社 2012 年版《钱学森文集》(卷六)第 213 - 224 页。

11 月 13 日,致信钱三强。② 以《钱学森致钱三强的一封信》为题发表于《自然科学术语研究》1992 年第 1 期;《中国科技术语》2009 年第 6 期第 9 页。

11 月 16 日,与于景元等进行了《关于第五次产业革命与社会系统工程》的谈话。刊载于山西科学技术出版社 2001 年版《创建系统学》第 93 - 96 页。以《关于第五次产业革命和社会系统工程——1991 年 11 月 16 日与于景元等的谈话》为题

---

① 《致〈文艺理论与批评〉编委会》(1991 年 10 月 30 日),《钱学森书信》(6),国防工业出版社 2007 年版,第 142 - 144 页。

② 《致钱三强》(1991 年 11 月 13 日),《钱学森书信》(6),国防工业出版社 2007 年版,第 153 - 154 页。

刊载于科学出版社 2011 年版姜璐编《钱学森论系统科学(讲话篇)》第 95－98 页。

11 月 18 日,在国防科工委科技委工作会议上作了《面向 21 世纪 走向 21 世纪》的讲话。刊载于国防工业出版社 2012 年版《钱学森文集》(卷六)第 171－175 页。

11 月 27 日,与钱学敏合写的《"社会论"——行为科学的哲学概括》一文发表于《哲学研究》1991 年第 11 期第 45－50 页。刊载于国防工业出版社 2012 年版《钱学森文集》(卷六)第 225－233 页。

12 月 11 日,在中国系统工程学会、北京系统工程学会、中国科学院系统科学研究所联合举办的"钱学森系统科学与系统工程学术思想讨论会"上作了《用马克思主义哲学来指导系统科学的工作》的讲话。经士仁整理后以《用马克思主义哲学来指导系统科学的工作——记钱学森系统科学与系统工程学术思想讨论会》为题发表于《系统工程理论与实践》1992 年 9 月第 5 期第 1－4 页。以《用马克思主义哲学指导系统科学的工作》为题刊载于上海交通大学出版社 2007 年版《创建系统学》(新世纪版)第 161－165 页。《钱学森文集》没有收录。

12 月 12 日,在"第七届全国政协常委会第十七次会议"上作了《迎接 21 世纪大农业发展的一个重大问题》的发言。① 发表于《人民政协报》1991 年 12 月 31 日第 817 期;《光明日报》1992 年 1 月 4 日第 1 版;《北方园艺》1992 年第 2 期(总第 82 期)第 1－2 页;《植物生理学通讯》1993 年 6 月 30 日第 29 卷第 3 期第 219－220 页。刊载于国防工业出版社 2012 年版《钱学森文集》(卷六)第 234－236 页。

12 月 16 日,致信梅保华②;于 1992 年 1 月 3 日审阅并做了修改。以《钱学森致梅保华的信》为题发表于《中国建设报》1992 年 1 月 16 日第 1 版;《城市》1992 年第 1 期第 3 页。

12 月 16 日,与王寿云、于景元、戴汝为、汪成为、钱学敏、涂元季六人进行了《关于第五次产业革命与社会系统工程》的谈话。刊载于山西科学技术出版社 2001 年版《创建系统学》一书;上海交通大学出版社 2007 年版《创建系统学》(新世纪版)第 166－168 页;国防工业出版社 2012 年版《钱学森文集》(卷六)第237－240 页。

12 月 28 日,钱学敏、于景元、戴汝为、汪成为、王寿云合作的《"科技是第一生

---

① 见《致王永锐》(1992 年 1 月 3 日),《钱学森书信》(6),国防工业出版社 2007 年版,第 212 页。

② 《致梅保华》(1991 年 12 月 16 日),《钱学森书信》(6),国防工业出版社 2007 年版,第 180－181 页。

产力”和新产业革命》一文发表于《科技日报》1991 年 12 月 28 日。① 刊载于上海交通大学出版社 2007 年版《创建系统学》(新世纪版)第 410 - 417 页。

12 月,怀念茅以升同志的文章《外国人能干的,中国人也能干》发表于中国文史出版社 1990 年 12 月版江苏省镇江市政协文史资料委员会编《桥梁专家茅以升》一书。② 刊载于国防工业出版社 2012 年版《钱学森文集》(卷六)第 176 - 177 页。

是年,与于景元等就老年问题进行了谈话。以《对老年问题不仅是养老,要发挥老年人的特殊作用——1991 年与于景元等的谈话》为题刊载于科学出版社 2011 年版姜璐编《钱学森论系统科学(讲话篇)》第 99 - 100 页。

是年,与中国社会科学院日本研究所研究人员冯昭奎进行了《谈日本与日本研究》的谈话。刊载于《钱学森文集》(卷六)国防工业出版社 2012 年版第 241 - 245 页。

是年,“*Collected Works of H. S. Tsien* · 1938—1956”《钱学森文集(1938—1956)》是由科学出版社出版的一部大型英文论文集。它由钱学森的秘书、国防科工委科学技术委员会秘书长王寿云将军整理编辑。这部巨型英文版论文集收入了钱学森在美国从事科学技术研究工作期间(1938—1956)用英文完成的论文 51 篇,内容包括空气动力学、应用力学、航空科学理论、喷气推动、工程控制理论和物理力学等方面的学术精华。

1992 年　81 岁

1 月 2 日,就科学家的艺术修养问题致信《现代化》杂志编辑委员会。以《谈科学家的艺术修养》为题发表于《现代化》1992 年第 2 期。刊载于人民文学出版社 1994 年版《科学的艺术与艺术的科学》第 204 - 205 页。

1 月 18 日,在首都科技界新春茶话会上发表了讲话。见西安交通大学出版社 2011 年 12 月霍有光编著《钱学森年谱》(初编)第 674 页。

1 月,《回顾与展望》一文发表于《上海交通大学通讯》1992 年第 1 期。刊载于国防工业出版社 2012 年版《钱学森文集》(卷六)第 246 - 248 页。

2 月 15 日,致信熊映梧。③ 发表于《黑龙江日报》1992 年 3 月 14 日。以《著名

---

① 见《致王得鼎》(1991 年 12 月 28 日),《钱学森书信》(6),国防工业出版社 20007 年版,第 197 页。

② 《致人民政协江苏省镇江市委员会文史资料研究委员会》(1990 年 3 月 27 日),《钱学森书信补编》(3),国防工业出版社 2012 年版,第 244 页。

③ 《致熊映梧》(1992 年 2 月 15 日),《钱学森书信》(6),国防工业出版社 2007 年版,第 255 页。

科学家钱学森致函熊映梧提出对生产力的理解观念要现代化》为题发表于《生产力研究》1992 年第 2 期第 77 页。

2 月 26 日,在中国科协四届二次全委会议上作了题为《再谈基础性研究》的讲话。发表于《科协通讯》1992 年第 4 期;《北方园艺》1992 年 6 月 29 日第 6 期第 1 -4 页。刊载于国防工业出版社 2012 年版《钱学森文集》(卷六)第 249 - 257 页。

2 月 29 日,在国防科工委科技委第一届年会上作了《谈谈新时期的国防建设》的发言。发表于国防科工委科学技术委员会《1991 年年报》。刊载于国防工业出版社 2012 年版《钱学森文集》(卷六)第 258 - 264 页。

是年,《谈科学家与艺术修养》(致编辑委员会信)一文发表于《现代化》1992 年第 2 期第 3 页。①

3 月 6 日,《钱学森等著名科技专家聚会探讨国防科技发展构思新途径新对策》一文发表于《解放军报》1992 年 3 月 6 日。

3 月 17 日,在"全国政协科技委员会第三次全体会议(扩大)会议"上作了讲话。发表于《政协全国委员会专门委员会简报》1992 年 2 月 18 日第 25 期。②

是年,《致〈艺术科技〉编辑部》一文发表于《艺术科技》1992 年第 3 期。③

4 月,《迎接 21 世纪大农业发展的一个重大问题》一文发表于《北方园艺》1992 年第 2 期。

5 月 3 日,《钱学森建议:建立科学技术业》一文发表于《人民日报》1992 年 5 月 3 日。

5 月 25 日,《聂帅,我国高科技现代化管理的开拓者》一文发表于《光明日报》1992 年 5 月 25 日。

6 月 13 日,在"国防科工委缅怀聂帅丰功伟绩座谈会"上作了发言。以《在"国防科工委缅怀聂帅丰功伟绩座谈会"上的发言》为题刊载于国防工业出版社 2012 年版《钱学森文集》(卷六)第 265 - 267 页。

7 月 28 日,致信《艺术科技》编辑部。发表于《艺术科技》1992 年第 3 期。载人民文学出版社 1994 年版《科学的艺术与艺术的科学》第 201 页。

---

① 《钱学森论文艺与文艺理论著述目录》(1980—1994 年),《钱学森书信》(8),国防工业出版社 2007 年版,第 254 页。

② 《致周肇基》(1992 年 5 月 7 日),《钱学森书信补编》(4),国防工业出版社 2012 年版,第 57 页。

③ 《钱学森论文艺与文艺理论著述目录》(1980—1994 年),《钱学森书信》(8),国防工业出版社 2007 年版,第 254 页。

8 月 14 日,关于美术问题致信王仲。以《钱学森关于美术的一封信》为题发表于《美术》1992 年 11 月 26 日第 11 期第 4 页。[①] 载人民文学出版社 1994 年版《科学的艺术与艺术的科学》第 206 - 207 页。

8 月 28 日,《国家杰出贡献科学家钱学森关于草业的论述》一文发表于《草业科学》1992 年第 9 卷第 4 期第 11 - 19 页。本文由中国草业会协会、中国系统工程学会草业学组于 1992 年 1 月编辑。

8 月 28 日,《领导同志题词——国家杰出贡献科学家钱学森的题词》一文发表于《草业科学》1992 年第 9 卷第 4 期第 20 页。本文系 1992 年 1 月 1 日祝贺中国草业协会成立致中国草业协会的一封信。

9 月,高潮主编的《中国科协学》一书由中国科学技术出版社出版。该书收录了钱学森关于中国科协学的多次讲话和指示。

10 月 2 日,致信顾孟潮。以《钱学森同志写给顾孟潮的一封信——谈建设中国"山水城市"问题》为题发表于《城市问题》1992 年 12 月 26 日第 6 期第 2 页;以《钱学森谈中国城市未来与特色》一文发表于《新建筑》1992 年 12 月 30 日第 4 期第 47 页;以《钱学森同志写给顾孟潮的一封信》为题发表于《华中建筑》1993 年 4 月 2 日第 11 卷第 1 期第 50 页。

10 月 4 日,就美学问题致信张博颖。发表于《天津日报》1992 年 12 月 4 日。载人民文学出版社 1994 年版《科学的艺术与艺术的科学》第 202 - 203 页。

10 月,与涂元季合作《我国社会主义建设的系统结构》一文发表于《人民论坛》1992 年第 10 期。文中提出人民体质建设是社会主义物质文明建设重要物质基础的观点。刊载于山西科学技术出版社 2001 年版《创建系统学》第 271 - 276 页;上海交通大学出版社 2005 年版《智慧的钥匙——钱学森论系统科学》第 303 - 308 页;上海交通大学出版社 2007 年版《创建系统学》(新世纪版)第 171 - 174 页;国防工业出版社 2012 年版《钱学森文集》(卷六)第 268 - 271 页。

11 月 13 日,与王寿云、于景元、戴汝为、汪成为、钱学敏、涂元季作了《关于大成智慧的谈话》。刊载于山西科学技术出版社 2001 年版《创建系统学》第 66 - 73 页;上海交通大学出版社 2007 年版《创建系统学》(新世纪版)第 175 - 179 页;国防工业出版社 2012 年版《钱学森文集》(卷六)第 272 - 278 页。

---

① 《钱学森论文艺与文艺理论著述目录》(1980—1994 年),《钱学森书信》(8),国防工业出版社 2007 年版,第 254 页。

11 月 16 日，为交大 1934 级校友毕业 60 周年纪念册写作《母校要面向 21 世纪》[①]一文，寄给《中国造船》编辑部方才均。发表于 1994 年 8 月《上海交通大学 1934 级同学毕业 60 周年纪念册》。刊载于国防工业出版社 2007 年版《钱学森书信》第 7 卷第 17 – 19 页；国防工业出版社 2012 年版《钱学森文集》卷六第 320 – 321 页。

11 月 27 日，致信许国志。[②] 以《钱学森给许国志的信》为题发表于《系统工程理论与实践》1993 年第 2 期。

12 月 4 日，《谈美学的一封信》发表于《天津日报文艺副刊》1992 年 12 月 4 日。[③]

12 月 11 日，与王寿云、于景元、戴汝为、汪成为、钱学敏、涂元季六人进行了关于《我们要发展"科学技术是第一生产力"的理论》的谈话，由秘书涂元季整理成文。载于山西科学技术出版社 2001 年版《创建系统学》第 74 – 94 页；上海交通大学出版社 2007 年版《创建系统学》（新世纪版）第 181 – 187 页；国防工业出版社 2012 年版《钱学森文集》（卷六）第 234 – 236 页。以《我们要发展"科学技术是第一生产力"的理论——1992 年 12 月 11 日与于景元等的谈话》为题载科学出版社 2011 年版姜璐编《钱学森论系统科学（讲话篇）》第 108 – 110 页。

12 月，《再谈基础性研究（节选）》一文发表于《北方园艺》1992 年第 6 期。

是年，在一次系统学讨论班上作了《社会主义建设要有长远考虑》的讲话。发表于山西科学技术出版社 2001 年 11 月版钱学森著《创建系统学》一书。刊载于上海交通大学出版社 2007 年版《创建系统学》（新世纪版）第 169 – 170 页；国防工业出版社 2012 年版《钱学森文集》（卷六）第 288 – 289 页。

是年，与马宾、于景元等就信息和信息网络等问题进行了谈话。以《21 世纪是信息的竞争，我们现在就要抓信息网络的建设——1992 年与马宾、于景元等谈话》为题发表于科学出版社 2011 年版姜璐编《钱学森论系统科学（讲话篇）》第 101 – 107 页。

---

① 《母校要面向二十一世纪》（1992 年 11 月 16 日），《钱学森书信》（7），国防工业出版社 2007 年版，第 17 – 19 页。

② 《致信许国志》（1992 年 11 月 27 日），《钱学森书信》（7），国防工业出版社 2007 年版，第 42 页。

③ 《钱学森论文艺与文艺理论著述目录》（1980 – 1994 年），《钱学森书信》（8），国防工业出版社 2007 年版，第 254 页。

1993 年　82 岁

《再谈园林学》一文发表于《园林与花卉》1993 年第 1 期;《中国园林》2010 年第 2 期第 10 页。

2 月 6 日,给国防科工委和炎黄艺术馆共同举办的新春联谊会写了《文学艺术的最高台阶》的书面发言。发表于《文艺研究》1993 年第 3 期第 4 页。① 载人民文学出版社 1994 年版《科学的艺术与艺术的科学》第 208 - 209 页;国防工业出版社 2012 年版《钱学森文集》(卷六)第 290 - 291 页。

2 月 13 日,在会见化工部顾秀莲部长和化工部科学技术研究总院副院长兼总工程师成思危同志时作了《关于"大化工"问题》的谈话。发表于国防工业出版社 2012 年版《钱学森文集》(卷六)第 292 - 295 页。

2 月 16 日,就"灵象"艺术致信朱鹤孙。以《致朱鹤孙教授信》为题发表于《设计》1993 年第 3 期第 41 页。② 以《关于"灵象"艺术的一封信》为题载人民文学出版社 1994 年版《科学的艺术与艺术的科学》第 210 页。

2 月 17 日,《建立沙产业的思考——钱学森致刘恕信件摘录》一文发表于《人民日报》1993 年 2 月 17 日。

2 月 19 日,《迎接第六次产业革命——钱学森关于发展农村经济的两封信》一文发表于《光明日报》1993 年 2 月 19 日第 3 版。

2 月 21 日,撰写完成《社会主义中国应该建山水城市》。2 月 27 日,在中国城市科学研究会、中国城市规划学会和中国建设文协环境艺术委员会联合召开的"山水城市讨论会——展望 21 世界的中国城市"上,《社会主义中国应该建山水城市》作为书面发言全文宣读。先后发表于《科技日报》1993 年 3 月 1 日第 2 版;《中国名城》1993 年第 1 期;《城市问题》1993 年第 3 期第 3 - 4 页;《城市规划》1993 年第 3 期第 19、18 页;《建筑学报》1993 年第 6 期第 2 - 3 页;《城市科学》(新疆)1993 年第 2 期等。刊载于人民文学出版社 1994 年版《科学的艺术与艺术的科学》第 274 - 277 页;杭州出版社 2001 年版《论宏观建筑与微观建筑》第 159 - 163 页;国防工业出版社 2012 年版《钱学森文集》(卷六)第 296 - 298 页。

4 月 9 日,就湍流问题致信郑哲敏院士。③ 以《钱学森教授论湍流》为题发表

① 《钱学森论文艺与文艺理论著述目录》(1980—1994 年),《钱学森书信》(8),国防工业出版社 2007 年版,第 254 页。

② 《钱学森论文艺与文艺理论著述目录》(1980—1994 年),《钱学森书信》(8),国防工业出版社 2007 年版,第 254 页。

③ 《致郑哲敏》(1993 年 4 月 9 日),《钱学森书信》(7),国防工业出版社 2007 年版,第 182 - 184 页。

于《中国力学学会会讯》1993 年第 4 期。①

4 月 23 日,与于景元等就国外复杂性研究问题进行了谈话。以《我们要了解国外对复杂性的研究——1993 年 4 月 23 日与于景元等的谈话》为题发表于科学出版社 2011 年版姜璐编《钱学森论系统科学(讲话篇)》第 111 – 118 页。

4 月 24 日,在系统学讨论班上作了《研究复杂巨系统要吸取一切有用的东西》的发言。刊载于山西科学技术出版社 2001 年版《创建系统学》第 49 – 50 页;上海交通大学出版社 2007 年版《创建系统学》(新世纪版)第 188 – 189 页;国防工业出版社 2012 年版《钱学森文集》(卷六)第 299 – 300 页。

5 月 1 日,《光子学、光子技术、光子工业》一文发表于《光电子 · 激光》1993 年第 4 卷第 2 期第 104 – 106 页。

5 月,与马宾等就总体设计部问题进行了谈话。以《总体设计部要经济、政治、文化、精神文明一起抓——1993 年 5 月与马宾等谈话》为题发表于科学出版社 2011 年版姜璐编《钱学森论系统科学(讲话篇)》第 119 – 122 页。

《钱学森来信》一文发表于《设计》1993 年第 6 期第 6 页。②

6 月 6 日,致信周嘉槐。③ 以《钱学森先生谈植物生理学与农业的一封信》为题发表于《植物生理学通讯》1993 年 12 月 27 日第 29 卷第 6 期第 458 页。

6 月 20 – 22 日,中国地理学会在北京举行的“地理建设理论与方法”学术讨论会上宣读了钱学森关于地理科学问题的几封通信。

8 月 8 日,致信夏军教授。④ 以《钱学森同志给夏军研究员的信》为题发表于《党政论坛》1993 年 10 月 28 日第 10 期第 15 – 18 页。

8 月 17 日,在会见军事科学院糜振玉副院长、战略部部长王普丰、研究员黄硕风等人时作了《关于军事科学》的谈话。发表于国防工业出版社 2012 年版《钱学森文集》(卷六)第 301 – 305 页。

9 月 5 日,就资源永续利用问题致信宋健。⑤《经济日报》1993 年 9 月 14 日头版新闻全文转载;以《钱学森致函宋健——谈我国资源的永续利用》为题发表于

① 见《致邱孝明》(1993 年 9 月 21 日),《钱学森书信》(7),国防工业出版社 2007 年版,第 364 页。

② 《钱学森论文艺与文艺理论著述目录》(1980 – 1994 年),《钱学森书信》(8),国防工业出版社 2007 年版,第 254 页。

③ 《致周嘉槐》(1993 年 6 月 6 日),《钱学森书信》(7),国防工业出版社 2007 年版,第 239 – 240 页。

④ 《致信夏军》(1993 年 8 月 8 日),《钱学森书信》(7),国防工业出版社 2007 年版,第 316 – 318 页。

⑤ 《致宋健》(1993 年 9 月 5 日),《钱学森书信》(7),国防工业出版社 2007 年版,第 348 页。

《中国资源综合利用》(原刊《中国物资再生》)1993年第10期第3页。

10月28日,致信刘恕。[①] 以《关于我国林业建设、西半部开发即下世纪地理建设的意见》为题发表于中共中央党校主办《理论动态》1993年第1117期。[②]

11月19日,完成《紫禁城东西两侧要建小公园》[③]一文。以《紫禁城东西侧建小公园》为题发表于《北京日报》1993年12月3日第1版。[④] 刊载于杭州出版社2001年版《论宏观建筑与微观建筑》第109－110页。本文系参加《北京日报》组织的"把古都风貌夺回来"讨论的稿件。以《紫禁城东西侧建公园》为题刊载于国防工业出版社2012年版《钱学森文集》(卷六)第306页。

12月10日,与张震寰、林书煌、刘慧宜等进行了《关于人体科学研究的几个问题》的谈话。根据谈话录音整理成稿,发表于《中国气功科学》1994年第6期第4－6页。刊载于上海交通大学出版社1998年版《论人体科学与现代科技》一书第108－110页。

12月11日,与国防科工委科技委副秘书长王寿云进行了《关于人机结合》的谈话。刊载于山西科学技术出版社2001年版《创建系统学》第85－88页;其部分内容以《关于人机结合的问题》为题发表于国防工业出版社2012年版《钱学森文集》(卷六)第307页。

12月11日,83岁生日当天,在家中同看望他的张震寰、陈信、林书煌、刘慧宜四位同志就《关于人体科学研究的几个问题》进行了谈话。刊载于国防工业出版社2012年版《钱学森文集》(卷六)第308－312页。

12月28日,致信吴水清。[⑤] 以《钱学森先生给本刊吴水清主编的一封信》为题发表于《现代物理知识》1994年6月15日第6卷第3期第2－3页。

是年,与于景元等进行了《社会主义建设要有长远考虑》的谈话。刊载于山西科学技术出版社2001年版《创建系统学》第89－90页。以《社会主义建设要有长远考虑——1993年与于景元等的谈话》为题刊载于科学出版社2011年版姜璐编

---

① 《致刘恕》(1993年10月28日),《钱学森书信》(7),国防工业出版社2007年版,第415－417页。

② 见《致刘恕》(1993年11月14日),《钱学森书信》(7),国防工业出版社2007年版,第441页注文。

③ 《紫禁城东西两侧要建小公园》(1993年11月19日),《钱学森书信》(7),国防工业出版社2007年版,第448页。

④ 见《致安伟》(1993年11月19日),《钱学森书信》(7),国防工业出版社2007年版,第447页。

⑤ 《致吴水清》(1993年12月28日),《钱学森书信》(7),国防工业出版社2007年版,第512－513页。

《钱学森论系统科学(讲话篇)》第123－126页。

是年,钱学森主编《现代科学技术和科技政策》一书由中共中央党校出版社出版。

1994年 83岁

1月1日,《团结一致,迎接新的科学革命》一文发表于《中国气功科学》1994年第1期第1页。

1月7日,致信鲍世行。以《钱学森先生给中国城市科学研究会副秘书长鲍世行同志的一封信》为题发表于《北京规划建设》1994年第3期第1页。

1月,钱学森等著《论地理科学》一书由浙江教育出版社出版。

2月20日,致信顾孟潮。[①] 以《中国应建"山水城市"》为题发表于《科技文萃》1994年第5期第87页。

2月23日,钱学森指导,戴汝为、于景元、钱学敏、汪成为、涂元季、王寿云撰写的《我们正面临第五次产业革命》一文发表于《光明日报》1994年2月23日第3版。[②] 刊载于上海交通大学出版社2007年版《创建系统学》(新世纪版)第418－425页。

2月25日,《关于科学技术业》一文发表于《中国高新技术企业评价》1994年第1期(创刊号)第7页。载国防工业出版社2012年版《钱学森文集》卷六第313－315页。

3月5日,在马宾、于景元等向宋平汇报时作了插话。以《建立总体设计部一定要有中央的支持——1994年3月5日在马宾、于景元等向宋平汇报时的插话》为题发表于科学出版社2011年版姜璐编《钱学森论系统科学(讲话篇)》第127－136页。

3月10日,致信姜长英。[③] 发表于《航空史研究》1994年6月10日第2期第1页。

3月20日,《电子计算机软件与新时期语言文字工作》一文发表于《中文信息》1994年第2期第3－4页;《语文建设》1994年5月10日第5期。

3月,《谈谈科学研究方法》一文发表于《科学课》1994年第3期第1页。

---

① 《致顾孟潮》(1994年2月20日),《钱学森书信》(8),国防工业出版社2012年版,第76页。

② 《致钱学敏》(1993年1月27日),《钱学森书信》(7),国防工业出版社2007年版,第99页。

③ 《致姜长英》(1994年3月10日),《钱学森书信补编》(4),国防工业出版社2012年版,第291页。

4 月 20 日,致信汤洪高。刊载于中国科学技术大学出版社 2008 年版侯建国主编《钱学森与中国科学技术大学》第 92 页。

5 月 20 日,致信汤洪高。刊载于中国科学技术大学出版社 2008 年版侯建国主编《钱学森与中国科学技术大学》第 93 页。

6 月 1 日,钱学森、陈信合写的《气功是研究人体科学的“敲门砖”》一文发表于《中国气功科学》1994 年第 6 期。

6 月 1 日,《关于人体科学研究的几个问题》一文发表于《中国气功科学》1994 年第 6 期第 4 – 6 页。

7 月 5 日,致信王寿云、于景元、戴汝为、汪成为、钱学敏、涂元季等六同志。① 以《一封提出“科学的艺术”与“艺术的科学”的信》为题发表于《艺术科技》1995 年 6 月 25 日第 2 期第 4 页。该文原为《科学的艺术与艺术的科学》一书的代前言。

7 月 18 日,就艺术与科技相结合问题致信汪成为、钱学敏。以《艺术与技术相结合的广阔天地》为题载人民文学出版社 1994 年版《科学的艺术与艺术的科学》第 213 页。

7 月 20 日,与全国政协秘书长朱训进行了《全国政协要建立信息系统》的谈话。刊载于山西科学技术出版社 2001 年版《创建系统学》第 97 – 100 页;上海交通大学出版社 2007 年版《创建系统学》(新世纪版)第 191 – 193 页;国防工业出版社 2012 年版《钱学森文集》(卷六)第 316 – 319 页。

7 月,《钱学森致于景元的短信》发表于《科技文萃》1994 年第 7 期第 57 页。该文系 1994 年 1 月 8 日写给于景元②的短信。

8 月 15 日,《著名科学家钱学森关于发展快餐业的重要意见》发表于《扬州大学烹饪学报》(《中国烹饪研究》)1994 年第 3 期。该文系 1994 年 7 月 8 日致杨家栋的信。③

8 月 27 日,《钱学森致信建筑界有关人士应使立交桥园林化》一文发表于《人民日报》。

9 月 18 日,就思维学与中国古代文学问题致信戴汝为、钱学敏。以《从思维学的角度研究中国古代文学》为题载人民文学出版社 1994 年版《科学的艺术与艺术

① 《致王寿云等六同志》(1994 年 7 月 5 日),《钱学森书信》(8),国防工业出版社 2007 年版,第 250 – 251 页。

② 《钱学森书信》和《钱学森书信补编》均不见此信。

③ 《致杨家栋》(1994 年 7 月 8 日),《钱学森书信》(8),国防工业出版社 20107 年版,第258 – 261 页。

的科学》第 135－137 页。

9 月 21 日，撰写《向参加“钱学森建立沙产业理论 10 周年纪念会”的同志们致意》的书面发言。载中国科学技术出版社 1995 年 7 月版刘恕主编《纪念钱学森建立沙产业理论十周年文集》一书；西安交通大学出版社 2011 年版《钱学森 宋平论沙草产业》第 30－31 页；国防工业出版社 2012 年版《钱学森文集》卷六第 322－323 页。

9 月 29 日，与时任国防科工委主任丁衡高进行了《党的民主集中制问题》的谈话。载国防工业出版社 2012 年版《钱学森文集》(卷六)第 324 页。

9 月 29 日，在会见沙产业研讨会代表时作了讲话。以《在会见沙产业研讨会代表时的讲话》为题载中国科学技术出版社 1995 年 7 月版刘恕主编《纪念钱学森建立沙产业理论十周年文集》一书；西安交通大学出版社 2011 年版《钱学森 宋平论沙草产业》第 32－36 页；国防工业出版社 2012 年版《钱学森文集》卷六第 325－329 页。以《发展沙产业，开发大沙漠》为题发表于《学会》1995 年第 6 期第 6 页。

9 月，《钱学森致函中国城市科学研究会谈城市学和山水城市》发表于《城市发展研究》1994 年第 1 期 8－9 页。该文系 1994 年 7 月 28 日①、1994 年 1 月 7 日②致鲍世行的信。

9 月，《社会主义中国应建设山水城市》以中英文两种语言发表于《风景名胜》1994 年第 9 期第 6－8 页。

9 月，钱学森等著《论地理科学》一书由浙江教育出版社出版。

9 月，鲍世行、顾孟潮主编《杰出科学家钱学森论：城市学与山水城市》一书由中国建筑工业出版社出版。全书 33 万字。1996 年 5 月出版增订本。

10 月 9 日，就“菜泥”问题致信陶文台。发表于《美食》杂志 1994 年第 4 期。③

10 月 24 日，《钱学森沙产业理论研讨会举行，中国促进沙产业基金会成立》一文发表于《人民日报》。

11 月 10 日撰写完成、11 月 16 日在清华大学举行主题为“复杂巨系统理论、方法、应用”的中国系统工程学会第八届学术年会上作了《开放复杂巨系统的科学与技术——祝中国系统工程学会第八届学术年会的召开》的贺词。发表于《系统

---

① 《致鲍世行》(1994 年 7 月 28 日)，《钱学森书信》(8)，国防工业出版社 2007 年版，第297－300 页。

② 第二封信原文注为 1994 年 1 月 16 日，实为 1994 年 1 月 7 日。见《致鲍世行》(1994 年 1 月 7 日)，《钱学森书信》(8)，国防工业出版社 2007 年版，第 17 页。

③ 见《致陶文台》(1994 年 10 月 25 日)，《钱学森书信》(8)，国防工业出版社 2007 年版，第 431 页。

工程理论与实践》1995 年 1 月 25 日第 15 卷第 1 期第 1 - 2 页;《系统工程学报》1995 年 3 月 30 日第 10 卷第 1 期第 1 - 2 页;《科学决策》1995 年 4 月 10 日第 2 期;《系统工程与电子技术》1995 年 4 月 20 日第 4 期第 1 - 2 页;《中国软科学》1995 年 4 月 21 日第 4 期第 10 - 12 页;《系统工程与电子技术》1995 年第 4 期第 1 - 2 页。刊载于山西科学技术出版社 2001 年版《创建系统学》第 299 - 301 页;上海交通大学出版社 2007 年版《创建系统学》(新世纪版)第 194 - 195 页;国防工业出版社 2012 年版《钱学森文集》(卷六)第 332 - 334 页。

12 月 11 日,与于景元等进行了《关于系统学的产生和发展》的谈话。载山西科学技术出版社 2001 年版《创建系统学》第 60 - 61 页;上海交通大学出版社 2007 年版《创建系统学》(新世纪版)第 190 页;国防工业出版社 2012 年版《钱学森文集》(卷六)第 339 - 340 页。以《关于系统学的产生与发展——1994 年 12 月 11 日与于景元等的谈话》为题载于科学出版社 2011 年版姜璐编《钱学森论系统科学(讲话篇)》第 142 - 146 页。

12 月 20 日,在《聂荣臻传》出版发行暨纪念聂荣臻诞辰 95 周年座谈会上作了书面发言。以《在〈聂荣臻传〉出版发行暨纪念聂荣臻诞辰 95 周年座谈会上的书面发言》为题刊载于国防工业出版社 2012 年版《钱学森文集》卷六第 335 - 336 页。

12 月 26 日,《科学不只是为了创收——关于科学理论中最深层次的几个问题》一文发表于《中国科学院院士建议》1994 年 12 月 26 日第 2 期。刊载于国防工业出版社 2012 年版《钱学森文集》卷六第 337 - 338 页。

12 月,就以马克思主义哲学指导科学研究问题同于景元进行了谈话。以《用马克思主义哲学来指导科学研究——1994 年 12 月与于景元等的谈话》为题发表于科学出版社 2011 年版姜璐编《钱学森论系统科学(讲话篇)》第 137 - 141 页。

12 月,钱学森著,钱学敏编《科学的艺术和艺术的科学》一书由人民文学出版社出版。全书近 19 万字。

1995 年　84 岁

1 月 9 日,《我们应该攻科学理论中最深层次的问题》一文发表于《中国科学报》1995 年 1 月 9 日①;《社科信息文萃》1995 年 2 月 20 日第 4 期第 184 - 185 页;《世界科技研究与发展》1995 年 2 月 28 日第 1 期第 1 页;《科技文萃》1995 年 3 月第 3 期第 184 - 185 页。

① 《致萧小月》(1995 年 2 月 15 日),《钱学森书信》(9),国防工业出版社 2007 年版,第 76 页。

1月11日，由钱学森、于景元、涂元季、戴汝为、钱学敏、汪成为、王寿云7人联合撰写的《我们应该研究如何迎接21世纪》一文由钱学森推荐送江泽民总书记参阅。载山西科学技术出版社2001年11月版《创建系统学》第280－298页；上海交通大学出版社2005年版《智慧的钥匙——钱学森论系统科学》第322－338页；上海交通大学出版社2007年版《创建系统学》（新世纪版）第196－208页；国防工业出版社2012年版《钱学森文集》（卷六）第341－356页。

2月12日，就《论烹饪工业化》问题致信南京市江浦县中医院邹伟俊大夫。①发表于《美食》1995年第2期。载国防工业出版社2012年版《钱学森文集》（卷六）第361页。

2月15日，《钱学森谈城市建设要有整体考虑》一文发表于《城市》1995年第1期。

2月27日，《科学家钱学森谈沙区开发　建立新机制、发展沙产业》一文发表于《人民日报》。以《发展沙产业，开发大沙漠》为题发表于《学会》1995年6月15日第6期第6页。以《建立新机制，发展沙产业》为题发表于《科技文萃》1995年第5期第28－29页；载国防工业出版社2012年版《钱学森文集》卷六第357－360页。

2月，《自然辩证法百科全书》由中国大百科全书出版社出版。该书由于光远、钱学森、钱三强、卢嘉锡等300多名科学家、学者历经十多年艰苦努力编撰而成。

3月23日，《社会主义中国完全有可能避开所谓“轿车文明”》一文发表于《城市发展研究》1995年第2期第15页。该文系1994年12月4日致鲍世行的信。

3月27日，《热望——记钱学森关心煤炭地下气化技术》一文发表于《人民日报》，该文报道了钱学森就煤炭地下气化技术问题与中国矿业大学教授余力的八次通信情况。

4月3日，《地理科学的人文精神——钱学森等著〈论地理科学〉的启示》一文发表于《人民日报》1995年4月3日。

4月25日，致信《力学与实践》编委会②，附呈《我对今日力学的认识》一文。发表于《中国科协报》1995年6月29日；《力学与实践》1995年8月15日第4期

---

① 《致邹伟俊》（1995年2月12日），《钱学森书信》（9），国防工业出版社2007年版，第70－71页。

② 《致〈力学与实践〉编委会》（1995年4月25日），《钱学森书信》（9），国防工业出版社2007年版，第183－185页。

第 1 页;《上海力学(力学季刊)》1995 年 11 月 15 日第 4 期;国防工业出版社 2007 年版《钱学森书信》(9)第 184 – 185 页;国防工业出版社 2012 年版《钱学森文集》卷六第 325 – 329 页。

7 月 21 日,在国防科工委首届科技学术交流大会上作了书面发言。以《在国防科工委首届科技学术交流大会上的书面发言》为题发表于 1996 年 3 月 27 – 29 日《国防科工委科学技术委员会第五届年会论文集》;载国防工业出版社 2012 年版《钱学森文集》(卷六)第 364 – 365 页。

7 月,刘恕主编的《纪念钱学森建立沙产业理论十周年文集》(1995 年 7 月)一书由中国科学技术出版社出版。

10 月 22 日①、11 月 14 日②,分别就"建筑与文化国际学术讨论会"致信《华中建筑》编辑部《再谈山水城市》。发表于《华中建筑》1996 年第 2 期。载国防工业出版社 2012 年版《钱学森文集》(卷六)第 366 – 367 页。

11 月 1 日,《团结一致,迎接新的科学革命(摘要)》一文发表于《中国气功科学》1995 年第 11 期第 5 页。

11 月 21 日,在甘肃河西走廊沙产业开发工作会议上发表了书面发言。以《在甘肃河西走廊沙产业开发工作会议上的书面发言》为题载中国环境科学出版社 2001 年版刘恕主编《沙产业概述》一书;西安交通大学出版社 2011 年版《钱学森宋平论沙草产业》第 37 页;国防工业出版社 2012 年版《钱学森文集》(卷六)第 368 – 369 页。

12 月 11 日,与王寿云、于景元、戴汝为、汪成为、钱学敏、涂元季六人进行了《关于人机结合》的谈话。载山西科学技术出版社 2001 年版《创建系统学》;上海交通大学出版社 2007 年版《创建系统学》(新世纪版)第 209 – 211 页;国防工业出版社 2012 年版《钱学森文集》(卷六)第 370 – 372 页。

1996 年　85 岁

2 月 15 日,《到 2000 年,我们要有几万架飞机、直升机》一文发表于《航空史研究》1996 年第 1 期第 63 页。

4 月 8 日,在西安交通大学建校 100 周年、迁校 40 周年校庆"钱学森图书馆"揭幕典礼上作了《图书馆与钱学森》书面发言。以《〈图书馆与钱学森〉——在西

---

① 《致高介华》(1995 年 10 月 22 日),《钱学森书信》(9),国防工业出版社 2007 年版,第 356 – 357 页。

② 《致高介华》(1995 年 11 月 14 日),《钱学森书信》(9),国防工业出版社 2007 年版,第 384 页。

安交通大学“钱学森图书馆”揭幕典礼上的书面发言》为题发表于《当代图书馆(季刊)》1996年6月15日第2期第1-2页;《大学图书馆学报》1996年7月20日第14卷第4期第1-2页;《医学图书馆通讯》1997年3月30日第1期。载国防工业出版社2012年版《钱学森文集》(卷六)第373-375页。

4月16日,就把饮食问题纳入人体科学作为一方面的学问与陈信、林书煌、朱怡怡进行了谈话。

4月28日,《哲学·建筑·民主——我的几点思考》发表于《文汇报》1996年4月28日第8版。①

5月,鲍世行、顾孟潮主编《杰出科学家钱学森论:城市学与山水城市》一书增订版由中国建筑工业出版社出版。

6月4日,会见鲍世行、顾孟潮、吴小亚时谈了《哲学·建筑·民主——钱学森会见鲍世行、顾孟潮、吴小亚时讲的一些意见》。在1996年6月14日的“建筑与文化国际学术研讨会”上向与会者传达;在北京召开的《城市学与山水城市》再版发行座谈会上印发给与会者。发表于《文汇报》1996年6月18日;《科技日报》1996年7月28日;《名城报》1996年7月26日;《华中建筑》1996年9月20日第14卷第3期第16-18页;《东方视角》1996年第2期;《建筑师》第72期;《中国建筑业年鉴(1997)》;等等。载中国建筑工业出版社1999年版鲍世行、顾孟潮主编《杰出科学家钱学森论:山水城市与建筑科学》;杭州出版社2001年版《宏观建筑与微观建筑》第293-297页;国防工业出版社2012年版《钱学森文集》(卷六)第376-379页。以《关于哲学、建筑科学、学术民主的思考》为题发表于《科学日报》1996年7月14日。

6月17日,在家中与从事科普创作汪志谈了对科学普及工作的一些看法。以《钱学森谈科普》为题发表于《光明日报》1996年6月28日;以《关于科普工作》为题载国防工业出版社2012年版《钱学森文集》(卷六)第380-382页。

6月20日,《著名科学家钱学森先生再谈“山水城市”》一文发表于《华中建筑》1996年第2期。

6月,鲍世行、顾孟潮编的《杰出科学家钱学森论山水城市与建筑科学》一书由中国建筑工业出版社出版。

6月,《本刊〈数学思维中常用的思维方法〉一文得到钱学森院士的赞赏与评价》一文发表于《中学数学教学》1996年第3期第33页。该文系1995年11月12

---

① 《致高介华》(1996年7月7日),《钱学森书信》(10),国防工业出版社2007年版,第125页。

日致傅学顺的信。

8 月 11 日,撰写了《再谈人体科学的体系结构》一文。发表于《中国人体科学》1996 年第 3 期;《中国人体科学学会通讯》1996 年 12 月 20 日增刊第 3 期;《中国气功科学》1997 年 3 月 1 日第 3 期第 4 – 5 页。刊载于上海交通大学出版社 1998 年版《论人体科学与现代科技》第 110 – 112 页;国防工业出版社 2012 年版《钱学森文集》(卷六)第 383 – 386 页。

9 月,《人体科学与现代科技发展纵横观》一书由人民出版社出版,全书 34.7 万字。该书系 1983 年至 1987 年间在航天医学工程研究所学术研讨会报告和讲话的记录,包括现代科学技术的结构,工业革命的挑战和我们的对策,人体科学研究与现代科学相结合等内容。

9 月,《专家系统与思维科学》一文发表于人民出版社 1996 年版《人体科学与现代科技发展纵横观》一书。

10 月 15 日,《钱学森同志致函朱光烈同志》一文发表于《现代传播——北京广播学院学报》1996 年第 5 期第 62 页。该文系 1996 年 7 月 14 日致函朱光烈的信。①

12 月 23 日,约请戴汝为、钱学敏、涂元季三人在家中《关于科学与艺术及复杂巨系统问题》进行了谈话。载国防工业出版社 2012 年版《钱学森文集》卷六第 387 – 389 页。

是年,《系统研究——祝贺钱学森同志 85 周年寿辰论文集》出版。

是年,王寿云、于景元、戴汝为、汪成为、钱学敏、涂元季合写的《信息网络建设和第五次产业革命》一文载浙江科技出版社 1996 年版《开放的复杂巨系统》一书第一章;上海交通大学出版社 2007 年版《创建系统学》(新世纪版)第 426 – 442 页。

1997 年　86 岁

1 月 6 日,在"开放的复杂巨系统的理论与实践"的香山会议上作了《在香山会议上的书面发言》的书面发言。刊载于上海交通大学出版社 2007 年版《创建系统学》(新世纪版)第 212 页;国防工业出版社 2012 年版《钱学森文集》(卷六)第 390 页。以《在 1997 年 1 月 6 日 – 9 日香山会议上的书面发言》为题刊载于山西科学技术出版社 2001 年版《创建系统学》第 302 页。

2 月 12 日,撰写完成《将中国人民解放军组建成为 21 世纪的信息化人民军

① 《致朱光烈》(1996 年 7 月 14 日),《钱学森书信》(10),国防工业出版社 2007 年版,第 136 – 137 页。

队》。发表于1997年《国防科工委科技委第六届年会论文集》;国防工业出版社2012年版《钱学森文集》(卷六)第391-393页。

6月30日,《钱学森关于思维科学与教育改革的研究通信》一文发表于《淮南师范学院学报》1997年第1期第4-6页。本文系1994年5月10日①、1994年11月1日②、1995年1月2日③、1995年2月4日④、1994年9月26日⑤、1995年2月16日⑥和1996年5月26日⑦致杨春鼎的7封信。

10月4日上午,对来看望他的总装备部领导同志作了《谈信息化战争问题》的谈话。发表于国防工业出版社2012年版《钱学森文集》(卷六)第394-396页。

是年,《院士自述》一文发表于《现代特殊教育·优才教育版》1997年第4期第43页。

1998年 87岁

1月15日,《饮水问题也属于人体科学》一文发表于《中国农村小康科技》1998年第1期第46页。

3月31日,在"军事系统工程学研究发展20年报告会"上作了书面发言。以《在"军事系统工程学研究发展20年报告会"上的书面发言》为题发表于《军事运筹与系统工程》1998年5月15日第2期;总装备部科技委1998年8月编印《军事系统工程研究发展20年文集》;山西科学技术出版社2001年版《创建系统学》第303页;上海交通大学出版社2007年版《创建系统学》(新世纪版)第213页;国防工业出版社2012年版《钱学森文集》(卷六)第397-398页。

6月18日,《用"灵境"是实事求是的》⑧一文提交全国科技名词审定委员会

---

① 《致杨春鼎》(1994年5月10日),《钱学森书信》(8),国防工业出版社2007年版,第148-149页。

② 《致杨春鼎》(1994年11月1日),《钱学森书信》(8),国防工业出版社2007年版,第446-447页。

③ 《致杨春鼎》(1995年1月2日),《钱学森书信》(9),国防工业出版社2007年版,第8页。

④ 《致杨春鼎》(1995年2月4日),《钱学森书信》(9),国防工业出版社2007年版,第57-58页。

⑤ 《致杨春鼎》(1994年9月26日),《钱学森书信》(8),国防工业出版社2007年版,第386-388页。

⑥ 《致杨春鼎》(1995年2月16日),《钱学森书信》(9),国防工业出版社2007年版,第77页。

⑦ 《致杨春鼎》(1996年5月26日),《钱学森书信》(10),国防工业出版社2007年版,第70-71页。

⑧ 《致全国科技名词审定委员会办公室》(1998年6月18日),《钱学森书信》(10),国防工业出版社2007年版,第377-378页。

办公室。

12月,朱润龙、朱怡怡编的《论人体科学与现代科技》一书由上海交通大学出版社1998年12月出版。《现代科学技术的结构(Ⅰ)》《现代科学技术的结构(Ⅱ)》《正确认识基础科学与技术科学、工程技术的关系》《现代力学》等文发表于上海交通大学出版社1998年版《论人体科学与现代科技》一书。

是年,《回顾与展望》一文发表于黄昌勇、陈华新编江苏文艺出版社1998年版《老交大的故事》第339-341页。

1999年　88岁

1月,陇海兰新城市建设联合会与郑州城市科学研究会编的《钱学森论山水城市》一书出版,全书6万字。

2月12日,撰写完成《在新形势下如何更好地为中央军委做好参谋咨询工作》一文。发表于国防工业出版社2012年版《钱学森文集》(卷六)第399-401页。

2月26日下午,军事科学院王祖训院长,戴怡芳、李运之副院长,原副院长糜振玉、科研指导员原副部长孙柏林同志就军事科学体系、军事科学院与发展等问题拜访请教钱学森同志,形成《军事科学院王祖训院长拜访钱学森同志的谈话》一文。发表于国防工业出版社2012年版《钱学森文集》(卷六)第402-406页。

7月10日,在中央音乐学院隆重举行"艺术与科学研讨会暨纪念蒋英教授执教40周年系列活动"中宣读《艺术与科学》的书面发言。发表于《人民音乐》2000年1月12日第1期第26页。载国防工业出版社2012年版《钱学森文集》(卷六)第407-408页。

7月,鲍世行、顾孟潮主编《杰出科学家钱学森论:山水城市与建筑科学》一书,由中国建筑工业出版社出版,全书95万字。共分书信篇、城市学篇、山水城市篇、建筑科学篇、反馈篇等五篇。

12月17日,中央军委在人民大会堂举行纪念聂荣臻同志诞辰100周年座谈会,和朱光亚作了题为《在纪念聂荣臻同志诞辰一百周年座谈会上的发言》的联合发言。

2000年　89岁

2月14日,《关于两弹一星与伟人的一些回忆》一文发表于《光明日报》2000年2月14日。载国防工业出版社2012年版《钱学森文集》(卷六)第409-411页。本文系秘书涂元季根据钱学森在获得"两弹一星"功勋奖章系列谈话整理。

3月28日,完成《关于西部发展沙产业和草产业给江泽民总书记的信》。刊载于中国农业出版社2010年版李毓堂编著《钱学森知识密集型草产业及第六次产业革命的理论与实践》一书;西安交通大学出版社 2011 年版《钱学森 宋平论沙草产业》第 38 - 40 页。

《西部开发要以农业发展为基础》一文发表于《国土经济》2000 年第 4 期。载国防工业出版社 2012 年版《钱学森文集》(卷六)第 412 - 414 页。

6 月 16 日,《我为什么要提沙产业》一文发表于《中国绿色时报》2000 年 6 月 16 日第 2 版;以《西部开发要以农业发展为基础》为题发表于《国土经济》2000 年 8 月 30 日第 4 期第 10 - 11 页。该文系在促进沙产业基金日前召开的“西部开发战略中农业现代化报告会暨研讨会”上的书面发言摘要。

12 月,郑哲敏主编“*Manuscript of H. S. Tisen* · 1938—1955”(《钱学森手稿(1938—1955)》)由山西教育出版社出版。该书由郑哲敏院士主编,谈庆明、涂元季和崔季平为编委。该书获第十届全国优秀科技图书荣誉奖,第五届国家图书荣誉奖。

2001 年　90 岁

3 月 20 日,由姚诗煌、江世亮撰写的,对钱学森的专访稿《以人为主　发展大成智慧工程——谈系统工程与系统科学》一文发表于《文汇报》2001 年 3 月 20 日第 1 版。以《以人为主发展大成智慧工程》为题刊载于山西科学技术出版社 2001 年版《创建系统学》第 304 - 307 页;上海交通大学出版社 2007 年版《创建系统学》(新世纪版)第 214 - 216 页。

5 月 10 日,《一切成就归于党》一文发表于《光明日报》2001 年 5 月 10 日第 A01 版;《人民日报》2001 年 6 月 25 日。

6 月,钱学森著,鲍世行、顾孟潮、涂元季主编的《论宏观建筑与微观建筑》一书由杭州出版社出版。该书分为园林学、城市学、山水城市、建筑科学和其他五个部分。

10 月,钱学森著,刘恕、涂元季编《钱学森论第六次产业革命通信集》一书由中国环境科学出版社出版。

11 月,《创建系统学》一书由山西科学技术出版社出版,全书 44 万字。全书分为两篇,著述与讲话篇汇集了钱学森 42 篇讲话与论文,书信篇汇集了钱学森就系统学与系统科学研究致 77 位(组)同志的 130 余封信函。出版这部文集是为了纪念钱学森 90 寿辰,同时也是把他创建系统科学理论与方法的原始创新思想奉献给广大读者,以引起更多人的兴趣和研究,促进我国系统工程和系统科学事业更快地发展起来。

是年,《创新思维——微观与宏观的结合》一文发表于科学出版社 2001 年版《科技创新院士谈》(下)一书;国防工业出版社 2012 年版《钱学森文集》(卷六)第

415－416 页。

2002 年　91 岁

1 月 25 日,《国家要统一管理资源的再生利用》一文发表于《中国资源综合利用》2002 年第 1 期第 1－2 页。

4 月 5 日,《钱学森论山水城市》一文发表于《长江建设》2002 年第 2 期第 1 页。

10 月 25 日,为纪念中国系统工程学会原理事长许国志院士逝世一周年而作《深切怀念许国志同志》一文发表于《系统工程理论与实践》2002 年第 10 期。载国防工业出版社 2012 年版《钱学森文集》卷六第 417 页。

2003 年　92 岁

6 月,《总序(代)》一文发表于《当代生态农业》2003 年增刊 1;《当代生态农业》2003 年 11 月 15 日第 Z2 期。

11 月 1 日,钱学森、龙升照《钱学森院士致人机－环境系统工程创立 20 周年纪念大会的贺信(代序)》一文发表于《第六届全国人机－环境系统工程学术会议论文集》。

2004 年　93 岁

10 月 5 日,《重发钱学森关于"城市山水画"的一封信》一文重新发表于《美术》2004 年第 10 期第 89 页。该文系 1992 年 8 月 14 日钱学森致王仲的信。①

2005 年　94 岁

1 月 1 日,《贺信》《在上海理工大学系统科学与系统工程研究所成立大会上的讲话》等文发表于《中国科学院系统工程研究所——上海理工大学上海系统科学研究所成立暨上海理工大学系统科学与系统工程研究所建所 25 周年》。

2 月 4 日,《如何培养科技帅才》一文发表于《科技日报》。

2 月,钱学森原著,上海交通大学编《智慧的钥匙——钱学森论系统科学》一书由上海交通大学出版社出版。

3 月 29 日下午,在 301 医院住院期间与其身边工作人员进行了《关于科技创新人才的培养》的谈话,也是他生前最后一次系统谈话。由涂元季、顾吉环、李明整理,以《为什么我们的学校总是培养不出杰出人才?——与身边工作人员的最后一次系统谈话》为题发表于《人民日报》2009 年 11 月 5 日;《理论参考》2010 年 5 月 1 日第 5 期第 43－45 页。以《中国大学为何创新力不足》为题发表于《青年教

① 《致王仲》(1992 年 8 月 14 日),《钱学森书信》(6),国防工业出版社 2007 年版,第 370－371 页。

师》2009 年 11 月 5 日第 12 期第 14－16 页。以《大学要有创新精神》为题发表于《法制资讯》2009 年 11 月 30 日第 11 期第 21－23 页;《大科技》2010 年第 1 期第 26－27 页;《新一代》2010 年第 1 期第 7－8 页;《视野》2010 年第 3 期第 16 页;《可乐》2010 年第 4 期第 56 页。以《钱学森最后一次系统谈话——大学要有创新精神》为题发表于《教书育人》2010 年第 1 期第 76－77 页。以《中国教育缺乏创新精神》为题发表于《教师博览》2010 年第 2 期第 4－5 页。以《学风不活是创新人才培养的大问题》为题发表于《IT 时代周刊》2010 年 2 月 20 日 Z1 期第 15 页。以《最后一次系统谈话——谈科技创新人才的培养问题》为题发表于国防工业出版社 2012 年版《钱学森文集》卷六第 418－421 页。

6 月 30 日,《钱学森院士致人机环境系统工程创立 20 周年纪念大会的贺信(代序)》《钱学森对〈人机环境系统工程研究进展(第一卷)〉的评语》等文发表于《人机环境系统工程研究进展》(第七卷)。

7 月 31 日,《亲切的交谈》一文发表于《人民日报》。

2006 年　95 岁

10 月 1 日,《导弹概论》手稿影印珍藏版由中国宇航出版社出版,2009 年 12 月再版。该书系 1956 年亲笔撰写的中国第一本导弹教材手稿。

2007 年　96 岁

1 月,钱学森著,戴汝为、何善堉译《工程控制论(新世纪版)》;钱学森著《论系统工程(新世纪版)》《创建系统论(新世纪版)》《物理力学讲义(新世纪版)》《水动力力学讲义手稿》;钱学森、戴汝为著《论信息空间的大成智慧:思维科学,文学艺术与信息网络的交融》;陈华新主编《集大成 得智慧:钱学森谈教育》等书由上海交通大学出版社 2007 年 1 月出版。

《论军事系统工程(新世纪版)》《论人体科学与现代科技》等书由上海交通大学出版社出版。

4 月 25 日,《从原子分子物理出发,经由物理力学的思路和方法搞发明创造》一文发表于《原子与分子物理学报》2007 年 4 月第 24 卷第 2 期第 203－05 页。该文系 1966 年 2 月 3 日晚 7 点,在北京科学会堂举办的“首届原子分子物理与物理力学学术座谈会”上的报告摘要,由吉林大学超硬材料国家重点实验室邹广田院士记录整理。

5 月,涂元季主编,李明、顾吉环副主编的《钱学森书信》(10 卷本)一书由国防工业出版社出版,全书约 400 万字。该书系 1955 年至 2000 年间写给 1066 人和单位的 3331 封信。

7 月,《20 世纪 20 年代:从来不突击考试》一文发表于《高中生》2007 年第 7

期第 56 页。

8 月 1 日,《物理力学讲义》(新世纪版)一书由上海交通大学出版社出版,全书共 432 页。

12 月 3 日,《北京师大附中的六年》一文发表于《光明日报》2007 年 12 月 3 日(《年谱》或曰 2007 年 11 月 28 日)。

12 月 26 日,撰写《毛泽东成为千古伟人的机理初探——纪念毛泽东诞辰 114 周年》一文。

2008 年　97 岁

1 月 28 日,致信白春礼。刊载于中国科学技术大学出版社 2008 年版侯建国主编《钱学森与中国科学技术大学》第 103 页。

6 月 1 日,《"火箭技术概论"手稿及讲义》《钱学森与中国科学技术大学》(两卷本)由中国科学技术大学出版社出版。

6 月,由"钱学森书信选编辑组"编写的《钱学森书信选》(上、下卷)一书由国防工业出版社出版。全书 1290 页,约 136 万字。收录了 1956 年到 2000 年的书信 2100 多封,涉及 46 个单位、685 人。

9 月 1 日,《发展沙产业大有作为(代序)》一文发表于《中国首届沙产业高峰论坛文集》。

12 月 1 日,《星际航行概论》一书简体字版由中国宇航出版社出版,全书共 271 页。

2009 年　98 岁

2 月,《钱学森讲谈录:哲学、科学、艺术》一书由九州出版社出版,全书约 18 万字。主要收录了关于哲学、科学、思维、美学、音乐、建筑、园林等方面的诸多精彩文章。

5 月,鲍世行、顾孟潮编著的《钱学森建筑科学思想探微》一书由中国建筑工业出版社出版。

10 月 15 日,《标准化与标准化研究》重新发表于《标准生活》2009 年第 10 期第 7 页。

10 月 31 日上午 8 时 6 分,因病在北京去世,享年 98 岁。

11 月 1 日,上海交通大学编《民族之魂——人民科学家钱学森的精神风采》一书由上海交通大学出版社出版。

11 月 7 日,《钱学森的园林情结》一文发表于《中华建筑报》2009 年 11 月 7 日第 2 版。

11 月 13 日,《探讨中国科协学》一文发表于《科技导报》2009 年第 21 期。该文由《科技导报》编辑部根据钱学森同志1987年7月9日在"中国科协学研讨会"开幕式上的讲话删减、摘编、整理而成。

12月25日,《钱学森致钱三强的一封信》一文发表于《中国科技术语》。该文系1991年11月13日致钱三强的信。① 该文曾在《自然科学术语研究》1992年第1期上发表。

12月25日,《马克思主义自然力农业型——论人人得以全面发展的基本法则总序》一文发表于《当代生态农业》2009年第Z2期。

12月1日,《导弹概论手稿》(修订版)一书由中国宇航出版社出版。

12月,内蒙古沙产业草产业协会和西安交通大学先进技术研究院编《钱学森论沙产业、草产业、林产业》一书由西安交通大学出版社出版,全书41万字。系"钱学森第六次产业革命思想探微丛书"第一本。

2010年

1月15日,钱学森、朱毅麟合写的《远程星际航行补编》一文发表于《航天器工程》2010年1月第19卷第1期第1-6页。

6月1日,鲍世行编《钱学森论山水城市》一书由中国建筑工业出版社出版,全书56万字。

10月,李毓堂编著《钱学森知识密集型草产业及第六次产业革命的理论与实践》一书由中国农业出版社出版。

11月1日,顾孟潮编《钱学森论建筑科学》一书由中国建筑工业出版社出版,全书32万字。

12月25日,《工程与工程科学》《论技术科学》重新发表于《工程研究——跨学科视野中的工程》2010年12月第2卷第4期第282-289、290-300页。

是年,《导弹概论》一书由中国宇航出版社再版。

2011年

1月,赵少奎编《现代科学技术体系总体框架的探索》一书由科学出版社出版。系"钱学森科学技术思想研究丛书"之一。

1月,黄顺基著《马克思主义哲学与现代科学技术体系》一书由科学出版社出版。系"钱学森科学技术思想研究丛书"之一。

1月,糜振玉编《钱学森现代军事科学思想》一书由科学出版社出版。系"钱学森科学技术思想研究丛书"之一。

---

① 《致钱三强》(1991年11月13日),《钱学森书信》(6),国防工业出版社2007年版,第153-154页。

2 月 1 日,钱学森,宋健著《工程控制论(上、下册)》(第三版)由科学出版社出版。

3 月,凌福根编《钱学森论火箭导弹和航空航天》一书由科学出版社出版。系“钱学森科学技术思想研究丛书”之一。

6 月,《钱学森系统科学思想文选》一书由中国宇航出版社出版。

9 月,马蔼乃著的《地理科学与现代科学技术体系》一文由科学出版社出版。系“钱学森科学技术思想研究丛书”之一。

10 月 1 日,李佩主编《钱学森文集:1938 – 1956 海外学术文献》(中文版)一书由上海交通大学出版社出版。

10 月 1 日,《钱学森文集:1938 – 1956 海外学术文献》(英文版)一书由上海交通大学出版社出版。

11 月,马蔼乃著的《地理建设与社会系统工程》一书由科学出版社出版。

11 月,龚建华、李文航、马蔼乃著的《地理综合集成研讨厅的方法与实践》一书由科学出版社出版。

11 月,王成斌、刘兆世著的《钱学森总体设计部思想初探》一书由中国宇航出版社出版。

12 月,姜璐编《钱学森论系统科学(讲话篇)》一书由科学出版社出版。“钱学森科学技术思想研究丛书”之一。

12 月,钱学森著《钱学森力学手稿》(1)一书由西安交通大学出版社版。

12 月,涂元季、顾吉环编《嘉言懿行——钱学森言论选编》一书由国防工业出版社出版。

12 月,顾吉环、李明编的《钱学森读报批注》一书由国防工业出版社出版。

12 月,内蒙古沙产业草产业协会、西安交通大学先进技术研究院编,夏日、薛希祥主编的《钱学森论第六次产业革命专题摘编》一书由西安交通大学出版社出版。系“钱学森第六次产业革命思想探微丛书”之一。

12 月,甘肃省沙草产业协会、中国治沙暨沙业学会、西安交通大学先进技术研究院编,魏万进、钱能志主编的《钱学森 宋平论沙草产业》一书由西安交通大学出版社出版。系“学习探索钱学森沙草产业理论丛书”之一。

是年,钱学森、宋健著的《工程控制论》(上册)上册由科学出版社出版修订第二版。

2012 年

1 月,钱学森原著,顾吉环、李明、涂元季编的《钱学森文集》(6 卷本)由国防工业出版社出版。全套共 6 卷,298.8 万字。该书系国家出版基金项目、“十二五”

国家重点出版规划精品项目之一。

1 月，钱学森原著，李明、顾吉环、涂元季编的《钱学森书信补编》(5 卷本)由国防工业出版社出版。全套共 5 卷，195.7 万字。该书系国家出版基金项目、“十二五”国家重点出版规划精品项目之一。

1 月，内蒙古沙产业、草产业协会，西安交通大学先进技术研究院编的《钱学森第六次产业革命理论学习读本》一书由西安交通大学出版社出版。系“钱学森第六次产业革命思想探微丛书”之一。

1 月，马望星编著《钱学森创新教育的伟大实践》一书由湖南科技出版社出版。

3 月，苗东升著《钱学森哲学思想研究》一书由科学出版社出版。系“钱学森科学技术思想研究丛书”之一。

3 月，钱学森著《钱学森力学手稿》(2 -4)由西安交通大学出版社出版。

4 月，卢明森编《钱学森思维科学思想》一书由科学出版社出版。系“钱学森科学技术思想研究丛书”之一。

6 月，钱学森著《钱学森力学手稿》(5 -7)由西安交通大学出版社出版。

9 月，内蒙古沙产业、草产业协会，西安交通大学先进技术研究院编，夏日编著的《钱学森与沙产业、草产业图记》一书由西安交通大学出版社出版。系“钱学森第六次产业革命思想探微丛书”之一。

11 月，黄顺基、涂序彦、钟义信著的《从工程管理到社会管理》一书由科学出版社出版。系“钱学森科学技术思想研究丛书”之一。

11 月，姜璐主编的《钱学森论系统科学(书信篇)》一书由科学出版社出版。系“钱学森科学技术思想研究丛书”之一。

2013 年

2 月，钱学森著《钱学森力学手稿》(8 -10)由西安交通大学出版社出版。

7 月，鲍世行编的《钱学森建筑科学书信手迹》一书由国防工业出版社出版。

8 月，《钱学森讲谈录——哲学、科学、艺术》一书增订版由九州出版社出版。

2014 年

6 月，徐德明、俞薇薇、蒋惠琴编著的《钱学森学派：一个科学技术体系学在东方崛起》一书由武汉大学出版社出版。

12 月，卢明森、鲍世行编的《钱学森论大成智慧》一书由清华大学出版社出版。

2015 年

1 月，姜玉平著的《钱学森与技术科学》一书由上海人民出版社出版。

5 月,*Toward New Horizons*(《迈向新高度》(英文版))一书由上海交通大学出版社出版。该书是“钱学森文集·英文著作系列”之一。

5 月,《物理力学讲义》一书英文版由上海交通大学出版社出版。系“钱学森文集·英文著作系列”之一,共 429 页 68 万字。

6 月,钱学森第六次产业革命研究学习组编的《第六次产业革命》一书由清华大学出版社出版。

9 月,《智慧的钥匙——钱学森论系统科学》一书第二版由上海交通大学出版社出版。

9 月,彭学诗编的《钱学森在中央党校的报告》一书由上海交通大学出版社出版。

9 月,上海交通大学钱学森研究中心编的《集大成 得智慧——钱学森谈教育》(第二版)一书由上海交通大学出版社出版。

12 月,史秉能,袁有雄,卢胜军编的《钱学森科技情报工作及相关学术文选》一书由国防工业出版社出版。

是年,钱学森著《工程控制论》由上海交通大学出版社出版原版英文版。该书是“钱学森文集·英文著作系列”之一。

2016 年

10 月,薛惠锋、杨景、李琳斐著的《钱学森智库思想》一书由人民出版社出版。

11 月,钱学森、钱学敏著的《与大师的对话——著名科学家钱学森与钱学敏教授通信集》一书由西安电子科技大学出版社出版。

是年,钱学森、宋健著的《工程控制论》(上、下册)由科学出版社出版修订第二版。

参考文献

[1]文洋.钱学森在美国(1935—1955)[M].北京:人民出版社,1984,5.

[2]钱学森讲,吴义生编:社会主义现代化建设的科学和系统工程[M].北京:中共中央党校出版社,1987.

[3]钱学森.智慧的钥匙——钱学森论系统科学[C].上海:上海交通大学出版社,2005,4.

[4]王英.钱学森学术思想研究[M].上海交通大学出版社,2006,9.

[5]钱学森著.戴汝为,何善堉译.工程控制论(新世纪版)[M].上海交通大学出版社,2007,1.

[6]钱学森等著.论系统工程(新世纪版)[C].上海交通大学出版社,2007,1.

[7]钱学森.创建系统论(新世纪版)[C].上海交通大学出版社,2007,1.

[8]中国系统学会,上海交通大学编. 钱学森系统科学思想研究[C]. 上海交通大学出版社,2007,1.

[9]陈华新主编. 集大成 得智慧:钱学森谈教育[C]. 上海交通大学出版社,2007,1.

[10]钱学森,戴汝为. 论信息空间的大成智慧——思维科学、文学艺术与信息网络的交融[C]. 上海交通大学出版社,2007,1.

[11]潘敏主编. 钱学森研究(2006)[C]. 上海交通大学出版社,2007,1

[12]王文华. 钱学森学术思想[M]. 成都:四川出版集团,四川科学技术出版社,2007,5.

[13]《钱学森书信选》编辑组. 钱学森书信选(上、下卷)[C]. 北京:国防工业出版社,2008,6.

[14]上海交通大学编. 钱学森研究(2007)[C]. 上海交通大学出版社,2008,12.

[15]钱学森讲谈录:哲学、科学、艺术[C]. 北京:九州出版社,2009,2.

[16]鲍世行,顾孟潮编著. 钱学森建筑科学思想探微[C]. 北京:中国建筑工业出版社,2009,5.

[17]上海交通大学编. 民族之魂——人民科学家钱学森的精神风采[C]. 上海交通大学出版社,2009,11.

[18]王文华编著. 钱学森实录(第二版)[M]. 成都:四川出版集团,四川文艺出版社,2009,12.

[19]鲍世行编. 钱学森论山水城市[C]. 北京:中国建筑出版社,2010,6.

[20]钱学敏. 钱学森科学思想研究(第2版)[M]. 西安交通大学出版社,2010,9.

[21]李毓堂编著. 钱学森知识密集型草产业及第六次产业革命的理论与实践[C]. 北京:中国农业出版社,2010,9.

[22]中央电视台,北京科学教育电影制片厂《钱学森》摄制组编. 钱学森——中央电视台六集传记电视纪录片[M]. 上海交通大学出版社出版,2010,10.

[23]顾孟潮编. 钱学森论建筑科学[M]. 北京:中国建筑工业出版社,2010,11.

[24]叶永烈. 钱学森[M]. 上海交通大学出版社,2010,12.

[25]上海交通大学编. 钱学森研究(2009)[C]. 上海交通大学出版社,2010,12.

[26]黄顺基. 马克思主义哲学与现代科学技术体系[M]. 北京:科学出版社,

2011,1.

[27]赵少奎.现代科学技术体系总体框架的探索[M].北京:科学出版社,2011,1.

[28]糜振玉.钱学森现代军事科学思想[M].北京:科学出版社,2011,1.

[29]凌福根编.钱学森论火箭导弹和航空航天[M].北京:科学出版社,2011,3.

[30]黄宗煊主编.钱学森——中国爱国知识分子的杰出典范[M].北京:清华大学出版社,2011,9.

[31]钱学森.钱学森文集:1938—1956 海外学术文献(中文版)[M].上海交通大学出版社,2011,10.

[32]霍有光编著.钱学森年谱(初编)[M].西安交通大学出版社,2011,12.

[33]姜璐编.钱学森论系统科学(讲话篇)[M].北京:科学出版社,2011,12.

[34]钱学森著.顾吉环,李明,涂元季编.钱学森文集(卷一—卷六)[M].北京:国防工业出版社,2012,1.

[35]钱学森等著.论系统工程[M].长沙:湖南科学技术出版社,1988 年 10 月版。

[36]钱学森等著.论人体科学[M].北京:人民军医出版社,1988.

[37]钱学森等著.论人体科学[M].成都:四川教育出版社,1989.

[38]钱学森著.科学的艺术与艺术的科学[M].北京:人民文学出版社,1994.

[39]侯建国主编.钱学森与中国科学技术大学[M].合肥:中国科学技术大学出版社,2008.

[40]马德秀主编.钱学森和他的母校上海交通大学[M].上海:上海交通大学出版社,2011.

该文的部分内容曾经以《钱学森著作系年》为题在《辽东学院学报(社会科学版)》2012 年第 14 卷第 2 期、第 3 期、第 4 期、第 6 期四期连载;后来经过补充和调整形成本文。

2018 年 6 月 10 日

主要参考文献

一、指导研究的马克思主义经典文献类

[1] 马克思.《科伦日报》第179号的社论[M]//马克思,恩格斯.马克思恩格斯全集:第1卷.北京:人民出版社,1995:206-228.

[2] 马克思.1844年经济学哲学手稿[M]//马克思,恩格斯.马克思恩格斯文集:第1卷.北京:人民出版社,2009:109-248.

[3] 马克思.政治经济学批判(1857—1858年手稿)[M]//马克思,恩格斯.马克思恩格斯文集:第8卷.北京:人民出版社,2009:188.

[4] 恩格斯."傅立叶论商业的片断"的前言和结束语[M]//马克思,恩格斯.马克思恩格斯全集:第42卷.北京:人民出版社,1979:318-359.

[5] 恩格斯.《德国农民战争》序言·1870年第二版序言的补充[M]//马克思,恩格斯.马克思恩格斯选集:第3卷.北京:人民出版社,2012:22-38.

[6] 恩格斯.自然辩证法[M]//马克思,恩格斯.马克思恩格斯选集:第3卷.北京:人民出版社,2012:841-1001.

[7] 恩格斯.致奥尔格·亨利希·福尔马尔[M]//马克思,恩格斯.马克思恩格斯全集:第36卷.北京:人民出版社,1974:200.

[8] 恩格斯.路德维希·费尔巴哈和德国古典哲学的终结[M]//马克思,恩格斯.马克思恩格斯选集:第4卷.北京:人民出版社,2012:217-265.

[9] 恩格斯.致瓦尔特·博尔吉乌斯[M]//马克思,恩格斯.马克思恩格斯选集:第4卷.北京:人民出版社,2012:648-651.

[10] 列宁.论战斗唯物主义的意义[M]//列宁.列宁选集:第4卷.北京:人民出版社,2012:646-655.

[11] 列宁.卡尔·马克思(传略和马克思主义概论)[M]//列宁.列宁选集:第2卷.北京:人民出版社,2012:413-448.

[12] 列宁.评经济浪漫主义——西斯蒙第和我国的西斯蒙第主义[M]//列宁.列宁全集:第2卷.北京:人民出版社,1984:102-231.

[13] 列宁. 又一次消灭社会主义[M]//列宁. 列宁全集:第 25 卷. 北京:人民出版社,1988:34 -56.

[14] 列宁.《共产主义》:为东南欧国家办的共产国际杂志(德文版)[M]//列宁. 列宁选集:第 4 卷. 北京:人民出版社,2012:212 -214.

[15] 列宁. 哲学笔记(节选)[M]//列宁. 列宁专题文集 论辩证唯物主义和历史唯物主义. 北京:人民出版社,2009:131 -152.

[16] 列宁. 论策略书[M]//列宁. 列宁选集:第 3 卷. 北京:人民出版社,2012:23 -36.

[17] 列宁. 怎样组织竞赛? [M]//列宁. 列宁选集:第 3 卷. 北京:人民出版社,2012:375 -383.

[18] 毛泽东. 实践论:论认识和实践的关系——知和行的关系[M]//毛泽东. 毛泽东选集:第 1 卷. 北京:人民出版社,1991:282 -298.

[19] 毛泽东. 整顿党的作风[M]//毛泽东. 毛泽东选集:第 3 卷. 北京:人民出版社,1991:811 -829.

[20] 毛泽东. 在中国共产党全国宣传会议上的讲话[M]//毛泽东. 毛泽东文集:第 7 卷. 北京:人民出版社 1999:267 -283.

[21] 毛泽东. 应当充分地批判地利用文化遗产[M]//毛泽东. 毛泽东文集:第 8 卷. 北京:人民出版社,1999:225 -226.

[22] 毛泽东. 不搞科学技术,生产力无法提高[M]//毛泽东. 毛泽东文集:第 8 卷. 北京:人民出版社,1999:351 -352.

[23] 邓小平. 在全国科学大会开幕式上的讲话[M]//邓小平. 邓小平文选:第 2 卷. 北京:人民出版社,1994:85 -100.

[24] 邓小平. 科学技术是第一生产力[M]//邓小平. 邓小平文选:第 3 卷. 北京:人民出版社,1993:274 -275.

[25] 江泽民. 推动科技进步是全党全民的历史性任务[M]//十三大以来重要文献选编:中. 北京:人民出版社,1991:779 -789.

[26] 江泽民. 加快改革开放和现代化建设步伐,夺取有中国特色社会主义事业的更大胜利[M]//江泽民. 江泽民文选:第 1 卷. 北京:人民出版社,2006:210 -254.

[27] 江泽民. 实施科教兴国战略[M]//江泽民. 江泽民文选:第 1 卷. 北京:人民出版社,2006:425 -439.

[28] 江泽民. 全面建设小康社会,开创中国特色社会主义事业新局面[M]//江泽民. 江泽民文选:第 3 卷. 北京:人民出版社,2006:528 -575.

[29] 胡锦涛.坚持走中国特色自主创新道路,为建设创新型国家而努力奋斗[M]//十六大以来重要文献选编:下.北京:中央文献出版社,2008:183-196.

二、钱学森个人论著类(以发表和出版时间为序)

(一)论文

[1] 钱学森,于景元,戴汝为.一个科学新领域——开放的复杂巨系统及其方法论[J].自然杂志,1990,13(1):3-10;城市发展研究,2005,12(5):1-8;科学决策与系统工程——中国系统工程学会第六次年会论文集,1990.(1632+79+48——数字为被引频次,下同)

[2] 钱学森.系统科学、思维科学与人体科学[J].自然杂志,1981,4(1):3-9;福建体育科技,1996,15(3):57-63.(156+8)

[3] 钱学森.论技术科学[J].科学通报,1957(3):97-104.(113)

[4] 钱学森.科学学、科学技术体系学、马克思主义哲学[J].哲学研究,1979(1):20-27.(69)

[5] 钱学森.自然辩证法、思维科学和人的潜力[J].哲学研究,1980(4):7-13,31.(61)

[6] 钱学森.关于地学的发展问题[J].地理学报,1989,44(3):257-261.(58)

[7] 钱学森.谈地理科学的内容及研究方法——在1991年4月6日中国地理学会"地理科学"谈论会上的发言[J].地理学报,1991,46(3):257-265.(57)

[8] 钱学森.现代科学的结构——再论科学技术体系学[J].哲学研究,1982(3):19-22.(51)

[9] 钱学森.关于思维科学[J].自然杂志,1983,6(8):563-567,572.(50)

[10] 钱学森.基础科学研究应该接受马克思主义哲学的指导[J].哲学研究,1989(10):3-8.(42)

[11] 钱学森.国家杰出贡献科学家关于草业的论述[J].草业科学,1992,9(4):11-19.(39)

[12] 钱学森.社会主义中国应该建山水城市[J].城市问题,1993(3):3-4;建筑学报,1993(6):2-3;城市规划,1993(3):19,18.(33+26+22)

[13] 钱学森.再论系统科学的体系[J].系统工程理论与实践,1981(1):2-4.(33)

[14] 钱学森.创建农业型的知识密集产业——农业、林业、草业、海业和沙业[J].农业现代化研究,1984(5):1-6.(33)

[15] 钱学森.发展地理科学的建议[J].大自然探索,1987,6(1):1-5.(33)

[16] 钱学森.关于马克思主义哲学和文艺学美学的几个问题[J].文艺研究,1986(1):4-11.(28)

[17] 钱学森.发展我国的数学科学——在中国数学会数学教育与科研座谈会上的讲话[J].数学进展,1990,19(2):129-135.(27)

[18] 钱学森.关于形象思维问题的一封信[J].中国社会科学,1980(6).(26)

[19] 钱学森.人天观、人体科学与人体学[J].大自然探索,1983(4):15-22.(24)

[20] 钱学森.草原、草业和新技术革命[J].中国草原与牧草,1986,3(1):1-2.(23)

[21] 钱学森.我对今日力学的认识[J].力学与实践,1995(4):1.(22)

[22] 钱学森.开展思维科学的研究[J].大自然探索,1985,4(2):31-52.(22)

[23] 钱学森.现代力学——在一九七八年全国力学规划会议上的发言[J].力学与实践,1979,1(1):4-9,3.(19)

[24] 钱学森.组织管理社会主义建设的技术——社会工程[J].经济管理,1979(1):5-9.(19)

[25] 钱学森.保护环境的工程技术——环境系统工程[J].环境保护,1983(6):2-4.(17)

[26] 钱学森.关于建立城市学的设想[J].城市规划,1985(4):26-28.(17)

[27] 钱学森.关于建立和发展马克思主义的科学学问题——为《科研管理》创刊而作[J].科研管理,1980(1):1-6.(16)

[28] 钱学森,孙凯飞,于景元.社会主义文明的协调发展需要社会主义政治文明建设[J].政治学研究,1989(5):1-10.(16)

[29] 钱学森.关于人体科学研究的几个问题[J].中国气功科学,1994(6):4-6.(15)

[30] 钱学森.技术科学中的方法论问题[J].自然辩证法研究通讯,1957(1):34.(15)

[31] 钱学森.开展人体科学的基础研究[J].自然杂志,1981,4(7):483-488.(15)

[32] 钱学森.智慧与马克思主义哲学[J].哲学研究,1987(2):3-5.(15)

[33] 钱学森.马克思主义哲学的结构和中医理论的现代阐述[J].大自然探索,1983(3):1-6,186.(15)

[34] 钱学森.现代科学技术与法学研究和法制建设[J].政法论坛,1985(3):

1 - 6. (14)

[35] 钱学森. 开创复杂巨系统的科学与技术——祝中国系统工程学会第八届学术年会的召开[J]. 系统工程理论与实践,1995,15(1):1 - 2;系统工程学报,1995,10(1):1 - 2. (13 + 8)

[36] 钱学森. 科技情报工作的科学技术[J]. 情报学刊,1983(4). (13)

[37] 钱学森. 人体科学是现代科学技术体系的一个大部门[J]. 自然杂志,1988,11(5):331 - 338. (12)

[38] 钱学森. 新技术革命与系统工程——从系统科学看我国今后60年的社会革命[J]. 世界经济,1985(4):1 - 9. (8)

[39] 钱学森. 社会主义建设的总体设计部——党和国家的咨询服务工作单位[J]. 中国人民大学学报,1988(2):10 - 22. (7)

[40] 钱学森. 社会主义现代化建设和领导决策的科学化[J]. 理论月刊,1986(1):16 - 22. (3)

[41] 钱学森. 研究社会主义精神财富创造事业的学问——文化学[J]. 中国社会科学,1982(6):89 - 96. (2)

[42] 钱学森. 建立唯象气功学——当前气功科学研究的一项任务[J]. 自然杂志,1986,9(5):323 - 326,362.

[43] 钱学森. 促进社会科学与自然科学联盟——谈用"定性定量相结合系统方法"研究社会主义初级阶段理论[N]. 人民日报,1988 - 3 - 9.

[44] 钱学森. 正确对待祖国历史文化传统认真学习马克思主义哲学[N]. 自然辩证法报,1988(2).

[45] 钱学森. 为科技兴国而奋斗工作[N]. 人民日报,1988 - 9 - 23.

[46] 钱学森. 为科技兴国而奋力工作——在中国科学技术协会成立三十周年纪念大会上的报告[J]. 中国科技史料,1988,9(4):3 - 10.

[47] 钱学森. 对我国科技事业的一些思考[N]. 人民日报,1991 - 5 - 21.

(二)著作(包括论文汇编、合集等)

[1] 钱学森. 关于思维科学[M]. 上海:上海人民出版社,1986.

[2] 钱学森. 科学的艺术与艺术的科学[M]. 北京:人民文学出版社,1994.

[3] 钱学森. 工程控制论[M]. 戴汝为,何善堉,译. 上海:上海交通大学出版社,2007.

[4] 钱学森. 论系统工程[M]. 上海:上海交通大学出版社,2007.

[5] 钱学森. 创建系统学[M]. 上海:上海交通大学出版社,2007.

[6] 陈华新. 集大成,得智慧——钱学森论教育[M]. 上海:上海交通大学出

版社,2007.

[7] 涂元季,李明,顾吉环.钱学森书信(1-10卷)[M].北京:国防工业出版社,2007.

[8]《钱学森书信选》编辑组.钱学森书信选(上、下卷)[M].北京:国防工业出版社,2008.

[9] 侯建国.钱学森〈火箭技术概论〉手稿及讲义[M].合肥:中国科学技术大学出版社,2008.

[10] 侯建国.钱学森与中国科学技术大学[M].合肥:中国科学技术大学出版社,2008.

[11] 钱学森.钱学森讲谈录——哲学、科学、艺术[M].北京:九州出版社,2009.

[12] 李佩.钱学森文集:1938—1956海外学术文献(中文版)[M].上海:上海交通大学出版社,2011.

[13] 涂元季,顾吉环.嘉言懿行——钱学森言论选编[M].北京:国防工业出版社,2011.

[14] 内蒙古沙产业草产业协会、西安交通大学先进技术研究院.钱学森论第六次产业革命专题摘编[M].西安:西安交通大学出版社,2011.

[15] 甘肃省沙草产业协会、中国治沙暨沙业学会、西安交通大学先进技术研究院.钱学森 宋平论沙草产业[M].西安:西安交通大学出版社,2011.

[16] 内蒙古沙产业草产业协会、西安交通大学先进技术研究院.钱学森第六次产业革命理论学习读本[M].西安:西安交通大学出版社,2012.

[17] 顾吉环,李明,涂元季.钱学森文集》(1-6卷)[M].北京:国防工业出版社,2012.

[18] 李明,顾吉环,涂元季.钱学森书信补篇》(1-5卷)[M].北京:国防工业出版社,2012.

[19] 顾吉环,李明.钱学森读报批注[M].北京:国防工业出版社,2012.

[20] 马望星.钱学森创新教育的伟大实践[M].长沙:湖南科学技术出版社,2012.

三、传记、实录类

[1] 文样.钱学森在美国:1935—1955[M].北京:人民出版社,1984.

[2] 王寿云.钱学森:中国现代科学家传记·第一集[M].北京:科学出版社,1991.

[3] 祁淑英,魏根发.钱学森[M].石家庄:花山文艺出版社,1997.

[4] 胡士弘. 钱学森[M]. 北京:中国青年出版社,1997.

[5] 祁淑英,魏根发. 科学巨匠 钱学森[M]. 石家庄:河北教育出版社,2000.

[6] 孟宪明. 华人十大科学家:钱学森[M]. 郑州:大象出版社,2001.

[7] 涂元季. 人民科学家钱学森[M]. 上海:上海交通大学出版社,2002.

[8] 涂元季. 中国当代著名科学家丛书:钱学森[M]. 贵阳:贵州人民出版社,2004.

[9] 张瑜编. 钱学森与中国科学技术大学力学系火箭小组[M]. 合肥:中国科学技术大学出版社,2008.

[10] 王文华. 钱学森实录[M]. 成都:四川文艺出版社,2009.

[11] 苏建军. 钱学森人生故事全集[M]. 北京:石油工业出版社,2010.

[12] 叶永烈. 钱学森[M]. 上海:上海交通大学出版社,2010.

[13] 苏建军. 钱学森成才10方略[M]. 北京:华夏出版社,2011.

[14] 涂元季,莹莹. 钱学森故事[M]. 北京:解放军出版社,2011.

[15] (美)张纯如. 蚕丝:钱学森传[M]. 鲁伊译. 北京:中信出版社,2011.

[16] 黄宗煊. 钱学森——中国爱国知识分子的杰出典范[M]. 北京:清华大学出版社,2011.

[17] 梁原草. 钱学森从这里走来[M]. 北京:科学普及出版社,2011.

[18] 奚启新. 钱学森传[M]. 北京:人民出版社,2011.

[19] 石磊,王春河,张宏显,等. 钱学森的航天岁月[M]. 北京:中国宇航出版社,2011.

[20] 孔祥言. 钱学森的科技人生[M]. 北京:中国宇航出版社,2011.

[21] 钱学敏. 钱学森在美国的20年(1935—1955)[J]. 西安交通大学学报:社会科学版,2006(2):50-63.

[22] 吕春. 周恩来用战俘交换钱学森[J]. 炎黄春秋,2006(4):62-64.

[23] 卡门. 中国的钱学森博士[J]. 复杂系统与复杂性科学,2006,3(2):82-85.

[24] 王存福. 钱学森回国的风雨历程[J]. 四川统一战线,2006(9),30-32.

[25] 魏宏森. 钱学森与清华大学之情缘[J]. 清华大学学报:自然科学版,2008,48(11):1873-1882.

[26] 杨丫男. 中国科学院力学研究所的建立与初期研究工作(1956—1966年):硕士学位论文[D]. 中国科学技术大学,2009.

[27]魏宏森. 钱学森与清华大学之情缘(续篇)[J]. 清华大学学报:自然科学学报,2009,49(9):1425-1432.

[28]谢础.钱学森与航空航天科普[J].西安交通大学学报:社会科学版,2010,30(1):71-77.

[29] 王丹红."从爪子判断 这是一头狮子"——钱学森天才之路回顾[J].中国科学基金,2010(2):84-86,90.

[30] 黄涛.战略科学家是如何炼成的——以钱学森为例[J].中国科学基金,2010(2):87-90.

[31] 王文华.钱学森重视学术组织建设[J].学会,2010(5):56-63.

[32] 李颐黎.钱学森与中国航天工程的开创——以探空火箭工程和东方红一号卫星工程为例[J].工程研究——跨学科视野中的工程,2010,2(4):301-313.

四、学界研究专著类

[1] 中国系统工程学会、上海交通大学.钱学森系统科学思想研究[M].上海:上海交通大学出版社,2007.

[2] 上海交通大学.钱学森研究(2007)[M].上海:上海交通大学出版社,2008.

[3] 上海交通大学.民族之魂——人民科学家钱学森的精神风采[M].上海:上海交通大学出版社,2009.

[4] 上海交通大学.钱学森研究(2009)[M].上海:上海交通大学出版社,2010.

[5] 总装备部科技委、总装备部政治部.钱学森学术思想研究论文集[M].北京:国防工业出版社,2011.

[6] 北京大学现代科学与哲学研究中心.钱学森与社会主义[M].北京:人民出版社,2012.

[7] 中国科学院院士工作局.钱学森先生诞辰100周年纪念文集[M].北京:科学出版社,2012.

[8] 王文华.钱学森学术思想[M].成都:四川科学技术出版社,2007.

[9] 钱学敏.钱学森科学思想研究[M].西安:西安交通大学出版社,2010.

[10] 王成斌,刘兆世.钱学森总体设计部思想初探[M].北京:中国宇航出版社,2011.

[11] 赵少奎.现代科学技术体系总体框架的探索[M].北京:科学出版社,2011.

[12] 黄顺基.马克思主义哲学与现代科学技术体系[M].北京:科学出版社,2011.

[13] 糜振玉.钱学森现代军事科学思想[M].北京:科学出版社,2011.

[14] 凌福根.钱学森论火箭导弹和航空航天[M].北京:科学出版社,2011.

[15] 马蔼乃.地理科学与现代科学技术体系[M].北京:科学出版社,2011.

[16] 姜璐.钱学森论系统科学(讲话篇)[M].北京:科学出版社,2011.

[17] 佘振苏,倪志勇.人体复杂系统科学探索[M].北京:科学出版社,2012.

[18] 苗东升.钱学森哲学思想研究[M].北京:科学出版社,2012.

[19] 卢明森.钱学森思维科学思想[M].北京:科学出版社,2012.

[20] 苗东升.钱学森系统科学思想研究[M].北京:科学出版社,2012.

[21] 姜璐.钱学森论系统科学(书信篇)[M].北京:科学出版社,2012.

[22]黄顺基,涂序彦,钟义信.从工程管理到社会管理[M].北京:科学出版社,2012.

[23] 马蔼乃.地理建设与社会系统工程[M].北京:科学出版社,2012.

[24] 龚建华,李文航,马蔼乃.地理综合集成研讨厅的方法与实践[M].北京:科学出版社,2012.

[25] 佘振苏.复杂系统新框架——融合量子与道的知识体系[M].北京:科学出版社,2012.

五、学界研究论文类

(一)期刊论文

[1] 钱学敏.科技革命与社会革命——学习钱学森有关思想的心得[J].哲学研究,1993(12):20-28,42.

[2] 钱学敏.钱学森的哲学探索[J].北京大学学报:哲学社会科学版,1994(4):61-68.

[3] 钱学敏.试论钱学森的“大成智慧学”——谨以此文祝贺钱老九十寿辰[J].首都师范大学学报:社会科学版,2001(3):11-23;华中建筑,2001(5):7-13.

[4] 钱学敏.论钱学森关于科学与艺术的思想[J].中国工程科学,2001(11):1-9.

[5] 钱学敏.钱学森谈科学艺术与创新思维[J].华中建筑,2003(3):9-12.

[6] 钱学敏.量性双悟智　天人一贯才——科学艺术与钱学森的大成智慧学[J].西安交通大学学报:社会科学版,2004(2):65-68.

[7] 钱学敏.钱学森关于复杂系统与大成智慧的理论[J].西安交通大学学报:社会科学版,2004(4):51-57.

[8] 钱学敏.钱学森论科学艺术与大成智慧学[J].北京联合大学学报:自然

科学版,2005(1):1 -7.

[9] 钱学敏.略论复杂系统与大成智慧[J].系统辩证学学报,2005(4).

[10] 钱学敏.钱学森对教育事业的设想——实行大成智慧教育培养全面发展的新人[J].西安交通大学学报:社会科学版,2005(3):57 -64.

[11] 钱学敏.钱学森关于复杂系统与大成智慧的探索——谨以此文祝贺钱老95寿辰[J].北京联合大学学报:自然科学版,2006(4):5 -11.

[12] 钱学敏.钱学森对"大成智慧学"的探索——纪念钱学森百年诞辰[J].西安交通大学学报:社会科学版,2011(6):6 -18;科学学研究,2012(1):14 -27.

[13] 于景元.钱学森关于开放的复杂巨系统的研究[J].系统工程理论与实践,1992(5):8 -12.

[14] 于景元,刘毅,马昌超.关于复杂性研究[J].系统仿真学报,2002,14(11):1417 -1424,1446.

[15] 于景元,周晓纪.综合集成方法与总体设计部[J].复杂系统与复杂性科学,2004,1(1):20 -26.

[16] 于景元,周晓纪.从综合集成思想到综合集成实践——方法、理论、技术、工程[J].管理学报,2005(1):4 -10.

[17] 于景元.钱学森综合集成体系[J].西安交通大学学报:社会科学版,2006(6):40 -47.

[18] 戴汝为,沙飞.复杂性问题研究综述——概念及研究方法[J].自然杂志,1995,17(2):73 -78.

[19] 戴汝为.复杂巨系统科学——一门21世纪的科学[J].自然杂志,1997,19(4):187 -192.

[20] 戴汝为,曹龙兵.一个开放的复杂巨系统[J].系统工程学报,2001,16(5):376 -381.

[21] 戴汝为.系统科学与思维科学交叉发展的硕果[J].系统工程理论与实践,2002(5):8 -11,65.

[22] 戴汝为,操龙兵.综合集成研讨厅的研制[J].管理科学学报,2002,5(3):10 -16.

[23] 戴汝为,李耀东.基于综合集成的研讨厅体系与系统复杂性[J].复杂系统与复杂性科学,2004,1(4):1 -24.

[24] 戴汝为.现代科学技术体系与大成智慧[J].中国工程科学,2008,10(10):4 -8.

[25] 戴汝为.从定性到定量的综合集成法的形成与现代发展[J].自然杂志,

2009,31(6):311 - 314.

[26] 涂元季.钱学森——科技界的一面旗帜[J].中国工程科学,2002,4(2):1 - 7.

[27] 涂元季.作为一名共产党员的钱学森[J].西安交通大学学报:社会科学版,2005,25(3):54 - 56,92.

[28] 涂元季.从系统科学角度认识理解和贯彻落实科学发展观——钱学森学习体会[J].西安交通大学学报:社会科学版,2008,28(5):52 - 56.

[29] 涂元季.科学与艺术的结合:一位科学家的独特见解[J].西安交通大学学报:社会科学版,2009,29(2):35 - 39.

[30] 黄顺基.社会科学技术也是第一生产力[J].自然辩证法研究,1994(4):52 - 58.

[31] 黄顺基.社会工程哲学与马克思主义理论研究和建设工程[J].西安交通大学学报,2009(6):66 - 72.

[32] 黄顺基.社会工程是社会改革和社会管理的科学技术[J].教学与研究,2010(8):13 - 17.

[33] 苗东升.在系统思维导引下构建和谐社会[J].中国人民大学学报,2005(6):17 - 22.

[34] 苗东升.钱学森论系统方法论[J].西安交通大学学报:社会科学版,2005(4):55 - 60.

[35] 苗东升.论建设创新型国家[J].北京大学学报,2006,43(3):5 - 10.

[36] 苗东升.什么是大成智慧学[J].西安交通大学学报:社会科学版,2011,30(6):1 - 7,18.

[37] 赵少奎.现代化建设理论与决策管理机制的创新——学习钱学森《创建系统学》的思考[J].上海交通大学学报:哲学社会科学版,2005,13(6):45 - 51.

[38] 戴则林.孕育21世纪智慧之星的希望之光——从钱学森“大成智慧学”谈起[J].北方论丛,1995(2):105 - 106.

[39] 马建光.钱学森人才培养思想研究[J].西安政治学院学报,2002(4):39 - 42.

[40] 钟荣丙.论系统科学近期发展史上的三颗灿烂明珠[J].系统辩证学学报,2005(1):26 - 29.

[41] 黄志澄.以人为主,人机结合,从定性到定量的综合集成[J].西安交通大学学报:社会科学版,2005,25(2):55 - 59,95.

[42] 林毓锜.刍议钱学森科学思想的结构框架和普及应用[J].西安交通大

学学报:社会科学版,2006,26(4):61-66.

[43] 余华东.集大成,得智慧——试析钱学森的大成智慧学和大成智慧教育思想[J].太原师范学院学报:社会科学版,2008,7(2):1-4.

[44] 邹吉忠.大成智慧与元创:探寻破解钱学森问题之道[J].哲学动态,2010(4):15-19.

[45] 欧阳聪权.综合集成 "性""量"交融——钱学森论科学创新[J].科学技术哲学研究,2010(6):108-112.

[46] 赵光武.适应时代发展大趋势 培养大智大德创新人才——钱学森论培养大智大德创新人才解读[J].党政干部学刊,2010(10):9-13.

[47] 高介华.钱学森的学术功绩及其思想光辉[J].西安交通大学学报:社会科学版,2010,30(6):8-18.

[48] 黄楠森.钱学森大成智慧学简论[J].上海交通大学学报,2011,19(6):5-12.

[49] 赵泽宗.简论钱学森大成智慧教育思想与教育实践——解读"钱学森之问"和"钱学森成才之道"[J].汉字文化,2011(3):7-20.

[50] 陈悦,郑欢欢.钱学森科学思想研究概貌——基于文献计量学的研究[J].科学学研究,2012,30(1):28-34.

[51] 赵泽宗.钱学森大成智慧教育通识[J].汉字文化,2012(3):88-91,12.

[52] 郑娜敏.钱学森大成智慧教育思想及其践行[J].武汉生物工程学院学报,2012,8(1):50-53.

[53] 庄逢辰.弘扬钱学森科学精神,培育创新型科技人才[J].装备指挥技术学院学报,2012,23(1):1-4.

[54] 鲍展斌.论钱学森大成智慧学的人文价值[J].宁波大学学报:人文科学版,2012,25(2):85-90.

[55] 彭逊.钱学森大成智慧教育的思想与发扬[J].长春理工大学学报,2012,7(4):35-36.

[56] 鲍健强,张阳,叶设玲.论钱学森"大成智慧学"的理论价值和现实意义[J].未来与发展,2013(2):26-30.

(二)报纸文章

[1] 钱学敏.钱学森大成智慧学——谨以此文祝贺钱学森九十寿辰[N].社会科学报,2002-1-3(4).

[2] 钱学敏."大成智慧学"[N].科技日报,2002-1-10(6).

[3] 钱学敏.钱学森的"大成智慧学"[N].北京日报,2004-4-12.

[4] 钱学敏. 集大成,得智慧——设计21世纪中国教育,钱学森提出“大成智慧学”设想[N]. 社会科学报,2006-12-21(6).

[5] 涂元季. 一位科学家的马克思主义哲学观——学习《钱学森书信》的体会[N]. 人民日报,2007-7-20(16).

[6] 涂元季. 科学与艺术的结合:以为科学家的独特见解——学习《钱学森书信》的体会[N]. 光明日报,2007-7-23(9).

[7] 姚诗煌,江世亮. 以人为主发展大成智慧工程[N]. 文汇报,2001-3-20(1).

[8] 杨桂青,张树伟. 集大成 得智慧——钱学森关于培养科技创新人才的教育构想[N]. 中国教育报,2009-12-21(3).

[9] 王永志. 努力学习钱学森的创新精神[N]. 科技日报,2011-11-29(5).

[10] 总政干部部课题组. 解读钱学森科技创新思想[N]. 解放军报,2011-12-1(10).

(三)学位论文

[1] 章红宝. 钱学森开放复杂巨系统思想研究:博士学位论文[D]. 北京:中共中央党校,2005.

[2] 黄欣荣. 复杂性科学的方法论研究:博士学位论文[D]. 北京:清华大学,2005.

[3] 冯秀芳. 钱伟长治学理念及教育思想初探:博士学位论文[D]. 上海:上海大学,2006.

[4] 刘波. 钱学森的创新观:硕士学位论文[D]. 武汉:武汉科技大学,2011.

致　谢

时光荏苒，转眼三年过去。子在川上曰："逝者如斯夫。"硕士三年，博士三年。而立早过，不惑正来。我却既没有立，也还在惑。百无一用是书生，是古训耶？是嘲讽也？自信人生二百年，会当读书破万卷。

首先感谢恩师董贵成教授和齐鹏飞教授对本论文悉心指导。在董贵成教授悉心指导与精心栽培下，开题报告以及毕业论文均数易其稿，题目经过多次磋商，锻炼了意志，磨炼了耐心。齐鹏飞教授全程指导，在博士战略规划、总体框架安排、论文概要、论文著述规则、论文开题和论文答辩等方面给予了深入指导。

还要感谢清华大学马克思主义学院肖贵清教授，中国人民大学马克思主义学院秦宣教授、张新教授、张云飞教授，北京师范大学哲学与社会学学院董春雨教授，中共中央党校文史教研部刘悦斌教授，中国石油大学（北京）马克思主义学院庞昌伟教授、丁英宏教授、王培杰老师等在论文开题、论文预答辩、论文评审和论文答辩过程中对本文提出的指导和修改意见，对本文质量的提升起到了很大的作用。

后　记

我的博士论文《钱学森大成智慧学研究》是在中国石油大学(北京)马克思主义学院董贵成教授、博导和中国人民大学马克思主义学院齐鹏飞教授、博导两位导师的悉心指导下完成的。感谢两位导师循循善诱、孜孜不倦地在课程学习、论文选题、开题答辩、论文撰写、论文送审、论文答辩等各个环节对我全程指导、多方教导所付出的辛勤汗水与师生深情。导师恩情重于泰山。

我2010年9月进入中国石油大学(北京)开始攻读博士学位。2011年9月开始进入博士论文准备阶段;2012年5月16日通过了“科技查新报告”;2012年5月30日,在齐鹏飞教授的主持下在中国人民大学马克思主义学院举行了开题报告论证会。2013年6月28日,在张新教授的主持下,通过了预答辩;2013年8月28日在中国石油大学(北京)马克思主义学院举行了毕业论文答辩,获得了以张新教授为答辩委员会主席的五位专家的一致通过。2013年9月获得了法学博士学位。

在此我郑重地感谢论文评审人清华大学马克思主义学院肖贵清教授、博导,中国人民大学马克思主义学院秦宣教授、博导,中国人民大学马克思主义学院张新教授、博导,中国石油大学(北京)马克思主义学院庞昌伟教授、博导,中国石油大学(北京)马克思主义学院丁英宏教授,这五位专家对我的博士论文进行了肯定,同时也指出了不足和疏漏之处,我采纳了他们的意见并做了认真地修改。感谢他们的辛苦付出和循循善诱。

同时我要感谢参加我的博士毕业论文答辩的五位评审专家,他们是:中国人民大学马克思主义学院张新教授、博导,北京师范大学哲学与社会学学院董春雨教授、博导,中共中央党校文史教研部刘悦斌教授、博导,中国石油大学(北京)马克思主义学院庞昌伟教授、博导,中国石油大学(北京)马克思主义学院丁英宏教授。尤其感谢的是答辩委员会主席张新教授,我多次就博士论文的论文选题、研究内容、具体细节请教张新教授,受益良多。在将我的博士论文《钱学森大成智慧学研究》以专著的形式出版之际,请张新教授在百忙之中为我写了一篇序言,真是感激涕零。

我还要感谢北京联合大学卢明森教授,我们在中国人民大学钱学森社会工程学术研讨会上相识,卢教授就我的博士论文给出了建设性意见,我因此受益良多。同时感谢人民日报出版社的万方正编辑,我们就专著的出版多次进行了交流。

由于钱学森大成智慧学思想深邃、博大精深,在一本书里不可能深入详尽、面面俱到,还请教于大方之家。但也为进一步研究留下了研究空间。

宋振东

2018 年 7 月 1 日

建党 97 周年纪念日

于贵阳贵安新区花溪大学城